21世纪高等教育计算机规划教材

COMPUTER

计算机网络管理（第2版）

Network Management

云红艳 高磊 杜祥军 赵志刚 编著

人民邮电出版社

北京

图书在版编目（C I P）数据

计算机网络管理 / 云红艳等编著. -- 2版. -- 北京:
人民邮电出版社, 2014.2（2020.2重印）
21世纪高等教育计算机规划教材
ISBN 978-7-115-34314-7

Ⅰ. ①计… Ⅱ. ①云… Ⅲ. ①计算机网络－管理
Ⅳ. ①TP393.07

中国版本图书馆CIP数据核字(2014)第006782号

内 容 提 要

本书主要介绍计算机网络管理的基本理论、应用开发及实用技术。包括网络管理的基本概念、体系结构，抽象语法表示 ASN.1 和基本编码规则 BER；简单网络管理协议 SNMP 和 RMON 的体系结构、管理信息结构、管理信息库组成和协议操作规范；典型网络管理系统以及它们的主要功能，详细分析了网络管理系统软件 StarView 的功能应用；网络管理应用程序的基本功能，Windows SNMP 网络应用程序开发的基本方法和开发实例；IPv6 网络管理技术和网络管理实用技术。

作为一本计算机网络管理的教材，本书覆盖面广，内容丰富，结合大量应用实例，可读性好，可作为高等院校网络工程专业“网络管理”课程教材，也可作为计算机等其他相关专业的本科生和研究生教材及网络管理工程技术人员的参考书。

◆ 编　　著　云红艳　高　磊　杜祥军　赵志刚
　责任编辑　刘　博
　责任印制　彭志环　杨林杰

◆ 人民邮电出版社出版发行　　北京市丰台区成寿寺路 11 号
　邮编　100164　　电子邮件　315@ptpress.com.cn
　网址　http://www.ptpress.com.cn
　北京七彩京通数码快印有限公司印刷

◆ 开本：787×1092　1/16
　印张：16.5　　　　　　　2014 年 2 月第 2 版
　字数：433 千字　　　　　2020 年 2 月北京第 8 次印刷

定价：39.00 元

读者服务热线：(010) 81055256　印装质量热线：(010) 81055316
反盗版热线：(010) 81055315

前言

随着互联网的迅速发展，网络的应用、管理和维护工作越来越复杂，如果没有功能强大的网络管理工具和有效的网络管理技术是无法保证网络高效协调运行的。因此，研究网络管理的理论，学习先进的网络管理技术，熟悉使用功能强大的网络管理工具成为欲从事网络管理的技术人员的一项重要任务。

本书力求将计算机网络管理理论和实践相结合，突出网络管理的实践性和网络管理理论的内容新颖性。书中前面章节全面阐述了 TCP/IP 网络管理的理论知识，后面章节通过网络管理产品应用实例介绍典型网络管理系统、网络分析工具、网络系统的开发技术、IPv6 网络管理技术和网络管理实用技术。对于比较抽象的网络管理理论，注重分层次介绍和各知识点的连贯性，通过列举大量的应用实例，并配以图表解析，进行深入浅出的分析，来帮助读者学习和理解抽象的网络管理协议。

通过本书的学习，读者能够系统掌握计算机网络管理的基础理论知识和实用技术，熟悉网络管理标准和网络管理平台，具备一定的网络管理程序的开发设计能力，能利用网络工具分析网络中一些常见故障发生的原因并排除故障，具备一定的网络管理和网络维护能力。

当前世界上主流的网络管理标准有国际电信联盟电信标准化部门（ITU-T）提出的 TMN（电信管理网络）、国际标准化组织（ISO）提出的 CMIP（公共管理信息协议）和 IETF（Internet Engineering Task Force，Internet 工程任务组）提出的 SNMP（Simple Network Management Protocol，简单网络管理协议）。这些标准中，CMIP 功能最强大，但其实现难度较大，因此目前支持 CMIP 的产品很少；而 SNMP 由于它的简单和易操作性，得到了广泛的应用，并已成为事实上的 Internet 网络管理标准。SNMP 由一组网络管理的标准组成，是 IETF 定义的 Internet 协议簇的一部分。自 20 世纪 90 年代以来，SNMP 经历了 3 次大的修改，在 1999 年 4 月推出了 SNMPv3 标准草案，2002 年 4 月 SNMPv3 被确定为互联网管理标准。

本书以基于 TCP/IP 网络的 SNMP 作为重点。全书共分 10 章，内容包括网络管理的基本概念、网络管理的模型、网络管理的体系结构、抽象语法表示 ASN.1、基本编码规则 BER、Internet 管理信息结构 SMI、管理信息库 MIB-2 等；从协议数据单元、支持操作、报文发送接收、MIB 功能组、安全性、局限性等几个方面分析了 SNMP 的 3 个版本，详细介绍 SNMP 管理框架和通信过程；远程网络监控 RMON 是对 SNMP 标准的重要补充，介绍了 RMON 的基本概念、RMON 管理信息库、RMON2 管理信息库的改进以及 RMON2 的应用；介绍了典型网络管理系统和平台，详细分析了 StarView 网管软件，并给出使用 StarView 进行网络拓扑管理和流量监控的实例；介绍了网络管理应用程序的基本功能，给出了 Windows 平台下开发基于 SNMP 的网络应用程序的基本方法，并介绍了使用 SNMP++软件包开发 MIB 浏览器的实例；介绍了发展迅速的 IPv6 网络的起源、特点和优势，IPv6 网络的地址分配、域名管理以及路由管理技术，最后介绍了网络故障诊断与维护、网络监测命令和 SNMP MIB 工具的使用等实用技术。

本书的前序课程是计算机网络原理，只有熟悉网络、互联网技术的背景知识以及 TCP/IP 网络的体系结构和协议，才能更好地理解网络管理的理论和管理维护开发等实用技术内容。

本书可作为网络工程专业“网络管理”课程教材，也可以作为计算机等相关专业本科生和研究生的教材。本教材的参考学时数为 64 学时。

本书由云红艳主编，高磊、杜祥军和赵志刚参加编写。云红艳拟定编写大纲和编写内容，第 1 章～第 4 章由云红艳编写，第 5 章、第 6 章、第 8 章由杜祥军编写，第 7 章、第 9 章由高磊编写，第 10 章由云红艳、高磊、赵志刚共同编写。全书由云红艳统稿。

在教材编写过程中得到了山东科技大学孟晓景教授和青岛大学信息工程学院潘振宽教授、杨厚俊教授的支持和帮助，在此表示衷心的感谢！国防科技大学曹介南教授和陆军军官学院汪涛博士都提出了很好的建议和意见，在此向他们表示衷心感谢！

由于时间仓促，加上编者水平有限，书中难免有错误和不妥之处，敬请批评指正。

作　者

2013 年 10 月

目 录

第9章 IPv6 网络管理技术

第1章 网络管理概论

网络管理是计算机网络发展的必然产物，它随着计算机网络的发展而发展。目前，计算机网络的组成越来越复杂，一方面是网络互连的规模越来越大；另一方面是连网设备越来越多样化。异构型网络设备、多协议栈互连以及各种不同性能需求的网络业务更增加了网络管理的难度和费用，如果没有功能强大的网络管理工具和有效的管理技术是无法保证网络高效协调运行的。因此，研究网络管理的理论，开发先进的网络管理技术，使用功能强大的网络管理工具成为迫切的任务。

本章主要介绍网络管理的基本概念、网络管理的体系结构（网络管理的基本模型、网络管理系统的模式、网络管理的软件结构、网络管理的组织模型）及国际标准化组织（International Organization for Standardization，ISO）提出的基于开放系统互连参考模型（Open System Interconnection，OSI）的网络管理的5大功能，即故障管理、配置管理、安全管理、性能管理和计费管理。

1.1 网络管理的几个概念

1.1.1 网络管理概述

网络管理是指对网络的运行状态进行监测和控制，并能提供有效、可靠、安全、经济的服务。网络管理完成两个任务，一是对网络的运行状态进行监测；二是对网络的运行进行控制。通过监测可以了解当前网络状态是否正常，是否出现危机和故障；通过控制可以对网络资源进行合理分配，优化网络性能，保证网络服务质量。监测是控制的前提，控制是监测的结果。因此网络管理就是对网络的监测和控制。

随着网络技术的高速发展，网络管理的范围已扩大到网络中的通信活动以及网络的规划、组织实现、运营和维护等有关方面，因此，网络管理也变得越来越重要，主要表现在以下3个方面。

（1）网络设备的复杂化使得网络管理变得更加复杂。网络设备复杂化包含两个含义：一是网络设备功能更加复杂；二是生产厂商众多，产品规格不统一，网络管理无法采用传统手工方式完成，必须利用先进有效的自动管理手段。

（2）网络的经济效益越来越依赖网络的有效管理。网络已经成为一个极其庞大而复杂的系统，如果没有一个有力的网络管理系统作为支撑，就可能发生各种网络故障，使网络经营者在经济上受到损失，也给网络用户带来麻烦。

（3）先进可靠的网络管理也是网络本身发展的必然结果。当前人们对网络的依赖越来越强，个人通过网络电话、电子邮件、收发传真，进行信息沟通和共享，企业通过网络发布产品广告，获取商业情报，甚至组建企业专用网络。在这种情况下，网络要求具有更高的可靠性和安全性，能及时有效地发现故障和解决故障，以保证网络的正常运行。

1.1.2 网络管理的目标

网络管理的目标是使网络的性能达到最优化状态。通过网络管理，要能够预知潜在的网络故障，采取必要的措施加以预防和处理，达到零停机；通过监控网络性能，调整网络运行配置，提高网络性能；借助有效的性能尺度和评估方法，扩充和规划网络的发展。网络管理的根本目标是最大限度地满足网络管理者和网络用户对计算机网络的有效性、可靠性、开放性、综合性、安全性和经济性的要求。

（1）网络的有效性：网络要能准确而及时地传递信息，即网络服务要有质量保证，减少停机时间，缩短响应时间，提高网络设备利用率。

（2）网络的可靠性：网络必须要保证能够持续稳定地运行，要具有对各种故障以及自然灾害的抵御能力和一定的自愈能力。

（3）网络的开放性：网络要能够兼容各个厂商的不同类型的设备，适应各种新技术。

（4）网络的综合性：网络不能是单一化的，要能提供各种不同的综合业务功能，如多媒体传输、视频点播等宽带业务。

（5）网络的安全性：必须对所传输的信息具有可靠的安全保障，防止计算机病毒和非法入侵者的破坏，避免由于管理者的误操作而破坏网络的正常运行。

（6）网络的经济性：要保证减少运行费用，提高网络使用效率。

1.1.3 网络管理的对象

在网络管理中会涉及网络的各种资源，主要分为两大类，即硬件资源和软件资源。

硬件资源是指物理介质、计算机设备和网络互连设备。物理介质通常是物理层和数据链路层设备，如网卡、双绞线、同轴电缆、光纤等。计算机设备包括处理机、打印机、存储设备和其他计算机外围设备。网络互连设备包括中继器、网桥、交换机、路由器和网关等。

软件资源主要包括操作系统、应用软件和通信软件。通信软件指实现通信协议的软件，如 FDDI、ATM 这些网络就大量采用了通信软件保证其正常运行。另外，软件资源还包括路由器软件、网桥软件和交换机软件等。

在网络环境下的资源一般采用“被管对象（Managed Object，MO）”来表示。ISO 认为，被管对象是从 OSI 角度所看到的 OSI 环境下的资源，这些资源可以通过使用 OSI 管理标准而被管理。网络中的资源一般都可用被管对象来描述，例如，网络中的路由器就可以用被管对象来描述，说明它的制造商和路由表的结构。此外，对网络中的软件、服务及网络中的一些事件也都可用被管对象来描述。

被管对象的集合被称为管理信息库（MIB），网络中所有相关的被管对象信息都集中在 MIB 中。但要注意的是，MIB 只是一个概念上的数据库，而在实际网络中并不存在这样一个库。目前网络管理系统的实现主要依靠被管对象和 MIB，所以它们是网络管理中非常重要的概念。

1.1.4 网络管理的标准

目前，正在应用的网络管理标准种类较多，其中主要标准分别是 OSI 参考模型、TCP/IP 参考模型、TMN 参考模型、IEEE LAN/WAN 以及基于 Web 的管理。

在 20 世纪 80 年代末，随着对网络管理系统的迫切需求和网络管理技术的日趋发展，ISO 开始制定关于网络管理的国际标准。ISO 首先在 1989 年颁布了 ISO DIS7498-4（X.700）文件，定义了网络管理的基本概念和总体框架；之后在 1991 年发布的两个文件中规定了网络管理提供的服务和网络管理协议，即 ISO 9595 公共管理信息服务定义（Common Management Information Service，CMIS）和 ISO 9596 公共管理信息协议规范（Common Management Information Protocol，CMIP）；在 1992 年公布的 ISO 10164 文件中规定了系统管理功能（System Management Functions，SMFs），而 ISO 10165 文件则定义了管理信息结构（Structure of Management Information，SMI）。这些文件共同组成了 ISO 的网络管理标准。由于这是一个非常复杂的协议体系，因而有关 ISO 管理的实现进展缓慢，至今少有适用的网络产品。

20 世纪 90 年代初随着 Internet 的快速发展，TCP/IP 网络管理的研究非常活跃。TCP/IP 网络管理最初使用的是 1987 年 11 月提出的简单网关监控协议（Simple Gateway Monitoring Protocol，SGMP），并在此基础上发展为简单网络管理协议第一版（Simple Network Management Protocol，SNMPv1），陆续公布在 1990 年和 1991 年的几个 RFC（Request For Comments）文件中，即 RFC 1155（SMI）、RFC 1157（SNMP）、RFC 1212（MIB 定义）和 RFC 1213（MIB-2 规范）。由于其简单且易于实现，SNMPv1 得到了许多制造商的支持，因此，SNMP 得到了广泛应用，并成为网络管理事实上的标准。在 SNMPv1 基础上不断改进其功能，支持分布式网络管理，扩展了数据类型，可以实现大量数据的同时传输，提高了效率和性能，丰富了故障处理能力，增加了集合处理功能，特别是加强了网络管理的安全性，分别于 1993 年推出了 SNMPv2（RFC 1902-1908），1999 年推出了 SNMPv3（RFC 2570-2575）。

1991 年产生了远程网络监控 RMONv1（Remote Monitoring），至 1995 年发展为 RMONv2。这组标准定义了监控局域网网络通信的管理信息库，是 SNMP 管理信息库的扩充，与 SNMP 配合可以提供更有效的管理性能，得到了广泛引用。

为了适应电信网络的管理需要，国际电信联盟（ITU-T）在 1989 年定义了电信网络管理标准（Telecommunications Management Network，TMN），即 M.30 建议蓝皮书。TMN 最初是为了满足电信服务供应商管理电信网络的需要。TMN 是国际电信联盟的标准，它的基础是 OSI CMIP/CMIS 规范。TMN 扩展了管理的概念，使管理超出了管理网络和网络组件的范畴，它同时解决服务和商业配置的问题。

电气和电子工程师协会（IEEE）定义了局域网的管理标准，即 IEEE 802.1b LAN/MAN 管理标准。这个标准用于管理物理层和数据链路层的 OSI 设备，因此叫做 CMOL（CMIP over LLC）。

基于互联网的管理是以 Web 技术为基础的，目前没有相关的标准。两种比较流行的技术是基于 Web 的企业管理（Web-Based Enterprise Management，WBEM）和 Java 管理扩展（Java Management extension，JMX）。桌面管理任务组（Desk Management Task Force，DMTF）专为 WBEM 开发标准，致力于将各种不同的管理协议集成在一起。DMTF 选择了面向对象的管理模型，即通用信息模型。JMX 在单一的规程下对管理结构和管理服务进行定义，它由原先的 Java 管理 API（JMAPI）发展而来。JMX 是由 Sun Microsystems 开发，基于 Java 互联网小程序的专用子集，它运行在网络组件中。

1.2　网络管理的体系结构

网络管理的体系结构定义了网络管理系统的结构及系统成员间相互关系的一套规则，它是建立网络管理系统的基础。不同的管理体系结构会带来不同的管理能力、管理效率和经济效益，从而决定网络管理系统的复杂度、灵活度和兼容性。

ISO 提出的基于远程监控的管理框架是现代网络管理体系结构的核心。这一管理框架的目标是打破不同业务和不同厂商设备之间的界限，建立统一的综合网络管理系统，将现场的物理操作变为远程的逻辑操作。在这一管理框架中，网络资源的状态和活动用数据定义和表示。远程监控系统对网络资源的管理操作变为简单的数据库操作。

在远程监控的管理框架下，OSI 参考模型提出了以一对相互通信的系统管理实体为核心，使管理进程与一个远程系统相互作用，实现对远程资源进行控制的网络管理系统体系结构。

目前，形成了两种主要的网络管理体系结构，即基于 OSI 参考模型的公共管理信息协议（CMIP）体系结构与基于 TCP/IP 参考模型的简单网络管理协议（SNMP）体系结构。

CMIP 体系结构是一个通用的模型，它能够适用于各种开放系统之间的管理通信和操作，开放系统之间既可以是平等关系，也可以是主从关系，因此它既能够进行分布式的管理，也能够进行集中式的管理。

SNMP 体系结构最初是一个集中式模型。在一个系统中只有一个顶层管理站，管理站下设有多个代理，管理站中运行管理进程，代理中运行代理进程，两者的角色不能互换。从 SNMPv2 开始才用于分布式模型。在这种模型中可以有多个顶层管理站，这些管理站被称为管理服务器。在管理服务器和代理之间又加入了中间服务器。管理服务器运行管理进程，代理运行代理进程，中间服务器在与管理服务器通信时运行代理进程，在与代理通信时运行管理进程。

CMIP 体系结构和 SNMP 体系结构各有优点。CMIP 的优点是它的通用性和完备性，而 SNMP 体系结构的优点是它的简单性和实用性。CMIP 在电信网管理标准（TMN）中得到了应用，而 SNMP 在计算机网络管理，尤其是 Internet 的管理中得到了应用。随着 Internet 的广泛应用，SNMP 的影响日益扩大，其自身也得到了较快的改善和发展。

目前，网络管理技术仍在不断发展，Internet 体系结构委员会的长期目标是研究和开发 OSI 的网络管理标准，并希望最终使这些协议同时适用于 TCP/IP 和 OSI 网络环境，即 CMOT（CMIP Over TCP/IP）。

1.2.1 网络管理的基本模型

在网络管理中，一般采用管理者-管理代理的模型，如图 1-1 所示。

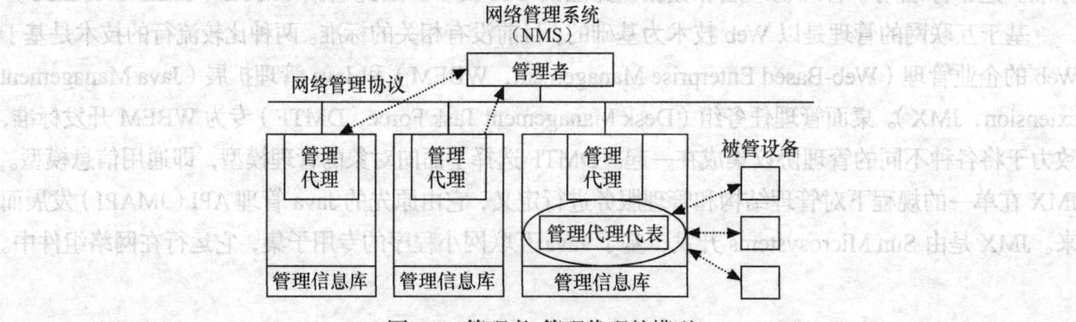

图 1-1 管理者-管理代理的模型

网络管理模型的核心是一对相互通信的系统管理实体。它采用一个独特的方式使两个管理进程之间相互作用，即管理进程与一个远程系统相互作用，来实现对远程资源的控制。在这种简单的体系结构中，一个系统中的管理进程担当管理者角色，而另一个系统中的对等实体担当代理者角色，代理者负责提供对被管对象的访问。前者称为网络管理者，后者被称为管理代理。网络管理者将管理要求通过管理操作指令传送给位于被管理系统中的管理代理，对网络内的各种设备、设施和资源实施监视和控制，管理代理则负责管理指令的执行，并且以通知的形式向网络管理者报告被管对象发生的一些重要事件。

现代网络管理系统由以下 4 个要素组成：网络管理者（Network Manager）（也称网络管理站，管理进程）、管理代理（Managed Agent）、网络管理协议（Network Management Protocol，NMP）、管理信息库（Management Information Base，MIB）。

网络管理者是管理指令的发出者，它可以自动或按用户规定去轮询被管理设备中某些变量的值，被管设备中的管理代理对这些轮询进行响应，或在接收到被管理设备的告警信息后采取一定的措施。即网络管理者通过网络管理代理对网络内的各种设备、设施和资源实施监视和控制。管理代理具有两个基本功能：一是从 MIB 中读取各种变量值；二是在 MIB 中修改各种变量值。MIB 是被管对象结构化组织的一种抽象，它是一个概念上的数据库，由管理对象组成，各个管理代理管理 MIB 中属于本地的管理对象，各管理代理控制的管理对象共同构成全网的管理信息库。网络管理协议是最重要的部分，它定义了网络管理者和管理代理间的通信方法，规定了管理信息库的存储结构、信息库中关键词的含义以及各种事件的处理方法。

在网络管理系统模型中，管理者角色与管理代理角色不是固定的，而是由每次通信的性质所决定的。担当管理者角色的进程向担当管理代理角色的进程发出操作请求，担当管理代理角色的进程对被管对象进程操作并将被管对象发出的通报传向管理站。

1. 网络管理者

网络管理者可以是工作站、微机等，一般位于网络系统的主干或接近主干的位置，它负责发出管理操作的指令，并接收来自管理代理的信息。网络管理者应该定期查询管理代理收集到的有关主机运行状态、配置及性能数据等信息，这些信息将被用来确定独立的网络设备、部分网络或整个网络运行的状态是否正常。

网络管理者和管理代理通过交换管理信息来进行工作，信息分别驻留在被管设备和管理工作的管理信息库中。这种信息交换通过一种网络管理协议来实现，具体的交换过程是通过协议数据单元（PDU）进行的。通常是管理者向管理代理发送请求 PDU，管理代理响应管理者以 PDU 回答，管理信息包含在 PDU 参数中。在有些情况下，管理代理也可以向网络管理者发送通知，管理者可根据报告的内容决定是否做出回答。

2. 管理代理

管理代理则位于被管理的设备内部，负责把来自管理者的命令或信息请求转换为本设备特有的指令，完成管理者的指示或返回它所在设备的信息。另外，管理代理也可以把在自身系统中发生的事件主动通知给管理者。

管理者将管理要求通过管理操作指令传送给位于被管理系统中的管理代理，对网络内的各种设备、设施和资源实施监视和控制，管理代理则直接管理被管设备。管理代理也可能因为某种原因拒绝管理者的指令。管理者和管理代理之间的信息交换分为两种：一种是从管理者到代理的管理操作；另一种是从代理到管理者的事件通知。

管理代理实际所起的作用就是充当网络管理者与管理代理所驻留的设备之间的信息中介。管理代理通过控制设备的管理信息库（MIB）的信息来实现管理网络设备功能。

一个网络管理者可以和多个管理代理进行信息交换，这在网络管理中是常见的；而一个管理代理也可以接受来自多个管理者的管理操作，但在这种情况下，管理代理需要处理来自多个管理者的多个操作之间的协调问题。

一般的管理代理都是返回它本身的信息，另外一种称为委托代理的管理代理能提供关于其他系统或其他设备的信息。使用这种委托代理，网络管理者可以管理多种类型的设备。管理者和管理代理之间使用的是一种通信协议，对于不能理解这种语言的设备，则可以通过委托代理完成通信。委托代理还可以提供到多个设备的管理访问。管理者只需和一个委托代理通信，就可以管理多个设备。

3. 网络管理协议

在管理者-管理代理的模型中，如果各个厂商提供的网络管理者和管理代理之间的通信方式各不相同，将会大大影响网络管理系统的通用性，影响不同厂商设备间的互连，因此需要制定一个网络管理者和管理代理之间通信的标准。用于网络管理者和管理代理之间传递信息，并完成信息交换安全控制的通信规约就称为网络管理协议。网络管理者通过网络管理协议从管理代理那里获取管理信息或向管理代理发送命令；管理代理也可以通过网络管理协议主动报告紧急信息。

目前最有影响的网络管理协议是简单网络管理协议（Simple Network Management Protocol，SNMP）以及公共管理信息服务/公共管理信息协议（Common Management Information Sever/Common Management Information Protocol，CMIS/CMIP），它们代表了目前两大网络管理解决方案。其中 SNMP 流传最广，应用最多，获得支持也最广泛，已经成为事实上的工业标准。

CMIS/CMIP 主要是针对 OSI 七层参考模型的传输环境而设计的，采用报告机制，需要高性能处理器和大容量存储器，目前支持它的产品较少。CMIS 支持网络管理者和管理代理之间的通信要求，CMIP 则是提供管理信息传输服务的应用层协议。在网络管理过程中，CMIP 不是通过轮询而是通过事件报告进行工作，由网络中的各个设备监测设施在发现被检测设备的状态和参数发生变化后及时向管理进程进行事件报告。管理者一般都对事件进行分类，根据事件发生时对网络服务影响的大小来划分事件类别和严重等级，再产生相应的故障处理方案。因此，CMIP 具有及时性的特点，相对于 SNMP 更具安全性。

SNMP 的最大的优点是简易性与可扩展性，它体现了网络管理系统的一个重要准则，即网络管理功能的实现不能影响网络的正常功能，不给网络附加过多的开销。

SNMP 设计为一种基于用户数据报协议（User Datagram Protocol，UDP）的应用层协议，它是 TCP/IP 协议簇的一部分。SNMP 的管理站根据管理需要产生 3 种类型的 SNMP 消息，GetRequest、GetNextRequest 和 SetRequest，前两种实现 Get 功能，后一种实现 Set 功能。所有这 3 种消息在代理方面均以 GetResponse 消息确认，并传递给管理应用。

4. 管理信息库

管理信息库（Management Information Base，MIB）是一个信息存储库，是对通过网络管理协议可以访问信息的精确定义，所有被管对象相关的网络信息都放在 MIB 中。被管对象是网络资源的抽象表示，一个资源可以表示为一个或多个被管对象。MIB 的描述采用了结构化的管理信息定义，称为管理信息结构（Structure of Management Information，SMI），它规定了如何识别管理对象以及如何组织管理对象的信息结构。MIB 中的对象按层次进行分类和命名，整体表示为一种树形结构，所有被管对象都位于树的子节点，中间节点为该节点下的对象的组合。

MIB 中的数据大体可分为感测数据、结构数据和控制数据 3 类。感测数据是测量到的网络状态数据，是通过网络的监测过程获得的原始信息，包括节点队列长度、重发率、链路状态、呼叫统计等，这些数据是网络的计费管理、性能管理和故障管理的基本数据。结构数据描述网络的物理和逻辑构成，与感测数据相比，结构数据是静态的网络信息，包括网络拓扑结构、交换机和中继线的配置、数据密钥、用户记录等，这些数据是网络的配置管理和安全管理的基本数据。控制数据存储网络的操作设置，控制数据代表网络中可调整参数的设置，如中继线的最大流量、交换机输出链路业务分流比率、路由表等，这些数据主要用于网络的性能管理。

包含管理对象数据的 MIB 对物理资源没有限制，实际上，任何信息都可以包含到 MIB 中。下面是一些可以存入 MIB 的信息实例。

（1）网络资源：集线器、网桥、路由器、传输设备。

（2）软件进程：程序、算法、协议功能、数据库。

（3）管理信息：相关人员记录、账号、密码等。

1.2.2　网络管理模式

网络管理模式分为集中式网络管理模式、分布式网络管理模式以及混合管理模式 3 种。它们各有自身的特点，适用于不同的网络系统结构和不同的应用环境。

1．集中式网络管理模式

集中式网络管理模式是目前使用最为普遍的一种模式，如图 1-2 所示，由一个网络管理者对整个网络的管理负责。网络管理者处理所有来自被管理系统上的管理代理的通信信息，为全网提供集中的决策支持，并控制和维护管理工作站上的信息存储。

集中式网络管理模式有一种变化形式，即基于平台的形式，如图 1-3 所示，将唯一的网络管理者分成管理平台和管理应用两部分。管理平台是对管理数据进行处理的第一阶段，主要进行数据采集，并能对底层管理协议进行屏蔽，为应用程序提供一种抽象的统一的视图。管理应用在数据处理的第二层，进行决策支持和执行一些比信息采集和简单计算更高级的功能。这两部分通过公共应用程序接口（Application Programming Interface，API）进行通信。这种结构易于维护和扩展，也可简化异构的、多厂家的、多协议网络环境的集成应用程序的开发。但总体而言，它仍是一种集中式的管理体系，应用程序一旦增多到一定程度，管理平台就成为了管理系统的“瓶颈”。

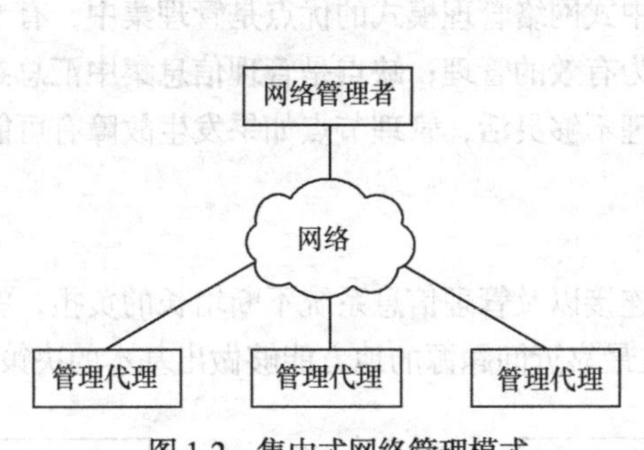

图 1-2　集中式网络管理模式

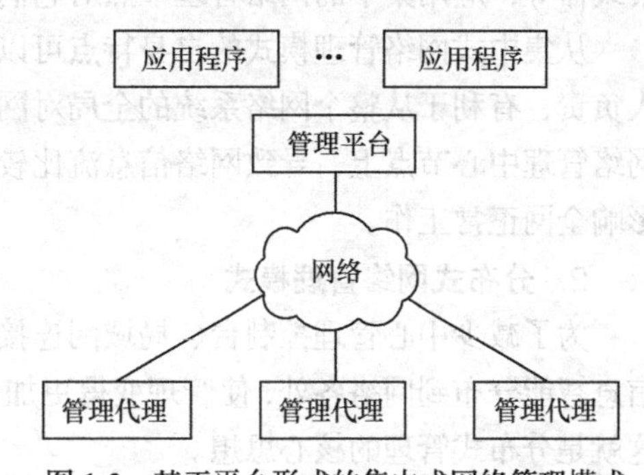

图 1-3　基于平台形式的集中式网络管理模式

集中式管理模式所具备的结构简单、低价格以及易维护等特性使其成为普遍的网络管理模式，但随着网络规模的日益扩大，其局限性越来越显著，主要表现在以下几个方面。

（1）不可扩展性。所有的信息都向中央管理者传输，当网络规模扩大、被管对象种类增多后，管理信息传输量也将增大，必然会引起拥塞现象。

（2）功能固定，不灵活。集中式管理的服务器功能模块都是在建立时装入的，若要修改或增加新的功能，则必须重新编译、安装和服务器进程初始化。

（3）不可靠性。网管工作站一旦出现故障，整个网络管理系统都将崩溃。或者连接两部分的中间某一设备出现问题，则后面的网络也就失去了管理功能。

（4）传输中的瓶颈。在图1-4所示的一个典型的复杂广域网络中，网络A、网络B通过路由器连接。在集中式管理条件下，位于网络A的网络管理者对网络A和网络B上的所有代理进行管理。路由器显然是瓶颈之一，一旦路由器发生故障，网络A中的管理者发出的网络管理信息包就不能到达网络B，这样整个网络B就成为一个不可管理的网络。

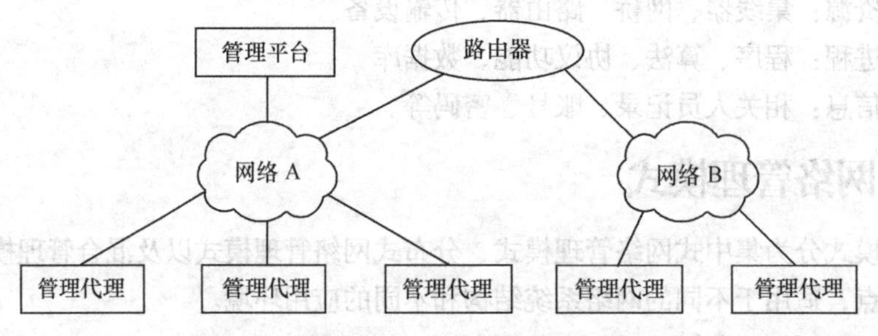

图1-4　集中式网络管理中的瓶颈

根据以上的特点，集中式网络管理模式比较适合于以下几种网络。

（1）小型局域网，这种网络的节点不多，覆盖范围有限，集中管理比较容易。

（2）部门专用网络，特别是对于一些行政管理上比较集中的部门，如军事指挥机关、公安系统等。

（3）统一经营的公共服务网，这种网络从经营、经济核算方面考虑，用集中式网络管理模式比较适宜。

（4）专用C/S结构网，这种结构，客户机和服务器专用化，客户机的结构已经简化，与服务器呈主从关系，网络管理功能集中于网络服务器。

（5）企业互联网，在这种网络中，引入了越来越多的专用网络互连设备，如路由器、交换机、集线器等，应用集中的网络管理节点对它们进行统一管理。

从集中式网络管理模式的自身特点可以看出：集中式网络管理模式的优点是管理集中，有专人负责，有利于从整个网络系统的全局对网络实施较为有效的管理；缺点是管理信息集中汇总到网络管理中心节点上，导致网络信息流比较拥挤，管理不够灵活，管理节点如果发生故障有可能影响全网正常工作。

2. 分布式网络管理模式

为了减少中心管理控制台、局域网连接和广域网连接以及管理信息系统不断增长的负担，将信息智能分布到网络各处，使管理变得更加自动化，在最靠近问题源的地方能够做出基本的决策，这就是分布式管理的核心思想。

分布式网络管理模式如图1-5所示，网络的管理功能分布到每一个被管设备，即将局部管理任务、存储能力和部分数据库转移到被管设备中，使被管设备成为具有一定自我管理能力的自治单元，而网络管理系统则侧重于网络的逻辑管理。按分布式网络管理方法组成的管理结构是一种对等式的结构，有多个管理者，每个负责管理一个域，相互通信都在对等系统

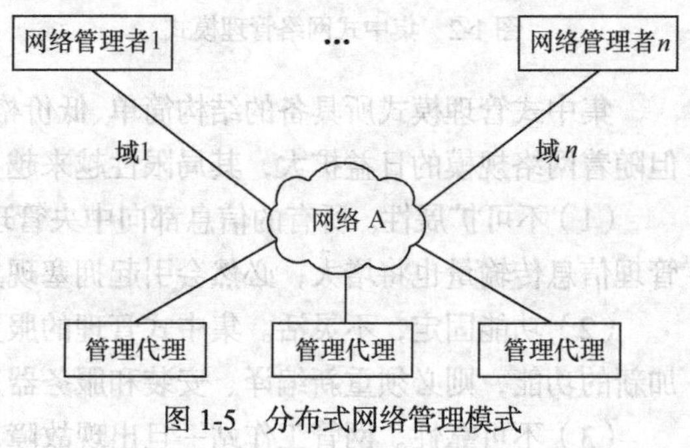

图1-5　分布式网络管理模式

内部进行。

分布式管理将数据采集、监视以及管理分散开来，它可以从网络上的所有数据源采集数据而不必考虑网络的拓扑结构，为网络管理员提供了更加有效的、大型的、地理分布广泛的网络管理方案。分布式网络管理模式主要具有以下特点。

（1）自适应基于策略的管理。自适应基于策略的管理是指对不断变化的网络状况做出响应并建立策略，使得网络能够自动与之适应，提高解决网络性能及安全问题的能力，减少网络管理的复杂性。

（2）分布式的设备查找与监视。分布式的设备查找与监视是指将设备的查找、拓扑结构的监视以及状态轮询等网络管理任务从管理网站分配到一个或多个远程网站的能力。这种重新分配既降低了中心管理网站的工作负荷，又降低了网络主干和广域网连接的流量负荷。采用分布式管理，安装有网络管理软件的网站可以配置成“采集网站”或“管理网站”。采集网站是负责监视功能的网站，它们向有兴趣的管理网站通告它们所管理网络的状态变化或拓扑结构变化。每个采集网站负责对一组用户可规范的管理型对象（称为域）进行信息采集。采集管理网站跟踪在它们的域内所发生的网络设备的增加、移动和变化。在规律性的间歇期间，各网站的数据库将与同一级或高一级的网站进行同步调整，这使得在远程网址的信息系统管理员在监控自己资源的同时，也能了解到全网络范围目前设备的现有状况。

（3）智能过滤。通过优先级控制，不重要的数据就会从系统中排除，从而使得网络管理控制台能够集中处理高优先级的事务。为了在系统中的不同地点排除不必要的数据，分布式管理采用设备查找过滤器、拓扑过滤器、映像过滤器与报警和事件过滤器。

（4）分布式阈值监视。阈值事件监视有助于网络管理员先于用户感觉到有网络故障，并在故障发生之前将问题检测出来并加以隔离。采集网站可以独立地向相关的对象采集到 SNMP 及 RMON 趋势数据，并根据这些数据引发阈值事件措施。采集网站还将向其他需要上述信息的采集网站及管理网站提供这些信息，同时还有选择地将数据转发给中心控制台，以便进行容量规划、趋势预测以及为服务级别协议建立档案。

（5）轮询引擎。轮询引擎可以自动地和自主地调整轮询间隙，从而在出现异常高的读操作或出现网络故障时，获得对设备或网段的运行及性能更精准的状态显示。

（6）分布式管理任务引擎。分布式管理任务引擎可以使网络管理更加自动和独立。其典型功能包括分布式软件升级及配置、分布式数据分析和分布式 IP 地址管理。

分布式网络管理模式的重要特点就是能容纳整个网络的增长和变化，因为随着网络的扩展，监视智能及任务职责会同时不断地分布开来，既提供了很好的扩展性，同时也降低了管理的复杂性。将管理任务都分布到各域的管理者，使网络管理更加稳固可靠，也提高了网络性能，并且使网络管理在通信和计算方面的开销大大减少。

3. 混合管理模式

混合管理模式是集中管理模式和分布式管理模式相结合的产物。

当今计算机网络系统正向进一步综合开放的方向发展，因此，网络管理模式也在向分布式与集中式相结合的方向发展。集中式或分布式管理模式，分别适用于不同的网络环境，各有优缺点。目前，计算机网络正向着局域网与广域网相结合、专用网与公用网结合、专用 C/S 与互动 B/S 结构结合的综合互联网方向发展。计算机网络的这种发展趋势，也促使网络管理模式向集中式与分布式相结合的方向发展，以便取长补短，更有效地对各种网络进行管理。按照系统科学理论，大系统的管理不能过于集中，也不能过于分散，采用集中式与分布式相结合的混合管理模式应是计算机网络系统管理的基本方向。

采用混合管理模式，应采用以下管理策略和方法。

（1）以分布式管理模式为基础，指定某个或某些节点为网络管理节点，给予其较高的特权，可以对网络中的其他节点进行监控管理，其他节点的报告信息也向指定节点汇总。

（2）部分集中，部分分布。网络中计算机节点，尤其是处理能力较强的中、小型计算机，仍按分布式管理模式配置，它们相互之间协同配合，实行网络分布式管理，保证网络的基本运行。同时在网络中设置专门的网络管理节点，重点管理那些专用网络设备，同时也对全网的运行进行有效的监控，这种集中式与分布式相结合的网络管理模式是在多企业网络中形成的一种网络管理体制。

（3）联邦制管理模式。在一些大型跨部门、跨地区的互联网结构中，各部门有各自的网络，使用自己相对集中的管理模式，一般情况下，互相并不干预，整个互联网结构中并没有一个总的集中管理实体，当涉及互联网正常运行、安全和性能优化等全局问题时，可通过各部门网络管理实体之间的通信来协调解决。

（4）分级网中的分级管理。在一些大型企业或部门，本身的行政体制就是分级树型管理模式，这些部门所建的网络在管理模式上也是一种分级管理模式。在这种分级管理模式中基层部门的网络，有自己相对独立和集中的网络，它们的上级部门，也有自己的网路管理，同时对它们的下属网络，还具有一定的指导以及干预能力。

1.2.3 网络管理软件结构

网络管理软件包括用户接口软件、管理专用软件和管理支持软件3个部分，如图1-6所示。

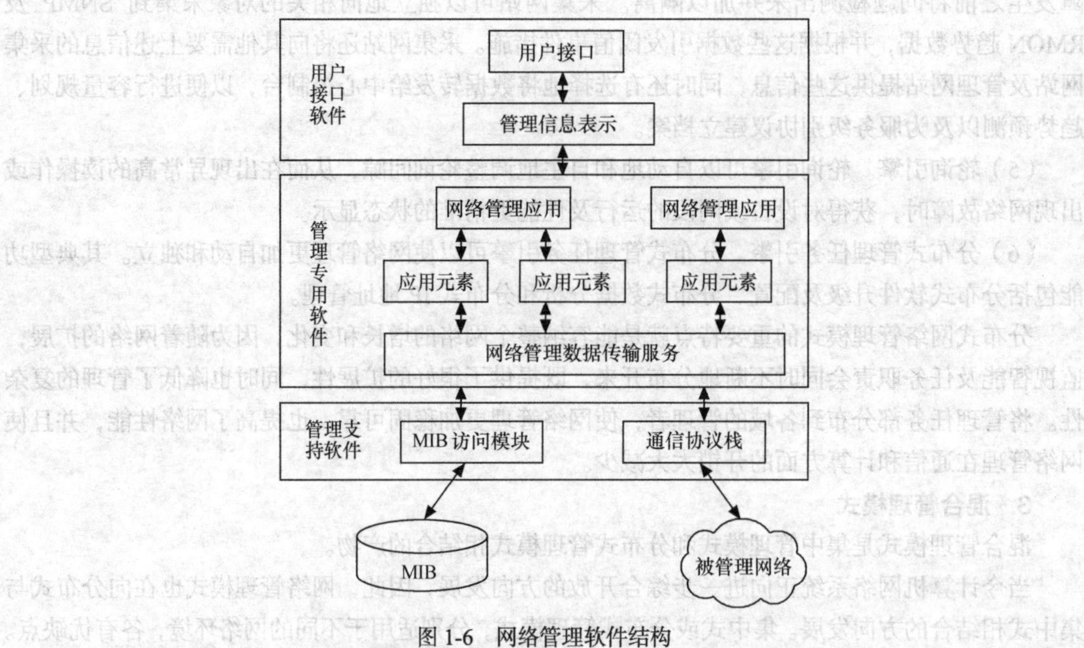

图1-6 网络管理软件结构

1. 用户接口软件

用户通过网络管理接口与管理专用软件交互作用，监视和控制网络资源。接口软件不但存在于管理主机上，而且也可能出现在网管代理系统中，以便对网络资源实施本地配置、测试和排错。

如果要实施有效的网络管理，则需要统一的用户接口，而不用考虑主机和设备的生产厂家以及操作系统，这样才可以方便地对异构型网络进行监控。接口软件还要具备一定的信息处理能力，对大量的管理信息要进行过滤、统计、汇总和化简，以免传递的信息量太大而阻塞网络通道。接口软件应该是图形用户界面，而非命令行或表格形式。

2. 管理专用软件

高级的网络管理软件可以支持多种网络管理应用，适用于各种网络设备和网络配置。网络管理软件结构还表达了用大量的应用元素支持少量管理应用的设计思想。应用元素实现初等的通用管理功能（如产生报警、对数据进行分析等），可以被多个应用程序调用。根据传统的模块化设计方法，还可以提高软件的重用性，产生高效率的实现。网络管理软件利用这种服务接口可以检索设备信息，配置设备参数，网管代理则通过服务接口向管理站通告设备事件。

3. 管理支持软件

管理支持软件包括 MIB 访问模块和通信协议栈。网管代理中的 MIB 包含反映设备配置和设备行为的信息，以及控制设备操作的参数。管理站的 MIB 中除保存本地节点专用的管理信息外，还保存着管理站控制的所有网管代理的有关信息。MIB 访问模块具有基本的文件管理功能，使得管理站或网管代理可以访问 MIB，同时该模块还能把本地的 MIB 数据转换成适用于网络管理系统传送的标准格式。通信协议栈支持节点之间的通信。由于网络管理协议位于应用层，因而原则上任何通信体系结构都能胜任，但具体的实现可能有特殊的通信要求。

1.2.4　网络管理的组织模型

网络管理的组织模型描述了网络管理系统的组件、功能和基础，它定义的概念有域、被管开放系统、管理进程和代理进程。

一个域可以覆盖公司的一个部门，公司的一个场地或是公司内由一个特定制造商生产的所有设备。此外，域还可以有一些子域。

对于分布式管理，管理域是一个重要的概念。管理对象的集合叫做管理域。管理域的划分可能是基于地理范围的，也可能是基于行政管理的，或者是基于技术原因的。无论采用何种划分，其目的都是对不同管理域中的对象实行不同的管理策略。图 1-7 所示为一个管理域的示例。

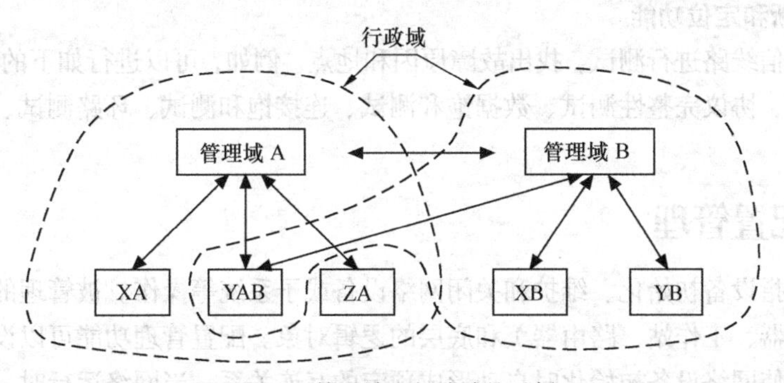

图 1-7　管理域和行政域的示例

每个管理域有一个唯一的名字，包含一组被管理的对象，管理代理对象之间有一套通信规则。属于一个管理域的对象也可能属于另一个管理域，图 1-7 所示的对象 YAB 既属于管理域 A，也属于管理域 B。当网络被划分为不同的管理域后，还应该有一个更高级的控制中心，以免引起混乱。因而在以上概念模型的基础上，又引入了行政域（也称为上层管理域）的概念，行政域用于划分和改变管理域、协调管理域之间的关系。此外，行政域也对本域中的管理对象代理实施管理和控制。

被管开放系统是一个端系统，利用协议进行通信。

从网络管理站到被管理对象的通信，从来都不是直接进行而是要通过代理进行，代理必须对网络管理站的服务请求作出回答，还要向管理站转发告警信号和事件报告。管理站与代理之间的通信是要遵守通信协议的。

1.3 网络管理的功能

为了标准化网络管理系统的管理功能，ISO 在 ISO/IEC 7498-4 文件中定义了网络管理的 5 个功能域：故障管理（Fault Management）、配置管理（Configuration Management）、安全管理（Security Management）、性能管理（Performance Management）和计费管理（Accounting Management）。

1.3.1 故障管理

故障管理是为了尽快发现故障，找出故障的原因，以便及时采取补救措施，即对计算机网络中的问题或故障进行定位的过程。它包含故障检测和报警功能、故障预测功能、故障诊断和定位功能 3 个模块。

1. 故障检测和报警功能

故障监视代理要随时记录网络系统出错的情况和可能引起故障的事件，并把这些信息存储在运行日志数据库中。在采用轮询通信的系统中，管理应用程序定期访问运行日志记录，以便发现故障。为了及时检测重要的故障问题，代理也可以主动向有关管理站发送出错事件报告。另外，对出错报告的数量、频率要进行适当的控制，以免加重网络负载。

2. 故障预测功能

对各种可能引起故障的参数建立门限值并随时监视参数值变化，一旦超过门限值，就发送警报。例如，由于出错产生的分组碎片数超过一定值时发出警报，表示线路通信恶化，出错率上升。

3. 故障诊断和定位功能

对设备和通信线路进行测试，找出故障原因和地点。例如，可以进行如下的测试：连接测试、数据完整性测试、协议完整性测试、数据饱和测试、连接饱和测试、环路测试、功能测试、诊断测试。

1.3.2 配置管理

配置管理是指设备初始化、维护和关闭网络设备或子系统等操作。被管理的网络资源包括物理设备（如服务器、工作站、路由器）和底层的逻辑对象。配置管理功能可以设置网络参数的初始值和默认值，使网络设备初始化时自动形成预定的互连关系。当网络运行时，配置管理监视网络设备的工作状态，并根据用户的配置命令或其他管理功能的请求改变网络配置参数。例如，若性能管理检测到响应时间延长，并分析出性能降级的原因是由于负载失衡，则配置管理将通过重新配置（如调整路由表）缩短系统响应时间。

1. 网络配置信息

网络配置信息主要包括以下几种。

（1）网络设备的拓扑关系，即存在性和连接关系。

（2）网络设备的域名、IP 地址，即寻址信息。

（3）网络设备的运行特性，即运行参数。

（4）网络设备的备份操作参数，即是否备份、备份启用条件。

（5）网络设备的配置更改条件。

2. 配置管理的主要功能

配置管理主要包括以下功能。

（1）定义配置信息。配置信息描述网络资源的特征和属性，网络资源包括物理资源（如主机、路由器、网桥、通信链路和 Modem 等）和逻辑资源（如定时器、计数器和虚电路等）。设备的属性包括名称、标识符、地址、状态、操作特点和软件版本等。简单的配置信息组织成由标量组成的库，每一个标量值表示一种属性值。

管理信息存储在与被管理设备最接近的代理或委托代理中，管理站通过轮询或事件报告获得这些信息。网络管理员可以在管理站提供的用户界面上说明管理信息值的范围和类型，用以设置被管理资源的属性。网络控制功能还允许定义新的管理对象，在指定的代理中生成需要管理的对象或数据元素。

（2）设置和修改设备属性。配置管理允许管理站远程设置和修改代理中的管理信息值，但是修改操作要受到两种限制：一是只有授权的管理站才可以施行修改操作；二是有些属性值反映了硬件配置的实际情况，不可更改，如路由器的端口数。

对配置信息的修改可以分为以下 3 种类型。

① 只修改数据库。管理站向代理发送修改命令，代理修改配置数据库中的一个或多个数据值。如果修改操作成功，则向管理站返回肯定应答，否则返回否定应答。

② 修改数据库，也改变设备的状态。例如，把路由器端口的状态值设置为“disable”，则所有的网络通信不再访问该端口。

③ 修改数据库，同时引起设备的动作。例如，路由器数据库中有一个初始化参数，取值为 TRUE，则路由器开始初始化，过程结束时重置该参数为 FALSE。

（3）定义和修改网络元素间的互连关系。关系是指网络资源之间的联系、连接以及网络资源之间相互依存的条件，如拓扑结构、物理连接、逻辑连接、继承层次和管理域等。继承层次是管理对象之间的继承关系，而管理域是被管理资源的集合，这些网络资源具有共同的管理属性或者受同一管理站控制。

配置管理应该提供联机修改关系的操作，即用户在不关闭网络的情况下可以增加、删除或修改网络资源之间的关系。

（4）启动和终止网络运行。配置管理给用户提供启动与关闭网络和子网的操作。启动操作包括验证所有可设置的资源属性是否已正确设置。如果有设置不当的资源，则要通知用户；如果所有的设置都正确无误，则向用户发回肯定应答。同时，关闭操作完成之前应允许用户检索设备的统计信息或状态信息。

（5）发行软件。配置管理还提供向端系统（主机、服务器和工作站等）和中间系统（网桥、路由器和应用网关等）发行软件的功能，即给系统装载指定的软件、更新软件版本和配置软件参数等功能，除了装载可执行的软件之外，这个功能还包括下载驱动设备工作的数据表，如路由器和网桥中使用的路由表。如果出于计费、安全或性能管理的需要，则路由决策中的某些特殊情况不能仅根据数学计算的结果处理，可能需要人工干预，因此还应提供人工修改路由表的用户接口。

（6）检查参数值、互连关系和报告配置现状。管理站通过轮询随时访问代理保存的配置信息，或者代理通过事件报告及时向管理站通知配置参数改变的情况。

1.3.3 安全管理

安全管理的目的是确保网络资源不被非法使用，防止网络资源由于入侵者攻击而遭受破坏。安全管理主要内容包括，与安全措施有关的信息分发（如密钥的分发和访问权设置等），与安全有关的通知（如网络有非法侵入、无权用户对特定信息的访问个图等），安全服务措施的创建、控制和删除，与安全有关的网络操作事件的记录、维护和查询日志管理工作等。

一个完善的计算机网络管理系统必须制定网络管理的安全策略，并根据这一策略设计实现网络安全管理系统。安全管理采用信息安全措施来保护网络中的系统、数据和业务。一般的网络安全管理系统包含风险分析功能，安全告警，日志管理功能，安全审计跟踪功能管理，安全访问控制，网络管理系统保护功能等。下面主要分 3 个方面讨论安全管理的问题。

1. 安全信息维护

网络管理中的安全管理是指保护管理站和代理之间信息交换的安全。安全管理使用操作与其他管理使用的操作相同，差别在于使用的管理信息的特点不同。有关安全的管理对象包括密钥、认证信息、访问权限信息以及有关安全服务和安全机制的操作参数信息等。安全管理要跟踪进行中的网络活动和试图发动的网络活动，以便检测未遂或成功的攻击，并挫败这些攻击，恢复网络的正常运行。对安全信息的维护主要包括以下功能。

（1）记录系统中出现的各类事件（如用户登录、退出系统、文件复制等）。

（2）追踪安全设计试验，自动记录有关安全的重要事件，例如，非法用户持续试验不同口令文字企图登录等。

（3）报告和接收侵犯安全的警示信号，在怀疑出现威胁安全的活动时采取防范措施，例如，封锁被入侵的用户账号或强行停止恶意程序的执行等。

（4）经常维护和检查安全记录，进行安全风险分析，编制安全评价报告。

（5）备份和保护敏感的文件。

（6）研究每个正常用户的活动形象，预先设定敏感资源的使用形象，以便检测授权用户的异常活动和对敏感资源的滥用行为。

2. 资源访问控制

资源访问控制包括认证服务和授权服务，以及对敏感资源访问授权的决策过程。访问控制服务的目的是保护各种网络资源，这些资源中与网络管理有关的主要内容包括：安全编码、源路由和路由记录信息、路由表、目录表、报警门限、计费信息。

3. 网络安全技术

目前，网络安全管理使用的网络安全技术主要包括以下 5 种。

（1）数据加密技术。数据加密技术是最基本的网络安全技术，最初用于保证数据在存储和传输过程中的保密性。它通过变换和置换等各种方法将被保护信息置换成密文，然后再进行信息的存储或传输，即使加密信息在存储或传输过程为非授权人所获得，也可以保证信息不泄密，从而达到保护信息的目的。该方法的保密性直接取决于所采用的密码算法和密钥长度。

网络安全管理能够在必要时对管理站和代理之间交换的报文进行加密。安全管理也能够使用其他网络实体的加密方法。加密过程控制也可以改变加密算法，具有密钥分配能力。

（2）防火墙技术。防火墙是在被保护的 Intranet 与 Internet 之间竖起的一道安全屏障，用于增强 Intranet 的安全性。Internet/Intranet 防火墙用以确定哪些服务可以被 Internet 上的用户访问，外部的哪些人可以访问内部的哪些服务以及外部服务是否可以被内部人员访问。防火墙系统是一种网络安全部件，它可以是硬件，也可以是软件，也可以是硬件和软件相结合的形式。

典型的防火墙系统可以由一个或多个构件组成，其主要部分有：包过滤路由器（也称分组过滤路由器）、应用层网关和电路层网关。

包过滤路由器对 IP 地址，TCP 或 UDP 分组头信息进行检查与过滤，以确定是否与设备的过滤规则匹配继而决定此数据包按照路由表中的信息被转发或被丢弃。包过滤方式的主要优点是仅一个关键位置设置一个包过滤路由器就可以保护整个网络，而且包过滤对用户是透明的，不必在用户机上再安装特定的软件。包过滤也有它的缺点和局限性，例如：包过滤规则配置比较复杂，而且几乎没有什么工具能对过滤规则的正确性进行测试；包过滤也没法查出具有数据驱动攻击这一类潜在危险的数据包；另外，随着过滤数目的增加，路由器的吞吐量会下降，从而影响网络性能。

应用层网关也就是通常所说的代理服务器。代理服务器运行在 Internet 和 Intranet 之间，当收到用户对某站点的访问请求后，会检查请求是否符合规则。若规则允许用户访问该站的服务，代理服务器便会以用户身份去那个站点取回所需的信息再发回给用户。因此代理服务器会像一堵墙一样挡在内部用户和外界之间，从外部只能看到该代理服务器而无法获知任何内部资料，如用户的 IP 地址等。应用层网关比单一的包过滤更为可靠，而且会详细记录所有的访问状态。但是应用层网关也存在一些不足之外：首先因为它不允许用户直接访问网络，会使访问速度变慢；而且应用层网关需要对每一个特定的 Internet 服务器安装相应的代理服务软件，用户不能使用未被代理服务器支持的服务，对每一类服务要使用特殊的客户端软件；更严重的是，并不是所有的 Internet 应用软件都可以使用代理服务理。

电路层网关是一种特殊的功能，它也可以由应用层网关来完成。电路层网关只依赖于 TCP 连接，并不进行任何的包处理或过滤。在 Telnet 的连接中，电路层网关简单地进行了中继，并不做任何审查、过滤或协议管理。它只在内部连接和外部连接之间复制字节，但隐藏受保护网络的有关信息。电路层网关常用于对外连接，此时假设网络管理员对其内部用户是信任的。它的优点是主机可以被设置成混合网关，对于内连接它支持应用层或代理服务，而对于外连接支持电路层功能。这样，使得防火墙系统对于要访问 Internet 服务的内部用户来说使用起来很方便，同时又能提供保护内部网络免于外部攻击的防火墙功能。

（3）网络安全扫描技术。网络安全扫描技术是为了使系统管理员能够及时了解系统中存在的安全漏洞，并采取相应防范措施，从而降低系统的安全风险。利用安全扫描技术，可以对局域网络、Web 站点、主机操作系统、系统服务以及防火墙系统的安全漏洞进行扫描，系统管理员可以了解在运行的网络系统中是否存在不安全的网络服务，在操作系统上是否存在可能导致遭受缓冲区溢出攻击或者拒绝服务攻击的安全漏洞，还可以检测主机系统中是否被安装了窃听程序，防火墙系统是否存在安全漏洞和配置错误。

（4）网络入侵监测技术。网络入侵检测技术也称为网络实时监控技术，它通过硬件或软件对网络上的数据流进行实时检查，并与系统中的入侵特征数据库进行比较，一旦发现有被攻击的迹象，立刻根据用户所定义的动作反应，如报警、切断网络连接、通知防火墙系统对访问控制策略进行调整或将入侵的数据包过滤掉等。

（5）黑客诱骗技术。黑客诱骗技术通过一个由网络安全专家精心设置的特殊系统来引诱黑客，并对黑客进行跟踪和记录。这种黑客诱骗系统通常也称为“蜜罐”（honey pot）系统。蜜罐系统最为重要的功能是对系统中所有操作和行为进行监视和记录，通过网络安全专家精心的伪装，使得攻击者在进入到目标系统后仍不知道自己所有的行为已经处于系统的监视下。为了吸引攻击者，通常在蜜罐系统上留下一些安全后门以吸引攻击者上钩，或者放置一些网络攻击者希望得到的敏感信息，当然这些信息都是虚假的信息。另外一些蜜罐系统对攻击者的聊天内容进行记录，管理员通过研究和分析这些记录，可以得到攻击者采用的攻击工具、攻击手段、攻击目的和攻击水平等信息，还能对攻击者的活动范围以及下一个攻击目标进行了解。同时在某种程度上，这些信息将会成为对攻击者进行起诉的证据。

1.3.4　性能管理

网络性能管理活动是持续地测评网络运行中的主要性能指标，以检验网络服务是否达到了预定的水平，找出已经发生或潜在的网络瓶颈，报告网络性能的变化趋势，为网络管理决策提供依据。为了达到这些目的，网络性能管理功能需要维护性能数据库、网络模型，需要与性能管理功能域保持连接，并完成自动的网络管理。

典型的网络性能管理可以分为两部分：性能监测与网络控制。性能监测指网络工作状态信息的收集和整理；而网络控制则是为改善网络设备的性能而采取的动作和措施。

在OSI性能管理标准中，明确定义了网络或用户对性能管理的需求，以及度量网络或开放系统资源性能的标准，定义了用于度量网络负荷、吞吐量、资源等待时间、响应时间、传播延时、资源可用性与表示服务质量变化的参数。性能管理包括一系列管理对象状态的收集、分析与调整，保证网络可靠、连续通信的能力。

1. 性能管理的基本功能

（1）实时采集与网络性能相关的数据。跟踪系统、网络或业务情况，为判别性能收集合适的数据，及时发现网络拥塞或性能不断恶化的状况。提供一系列的数据采集工具，以便对网络设备和线路的流量、负载、丢包、温度、内存、延迟等性能进行实时监测并可随意设置数据的采集间隔。

（2）分析和统计数据。对实时数据进行分析，判断是否处于正常水平，从而对当前的网络状况作出评估，并自动形成管理报表，以图形方式直观地显示网络的性能状况。分析和统计历史数据，绘出历史数据的图形。

（3）维护并检查系统的运行日志。

（4）性能的预警。决定是否为每个重要的指标设定一个适当的阈值，当性能指标超过该阈值时，就表明出现了值得怀疑的网络故障。管理实体会不断监视性能指标，当超过某阈值时就会报警，并将警告发送到网络管理系统中。

（5）生成性能分析报告。性能分析报告包括性能趋势曲线和性能统计分析报表，性能分析报告主要包括以下几类。

① 路由器性能，主要包括端口流量、温度、CPU利用率和内存余量等。

② 实时性能监控，主要包括流量、丢包率、延迟、温度、内存余量和CPU利用率等。

③ 统计分析，扫描数据文件，绘制性能分布图。

2. 常用的网络性能测评指标

（1）吞吐量。它是指单位时间内通过网络设备的平均比特数，单位是bit/s（比特/秒）。

（2）包（帧）延迟。它是指数据分组（帧）的最后一位到达输入端口或输出数据分组的第一位出现在端口的时间间隔，即LIFO（Last In First Out）延迟。对于交换机来说，延迟是衡量交换机性能的主要指标，延迟越大说明交换机处理帧的速度越慢。

（3）丢包（帧）率。它是指在正常稳定的网络状态下，本来应该转发而没有转发的数据包（帧）所占的百分比。丢包率的大小表示网络的稳定性及可靠性。丢包（帧）率可以用来描述过载状态下交换机的性能，也是衡量防火墙性能的一个重要参数。

（4）可用性。表征通信网作为一个整体的性能，它意味着一个用户在总的时间内，可以取得对网络访问将成为可用服务时间的百分数。

（5）响应时间。对用户来讲，响应时间包括思考时间和输入时间，各部分的时间长短依赖于要完成的任务。对于网络来说，响应时间包括内部、外部和处理时间。

（6）利用率。它是网络资源使用频度的动态参数，它提供的是现实运行环境下吞吐量的实际限制。网络管理系统通常给出各种网络部件的利用率，如线路、节点、节点处理机的利用率。

3. 网络性能的测评方法

获得网络性能参数值的方法主要是对网络中的设备和设施进行测量和测试，但由于局域网操作系统平台的多样性，网络设备、传输介质及网络拓扑结构都有很大的区别，因此网络性能的测评非常复杂，一般有以下几种测评方法。

（1）直接测量法。对网络的信道利用率、碰撞分布和吞吐率等参数进行动态数据统计，以得到测评结果。

（2）模拟法。给网络建立数学模型，运用仿真程序通过数学计算得出网络相关参数指标。同时也可以与实测结果进行比较，经过多次校正得到真实的测评结果。

（3）分析法。通过采用概率论、过程论和排队论等对各种网络进行模拟，其分析结果可用于对未来的网络进行优化设计。

1.3.5 计费管理

对于公用分组交换网与各种网络信息服务系统来说，用户必须为使用网络的服务而交费。计费管理是所有网络通信服务公司与 ISP 所要选择的重要功能模块，网络管理系统则需要对用户使用网络资源的情况进行记录并核算费用。计费管理的主要任务是根据网络管理部门指定的计费策略，按用户对网络资源的使用情况收取费用。计费管理的目的是正确地计算和收取用户使用网络资源及服务的费用。另外，计费管理还要进行网络资源利用率的统计和网络的成本效益核算。

计费管理记录网络资源的使用，目的是控制和监测网络操作的费用和代价。它可以估算出用户使用网络资源可能需要的费用和代价。网络管理员还可以规定用户可使用的最大费用，从而控制用户过多地占用和使用网络资源，从而也可提高网络的效率。

网络服务计费信息主要指用户对以下 4 种网络资源的使用情况进行计算，包括：硬件资源类、软件和系统资源类、网络服务与网络设施的额外开销。

1. 计费管理功能

通常计费管理应该包括以下几个功能。

（1）计算网络建设及运营成本，包括设备、网络服务、人工费用等成本。

（2）统计网络及其所包含的资源的利用率，确定计费标准。

（3）将应该缴纳的费用通知用户。

（4）支持用户费用上限的设置。

（5）在必须用多个通信实体才能完成通信时，能够把使用多个管理对象的费用结合起来。

（6）保存收费账单及必要的原始数据，以备用户查询和质疑。

2. 计费管理的类型

根据网络资源的种类可以将目前的计费管理分为3类。

（1）基于网络流量计费。网络流量计费是根据用户的网络或者用户的主机在一段时间内使用的网络流量收取用户费用的一种计费方式，主要用于专线（如DDN、E1、X.25线路等）接入用户。

（2）基于使用时间计费。使用时间计费是根据用户使用网络的时间长短来收取用户费用的一种计费方式。该方法主要用于用电话线或ISDN、ADSL接入网络的用户。

（3）基于网络服务计费。网络服务计费是根据用户使用网络服务的次数或时间来收取用户费用的一种计费方式。收取费用的服务包括电子邮件、数据库信息查询、光盘检索、网络游戏等。

3. 计费管理的子过程

如果进一步划分，计费管理可以分为以下3个子过程。

（1）使用率度量过程。

（2）计费处理过程。

（3）账单管理过程。

4. 计费管理的管理对象

计费管理的对象主要包括以下几个方面。

（1）使用率度量控制对象。该对象控制计费数据的收集过程，决定对哪些管理对象收费，以及怎样收费（收费策略）。该对象还控制计费过程的开始、挂起、恢复和停止，定义触发计费过程的事件。

（2）使用率度量数据对象。该对象记录资源的使用率数据，并且可以发出计费通知，每个使用率度量数据对象监视一个可计费对象。

（3）使用率记录。该管理对象是事件日志记录的子类，除具有事件日志记录对象的属性外，还具有一些与使用率度量数据对象有关的属性。这种记录的内容是从使用率度量数据对象发出的通知中得到的，存储在运行日志中，由运行日志控制功能管理。

1.4 小　结

网络管理是指对网络的运行状态进行监测和控制，并能最大限度地满足网络管理者和网络用户对计算机网络的有效性、可靠性、开放性、综合性、安全性和经济性的要求。

当前有两种主要的网络管理体系结构，即基于OSI参考模型的公共管理信息协议（CMIP）体系结构与基于TCP/IP参考模型的简单网络管理协议（SNMP）体系结构。

在网络管理中，一般采用"管理者-代理"的基本管理模型来构建网络管理系统，进行实际的网络管理。网络管理系统的基本模型包括4个要素组成，分别是网络管理者、管理代理、管理信息库和网络管理协议。

当前主要有3种网络管理模式：集中式网络管理模式、分布式网络管理模式和混合式网络管理模式。

ISO一直致力于网络管理的标准化，它在ISO/IEC7498-4文件中将系统管理的任务划分为5个功能域，即故障管理、性能管理、配置管理、安全管理、计费管理。

网络管理是网络发展中一个很重要的关键技术，并已成为现代信息网络中最重要的问题之一。

它的重要性已经在各方面得到体现，并被越来越多的人们所重视，成为重要的研究分支之一。网络在不断地发展，用户的需求也在不断地发展，因此网络管理系统也必须不断地提高和发展。

习 题 1

1. 什么是网络管理？网络管理的目标是什么？
2. 网络管理标准有哪些？
3. ISO 制定的网络管理标准有哪些文件？其内容是什么？
4. TCP/IP 网络管理标准有哪些主要的 RFC 文件？其内容是什么？
5. 简述网络管理的基本模型以及各个组成部分的功能。
6. 什么是网络管理者？什么是管理代理？管理代理可以向网络管理者发送信息吗？
7. 在网络管理的基本模型中网络管理者的作用是什么？网管代理的作用是什么？
8. 网络管理协议主要有哪些？
9. MIB 中包括了哪些信息？
10. 集中式网络管理和分布式网络管理有什么区别？各有什么优缺点？
11. 简述网络管理的软件结构。
12. 网络管理的 5 大功能是什么？分别对每个功能进行简单的描述。

第2章 抽象语法表示

抽象语法表示（Abstract Syntax Notation，ASN.1）是一种形式语言，它提供统一的网络数据表示，通常用于定义应用数据的抽象语法和应用协议数据单元的结构。在网络管理中，无论是OSI的管理信息结构或是SNMP管理信息库，都是用ASN.1定义的。用ASN.1定义的应用数据在传送过程中要按照一定的规则变换成比特串，这种规则就是基本编码规则（Basic Encoding Rule，BER）。本章主要介绍ASN.1和BER的基本概念及其在网络管理中的应用。

2.1 网络数据表示

表示层的功能是提供统一的网络数据表示。在互相通信的端系统中至少有一个应用实体（如SNMP、TELNET、FTP等）和一个表示实体（即ASN.1）。表示实体定义了应用数据的抽象语法，这种抽象语法类似于通常程序设计语言定义的抽象数据类型。应用协议按照预先定义的抽象语法构造协议数据单元，用于和对等系统的应用实体交换信息。表示实体则对应用层数据进行编码，将其转换成二进制的比特串，例如，把十进制数变成二进制数，把字符变成ASCII码等。比特串由下层的传输实体在网络中传送。在各个端系统内部，应用数据被映像成本地的特殊形式，存储在磁盘上或显示在用户终端上，如图2-1所示。

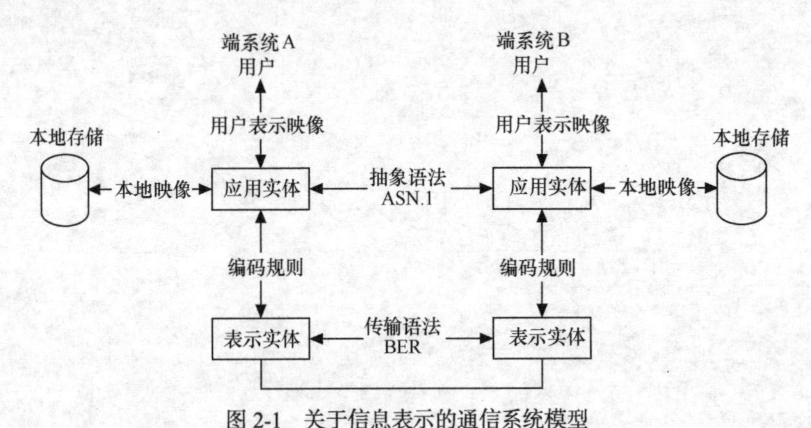

图2-1 关于信息表示的通信系统模型

这里定义的抽象语法是独立于任何编码技术的，只与应用有关。抽象语法要满足应用的需要，能够定义应用需要的数据类型和表示这些类型的值。ASN.1是根据当前网络应用的需求而制定的标准（原CCITT X.208和ISO 8824），但随着网络应用的发展，今后还会开发出新的表示层标准。

数据类型的 ASN.1 描述称为抽象语法，同等表示实体之间通信时对用户信息的描述称为传输语法。为抽象语法指定一种编码规则，便构成一种传输语法。在表示层中，可用这种方法定义多种传输语法。传输语法与抽象语法之间是多-多对应关系，即一种传输语法可用于多种抽象语法的数据传输，而一种抽象语法的数据值可用多种传输语法来传输。对传输语法的要求是支持对应的抽象语法，另外还可以有其他一些属性，例如，支持数据加密或压缩，或者两者都支持。

2.2 ASN.1 语法

ASN.1 是由原 CCITT 和 ISO 共同开发的标准语言，它与应用层一起使用，可在系统间进行数据的传输。在 ASN.1 中为每个应用所需的所有数据结构类型进行定义，并将它们组成库。当一个应用想发送一个数据结构时，可以将数据结构与其对应的 ASN.1 标识一起传给表示层。以 ASN.1 定义作为索引，表示层便知道数据结构的域的类型及大小，从而对它们编码传输；在另一端，接收表示层查看此数据结构的 ASN.1 标识，从而了解数据结构的域的类型及大小。这样，表示层就可以实现从通信线路上所用的外部数据格式到接收计算机所用的内部数据格式的转换。

每个应用层协议中的抽象语法与一个能对其进行编码的传输语法的组合，就构成一个表示上下文（Presentation Context）。表示上下文可以在连接建立时协商确定，也可以在通信过程中重新定义。表示层提供定义表示上下文的功能。

作为一种形式语言，ASN.1 有严格的 BNF 定义。ISO 8824/X.208 标准说明了 ASN.1，下面列出 ASN.1 文本的书写规则。这些规则叫做文本约定（Lexical Convention）。

（1）多个空格和空行等效于一个空格。

（2）用于表示值和字段的标识符、类型指针和模块名由大小写字母、数字和短线组成。

（3）标识符以小写字母开头。

（4）类型指针和模块名以大写字母开头。

（5）ASN.1 定义的内部类型全部用大写字母表示。

（6）关键字全部用大写字母表示。

（7）注释以一对短线（--）开始，以一对短线或行尾结束。

在 ASN.1 中，定义了多种符号。表 2-1 所示为 ASN.1 的符号。常用的 ASN.1 关键字如表 2-2 所示。

表 2-1 ASN.1 符号

符　号	含　义
:: =	定义为或赋值
|	或、选择、列表选项
-	标记号
--	符号后跟随注释
{}	列表的开始和结束
[]	标记的开始和结束
()	子类的开始和结束
..	范围

表 2-2　　　　常用的 ASN.1 关键字

关 键 字	主 要 描 述
BEGIN	ASN.1 模块的开始
CHOICE	替代清单
DEFINITIONS	数据类型或管理对象的定义
END	ASN.1 模块的结束
EXPORTS	可以输出数据类型到其他模块中
IDENTIFIER	非负数的排列
IMPORTS	在外部模块中定义的数据类型
INTEGER	任何整数，正整数、负整数或零
NULL	占位符
OBJECT	与 IDENTIFIER 一起使用，以便唯一识别一个对象
OCTET	无限的二进制数据 8 位字节
STRING	与 OCTET 一起使用，以便指明 8 位位组字符串
SEQUENCE	制作出排列好的列表
SEQUENCE OF	排列好的重复数据数组
SET	制成无序的列表
SET OF	重复数据的无序列表

2.2.1　抽象数据类型

在 ASN.1 中，每一个数据类型都有一个标签（tag），标签有类型和值，数据类型是由标签的类型和值唯一确定的，这种机制在数据编码时有用。标签的类型分为以下 4 种。

- 通用标签：用关键字 UNIVERSAL 表示，带有这种标签的数据类型是由标准定义的，适用于任何应用。
- 应用标签：用关键字 APPLICATION 表示，是由某个具体应用定义的类型。
- 上下文专用标签：用关键字 CONTEXT-SPECIFIC 表示，这种标签在文本的一定范围（如一个结构）中适用。
- 私有标签：用关键字 PRIVATE 表示，这是用户定义的标签。

ANSI.1 定义的数据类型有 20 多种，标签类型都是 UNIVERSAL，如表 2-3 所示。这些数据类型可分为 4 大类。

- 简单类型：由单一成分构成的原子类型，包括 INTEGER、BOOLEAN、REAL、ENUMERATED、BIT STRING、OCTET STRING、NULL、OBJECT IDENTIFIER、CHARACTER STRING。
- 构造类型：由两种以上成分构成的构造类型，包括 SEQUENCE、SEQUENCE OF、SET、SET OF。
- 标签类型：由已知类型定义的新类型。
- 其他类型：包括 CHOICE 和 ANY 两种类型。

表 2-3　　ASN.1 定义的通用类型

标　签	类　型	值集合
UNIVERSAL1	BOOLEAN	TRUE，FALSE
UNIVERSAL2	INTEGER	正整数、负整数和零
UNIVERSAL3	BIT STRING	0 个或多个比特组成的序列
UNIVERSAL4	OCTET STRING	0 个或多个字节组成的序列
UNIVERSAL5	NULL	空类型
UNIVERSAL6	OBJECT IDENTIFIER	对象标识符
UNIVERSAL7	Object Descriptor	对象描述符
UNIVERSAL8	EXTERNAL	外部文件定义的类型
UNIVERSAL9	REAL	所有实数
UNIVERSAL10	ENUMERATED	整数值的表，每个整数有一个名字
UNIVERSAL11-15	保留	为 ISO 8824 保留
UNIVERSAL16	SEQUENCE，SEQUENCE OF	序列
UNIVERSAL17	SET，SET OF	集合
UNIVERSAL18	Numeric String	数字 0～9 和空格
UNIVERSAL19	Printable String	可打印字符串
UNIVERSAL20	Teletex String	由原 CCITT T.61 建议定义的新字符集
UNIVERSAL21	Videotex String	由原 CCITT T.100 和 T.101 建议定义的新的字符集
UNIVERSAL22	IA5String	国际标准字符集 5（相当于 ASCII 码）
UNIVERSAL23	UTC Time	时间
UNIVERSAL24	Generalized Time	时间
UNIVERSAL25	Graphic String	由 ISO 8824 定义的字符集
UNIVERSAL26	Visible String	由 ISO 646 定义的字符集
UNIVERSAL27	General String	通用字符集
UNIVERSAL28…	保留	为 ISO 8824 保留

下面介绍这些数据类型的含义。

1. 简单类型

（1）INTEGER，整数类型，ASN.1 中没有限制整数的位数，可以是任意大小的整数。

例 2.1　Number ：：=INTEGER

（2）BOOLEAN，布尔类型，取值为 TRUE（真）或 FALSE（假）。

例 2.2　Married ：：=BOOLEAN

（3）REAL，实数类型，ASN.1 中对实数的精度没有限制，REAL 可以表示所有的实数。另外要说明的是，实数可以表示为科学计数法：$M \times B^E$，其中尾数 M 和指数 E 可以取任何正或负整数值，基数 B 可以取 2 或 10。

（4）ENUMERATED，枚举类型，实际上是一组个数有限的整数值。可以给每个整型值赋予不同的意义。

例 2.3　Week ：：=ENUMERATED {

```
Monday     (1),
Tuesday    (2),
Wednesday  (3),
Thursday   (4),
Friday     (5),
Saturday   (6),
Sunday     (7) }
```

例 2.4 对于 SNMP 的 MIB 中，在获取响应信息中的错误状态如下所示。

ErrorStatus::=ENUMERATED {

```
noError      (0),
tooBig       (1),
noSuchname   (2),
badValues    (3),
readOnly     (4),
genError     (5)  }
```

（5）BIT STRING，位串类型，由 0 个或多个比特组成的有序位串。位串的值可以由对应的二进制或十六进制串表示。例如，10100010B 或 A2H 都是位串类型的有效数值。

（6）OCTET STRING，8 位位组串，由 0 个或多个 8 位位组组成的有序串。和位串类型一样，8 位位组串也可以用对应的二进制或十六进制串表示。

（7）OBJECT IDENTIFIER，对象标识符，从对象树派生出的一系列点分数字符串的形式，用来标识对象。在 ASN.1 中对象集合按照树形结构组织，树的每个分支被赋予一个整数标识。对象标识符是从根节点开始到对象节点路径上边标识的顺序连接，它是对象的唯一标识。根节点以下有 3 个节点，分别是 ccitt（0）、iso（1）、joint-iso-ccitt（2），它们向下又可细分，如 iso 的子节点包括 standard（0）、registration-authority(1)、member-body（2）、org（3）。其中 org（3）下面的子节点 internet 就定义了最常使用的管理对象。

例 2.5 internet OBJECT IDENTIFIER ::={

```
iso (1)
org (3)
dod (6)
1 }
```

对象标识符值从对象树的根节点开始到对象所在节点路径上的对象标识符组成，对象标识符的值是 1.3.6.1。在例 2.5 中 internet 是对象标识符，它的 4 个对象标识符成分是 iso、org、dod 和 1。对象标识符有两种形式，名字形式和数字形式。其中，数字形式是必须有的，名字形式是为了对对象节点加以说明而设置的标识符。例 2.5 中的 iso、org、dod 都是相应对象标识符的名字，而 1、3、6 是它们对应的数字形式。

（8）NULL，空值类型，它仅包含一个值——NULL，主要用于位置的填充。如果某个时刻无法得知数据的准确值，简单的方法就是将这一数据定义为 NULL 类型。数据值为 NULL 时，表示该值还不知道。还可以用 NULL 表示序列中可能缺省的某个元素。

（9）CHARACTER STRING，字符串类型。ASN.1 中定义了一些字符集不完全相同的 CHARACTER STRING 类型，不同类型包含的字符集不同。标准 ASCII 字符可以分为 G 集（图形符号集，ASCII 字符编号范围是 33～126）和 C 集（控制符号集，ASCII 字符编号范围是 0～31）。

空格符（编号 32）和删除符（编号 127）同时属于两个符号集。

2. 构造类型

（1）SEQUENCE，序列类型，是包含 0 个或多个组成元素的有序列表。列表的不同元素可以分属于不同的数据类型。每个元素由元素名和元素类型组成，元素类型可以是简单类型，也可以是定义的其它构造类型。元素类型标识符后可以跟 OPTIONAL 或 DEFAULT 关键词。OPTIONAL 关键词表示在序列类型的实例中该元素项可以出现，也可以不出现。DEFAULT 关键词表示序列类型的实例中该元素具有事先指定的默认值。COMPONENTS OF 关键词表示它包含了给定序列中的所有组成元素。

例 2.6　AirlineFlight ：：=SEQUENCE {

```
airline   IA5STRING,
flight    IA5STRING,
seats     SEQUENCE {
          maximum  INTEGER,
          occupied   INTEGER,
          vacant     INTEGER,
                     },
airport   SEQUENCE {
          origin  IA5STRING,
          stop[0]  IA5STRING OPTIONAL,
          stop[1]  IA5STRING OPTIONAL,
          destination  IA5STRING
                     },
crewsize  ENUMERTAED {
          six   (6),
          eight  (8),
          ten     (10)},
cancel  BOOLEAN  DEFAULT  FALSE
               }
```

它的一个实例是

```
airplane1  AirlineFlight :: ={ airline "china",
                               flight  "C3416",
                               seats {320 , 280, 40},
                               airport { original  "Qingdao" , stop[0]  "TaiYuan" ,
destination "WuLuMuQi"},
                               crewsize  10
                             }
```

或

airplane1 ：：={"china"，　"C3416"，　{320 ，280，40}，{ original "Qingdao"，stop[0] "TaiYuan"，destination　"WuLuMuQi"}，10}

上面的实例描述的是从青岛飞往乌鲁木齐的 C3416 航班，需要机组人员 10 人，飞机有 320 个座位，其中有乘客的座位和空座位分别是 280 个和 40 个。本次航班需要在太原停机一次。由于 cancel 使用了默认值 FALSE，所以该航班没有取消。

（2）SEQUENCE OF，单纯序列（数组）类型，即序列中的各项都属于同一类型，可以看做是 SEQUENCE 类型的特例。例 2.7 定义了座位号类型 Seats，因为座位号都是整数，所以可以使用单纯序列类型。

例 2.7 Seats ：：=SEQUENCE OF INTEGER

（3）SET，集合类型，是包含0个或多个组成元素的无序集合。这些元素的顺序无任何意义，但是它们之间必须是不相同的，组成元素的类型可以为不同的 ASN.1 类型。

例 2.8 Student ：：=SET {

```
            number  INTEGER,
            name    IA5STRING,
            age     INTEGER,
            gender  ENUMBERTED {male (0), female (1)},
            major   IA5STRING
            }
    {20040320, "LiYong", 19, {0}, "Network Engine"},
    {20040720, "WangHua", 20, {1}, "Computer Application"}, 它们都属于Student类型的同一个实例。
```

（4）SET OF，单纯集合类型，是包含0个或多个组成元素的无序集合，同单纯序列类型类似，这些组成元素必须为相同的 ASN.1 类型。

例 2.9 VipSeats ：：=SET OF INTEGER

```
    vipseats VipSeats :: ={60, 80, 120}
```

3. 标签类型

标签类型由一个标签类（class）和一个标签号（class number）组成，标签号是十进制非负整数。标签类型有 4 种：通用类（UNIVERSAL）、应用类（APPLICATION）、私有类（PRIVATE）和上下文无关类（CONTEX-SPECIFIC）。

通用类标签是 ASN.1 标准定义的，除了 CHOICE 和 ANY 类型之外，所有的简单类型和结构类型都具有统一分配的唯一标签。

加标签后的类型实质上是一个新的类型，它和原来的类型在结构上是一样的，但是是不同的类型，举例如下。

例 2.10 Number ：：=[UNIVERSAL 2]INTEGER

```
    valA  Number:: =200603
```

4. 其他类型

CHOICE 和 ANY 是两个没有标签的类型，因为它们的值是未定的，而且类型也是未定的。当这种类型的变量被赋值时，它们的类型和标签才能确定。

（1）CHOICE，选择类型，包含一个可供选择的数据类型列表。CHOICE 类型的每个值都是其中某一数据类型的值。数据可能在不同情况下取不同的值，若这些可能的类型能够在事先都知道，那么就可以使用 CHOICE 类型。

例 2.11 Prize ：：= CHOICE{

```
            car    IA5STRING,
            cash  INTEGER,
            nothing BOOLEAN
            }
```

由于奖项的种类是可以预知的，分别为 nothing TRUE，car“Lincoln”和 cash 25000。

（2）ANY，和选择类型具有确定的数据类型选择范围不同，若在定义数据时不能确定数据的类型，可以使用 ANY 类型。

例 2.12　Book:：=SEQUENCE{

```
                author   IA5STRING,
                reference  ANY
                }
{author "Martin" , reference  IA5STRING "ISBN007895"}和
{author "Martin", reference  INTEGER  1998} 都是 Book 的正确实例。
```

2.2.2 子类型

子类型是由限制父类型的值集合而导出的类型，所以子类型的值集合是父类型的子集。子类型还可以产生子类型。产生子类型的方法有以下 6 种。

1. 单个值（Single Value）

列出子类型可取的各个值。例如

```
TestResule:: =INTEGER（0|1|2）
```

表示 TestResult 可以取 0、1 或 2 中的一个值。

2. 值区间（Value Range）

这种方法只能用于整数和实数，指出子类型可取的区间。例如

```
EmployeeNumber:: =INTEGER（1000..20000）
```

表示该变量取整数值，范围为 1000 ~ 20000。

3. 允许字符（Permitted Alphabet）

允许字符只能用于字符串类型，限制字符集的取值范围。例如

```
House Size:: = IA5STRING（FROM（"0" | "1" | "2" | "3" | "4" | "5" | "6" | "7" | "8" |
"9"）SIZE（5））
```

表示该变量可取的值是 5 个数字组成的字符串。

4. 限制大小（Size Constrained）

可以限制 5 种类型（BIT STRING、OCTET STRING、CHARACTER STRING、SEQUENCE OF、SET OF）的规模大小。例如

```
WorkstationNumber:: =OCTET STRING（SIZE（32））
```

表示该变量的值为 32 个字节的串。

5. 包含子类型（Contained Subtype）

从已有的子类型定义新的子类型，新子类型包含原子类型的全部可能的值。用关键字 INCLUDES，说明被定义的类型包含了已有类型的所有的值。例如

```
Months:: =ENUMERATED{January (1), February (2), March（3）, April（4）, May（5）, June（6）,
July（6）, August（8）, September（9）, October（10）, November（11）, December（12）}
First-quarter:: =Months（January, February, March）
Second-quarter:: =Months（April, May, June）
First-half:: =Months（INCLUDES First-quarter | INCLUDES Second-quarter）
```

6. 内部子类型（Inner Subtype）

适用于 SEQUENCE、SEQUENCE OF、SET、SET OF 和 CHOICE 类型，主要用于对这些结构类型的元素项进行限制。例如，下面定义的协议数据单元（PDU）类型。

```
PDU:: =SET {  Alpha  [0] INTEGER,
              Beta   [1] IA5STRING OPTIONAL,
```

```
Gamma  [2] SEQUENCE OF parameter,
Delta  [3] BOOLEAN i8}
```

2.2.3 应用类型

ASN.1 中的应用类型与特定的应用有关。具体到 SNMP 这种应用，RFC1155 定义了以下应用类型。

1. NetWorkAddress：：=CHOICE {internet IpAddress}

这种类型用 ASN.1 的 CHOICE 构造定义，可以从各种网络地址中选择一种。目前只有 Internet 地址，即 IP 地址。

2. IpAddress：：=[APPLICATION 0] IMPLICIT OCTET STRING（SIZE（4））

目前的 IPv4 地址是一个 32 位的值，所以定义为 4 个字节。

3. Counter：：=[APPLICATION 1] IMPLICIT INTEGER（0..4294977295）

计数器类型是一个非负整数，其值可增加，但不能减少，达到最大值 $2^{32}-1$ 后回零，再从头开始增加。计数器可用于计算收到的分组数或字节数。

4. Gauge：：=[APPLICATION 2] INTEGER（0..4294977295）

计量器类型是一个非负整数，其值可增加，也可减少。最大值为 $2^{32}-1$，与计数器不同的是计量器达到最大值后不回零，而是锁定在 $2^{32}-1$，直到复位，计量器可用于表示存储在缓冲队列中的分组数。

5. TimeTicks：：=[APPLICATION 3] INTEGER（0..4294977295）

时钟类型是非负整数，从 $1\sim2^{32}-1$，时钟单位以 0.01s 递增，可表示从某个事件（如设备启动）开始到目前经过的时间。

6. Opaque：：=[APPLICATION 4] OCTET STRING

不透明类型即未知数据类型，或者说可以表示任意类型。这种数据编码时按照 OCTET STRING 处理，管理站和代理能解释这种类型。

2.3 ASN.1 基本编码规则 BER

用 ASN.1 表示的变量必须转换为串行的字节流才能在网络中传输。转换文本 ASN.1 语法到机读代码的算法，称为基本编码规则（Basic Encoding Rules，BER）。ASN.1 用 BER 来描述传输过程中内容，BER 在 ISO 8825/X 标准中进行了定义。

2.3.1 BER 编码结构

BER 传输语法的格式是 TLV 三元组<标签 Tag，长度 Length，值 Value>。标签（Tag）字段是关于标签类别和编码格式的信息；长度（Length）字段表示值（Value）字段的数据长度；值（Value）字段包含实际的数据。BER 编码的结构如图 2-2 所示。TLV 三元组的每个元组都是一系列八位组，对于构造结构，其中 V 还可以是 TLV 三元组，如图 2-3 所示。

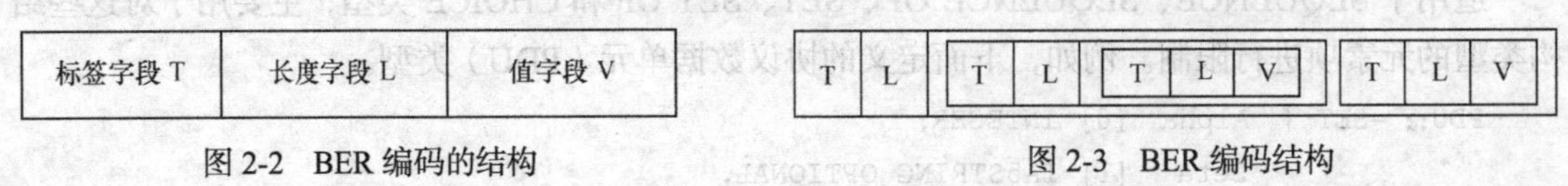

图 2-2 BER 编码的结构　　图 2-3 BER 编码结构

BER 传输语法是基于八位组（八位组由 8 比特组成，是编码的基本单位）大端编码的，其八位组中的二进制编号从 8 到 1，高 8 位在左，约定第 8 位是最高有效位，第 1 位是最低有效位。

1．标签字段

标签字段对标签类型、标签号和编码格式进行编码，其格式如图 2-4 所示。

8　7	6	5　4　3　2　1
标签类型	P/C	标签号

图 2-4　标签字段的结构

标签类型用 2 位来表示，共有 4 类标签。这 4 类标签的编码如表 2-4 所示。

表 2-4　标签的编码

标 签 类 别	位 8、位 7 的值
Universal（通用标签）	位 8=0，且位 7=0
Application（应用标签）	位 8=0，且位 7=1
Context-Specific（上下文专用标签）	位 8=1，且位 7=0
Private（私有标签）	位 8=1，且位 7=1

1 位 P/C 指明编码格式：0 代表简单类型，1 代表构造类型。

当标签号不大于 30 时，Tag 只在一个八位组中编码；当标签号大于 30 时，则 Tag 在多个八位组中编码。在多个八位组中编码时，第一个八位组后 5 位全部为 1，其余的后继八位组最高位为 1 表示后续还有，最后一个八位组最高位为 0 表示 Tag 结束，如图 2-5 所示。

	8	7	6	5　4　3　2　1
	标签类型		编码格式 0: 简单类型 1: 构造类型	标签号
UNI VERSAL	0	0		标签号＞30时，标签字段需要多个字节
APPLI CATION	0	1		
CONTEXT-SPECIFIC	1	0		第一个八位组后5位全为1，后继八位组除最后一个，最高位均为 1
PRIVATE	1	1		

图 2-5　标签字段

2．长度字段

BER 编码中 Length 表示 Value 部分所占八位组的个数，格式主要有两大类：确定格式（Definite Form）和不确定格式（Indefinite Form）。在确定格式中，按照 Length 所占的八位组个数又分为短、长两种格式。

采用确定格式，当长度不大于 127 时，Length 只在一个八位组中编码；当长度大于 127 时，在多个八位组中编码，此时第一个八位组低七位表示的是 Length 所占的长度，后续八位组表示 Value 的长度。

采用不确定格式时，Length 所在八位组固定编码为 0x80，但在 Value 编码结束后以两个 0x00 结尾。这种方式使得可以在编码没有完全结束的情况下，先发送部分消息给对方。

一般来说，采用下面的规则使用不同的类型编码。

（1）若编码是简单类型，则使用确定格式。

短格式：长度字段仅一个八位组，最高位为 0。

长格式：长度字段包含多个八位组，第 1 个字节最高位为 1，其余 7 位表示后面有多少字节来表示值字段的长度。例如，255_{10}可表示为 10000001 11111111。

（2）若编码是构造类型，并且编码立即可用，则既可以使用确定格式，也可以使用非确定格式，由发送者选择。

（3）若编码是构造类型，但编码不是立即可用，则使用非确定格式。

3. 值字段

内容字段由0个或多个八位组组成，并根据不同类型数据值的不同规定对它们进行编码。

2.3.2 编码举例

本小节中以UNIVERSAL Tag和短型Value为例，介绍各种类型的BER编码，重点关注Value部分。其中的数字用十六进制表示。

1. BOOLEAN

布尔值的编码是简单类型，其值由1个八位组组成。

FALSE的编码是01 01 00；TRUE的编码是 01 01 FF。其中第一个字节表示布尔类型的标签（UNIVERSAL 1），第二个字节表示值部分的长度为1个字节，第三个字节表示布尔值。

2. NULL

空值的编码是简单类型。不需要使用值八位组，相应的长度值0。空值的标签是UNIVERSAL 5，所以编码为05 00，其BER如图2-6所示。

标签字段	长度字段
00000101	00000000

图2-6 NULL的BER编码

3. INTEGER

整数值的编码是简单类型，其值由1个或多个八位组组成。

整数值采用二进制补码形式编码。补码从高位到低位排列在值的第一字节的第8位到第1位，第二字节的第8位到第1位，以下按顺序类推。编码取需要的最小字节数，因此不可能出现第一字节的所有位和第二字节的第8位为全0或全1的情况。

对于正数，如果最高比特位为0则直接编码，如果为1，则在最高比特位之前增加一个全0的八位组；对于负数，其补码的编码即先取绝对值，再取反，最后加1。

例如，0 的编码 02 01 00，127 的编码 02 01 7F。其中第一个字节表示整数类型的标签（UNIVERSAL 2），第二个字节表示值部分的长度为1个字节。

128 的编码 02 02 00 80；256 的编码 02 02 01 00。其中第一个字节表示整数类型的标签（UNIVERSAL 2），第二个字节表示值部分的长度为2个字节，第三个字节和第四个字节表示值的大小。

−128的编码02 01 80；−129的编码02 02 FF 7F。图2-7所示为127、256、−129的BER编码。

	标签字段	长度字段	值字段
127（01111111B）	00000010	00000001	01111111
256（0100000000B）	00000010	00000010	00000001 00000000
−129（101111111B）	00000010	00000010	11111111 01111111

图2-7 整数值的编码示例

4. REAL

实数值的编码是简单类型，其值由1个或多个八位组组成。

如果实数值为 0，则不需要使用值八位组，相应长度值为 0，则编码为 09 00。如果实数值不为 0，则使用“B”作为编码的基。基可以由发送者选择。如果“B”是 2、8 或 16，则选择二进制编码；如果“B”是 10，则选择字符编码。

采用二进制编码时，分为尾数编码和指数编码两部分，如图 2-8 所示。

1	编码信息	指数编码	尾数编码

图 2-8 实数值的二进制编码结构

尾数编码的部分信息和指数编码的长度由第一个值八位组指定，后面接着是指数编码字段，剩余的值字段是尾数编码的其他部分。如果尾数不为 0，那么它由符号 S、非负整数值 B 和二进制比例因子 F 来表示，即 $M = S \times B \times 2^F$，$0 \leqslant F < 4$，$S = \pm 1$。

S 由第一个值八位组的位 7 表示，S = −1 则位 7 等于 1，否则位 7 等于 0。位 6 和位 5 根据基数 B 进行编码。基数为 2，编码为 00；基数为 8，编码为 11；基数为 16，编码为 10。位 4 和位 3 是比例因子的无符号二进制表示。位 2 和位 1 对指数编码的形式，如表 2-5 所示。

表 2-5 实数二进制编码指数的编码

第 1 个内容八位位组	指 数
位 2=0，且位 1=0	使用第 2 个内容八位位组
位 2=0，且位 1=1	使用第 2、3 个内容八位位组
位 2=1，且位 1=0	使用第 2、3、4 个内容八位位组
位 2=1，且位 1=1	使用第 2 个内容八位位组表示用于指数编码的八位位组数

值字段的剩余部分将整数值 N 编码成无符号二进制。

当使用十进制编码（位 8 和位 7 等于 00）时，按 ISO 6093 的规定进行编码。其中第一个值八位组的位 6 到位 1 规定使用 ISO 6093 的何种编码形式，如表 2-6 所示。

表 2-6 十进制编码方式

位 6 到位 1	数 字 表 示
00 0001	ISO 6093 NR1 形式
00 0010	ISO 6093 NR2 形式
00 0011	ISO 6093 NR3 形式

当对特别实数值进行编码（位 8 和位 7 等于 01）时，只需要一个值八位组即可。特别实数值是指正无穷（PLUS-INFINITY）和负无穷（MINUS-INFINITY），它们的编码如表 2-7 所示。

表 2-7 特别实数值

第 1 个内容八位位组	特别实数值
0100 0000	PLUS-INFINITY
0100 0001	MINUS-INFINITY

5. BIT STRING

位串值的编码可以是简单类型，也可以是构造类型。

简单编码的值八位组包含一个初始八位组，取值为 0 到 7，表征这个值最后补位的个数。由发送方决定补位采用 0 还是 1。后面跟 0 个、1 个或多个后继八位组。位串的第一位置于第一个后继八位组的第 8 位，以下顺序类推。

构造编码的值八位组由 0 个、1 个或多个数据值的完整编码组成。每个这样的编码都包括标识、长度和值字段。每个数据值的编码通常采用简单编码。

例如，位串值（0A3B5F291CD），采用简单编码则为：03 07 040A3B5F291CD0。其中第一个字节表示位串类型的标签（UNIVERSAL 3），第二个字节表示值部分的长度为 7 个字节，在位串值前增加了一个八位组，取值为 04，表征这个值最后补位的个数，如图 2-9 所示。

标签字段	长度字段	值字段
03H	07H	040A3B5F291CD0H

图 2-9　位串值简单编码示例

采用构造编码则为：23 80 03 03　000A3B

03 05　045F291CD0

将位串值拆为（0A3B）和（5F291CD）两部分，如图 2-10 所示。

标签字段	长度字段	值字段			
23H	80H	03H	03H	000A3BH	
		03H	05H	045F291CD0H	0000H

图 2-10　位串值构造编码示例

6. OCTET STRING

字节串值的编码与 BIT STRING 类似，但是不需要增加表征补充位个数的八位组。例如，字节串 ACE 可编码为 04 02 AC E0，而字符串“ACE”编码为 16 03 414345，如图 2-11 所示。

	标签字段	长度字段	值字段
“ACE”	16H	03H	414345H
ACE0H	04H	02H	ACE0H

图 2-11　字节串与字符串编码示例

7. OBJECT IDENTIFIER

对象标识符值的编码是简单类型，值八位组是互相连接的子标识符编码的表。每个子标识符标识为一个或多个八位组。每个八位组的第 8 位指示它是否是该系列的最后一个，最后八位组的第 8 位为 0，其他八位组的第 8 位为 1，第 1 至 7 位组合起来作子标识符的编码。

第一个编码子标识符的数值从被编码的对象标识符值中的前两个子标识符值得出，使用公式：$(X \times 40) + Y$。其中 X 和 Y 是前两个子标识符的值。因此，编码子标识符数比实际对象全部字标识符数少 1。

例如，对象标识符{ joint-iso-ccitt 100 3}，即{ 2 100 3}，计算得到 $2 \times 40 + 100 = 180$，因此按照{180　3}编码为：06 03 813403H。其中第一个字节表示对象标识符类型的标签（UNIVERSAL 6），第二个字节表示值部分的长度为 3 个字节。该对象标识符的 BER 编码如图 2-12 所示。

	标签字段	长度字段	值字段
{2 100 3}	06H	03H	813403H

图 2-12　对象标识符{ joint-iso-ccitt 100 3}的编码

8. SEQUENCE

序列值的编码是构造类型。值八位组由序列类型 ASN.1 定义中列出的每个类型的一个数据值的完整编码组成，除非该类型带有关键字“OPTIONAL”或“DEFAULT”，否则这些值的编码可以不出现。例如，序列类型{name　IA5String ok BOOLEAN}，值{name “Smith” ，ok TRUE}，可以编码为：30 0A16 05 73 6D 69 74 68 01 01 FF。

按照序列结构可以展开为

```
Seq  Len  Val
30    0A   IA5  Len  Val
           16   05  73 6D 69 74 68
           Bool  Len  Val
           01    01    FF
```

9．SET

与 SEQUENCE 类似，但是由于集合类型的元素是无序的，故有多种编码，成员顺序由发送者决定。

例如，SET{breadth INTEGER，bent　BOOLEAN}的值{breadth　7，bent FALSE}的编码为 31 06 02 01 07 01 01 00；也可以是 31 06 01 01 00 02 01 07。成员的顺序可以改变。

2.4　宏定义

ASN.1 宏提供了创建“模板”的功能，这也是引入 ASN.1 宏的原因。ASN.1 宏使得 ASN.1 语言具有良好的扩充性。下面介绍在 ASN.1 中定义模块的方法。

1．模块定义

ASN.1 的基本单位是模块，用于定义一个抽象数据类型 ASN.1 模块，实际上是由一组类型定义和值定义组成。类型定义是说明类型的名称和类型的格式，值定义是规定将什么样的具体值赋给某一类型。模块定义的基本形式为

```
<moduleIdentifier>    DEFINITIONS:: =
                      BEGIN
                         EXPORTS
                         AssignmentList
                      END
```

其中，moduleIdentifier 是模块名，模块名的第一个字母必须大写。EXPORTS 结构用于定义其他模块可以移值的类型或值，而 IMPORTS 结构规定了模块中某些定义是从其他模块中移植过来的。

AssignmentList 部分包含模块定义的所有类型、值和宏定义。下面是一个模块定义的例子。

例 2.13　RFC1155-SMI DEFINITIONS:: =BEGIN

```
        EXPORTS      —EVERYTHING
          internet, directory, mgmt, experimental,
             private, enterprises, OBJECT-TYPE,
            ObjectName, ObjectSyntax, SimpleSyntax;
            ApplicationSyntax, NetworkAddress, IpAddress,
            Counter, Gauge, TimeTicks, Opaque;
       —the path to the root
    internet             OBJECT IDENTIFIER:: ={iso(1) org(3) dod(6) 1}
    directory            OBJECT IDENTIFIER:: ={internet 1}
    mgmt                 OBJECT IDENTIFIER:: ={internet 2}
    experimental         OBJECT IDENTIFIER:: ={internet 3}
    private              OBJECT IDENTIFIER:: ={internet 4}
```

```
        enterprises         OBJECT IDENTIFIER::={private 1}
        ObjectName::= OBJECT IDENTIFIER
        ObjectSyntax::= CHOICE{
                simple          SimpleSyntax,
                application-wide
                ApplicationSyntax}
        SimpleSyntax::=CHOICE{
                number      INTEGER,
                string      OCTET STRING,
                object      OBJECT IDENTIFIER,
                empty       NULL}
        ApplicationSyntax::=CHOICE{
                address         NetworkAddress,
                counter         Counter,
                gauge       Time Ticks,
                arbitrary       Opaque}
        Network-Address::= CHOICE{
                internet        IpAddress}
      IpAddress::=[APPLICATION 0] IMPLICIT OCTET STRING(SIZE (4))
      Counter::=[APPLICATION 1] IMPLICIT INTEGER(0..4294967295)
      Gauge::=[APPLICATION 2]IMPLICIT INTEGER (0..4294967295)
      TimeTicks::=[APPLICATION 3]IMPLICIT INTEGER(0..4294967295)
      Opaque::=[APPLICATION 4] IMPLICIT OCTET STRING
     END
    RFC1213-MIB DEFINITIONS::=BEGIN
      IMPORTS
            mgmt, Network Address, Ip Address, Counter,
            Gauge, Time Ticks
            FROM RFC1155-SMI
            OBJECT-TYPE
            FROM RFC-1212;
      mib-2  OBJECT IDENTIFIER::={mgmt 1}
      …
    END
```

在例 2.13 中，定义了两个模块 RFC1155-SMI 和 RFC1213-MIB，前者定义了 SNMPv1 的管理信息结构，主要是分配对象标识和定义各种数据类型。后者是在前者的基础上定义了具体的管理信息对象集合 MIB-2。两个模块的定义部分都在关键字 DEFINITIONS 后的 BEGIN 和 END 之间。模块 RFC1155-SMI 的开头用 EXPORTS 将本模块中定义的全部数据类型说明为外部类型，从而可以被其他定义 MIB 对象的模块使用；模块 RFC1213-MIB 的开头用 IMPORTS 说明本模块中使用了在 RFC1155-SMI 中定义的对象标识符 mgmt 和数据类型 NetworkAddress、IpAddress、Counter、Gauge、TimeTicks 以及模块 RFC1212 中定义的宏 OBJECT-TYPE。RFC1155-SMI 和 RFC1213-MIB 的其他部分分别定义了具体数据类型或管理对象的细节，这里不再赘述。

2. 宏表示

ASN.1 宏提供了创建“模板”用来定义宏的方法，MIB 对象就是采用宏定义模板来定义的。下面介绍定义宏的方法，为此需要区分 3 个不同的概念。

- 宏表示：ASN.1 提供的一种表示机制，用于定义宏。

- 宏定义：用宏表示定义的一个宏，代表一个宏实例的集合。
- 宏实例：用具体的值代替宏定义中的变量而产生的实例，代表一种具体的类型。

宏定义的模板形式为

```
<macroname>MACRO:: =
    BEGIN
      TYPE NOTATION:: =<user defined type notation>
      VALUE NOTATION:: =<user defined value notation>
      <supporting syntax>
END
```

其中，macroname 是宏的名字，必须全部大写。宏定义由类型表示（TYPE NOTATION）、值表示（VALUE NOTATION）和支持产生式（supporting syntax）3 部分组成，而最后部分是任选的，是关于宏定义体中类型的详细语法说明。这 3 部分都由 Backus-Naur 规范说明。当用一个具体的值代替宏定义中的变量或参数时就产生了宏实例，它表示一个实际的 ASN.1 类型（称为返回的类型），并且规定了该类型可取的值的集合（称为返回的值）。可见宏定义可以看做是类型的类型，或者说是超类型。另一方面也可以把宏定义看做是类型的模板，用这种模板制造出形式相似、语义相关的许多数据类型。这就是宏定义的主要用处。

下面是取自 RFC1212 的关于对象类型的宏 OBJECT-TYPE 的定义,其中包含多个支持产生式。

```
OBJECT-TYPE MACRO:: =        BEGIN
     TYPE NOTATION:: =     "SYNTAX"type(TYPE ObjectSyntax)
                             "ACCESS"Access
                             "STATUS"Status
                             DescrPart
                             ReferPart
                             IndexPart
                             DefValPart
VALUE NOTATION:: =value(VALUE ObjectName)
Access:: ="read-only"|"read-write"|"write-only"|"not-accessible"
Status:: ="mandatory"|"optional"|"obsolete"
DescrPart:: ="DESCRIPTION"value(reference DisplayString)|empty
ReferPart:: ="REFERENCE"value(reference DisplayString)|empty
IndexPart:: ="INDEX""{"IndexTypes"}"|empty
IndexTypes:: =IndexType|IndexTypes", "IndexType
IndexType:: value(indexobject ObjectName)|type(indextype)
DefValPart:: ="DEFVAL""{"value(defvalue ObjectSyntax) "}"|empty
DisplayString:: =OCTET STRING SIZE(0..255)
END
```

TYPE NOTATION 包含 7 个子句，其中前 3 个是必选的，每个子句都描述对象的不同属性，具体解释如下。

（1）SYNTAX：表示对象类型的抽象语法，在宏实例中关键字 type 应由 ObjectSyntax 代替，即上面提到的通用类型和应用类型。这里有

```
ObjectSyntax:: =CHOICE{simple  SimpleSyntax,
                      application-wide   ApplicationSyntax}
```

SimpleSyntax是指5种通用类型，而ApplicationSyntax是指6种应用类型。

（2）ACCESS：定义 SNMP 访问对象的方式。可选择的访问方式有只读（read-only）、读写（read-write）、只写（write-only）和不可访问（not-accessible）4 种，这是通过访问子句定义的。任何实现必须支持宏定义实例中定义的访问方式，还可以增加其它访问方式，但不能减少。

（3）STATUS：说明实现是否支持这种现象。状态子句中定义了必要的（mandatory）和任选的（optional）两种支持程度。这时的obsolete是指旧标准支持而新标准不支持的类型。如果一个对象被说明为可取消的（deprecated），则表示当前必须支持这种现象，但在将来的标准中可能被取消。

（4）DescrPart：这个子句是任选的，用文字说明对象类型的含义。

（5）ReferPart：这个子句也是任选的，用文字说明可参考在其它MIB模块中定义的对象。

（6）IndexPart：用于定义表对象的索引项。

（7）DefValPart：定义了对象实例默认值，这个子句是任选的。

VALUE NOTATION指明对象的访问名，即对象标识符。

最后一部分是值的产生式规则，该部分也是任选的。

3. 宏实例的定义

当用一个具体的值代替宏定义中的变量（或参数）时就产生了宏实例，它表示一个实际的ASN.1类型（称为返回的类型），并且规定了该类型可取的值的集合（称为返回的值）。宏实例（即ASN.1类型）的定义首先是对象名，然后是宏定义的名字，最后是宏定义规定的宏体部分。下面给出对象定义的示例。

例2.14　tepMaxConn OBJECT-TYPE

```
SYNTAX      INTEGER
ACCESS       read-only
STATUS       mandatory
DESCRIPTION
"The limit on the total number of TCP comnection the entity can support"
:: = {tcp 4}
```

例2.15　对Internet控制报文协议流入的信息计数。

```
icmpIlMsgs OBJECT-TYPE
          SYNTAX       Counter
          ACCESS        read-only
          STATUS        mandatory
          :: = {icmp 1}
```

2.5 小　结

抽象语法表示ASN.1定义了一组用来描述OSI网络上所传输的数据结构规则。ASN.1是一种形式语言，它提供统一的网络数据表示，通常用于定义应用数据的抽象语法和应用协议数据单元的结构。在网络管理中，无论是OSI的管理信息结构或是SNMP管理信息库，都是用ASN.1定义的。

在ASN.1中，每一个数据类型都有一个标签（tag），标签有类型和值，数据类型是由标签的类型和值唯一确定的。有4种标签：通用标签UNIVERSAL、应用标签APPLICATION、上下文专用标签 Context-Specific 和私有标签 PRIVATE。ANSI.1 定义的数据类型有 20 多种，标签类型都是 UNIVERSAL。本章用大量的实例对其数据类型进行了介绍，并对基本编码规则的编码结构作了详细的论述。

用 ASN.1 定义的应用数据在传送过程中要按照一定的规则变换成比特串，这种规则就是基本编码规则（Basic Encoding Rule，BER）。

ASN.1 提供了宏定义功能，可用于扩充语法，定义新的类型和值。

习 题 2

1. 用 ASN.1 表示一个协议数据单元（如 IEEE 802.3 的帧）。
2. 用基本编码规则对长度字段 L 编码：L = 18，L = 180，L = 1044。
3. 用基本编码对数据编码：标签值 = 1011001010，长度 = 255。
4. 写出一个 ASN.1 的模块，该模块以 ENUMERATED 数据类型定义了 monthsOfYear，它的值从 1 到 12。
5. 写出一个 ASN.1 的模块，该模块以 SEQUENCE 数据类型指定 monthsOfYear，并以 VisibleString 类型指定一年中的每一个月（month1，month2，…）。写出 ASN.1 对于结构的描述，并写出对于值的描述。
6. 子类型分为哪几种？分别举例说明。
7. 为什么要用宏定义？怎样用宏定义得到宏实例？
8. RFC1212 给出的宏定义由哪些部分组成？试按照这个宏定义产生一个宏实例。

第3章 Internet 管理信息结构

Internet 是由 ARPANET 演变而来的，在这个网络上运行的通信协议被称为 TCP/IP 协议簇。任何网络管理系统的基础都是一个包含有关被管理资源以及元素信息的数据库。在基于 TCP/IP 系统管理中，这个数据库被称为管理信息库（Management Information Base，MIB）。

定义和构建 MIB 的通用性框架结构，被称为管理信息结构（Structure of Management Information，SMI）。SMI 定义了 MIB 中被管对象使用的数据类型的表示和命名 MIB 中对象的方法。

本章介绍 SNMP 网络管理框架，管理信息库（MIB）结构和管理信息结构（SMI）的主要内容。

3.1 SNMP 网络管理框架

3.1.1 TCP/IP 协议簇

ARPANET 定义了 4 个协议层次，如图 3-1 所示。TCP/IP 协议簇允许同层协议实体（如 IP 和 ICMP）之间互相作用，从而实现复杂的控制功能，也允许上层过程直接调用不相邻的下层过程。甚至在有些高层协议（如 FTP）中，用不同端口不同协议数据单元控制信息和数据分别传输，而不是共享同一协议数据单元。图 3-2 所示为 TCP/IP 协议簇主要协议之间的调用关系。

在 Internet 中，主机（Host）泛指各种工作站、服务器、PC 甚至大型计算机。用于连接网络的设备称为 IP 网关或路由器。组成互联网的各个网络可能是以太网、令牌环网或者其他任何局域网，甚至是广域网。

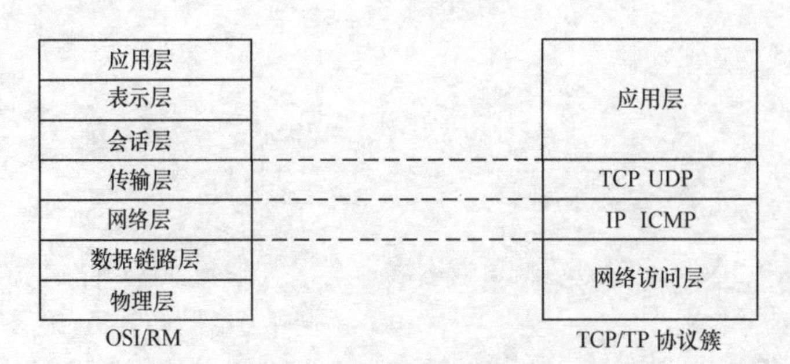

图 3-1 TCP/IP 协议簇与 OSI/RM 的对应关系

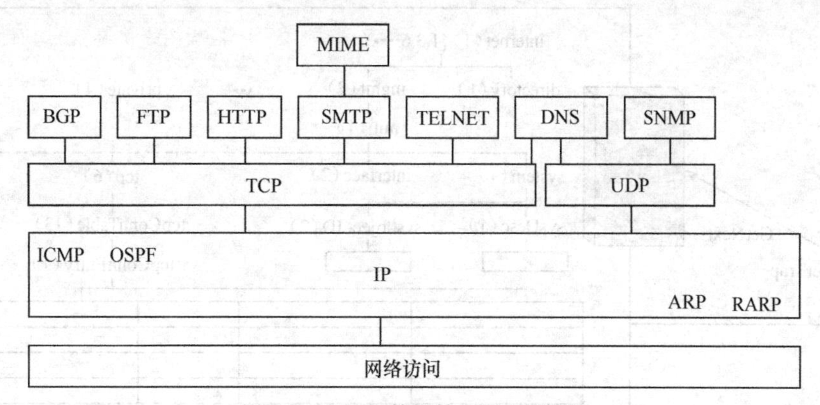

图 3-2 TCP/IP 协议簇主要分层协议

TCP 是端系统之间的协议，其功能是保证端系统之间可靠地发送和接收数据，并为各应用进程提供访问端口。互联网中的所有端系统和路由器都必须实现 IP。IP 的主要功能是根据全网唯一的地址，把数据从源主机搬运到目标主机。当一个主机中的应用进程选择传输服务（如 TCP）为其传输数据时，以下各层实体分别加上该层协议的控制信息，形成协议数据单元，如图 3-3 所示。当 IP 分组到达目标网络目标主机后，由下层协议实体逐层向上提交，沿着相反的方向一层一层剥掉协议控制信息，最后把数据交给应用层接收进程。

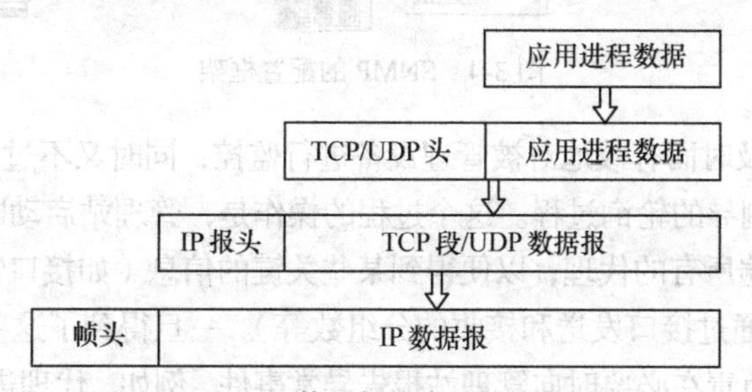

图 3-3 TCP/IP 体系结构中的协议数据单元

SNMP 管理 TCP/IP 的运行，与 TCP/IP 运行有关的信息按照 SNMP 定义的管理信息结构（SMI）存储在管理信息库（MIB）中。

3.1.2 SNMP 管理体系结构

在 Internet 中，对网络、设备和主机的管理叫做网络管理，网络管理信息存储在管理信息库（MIB）中。图 3-4 所示为 SNMP 的配置框架。SNMP 由两部分组成：一部分是管理信息库结构的定义；另一部分是访问管理信息库的协议规范。下面简要介绍这两部分的内容。

图 3-4 中的第一部分是 MIB 树。各个代理中的管理数据由树叶上的对象组成，树的中间节点的作用是对管理对象进行分类。例如，与某一协议实体有关的全部信息位于指定的子树上。树结构为每个叶子节点指定唯一的路径标识符，这个标识符是从树根开始把各个数字串联起来形成的。

图 3-4 中的另一部分是 SNMP 支持的服务原语，这些原语用于管理站和代理之间的通信，以便查询和改变管理信息库中的内容。Get 检索数据，Set 改变数据，而 GetNext 提供扫描 MIB 树和连续检索数据的方法，Trap 则提供从代理进程到管理站的异步报告机制。

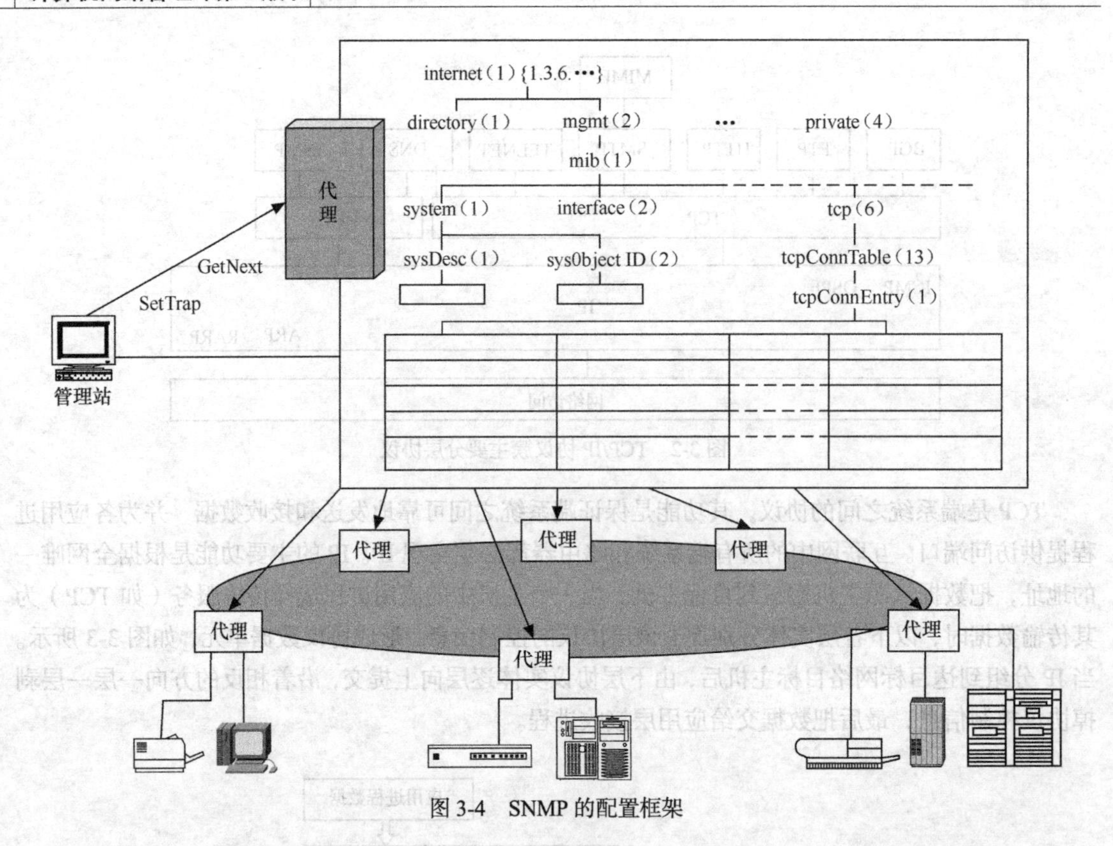

图 3-4　SNMP 的配置框架

为了使管理站能够及时而有效地对被管理设备进行监控，同时又不过分增加网络的通信负载，必须使用陷入（Trap）制导的轮询过程。这个过程的操作是，管理站启动时或每隔一定时间（如每2h）用 Get 操作轮询一遍所有的代理，以便得到某些关键的信息（如接口特性）或基本的性能统计参数（如在一段时间内通过接口发送和接收的分组数等）。一旦得到了这些基本数据，管理站就停止轮询，而由代理进程负责在必要时向管理站报告异常事件，例如，代理进程重新启动、链路失效、负载超过门限等。这些情况都是由陷入（Trap）操作传送给管理站的。得到异常事件的报告后，管理站可以查询有关的代理，以便得到更具体的信息，对事件的原因作进一步的分析。

Internet 最初的网络管理框架由 4 个文件定义，如图 3-5 所示，这就是 SNMP 第一版（SNMPv1）。RFC1155 定义了管理信息结构 SMI（即规定了管理对象的语法和语义）。SMI 主要说明了怎样定义管理对象和怎样访问管理对象。RFC1212 说明了定义 MIB-2 模块的方法，而 RFC1213 则定义了

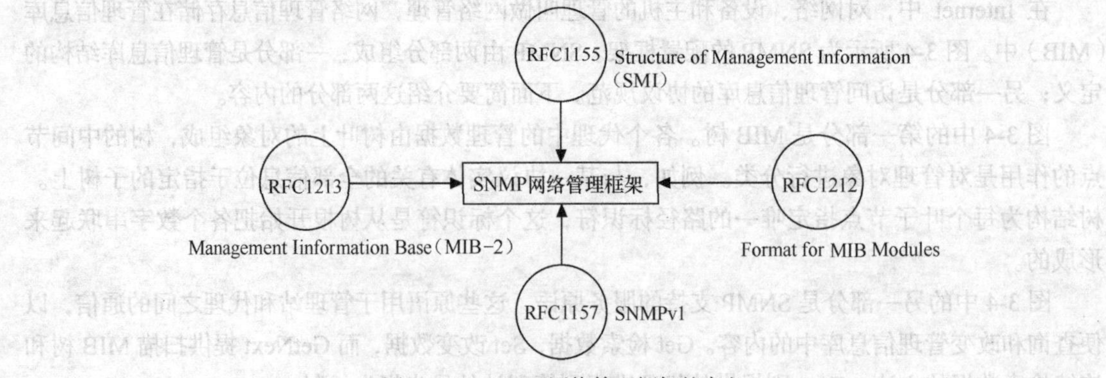

图 3-5　SNMPv1 网络管理框架的定义

MIB-2 管理对象的核心集合，这些管理对象是任何 SNMP 系统必须实现的。RFC1157 是 SNMPv1 的规范文件。

3.1.3　SNMP 体系结构

图 3-6 所示为 SNMP 网络管理协议的体系结构。SNMP 的体系结构一般是非对称的，即 Manager 实体和 Agent 实体被分别配置。配置 Manager 实体的系统被称为管理站，配置 Agent 实体的系统被称为代理。管理站可以向代理下达操作命令、访问代理所在系统的管理对象。由于 SNMP 定义为应用层协议，所以它依赖于 UDP 数据报服务。同时 SNMP 实体向管理应用程序提供服务，它的作用是把管理应用程序的服务调用变成对应的 SNMP 数据单元，并利用 UDP 数据报发送出去。

SNMP 之所以选择 UDP 而不是 TCP，是因为 UDP 效率比较高，这样实现网络管理就不会过多地增加网络负载。但由于 UDP 不是很可靠，所以 SNMP 报文容易丢失。为此，对 SNMP 实现的建议是对每个管理信息要装配单独的数据报并独立发送，而且报文应短些，不超过 484 个字节。

每个代理管理若干管理对象，并且与某些管理站建立团体（community）关系，如图 3-7 所示。团体名作为团体的全局标识符，是一种简单的身份认证手段。一般来说代理进程不接受没有团体名验证的报文，这样可以防止假冒的管理命令，同时在团体内部也可以实行专用的管理策略。

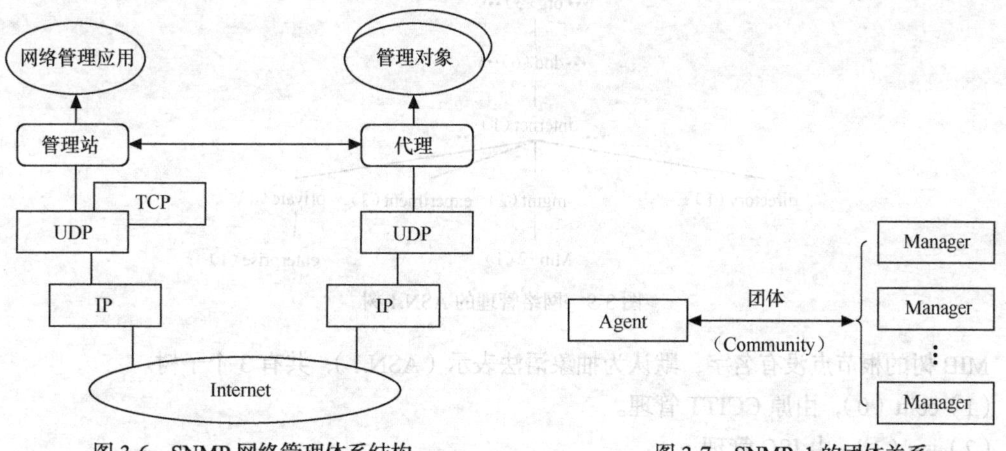

图 3-6　SNMP 网络管理体系结构　　　　图 3-7　SNMPv1 的团体关系

SNMP 要求所有的代理设备和管理站都必须支持 TCP/IP。对于不支持 TCP/IP 的设备（如某些网桥、调制解调器、个人计算机和可编程控制器等），不能直接用 SNMP 进行管理，为此，提出了委托代理的概念，如图 3-8 所示。一个委托代理可以管理若干台不支持 TCP/IP 的设备，并

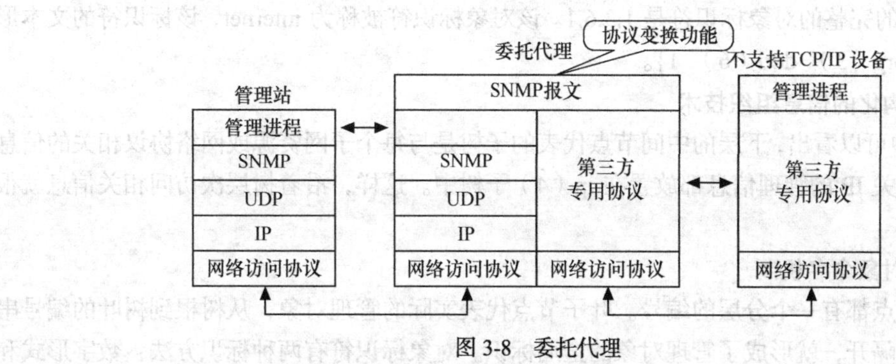

图 3-8　委托代理

代表这些设备接收管理站的查询。实际上委托代理起到了协议转换的作用，委托代理和管理站之间按 SNMP 通信，而与被管设备之间则按专用的协议通信。

3.2 MIB 树结构

SNMP 环境中的所有管理对象组织成分层的树结构，如图 3-9 和图 3-10 所示。这种层次树结构有 3 个作用，即表示管理和控制关系、提供结构化的信息组织技术以及提供了对象命名机制。采用这种层次树结构的组织方式易于管理，易于扩充。

1. 表示管理和控制关系

图 3-9 中上层的中间节点是某些组织机构的名字，说明这些机构负责它下面的子树信息的管理和审批。

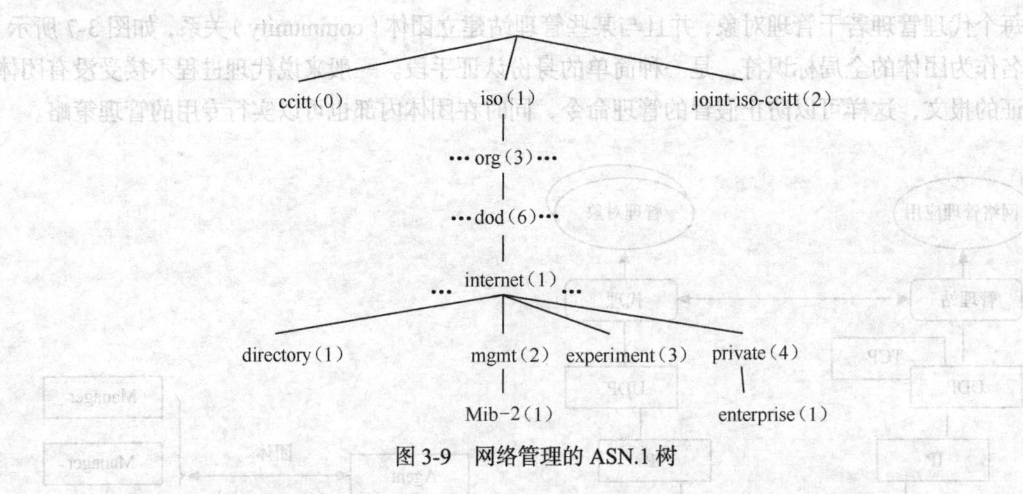

图 3-9 网络管理的 ASN.1 树

MIB 树的根节点没有名字，默认为抽象语法表示（ASN.1），共有 3 个子树。

（1）ccitt（0），由原 CCITT 管理。

（2）iso（1），由 ISO 管理。

（3）joint-iso-ccitt（2），由 ISO 和原 CCITT 管理。

有些中间节点虽然不是组织机构名，但已委托给某个组织机构代管，例如，org（3）由 ISO 代管，而 internet（1）由 IAB 代管等。在 org（3）子树下，节点是被美国国防部（Department of Defense，DOD）使用的，所有通过 DOD 的协议，如 TCP/IP 通信的设备，能够从它们那里获得的信息都位于该子树下，它的完整的对象标识符是 1.3.6.1。该对象标识符被称为 internet，该标识符的文本形式是{iso（1） org（3） dod（6） 1}。

2. 提供结构化的信息组织技术

从图 3-10 中可以看出，下层的中间节点代表的子树是与每个子网资源或网络协议相关的信息集合。例如，有关 IP 的管理信息都放置在 ip（4）子树中。这样，沿着树层次访问相关信息就很方便。

3. 提供了对象命名机制

树中每个节点都有一个分层的编号。叶子节点代表实际的管理对象，从树根到树叶的编号串联起来，用圆点隔开，就形成了管理对象的全局标识。对象标识符有两种标识方法：数字形式和名字形式。例如，internet 的标识符是 1.3.6.1，或者写为{iso（1） org（3） dod（6） 1}。数字形式更易存储和处理，实际上 SNMP 报文都是采用数字形式的对象标识符。

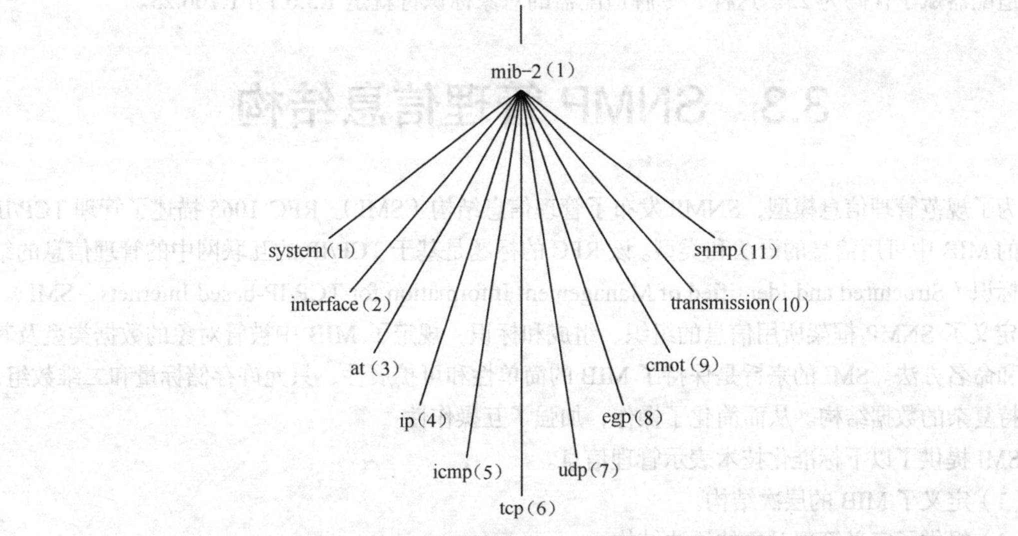

图 3-10　MIB-2 的树结构

在 Internet 对象标识符下定义了如下 4 个子树，把 Internet 节点划分为 4 个子树，为 SNMP 的试验和改进提供了非常灵活的管理机制。

（1）Directory（1）保留在将来使用，是为 OSI 的目录服务（X.500）使用的。

（2）Mgmt（2）包括由 IAB 批准的所有管理对象，而 mib-2（RFC 1213）是 mgmt（2）的第一个子节点。

（3）Experimental（3）子树用来标识在互联网上实验的所有管理对象。在这个子树下的所有对象的标识符都以整数 1.3.6.1.3 开始。

（4）Private（4）子树是为私有用户管理信息准备的，目前这个子树只有一个子节点 enterprise（1）。一个企业是一个注册了它的自定义 MIB 扩展的组织。该节点下的每个子树分配给一个企业，然后企业就可以在该子树下创建它的产品特有的属性。厂商自定义的 MIB 都处于这个层次型结构的位置。

SNMP 定义的管理对象全部都在节点 internet 下。因此 SNMP 管理对象的对象标识符都是以前缀 1.3.6.1 开始，所以在定义 MIB 的 RFC 中都略去了这一前缀，而以 internet 作为默认的公共前缀，对象标识符简记为父节点的名字标识和本节点的数字标识，如下所示。

```
Mgmt   OBJECT IDENTIFIER::={internet 2}
Mib-2   OBJECT IDENTIFIER::={mgmt 1}
Ip      OBJECT IDENTIFIER::={mib-2 4}
```

MIB 的定义与具体的网络管理协议无关，这对于厂商和用户都有利。厂商可以在产品（如路由器）中包含 SNMP 代理软件，并保证在定义新的 MIB 项目后该软件仍遵守标准。用户可以使用同一网络管理客户软件来管理具有不同版本的 MIB 的多个路由器。当然，一个没有新的 MIB 项目的路由器不能提供这些项目的信息。

MIB 中的对象{1.3.6.1.4.1}，即 enterprises（企业）节点，其所属节点数已超过 3 000 个。例如，IBM 为{1.3.6.1.4.1.2}，Cisco 为{1.3.6.1.4.1.9}，Novell 为{1.3.6.1.4.1.23}等。世界上任何一个公司、学校只要用电子邮件发往 iana-mib@isi.edu 进行申请即可获得一个节点名。这样各厂家就可以定义自己的产品的被管理对象名，使它能用SNMP进行管理。

例如，一个公司Zenus向Internet编码机构申请注册，并得到一个代码100。该公司为它的令牌环适配器赋予代码为25。这样，令牌适配器的对象标识符就是1.3.6.1.4.1.100.25。

3.3 SNMP管理信息结构

为了规范管理信息模型，SNMP发布了管理信息结构（SMI）。RFC 1065描述了管理TCP/IP网络的MIB中可用信息的语法和类型。该RFC的标题是基于TCP/IP的互联网中的管理信息的结构和标识（Structured and Identified of Management Information for TCP/IP-based Internets，SMI）。SMI定义了SNMP框架所用信息的组织、组成和标识，规定了MIB中被管对象的数据类型及其表示和命名方法。SMI的宗旨是保持了MIB的简单性和可扩展性，只允许存储标量和二维数组，不支持复杂的数据结构。从而简化了操作，加强了互操作性。

SMI提供了以下标准化技术表示管理信息。

（1）定义了MIB的层次结构。

（2）提供了定义管理对象的语法结构。

（3）规定了对象值的编码方法。

按照SMI定义的SNMP管理对象都具有3个属性：名字、语法和编码。名字即对象标识符，唯一标识一个MIB对象；语法即如何描述对象的信息，它用抽象语法标记法（ASN.1）来定义对象的数据结构，同时针对SNMP的需要做一定的补充；编码描述了一个管理对象的相关信息如何被格式化为适合网络传送的数据段，SMI规定了对象信息编码采用基本编码规则（BER）。

3.3.1 表对象和标量对象

SMI只存储标量和二维数组。标量对象指SMI中存储的简单对象和表中的列对象。表对象是指SMI中存储的二维数组对象。

表的定义要使用ASN.1的序列类型和对象类型宏定义中的索引部分。下面通过实例说明定义表的方法。

例 3.1

```
tcpConnTable OBJECT-TYPE
    SYNTAX SEQUENCE OF tcpConnEntry
    ACCESS  not-accessible
    STATUS  mandatory
    DESCRIPTION
    "A table containing TCP connection-specific information"
    : : = { tcp 13 }
  tcpConnTable OBJECT-TYPE
    SYNTAX tcpConnEntry
    ACCESS not-accessible
    STATUS mandatory
    DESCRIPTION
    " Information about a particular TCP connection. An object of
   this type is transient, in that it ceases to exist (or soon after)
   the connection makes the transition to the CLOSED state. "
   INDEX  { tcpConnLocalAddress,
            tcpConnLocalPort,
```

```
            tcpConnRemAddress,
            tcpConnRemPort }
            : : = { tcpConnTable 1 }
        tcpConnEntry: : =SEQUENCE {
            tcpConnState INTECER,
            tcpConnLocalAddress IPAddress,
            tcpConnLocalPort INTEGER(0..65535),
            tcpConnRemAddress IPAddress,
            tcpConnRemPort  INTEGER (0..65535) }
        tcpConnState OBJECT-TYPE
            SYNTAX INTEGER { closed(1), listen(2), SynSent(3),
            synReceived(4), established(5), finWaitl(6),
            finWait2(7), closeWait(8), lastAck(9), closing(10),
            timeWait(11), deleteTCB(12) }
            ACCESS  read-write
            STATUS  mandatory
            DESCRIPTION
            "The state of this TCP connection."
            : : = { tcpConnEntry 1 }
        tcpConnLocalAddress OBJECT-TYPE
            SYNTAX IpAddress
            ACCESS   read-only
            STATUS    mandatory
            DESCRIPTION
            "The local IP address for this TCP connection."
            : : = { tcpConnEntry 2 }
        tcpConnLocalPort  OBJECT-TYPE
            syntax integer(0..65535)
            ACCESS  read-only
            STATUS  mandatory
            DESCRIPTION
            "The local port number for this TCP connection."
            : : = { tcpConnEntry 3 }
        tcpConnRemAddress  OBJECT-TYPE
            SYNTAX  IpAddress
            ACCESS  read-only
            STATUS  mandatory
            DESCRIPTION
            "The remote Ipaddress for this TCP connection."
            : : = { tcpConnEntry 4 }
        tcpConnRemPort  OBJECT-TYPE
            SYNTAX  INTEGER(0..65535)
            ACCESS  read-only
            STATUS  mandatory
            DESCRIPTION
            "The remote port number for this TCP connection."
            : : = { tcpConnEntry 5 }
```

例 3.1 取自 RFC1213 规范的 TCP 连接表的定义。可以看出，这个定义有下列特点。

（1）整个 TCP 连接表（tcpConnTable）是 TCP 连接项（tcpConnEntry）组成的同类型序列（SEQUENCE OF），而每个 TCP 连接项是 TCP 连接表的一行。可以看出，表由 0 个或多个行组成。

（2）TCP 连接项是由 5 个不同类型的标量元素组成的序列。这 5 个标量的类型分别是 INTEGER、IpAddress、INTEGER（0..65535）、IpAddress 和 INTEGER（0..65535）。

（3）TCP连接表的索引由4个元素组成，即本地地址、本地端口、远程地址和远程端口。这4个元素的组合可以唯一地区分表中的一行。考虑到任意一对主机的任意一对端口之间只能建立一个连接，用这样4个元素作为连接表的索引是必要的，而且是充分的。

表3-1所示为一个TCP连接表的例子，该表包含3行。整个表是对象类型tcpConnTable的实例，表的每一行是对象类型tcpConnEntry的实例，而且5个标量各有3个实例。在RFC1212中，这种对象叫做列对象，实际上是强调这种对象产生表中的一个实例。

表3-1　　TCP链接表的实例

tcpConnTable(1.3.6.1.2.1.6.13)

tcpConnState (1.3.6.1.2.1.6.13.1.1)	tcpConnLocalAddress (1.3.6.1.2.1.6.13.1.2)	tcpConnLocalPort (1.3.6.1.2.1.6.13.1.3)	tcpConnRemAddress (1.3.6.1.2.1.6.13.1.4)	tcpConnRemPort (1.3.6.1.2.1.6.13.1.5)
5	10.0.0.99	12	9.1.2.3	15
2	0.0.0.0	99	0.0.0.0	0
3	10.0.0.99	14	89.1.1.42	84
	INDEX	INDEX	INDEX	INDEX

3.3.2 对象实例的标识

对象是由对象标识（OBJECT IDENTIFIER）表示的，然而一个对象可以有各种值的实例，那么如何表示对象的实例呢？也就是SNMP如何访问对象的值呢？

表中的标量对象叫做列对象，列对象有唯一的对象标识符，这对每一行都是一样的。例如，在表3-1中，列对象tcpConnState有3个实例，而3个实例的对象标识符都是1.3.6.1.2.1.6.13.1.1。索引对象的值是用于区分表中的行，这样，把列对象的对象标识符与索引对象的值组合起来就说明了列对象的一个实例。例如，MIB接口组中的接口表ifTable，其中只有一个索引对象iflnde，它的值是整数类型，并且每个接口都被赋予唯一接口编号，如果想知道第2个接口的类型，就可以把列对象ifType的对象标识符1.3.6.1.2.1.2.2.1.3与索引对象iflndex的值2连接起来，组成ifType的实例标识符1.3.6.1.2.1.2.2.1.3.2。

对于更复杂的情况，可以考虑表3-1的TCP连接表。这个表有4个索引对象，所以列对象的实例标识符就是由列对象的对象标识符按照表中的顺序级联上同一行的4个索引对象的值组成的，如表3-2所示。

表3-2　　对象实例的标识符

tcpConnState (1.3.6.1.2.1.6.13.1.1)	tcpConnLocalAddress (1.3.6.1.2.1.6.13.1.2)	tcpConnLocalPort (1.3.6.1.2.1.6.13.1.3)	tcpConnRemAddress (1.3.6.1.2.1.6.13.1.4)	tcpConnRemPort (1.3.6.1.2.1.6.13.1.5)
X.1.10.0.99.12. 9.1.2.3.15	X.2.10.0.99.12. 9.1.2.3.15	X.3.10.0.99.12. 9.1.2.3.15	X.4.10.0.99.12. 9.1.2.3.15	X.5.10.0.99.12. 9.1.2.3.15
X.1.0.0.0.0.99.0.0	X.2.0.0.0.0.99.0.0	X.3.0.0.0.0.99.0.0	X.4.0.0.0.0.99.0.0	X.5.0.0.0.0.99.0.0
X.1.10.0.0.99.14 89.1.1.42.84	X.2.10.0.0.99.14 89.1.1.42.84	X.3.10.0.0.99.14 89.1.1.42.84	X.4.10.0.0.99.14 89.1.1.42.84	X.5.10.0.0.99.14 89.1.1.42.84

X=1.3.6.1.2.1.6.13.1=tcpConnEntry的对象标识符

总之，tcpConnTable的所有实例标识符的形式为

```
x.i.(tcpConnLocalAddress).(tcpConnLocalPort).(tcpConnRemAddress).(tcpConnRemPort)
```

其中x为tcpConnEntry的对象标识符1.3.6.1.2.1.6.13.1，i为列对象的对象标识符的最后一个子标识符（指明列对象在表中的位置）。

一般的规律是这样的，假定对象标识符是 y，该对象所在的表有 N 个索引对象 i_1，i_2，…，i_n，则它的某一行的实例标识符是：y.（i_1）.（i_2）…（i_N）。

还有一个问题没有解决，那就是对象实例的值如何转换成子标识符。RFC1212 提出了如下的转换规则，根据索引对象实例不同取值制定不同的转换规则。

- 整数值，则把整数值作为一个子标识符。
- 固定长度的字符串值，则把每个字节（OCTET）编码为一个子标识符。
- 可变长的字符串值，先把串的实际长度 n 编码为一个子标识符，然后把每个字节编码为一个子标识符，总共有 $n+1$ 个子标识符。
- 对象标识符，如果长度为 n，则先把 n 编码为第一个子标识符，加上后续该对象标识符的各个子标识符，总共有 $n+1$ 个子标识符。
- IP 地址，则变为 4 个子标识符。

表和行对象（如 tcpConnTable 和 tcpConnEntry）是没有实例标识符的，因为它们不是叶子节点，SNMP 不能访问，其访问特性为“not-accessible（NA）”。这类对象叫做概念表和概念行。

由于标量对象只能取一个值，所以从原则上说不必区分对象类型和对象实例。然而为了与列对象一致，SNMP 规定在标量对象标识符之后级联一个 0，表示该对象的实例标识符。例如，在管理信息库（MIB）包含的系统组（system）中的 sysName 对象标识符是 1.3.6.1.2.1.1.5，则该对象的实例标识符是 1.3.6.1.2.1.1.5.0。

3.3.3 词典顺序

对象标识符是整数序列，这种序列反映了该对象 MIB 中的逻辑位置，同时表示了一种词典顺序，只要按照一定的方式（如中序）遍历 MIB 树，就可以排出所有的对象及其实例的词典顺序。

对象的顺序对网络管理是很重要的。因为管理站可能不知道代理提供的 MIB 的组成，所以管理站要用某种手段搜索 MIB 树，在不知道对象标识符的情况下访问对象的值。例如，为检索一个表项，管理站可以连续发出 Get 操作，按词典顺序得到预定的对象实例。

表 3-3 所示为一个简化的 IP 路由表，该表只有 3 项。这个路由表的对象及其实例按分层树排列，如图 3-11 所示，表 3-4 列出了对应的词典顺序。

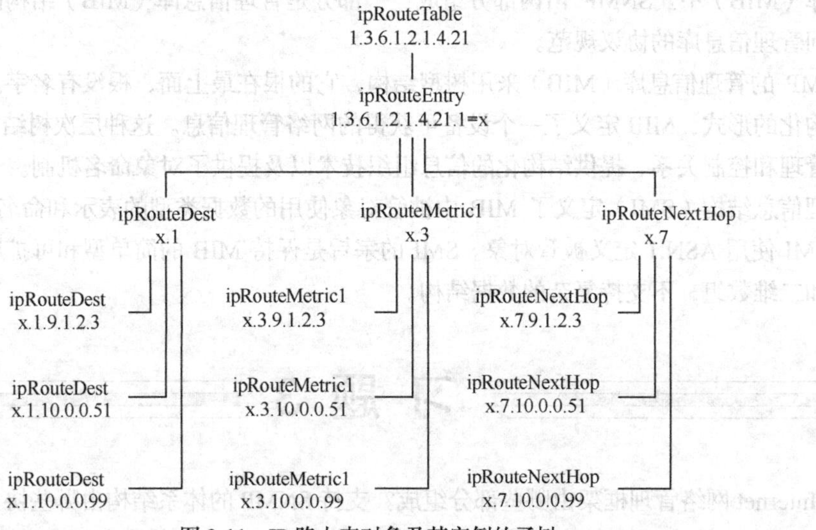

图 3-11 IP 路由表对象及其实例的子树

表 3-3　　一个简化的 IP 路由表

ipRoutedest	ipRouteMetricl	ipRouteNextHop
9.1.2.3	3	99.0.0.3
10.0.0.51	5	89.1.1.42
10.0.0.99	5	89.1.1.42

表 3-4　　IP 路由表对象及其实例的词典顺序

对　　象	对象标识符	下一个对象标识符
ipRouteTable	1.3.6.1.2.1.4.21	1.3.6.1.2.1.4.21.1.1.9.1.2.3
ipRouteEntry	1.3.6.1.2.1.4.21.1	1.3.6.1.2.1.4.21.1.1.9.1.2.3
ipRouteDest	1.3.6.1.2.1.4.21.1.1	1.3.6.1.2.1.4.21.1.1.9.1.2.3
ipRouteDest.9.1.2.3	1.3.6.1.2.1.4.21.1.1.9.1.2.3	1.3.6.1.2.1.4.21.1.1.10.0.0.51
ipRouteDest.10.0.0.51	1.3.6.1.2.1.4.21.1.1.10.0.0.51	1.3.6.1.2.1.4.21.1.1.10.0.0.99
ipRouteDest.10.0.0.99	1.3.6.1.2.1.4.21.1.1.10.0.0.99	1.3.6.1.2.1.4.21.1.3.9.1.2.3
ipRouteMetric	1.3.6.1.2.1.4.21.1.3	1.3.6.1.2.1.4.21.1.3.9.1.2.3
ipRouteMetric.9.1.2.3	1.3.6.1.2.1.4.21.1.3.9.1.2.3	1.3.6.1.2.1.4.21.1.3.10.0.0.51
ipRouteMetric.10.0.0.51	1.3.6.1.2.1.4.21.1.3.10.0.0.51	1.3.6.1.2.1.4.21.1.3.10.0.0.99
ipRouteMetric.10.0.0.99	1.3.6.1.2.1.4.21.1.3.10.0.0.99	1.3.6.1.2.1.4.21.1.7.9.1.2.3
ipRouteNextHop	1.3.6.1.2.1.4.21.1.7	1.3.6.1.2.1.4.21.1.7.9.1.2.3
ipRouteNextHop.9.1.2.3	1.3.6.1.2.1.4.21.1.7.9.1.2.3	1.3.6.1.2.1.4.21.1.7.10.0.0.51
ipRouteNextHop.10.0.0.51	1.3.6.1.2.1.4.21.1.7.10.0.0.51	1.3.6.1.2.1.4.21.1.7.10.0.0.99
ipRouteNextHop.10.0.0.99	1.3.6.1.2.1.4.21.1.7.10.0.0.99	1.3.6.1.2.1.4.21.1.x

3.4 小　结

TCP/IP 协议簇是 Internet 上运行的通信协议，SNMP 是基于 TCP/IP 参考模型中的网络管理协议。在 Internet 中，对网络、设备和主机的管理叫做网络管理，网络管理信息存储在 SNMP 的管理信息库（MIB）中。SNMP 由两部分组成：一部分是管理信息库（MIB）结构的定义，另一部分是访问管理信息库的协议规范。

SNMP 的管理信息库（MIB）采用树型结构，它的根在最上面，根没有名字。使用一个层次型、结构化的形式，MIB 定义了一个设备可获得的网络管理信息。这种层次树结构有 3 个作用，即表示管理和控制关系、提供结构化的信息组织技术以及提供了对象命名机制。

管理信息结构（SMI）定义了 MIB 中被管对象使用的数据类型的表示和命名 MIB 中对象的方法。SMI 使用 ASN.1 定义被管对象。SMI 的宗旨是保持 MIB 的简单型和可扩展性，只允许存储标量和二维数组，不支持复杂的数据结构。

习 题 3

1. Internet 网络管理框架由哪些部分组成？支持 SNMP 的体系结构由哪些协议层组成？
2. SNMP 环境中的管理对象是如何组织的？这种组织方式有什么意义？

3. 什么是委托代理？它在网络管理中起什么作用。

4. 简述对不支持 TCP/IP 的设备如何进行 SNMP 管理。

5. 什么是团体名？它的主要作用是什么？

6. 为什么 MIB 采用树状结构？在 internet 节点下定义了哪些子树？各起什么作用？

7. 对象标识符是由什么组成的？为什么说对象的词典顺序对网络管理是很重要的？

8. 什么是标量对象？什么是表对象？标量对象和表对象的实例如何标识？

9. 为什么不能访问表对象和行对象？

10. 用 ASN.1 定义表对象 tcpConnTable。

11. 表 3-5 所示为一个简化的路由表，图 3-12 所示为 MIB-2 Ip 组。在表 3-6 中填入路由表对象及其实例的词典顺序。

表 3-5

ipRouteDest	ipRouteMetric 1	ipRouteNextHop
10.10.10.10	4	9.9.9.9
11.11.11.11	5	8.8.8.8

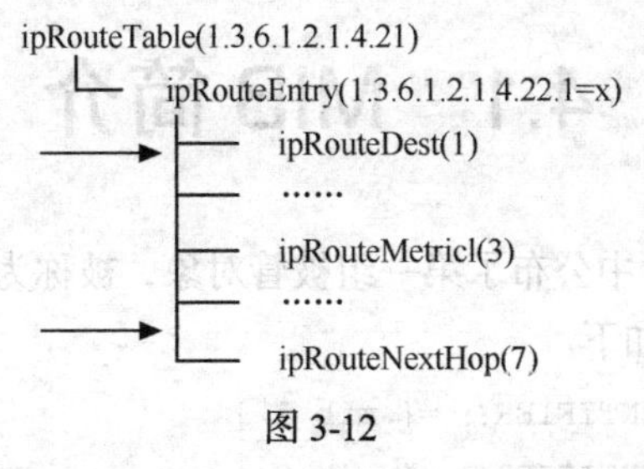

图 3-12

表 3-6

对　　象	对象标识符	下一个对象实例

第4章 管理信息库

在基于TCP/IP参考模型系统管理中，包含有关被管理资源以及元素信息的数据库，被称为管理信息库（Management Information Base，MIB）。本章详细介绍管理信息库MIB-2中的主要功能组，包括系统（System）组、接口（Interfaces）组、地址转换（AT）组、IP组、ICMP组、TCP组、UDP组、EGP组和传输（Transmission）组。

4.1 MIB简介

1988年8月，在RFC1066中公布了第一组被管对象，被称为MIB-1，它包括了8个功能组，约100个对象。MIB-1功能组如下。

```
System        OBJECT  IDENTIFIER:: ={ mib 1 }
Interfaces    OBJECT  IDENTIFIER:: ={ mib 2}
At            OBJECT  IDENTIFIER:: ={ mib 3 }
Ip            OBJECT  IDENTIFIER:: ={ mib 4}
Icmp          OBJECT  IDENTIFIER:: ={ mib 5}
Tcp           OBJECT  IDENTIFIER:: ={ mib 6 }
Udp           OBJECT  IDENTIFIER:: ={ mib 7 }
Egp           OBJECT  IDENTIFIER:: ={ mib 8}
```

MIB-1很快被厂商接受，在实现的管理站和代理中把它作为开发SNMP的基础。但对一个网络管理系统而言，100多个变量只能表示整个网络的一小部分。

1990年5月，在RFC1158中公布了MIB-2。MIB-2引入了Cmot、Transmission、Snmp这3个新的对象组，从而扩展了MIB-1已有的对象组。MIB-2对象组如下。

```
System        OBJECT  IDENTIFIER:: ={ mib-2 1 }
Interfaces    OBJECT  IDENTIFIER:: ={ mib-2 2}
At            OBJECT  IDENTIFIER:: ={ mib-2 3 }
Ip            OBJECT  IDENTIFIER:: ={ mib-2 4}
Icmp          OBJECT  IDENTIFIER:: ={ mib-2 5}
Tcp           OBJECT  IDENTIFIER:: ={ mib-2 6 }
Udp           OBJECT  IDENTIFIER:: ={ mib-2 7 }
Egp           OBJECT  IDENTIFIER:: ={ mib-2 8}
Cmot          OBJECT  IDENTIFIER:: ={ mib-2 9 }
```

```
Transmission OBJECT  IDENTIFIER:: ={ mib-2 10 }
Snmp         OBJECT  IDENTIFIER:: ={ mib-2 11 }
```

MIB-2 除了引入新的对象组，还引入了很多新的对象，具体如下。

- System 组中增加了 sysContact、sysName、sysLocation 和 sysServices 这 4 个对象。
- Interfaces 组的表对象 ifTable 中增加 ifSpecific 对象。
- Ip 组的表对象 ipAddrTable 中增加 ipAdEntReasmMaxSize 对象，表对象 ipRouteTable 中增加 ipRouteMask 对象，而且增加表对象 ipNetToMediaTable。
- Tcp 组中增加 tcpInErrs 和 tcpOutRsts。
- Udp 组中增加表对象 udpTable。
- Egp 组中增加 egpAs 对象。

在 RFC1213 中，MIB-2 重新修订并采纳简洁的 MIB 定义，这样取代了 RFC1158。这个文件包含 11 个功能组和 171 个对象。其中，定义的 11 个功能组如图 4-1 所示，可以看出它们是 mgmt 节点下的第一个节点，MIB-2 的对象标识符（OID）为 1.3.6.1.2.1。在它下面有 11 个节点，每个节点对应一个功能组。

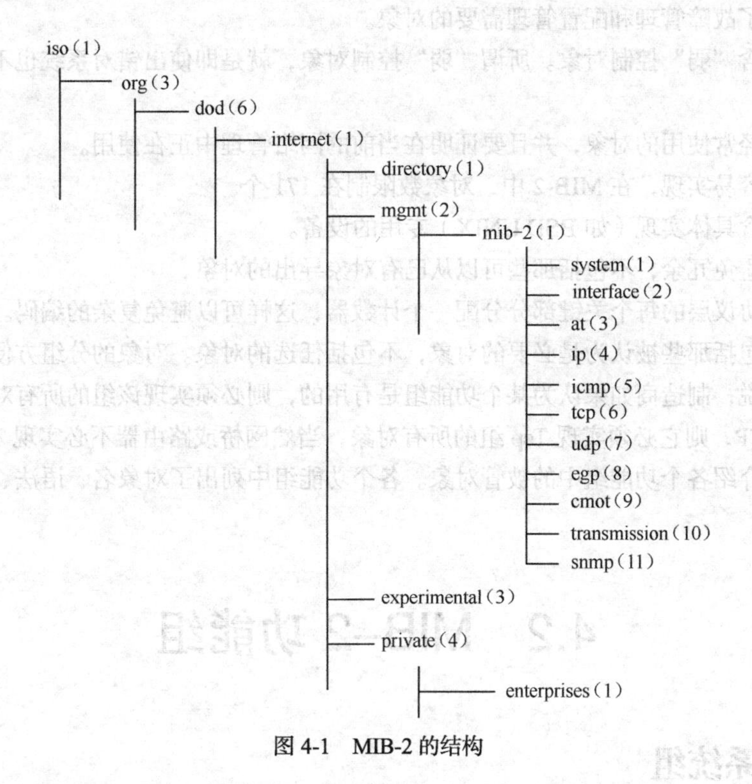

图 4-1　MIB-2 的结构

表 4-1 中列出了 MIB-2 功能组名、对象标识符（OID）（这里用 MIB-2 代表 1-3.6.1.2.1，即 MIB-2 的对象标识符）和每个组的主要描述。

表 4-1　　　　　　　　　　　　MIB-2 功能组

功 能 组	对象标识符	主 要 描 述
System	Mib-2 1	关于系统的总体信息，如系统说明和管理信息
Interfaces	Mib-2 2	关于系统到子网的各个接口的信息

续表

功 能 组	对象标识符	主 要 描 述
At	Mib-2 3	关于 IP 地址与物理地址的转换
Ip	Mib-2 4	关于 IP 的信息
Icmp	Mib-2 5	关于 ICMP 的信息
Tcp	Mib-2 6	关于 TCP 的信息
Udp	Mib-2 7	关于 UDP 的信息
Egp	Mib-2 8	关于 EGP 的信息
Cmot	Mib-2 9	关于 CMOT 协议保留
Transmission	Mib-2 10	关于传输介质的管理信息，为传输信息保留
Snmp	Mib-2 11	关于 SNMP 的信息

RFC1213 说明了选择管理对象的标准，具体内容如下。

（1）包括了故障管理和配置管理需要的对象。

（2）只包含“弱”控制对象。所谓“弱”控制对象，就是即使出错对系统也不会造成严重危害的对象。

（3）选择经常使用的对象，并且要证明在当前的网络管理中正在使用。

（4）为了容易实现，在 MIB-2 中，对象数限制在 171 个。

（5）不包含具体实现（如 BSD UNIX）专用的设备。

（6）为了避免冗余，不包括那些可以从已有对象导出的对象。

（7）每个协议层的每个关键部分分配一个计数器，这样可以避免复杂的编码。

MIB-2 只包括那些被认为是必要的对象，不包括任选的对象。对象的分组方便了管理实体的实现。一般来说，制造商如果认为某个功能组是有用的，则必须实现该组的所有对象，例如，一个设备实现 TCP，则它必须实现 Tcp 组的所有对象，当然网桥或路由器不必实现 Tcp 组。

下文分别介绍各个功能组中的被管对象。各个功能组中列出了对象名、语法、访问方式、功能描述和用途。

4.2 MIB–2 功能组

4.2.1 系统组

系统（System）组是 Internet 标准 MIB 中最基本的一个组，包含一些最常用的被管对象。网络管理系统一旦发现新的系统被加到网络中，首先需要访问该系统的这个组，来获取系统的名称、物理地点和联系人等信息。所有系统都必须包含 System 组。图 4-2 为 System 组中被管对象的标识符子树，这些对象中的多数对于失效管理和配置管理是很有用的。

1. 用于失效管理的 System 组对象

表 4-2 中列出了适用于失效管理的 System 组对象。sysObjectID 中的对象标识符标明了实体的生产商，这在解决一个和设备有关的问题又需要知道设备的制造者时是非常有用的数据。

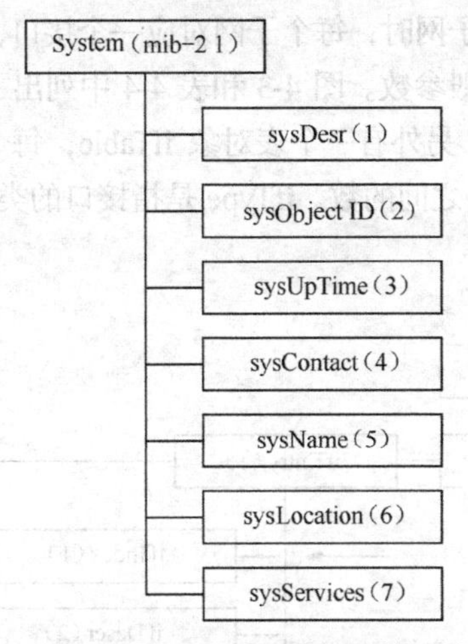

图 4-2 System 组的对象标识符子树

表 4-2 用于失效管理的 System 对象

Object	OID	Syntax	Access	Description
sysObjectID	System 2	OBJECT IDENTIFIER	RO	系统制造者
sysUpTime	System 3	TimeTicks	RO	系统已经运行了多长时间
sysServices	System 7	INTEGER（0..127）	RO	设备提供了哪些协议层服务

sysServices 告知设备主要提供了 ISO 参考模型中的哪些协议层服务。设 L 是协议层编号，如果使用了 L 层的协议，则二进制数值的第 L–1 位为 1，否则为 0。例如，一个主要在第三层运行的路由器将返回值 0000100B，即 4，而一个运行第四层和第七层服务的主机将返回值 1001000B，即 72。在不知道设备的功能时，该信息对于问题的解决是有用的。

sysUpTime 告知一个系统已经运行了多长时间。失效管理查询该对象可以确定实体是否已重新启动，如果查询获得的是一个一直增加的值就认为实体是 Up 的，如果小于以前的值，则自上次查询后系统重新启动了。

2. 用于配置管理的 System 组对象

表 4-3 中列出了适用于配置管理的 System 组对象。对于许多实体，通过 sysDescr 可获得软件版本或操作系统，该数据对于管理设备的位置和故障检修都是有用的。sysLocation、sysContact、sysName 分别告知系统的物理位置、有问题时和谁联系、网络设备的名字，当为了对远程设备进行物理访问而需要和某个人联系时获得这些信息是有用的。

表 4-3 适用于配置管理的 System 组对象

Object	OID	Syntax	Access	Description
sysDescr	System 1	DisplayString(SIZE(0..255))	RO	系统的描述
sysContact	System 4	DisplayString(SIZE(0..255))	RW	负责该系统的人
sysName	System 5	DisplayString(SIZE(0..255))	RW	系统的名字
sysLocation	System 6	DisplayString(SIZE(0..255))	RW	系统的物理位置

4.2.2 接口组

Interfaces 组对象提供关于网络设备上每个特定接口的数据，它在失效、配置、性能和计费管理中都是有用的。系统中有多个子网时，每个子网对应一个接口，并且每个接口的参数都要进行描述，但是这个组只描述接口的一般参数。图 4-3 和表 4-4 中列出了该组中的被管对象。接口组中的变量 ifNumber 是指网络接口数。另外有一个表对象 ifTable，每个接口对应一个表项。该表的索引是 ifIndex，取值为 1 到 ifNumber 之间的数。ifType 是指接口的类型，每种接口都有一个标准编码。

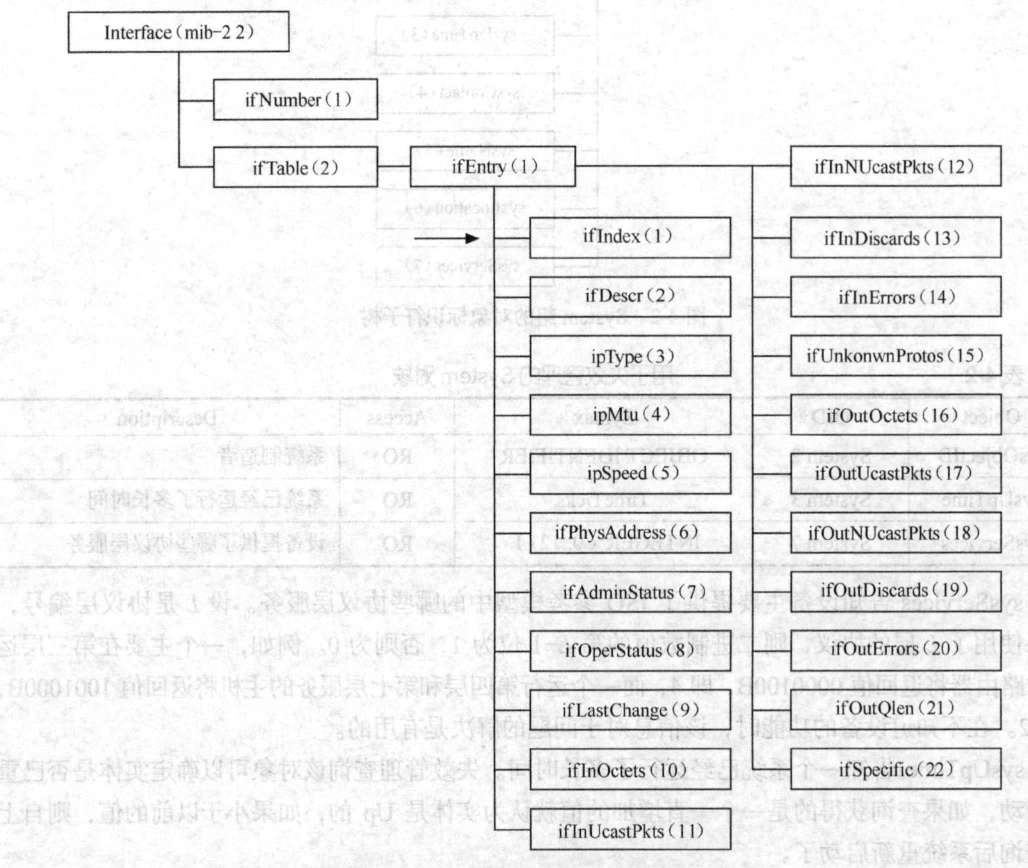

图 4-3　Interfaces 组被管对象标识符子树

表 4-4　　Interfaces 组中被管对象

Object	OID	Syntax	Access	Description
ifNumber	Interfaces 1	INTEGER	RO	网络接口的数目
ifTable	Interfaces 2	SEQUENCE OF ifEntry	NA	接口表
ifEntry	ifTable 1	SEQUENCE	NA	接口表项
ifIndex	ifTable 1	INTEGER	RO	对应各个接口的唯一值
ifDescr	ifEntry 2	DisplayString（SIZE（0..255））	RO	有关接口的厂商、产品名称、硬件接口版本等信息
ifType	ifEntry 3	INTEGER	RO	接口类型，根据物理或链路层协议区分
ifMtu	ifEntry 4	INTEGER	RO	接口可接收或发送的最大协议数据单元尺寸
ifSpeed	ifEntry 5	Gauge	RO	接口当前数据速率的估计值
ifPhysAddress	ifEntry 6	PhysAddress	RO	网络层之下协议层的接口物理地址
ifAdminStatus	ifEntry 7	INTEGER	RW	期望的接口状态（up（1），down（2），testing（3））

续表

Object	OID	Syntax	Access	Description
ifOperStatus	ifEntry 8	INTEGER	RO	当前的接口状态(up(1), down(2), testing(3))
ifLastChange	ifEntry 9	TimeTicks	RO	接口进入当前操作状态的时间
ifInOctets	ifEntry 10	Counter	RO	接口收到的字节总数
ifUcastPkts	ifEntry 11	Counter	RO	递交到高层协议的子网单播的分组数
ifInNUcastPkts	ifEntry 12	Counter	RO	递交到高层协议的非单播的分组数
ifInDiscards	ifEntry 13	Counter	RO	被丢弃的输入分组数
ifInErrors	ifEntry 14	Counter	RO	有错的输入分组数
ifInUnknownProtos	ifEntry 15	Counter	RO	由于协议未知而被丢弃的分组数
ifOutOctets	ifEntry 16	Counter	RO	接口发送的字节总数
ifOutUcastPkts	ifEntry 17	Counter	RO	发送到子网单播地址的分组总数
ifOutNUcastPkts	ifEntry 18	Counter	RO	发送到非子网单播地址的分组总数
ifOutDiscards	ifEntry 19	Counter	RO	被丢弃的输出分组
ifOutErrors	ifEntry 20	Counter	RO	不能被发送的有错的分组数
ifOutQlen	ifEntry 21	Gauge	RO	输出分组队列长度
ifSpecific	ifEntry 22	OBJECT IDENTIFIER	RO	参考 MIB 对实现接口的介质媒体的定义

1. 用于失效管理的 Interfaces 组对象

ifAdminStatus 对象和 ifOperStatus 对象都返回整数，值 1 表示 Up，值 2 表示 Down，值 3 表示测试。把这两个对象结合在一起，失效管理应用可以确定接口的当前状态，如表 4-4 所示。这两个对象所有其他组合都是不合适的，如果查询这两对象返回的不是这 4 个组合之一，可能意味着实体或设备软件工作不正常。

ifLastChange 对应于接口进入它当前运行状态的时间。

2. 用于配置管理的 Interfaces 组对象

ifDescr 和 ifType 分别命名接口并给出它的类型，例如，ifDescr 返回字符串“Ethernet”，ifType 很可能返回一个数 6，为了易于理解，应该有一个网络管理应用把数 6 映射到一个能给出更多信息的字符串中，如“Ethernet-CSMA/CD”。ifType 返回值的意思定义在 MIB 中，常用的值如下。

```
other(1), regular1822(2), hdh1822(3), ddn-x25(4),
rfc877-x25(5), ethernet-csmacd(6), iso88023-csmacd(7), iso88024-tokenBus(8),
iso88025-tokenRing(9), iso88026-man(10), starLan(11), proteon-10Mbit(12),
proteon-80Mbit(13), hyperchannel(14), fddi(15), lapb(16), sdlc(17),
dsi(18), ei(19), basicISDN(20), primaryISDN(21),
propPointToPointSerial(22), ppp(23), softwareLoopback(24), eon(25),
Ethernet-3Mbit(26), nsip(27), slip(28), ubtra(29), ds3(30),sip(31),
Frame-relay(32)
```

ifMtu 设置接口发送或接收的最大数据报的大小，ifSpeed 设置接口的带宽，即每秒钟可以传输的最大比特数，ifAdminStatus 设置接口的状态。

3. 用于性能管理的 Interfaces 组对象

性能管理应用一般要观察接口的错误率，要完成这些，需要找出接口的总包数和错误数。接口收到的总包数应为 ifInUcastPkts 和 ifInNUcastPkts 之和，发送的总包数应为 ifOutUcastPkts 和 ifOutNUcastPkts 之和，则接口的输入和输出错误率分别如下。

输入错误率=ifInErrors/(ifInUcastPkts+ifInNUcastPkts)

输出错误率=ifOutErrors/(ifOutUcastPkts+ifOutNUcastPkts)

可以使用相似的方法，利用对象 ifInDiscards 和 ifOutDiscards 监视被接口丢弃包的比率。

丢弃的输入包率=ifInDisscards/(ifInUcastPkts+ifInNUcastPkts)

丢弃的输出包率=ifOutDiscards/(ifOutUcastPkts+ifOutNUcastPkts)

接口运行不正常、媒体有问题、设备中的缓冲有问题等都可能导致错误或丢弃数据包。发现错误后，就可以着手解决它们。但是，并不是所有的丢弃数据包都表示有问题。例如，一个设备由于它接收到了许多未知或不支持的协议的包而有很高的丢弃率；又例如，一个只进行互联网协议路由的网络设备，该设备有一个接口在以太网上，导致该设备不得不接收广播，因此接收到许多不知道如何处理的包，结果导致 ifInDiscards 的值上升。

性能管理应用可以利用 ifInOctets 和 ifOutOctets 计算出一个接口的利用率。要完成该计算，需要两个不同时刻的查询：一个取得在时刻 x 的总字节数，另一个取得在时刻 y 的总字节数，在查询时刻 x 和 y 之间发送和接收的总字节数由下面公式计算。

$$\text{总字节数} = (\text{ifInOctets}_y - \text{ifInOctets}_x) + (\text{ifOutOctets}_y - \text{ifOutOctets}_x)$$

由此可得每秒钟总字节数 = 总字节数/$(y-x)$，则线路的利用率为

利用率 = (每秒总字节数 × 8)/ifSpeed（ifSpeed 是一个以每秒钟比特数为单位的数）

对象 ifOutQlen 可告知一个设备的接口是否在发送数据上有问题。当等待离开接口的包数增加时，该对象的值也相应增加。在发送数据上的问题可能是由于接口上的错误导致的，也可能是由于设备处理包的速度跟不上包的输入速度。大量的包等待在输出队列中虽不是一个严重的问题，而它不断的增长可能意味着接口发生了拥挤。

4. 用于计费管理的 Interfaces 组对象

使用 ifInOctets 和 ifOutOctets 可以确定一个接口发送和接收的字节数。如果一个网络设备中每个计费实体都直接对应一个接口，没有中间传输流量，则该数据是非常有用的，无需计算就可以得出计费实体发送到网络或从它接收到了多少字节。如果通过该接口的流量还要传输到另一个计费实体，这种模式就不能很好地工作了。

如果计费模型使用包而不是以字节计数，则 ifInUcastPkts、ifOutUcastPkts、ifInNUcastPkts 和 ifOutNUcastPkts 将给出计费进程所必需的数据包数。

4.2.3 地址转换组

地址转换组（Address Tranlation）包含了一个表，表中的每一行对应系统的一个物理接口，表示网络地址到接口的物理地址的映像。通常，网络地址就是 IP 地址，而物理地址决定于实际采用的物理子网情况。例如，如果接口对应的是以太网，则物理地址是 MAC 地址，如果对应 X.25 分组交换网，则物理地址可能是一个 X.121 地址。MIB-2 地址转换组如图 4-4 所示，表 4-5 中列出了该组中被管对象的描述。

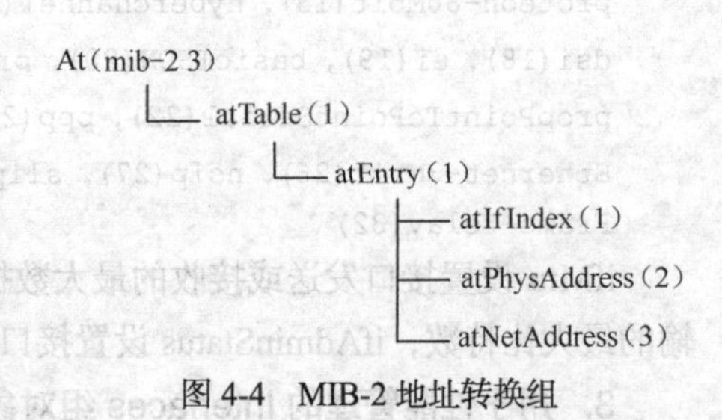

图 4-4 MIB-2 地址转换组

表 4-5　　At 组对象

Object	OID	Syntax	Access	Description
atTable	At 1	SEQUENCE OF atEntry	NA	包含网络地址对物理地址的映射
atEntry	atTable 1	SEQUENCE	NA	包含一个网络地址和物理地址对
atIfIndext	atEntry 1	INTEGER	RW	表格条目的索引
atPhysAddress	atEntry 2	PhysAddress	RW	依赖媒体的物理地址
atNetAddress	atEntry 3	NetworkAddress	RW	对应物理地址的网络地址

MIB-2 中地址转换组的对象已被收编到各个网络协议组中，保留地址转换组仅仅是为了与 MIB-1 兼容。这种改变基于以下两种理由。

（1）为了支持多协议的节点。当一个节点支持多个网络层协议（如 IP 和 IPX）时，多个网络地址可能对应一个物理地址，而该组只能把一个网络地址映像到物理地址。

（2）为了表示双向映像关系。地址转换表只允许从网络地址到物理地址的映射，然而有些路由协议却要从物理地址到网络地址的映像。

4.2.4　Ip 组

Ip 组包含的对象如图 4-5 和表 4-6 所示。这些对象可分为 4 大类，包括有关性能和故障监控的标量对象以及 3 个表对象，即 IP 地址表 ipAddrTable、IP 路由表 ipRouteTable、IP 地址转换表 ipNetToMediaTable。Ip 组的实现是必须的。

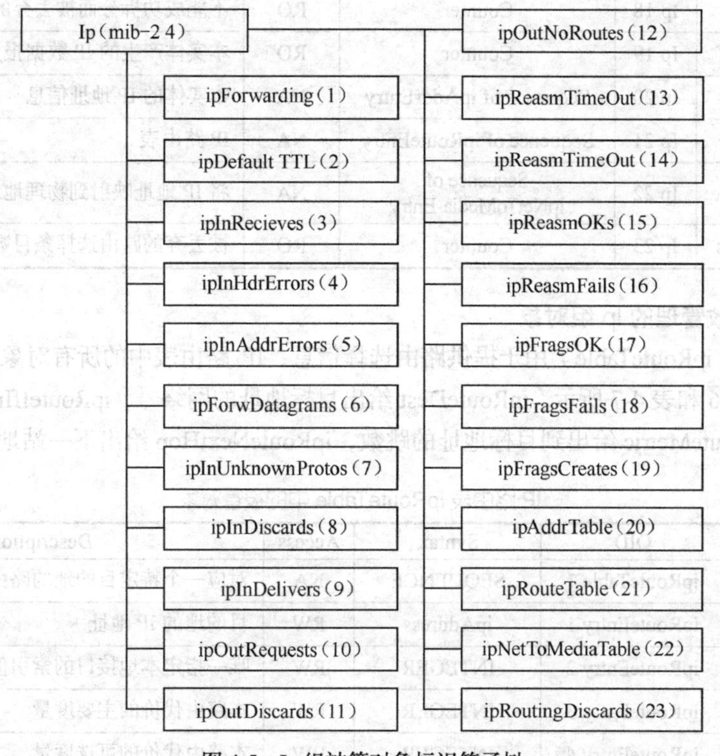

图 4-5　Ip 组被管对象标识符子树

表 4-6　　　　Ip 组中的被管对象

Object	OID	Syntax	Access	Description
ipForwarding	Ip 1	INTEGER	RW	是否作为 IP 网关
ipDefaultTTL	Ip 2	INTEGER	RW	该实体生成的数据报的 IP 头中 TTL 字段的默认值
ipInReceives	Ip 3	Counter	RO	接口收到的数据报的总数
ipInHdrErrors	Ip 4	Counter	RO	由于 IP 头错被丢弃的输入数据报的总数
ipInAddrerrors	Ip 5	Counter	RO	由于 IP 地址错被丢弃的输入数据报数
ipForwDatagrams	Ip 6	Counter	RO	转发的输入数据报
ipInUnknownProtos	Ip 7	Counter	RO	由于协议未知被丢弃的输入数据报数
ipInDiscards	Ip 8	Counter	RO	缺乏资源缓冲而被丢弃的输入数据报数
ipInDelieves	Ip 9	Counter	RO	成功递交给 IP 用户协议的输入数据报数
ipOutRequests	Ip 10	Counter	RO	本地 IP 用户协议要求传输的 IP 数据报数
ipOutDiscards	Ip 11	Counter	RO	缺乏缓冲资源而被丢弃的输出数据报数
ipOutNoRoutes	Ip 12	Counter	RO	由于未找到路由而被丢弃的 IP 数据报数
ipReasmTimeout	Ip 13	INTEGER	RO	数据报等待重装配帧的最大秒数
ipReasmReqds	Ip 14	Counter	RO	接收到的需要重新装配的 IP 分段数
ipReasmOKs	Ip 15	Counter	RO	成功重组的 IP 数据报数
ipReasmFails	Ip 16	Counter	RO	由 IP 重组算法检测到的重组失败的数目
ipFragsOK	Ip 17	Counter	RO	成功拆分的 IP 数据报数
ipFragsFails	Ip 18	Counter	RO	不能成功拆分而被丢弃的 IP 数据报数
ipFragsCreates	Ip 19	Counter	RO	本实体产生的 IP 数据报分段数
ipAddrTable	Ip 20	Sequence of ipAddrEntry	NA	本实体的 IP 地址信息
ipRouteTable	Ip 21	Sequence of ipRouteEntry	NA	IP 路由表
ipNetToMediaTable	Ip 22	Sequence of ipNetToMedia-Entry	NA	将 IP 地址映射到物理地址的地址转换表
ipRoutingDiscards	Ip 23	Counter	RO	被丢弃的路由选择条目数

1. 用于失效管理的 Ip 组对象

IP 路由表（ipRouteTable）用于提供路由选择信息，IP 路由表中的所有对象对失效管理都是有用的，如图 4-6 和表 4-7 所示。ipRouteDest 给出目标地址的网络号，ipRouteIfIndex 给出实体外出的接口，ipRouteMetric 给出到目标地址的跳数，ipRouteNextHop 给出下一站地址。

表 4-7　　　　IP 路由表 ipRouteTable 中的被管对象

Object	OID	Syntax	Access	Description
ipRouteEntry	ipRouteTable 1	SEQUENCE	NA	对应一个特定目的地的路由
ipRouteDest	ipRouteEntry 1	ipAddress	RW	目的地的 IP 地址
ipRouteIfIndex	ipRouteEntry 2	INTEGER	RW	唯一指定本地接口的索引值
ipRouteMetric1	ipRouteEntry 3	INTEGER	RW	本路由代价的主要度量
ipRouteMetric2	ipRouteEntry 4	INTEGER	RW	本路由代价的可选度量

续表

Object	OID	Syntax	Access	Description
ipRouteMetric3	ipRouteEntry 5	INTEGER	RW	本路由代价的可选度量
ipRouteMetric4	ipRouteEntry 6	INTEGER	RW	本路由代价的可选度量
ipRouteNextHop	ipRouteEntry 7	ipAddress	RW	本路由下一跳的 IP 地址
ipRouteType	ipRouteEntry 8	INTEGER	RW	路由的类型，other(1), invalid(2),direct(3), remote(4)
ipRouteProto	ipRouteEntry 9	INTEGER	RW	路由的学习机制
ipRouteAge	ipRouteEntry 10	INTEGER	RW	路由更新以来经历的秒数
ipRouteMask	ipRouteEntry 11	INTEGER	RW	子网掩码
ipRouteMetric5	ipRouteEntry 12	INTEGER	RW	本路由代价的可选度量
ipRouteInfo	ipRouteEntry 13	OBJECT IDENTIFIER	RO	对 MIB 中定义的与本路由有关的路由协议进行参考

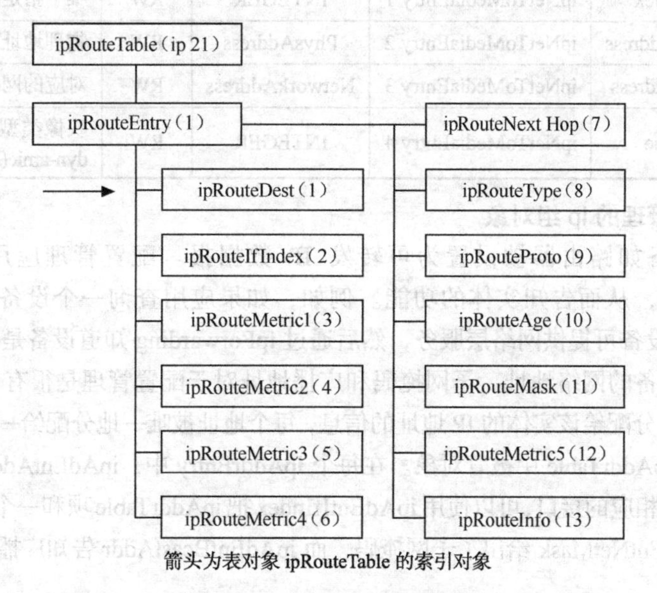

图 4-6　IP 路由表 ipRouteTable 中被管对象标识符子树

如下一个例子，一个用户无法使自己的机器连接到网络中心的一台服务器，其网络设置如图 4-7 所示。首先检查管理系统中的网络拓扑，以确信所有的网络设备都是 Up 并运行着。然后，由于从用户机器到服务器有几条可能的路由，需要找出正在使用的那一条。因此，失效管理可以使用 ipRouteDest、ipRouteNextHop 和 ipRouteIfIndex 来查询用户机器，请求到服务器的下一站。假设是通过接口“serial 2”到达路由器 A。接着请求路由器 A 同样的信息，假设获知路由器 A 是通过接口“Ethernet 3”经由路由器 B 发送数据向服务器前进的，最后发现路由器 B 通过“TokenRing1”直接发送数据给服务器。通过这一过程，获知用户机器确实有一个到达服务器的有效路由。

IP 地址转换表（ipNetToMediaTable）提供了物理地址和 IP 地址的对应关系。每个接口对象对应表中的一项。这个表与地址转换组语义相同。这些对象告知 IP 地址到另一路由地址的映射。一个常见的例子是地址解析协议 ARP 表，它映射 IP 地址到 MAC 地址。表 4-8 列出了该表中被管对象的描述。

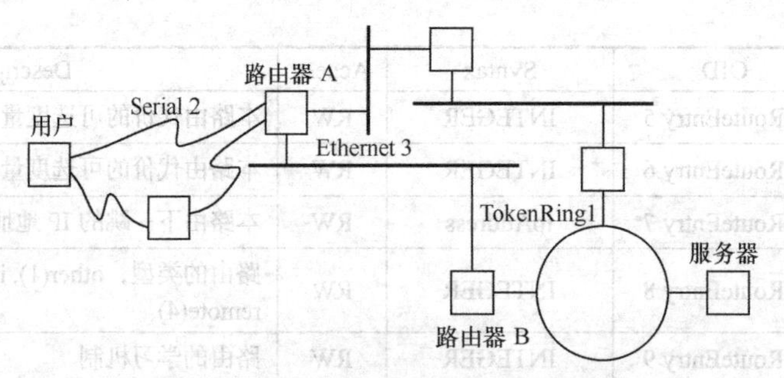

图 4-7　用户机器与服务器间的网络路由

表 4-8　IP 地址转换表 ipNetToMediaTable 中的被管对象

Object	OID	Syntax	Access	Description
ipNetToMediaEntry	ipNetToMediaTable 1	SEQUENCE	NA	对应一个特定的 IP 地址到物理地址的转换
ipNetToMediaIfIndex	ipNetToMediaEntry 1	INTEGER	RW	唯一指定本地接口的索引值
ipNetToMediaPhys-Address	ipNetToMediaEntry 2	PhysAddress	RW	物理地址
ipNetToMediaNet-Address	ipNetToMediaEntry 3	NetworkAddress	RW	对应的网络地址
ipNetToMediaType	ipNetToMediaEntry 4	INTEGER	RW	映像类型 other (1), Invalid(2), dyn-amic(3), static(4)

2. 用于配置管理的 Ip 组对象

一些网络设备如路由器被设置为可转发 IP 数据报。配置管理应用查询一个设备的 ipForwarding 对象，从而告知实体的功能。例如，如果应用查询一个设备的 System 组对象 sysServices，发现设备可提供网络层服务，然后通过 ipForwarding 知道设备是否转发 IP 数据报。

知道分配给设备的网络地址、子网掩码和广播地址对于配置管理是很有价值的。IP 地址表（ipAddrTable）包含分配给该实体的 IP 地址的信息，每个地址被唯一地分配给一个物理地址。表 4-9 列出了 IP 地址表 ipAddrTable 中被管对象。在每个 ipAddrEntry 中，ipAdEntAddr 和 ipAdEntIfIndex 分别告知 IP 地址和相应的接口，可以使用 ipAdEntIfIndex 把 ipAddrTable 项和一个 Interfaces 组 ifTable 项关联起来。ipAdEntNetMask 给出了子网掩码，而 ipAdEntBcastAddr 告知广播地址。

表 4-9　IP 地址表 ipAddrTable 中的被管对象

Object	OID	Syntax	Access	Description
ipAddrEntry	ipAddrTable 1	SEQUENCE	NA	一个特定的 IP 地址表目
ipAdEntAddr	ipAddrEntry 1	IPAddress	RO	本地主机 IP 地址
ipAdEntIfIndex	ipAddrEntry 2	INTEGER	RO	唯一指定本地接口的索引值
ipAdEntNetMask	ipAddrEntry 3	IPAddress	RO	与 IP 地址对应的子网掩码
ipAdEntBcastAddr	ipAddrEntry 4	INTEGER	RO	广播地址最低位
ipAdEntReasmMaxSize	ipAddrEntry 5	INTEGER	RO	可重装配的最大数据报

IP 路由表（ipRouteTable）把它的许多对象定义为可读写的，出于配置管理的目的，可以修改、新增、删除路由信息。

3. 用于性能管理的 Ip 组对象

使用 Ip 组对象，性能管理应用可以测量实体输入和输出 IP 流量的百分率。利用 Interfaces 组对象，实体接收到的总数据报数为所有接口的 ipInUcastPkts 和 ifNUcastPkts 的和，用该和除以 ipInReceives 可以得出接收到的 IP 数据报的比率。使用对象 ipOutRequest 可以对实体发送的数据报作类似的计算。

由于缺少系统资源或其他不允许对数据报进行适当处理等原因会导致丢弃数据报。对象 ipInDiscards 和 ipOutDiscards 分别给出了数据报在输入和输出时被丢弃的个数。

含有错误的 IP 数据报对于使用 IP 进行传递的应用可能会引起性能问题。使用 Ip 组对象可以计算 IP 数据报的错误率。

IP 输入错误率 =(ipInDiscards + ipInHdrErrors + ipInAddrErrors)/ ipInReceives

IP 输出错误率 =(ipOutDiscards + ipOutNoRoutes)/ ipOutRequests

ipForwDatagrams 告知设备对 IP 数据报转发的速率，如果在时刻 x 和时刻 y 被两次查询，则可得 IP 转发速度。

IP 转发速度 = (ipForwGatagramsy − ipForwDatagramsx)/(y − x)

类似的，可得到系统接收 IP 分组的速率。

IP 输入速度 = (ipInReceivesy − ipInReceivesx)/(y − x)

如果实体不得不处理大量的数据报，而对这些数据报它又没有一个本地支持的上层协议，则可能引起性能问题，通过 ipInUnknownProtos 度量可发现该问题。

对象 ipOutNoRoutes 是对实体没有数据报有效路由的计数。如果该对象的速度增加，意味着实体不能转发数据报到目的地。

一些 Ip 组对象可以用来计算由 IP 分段导致的错误。计算分段数据报和相关错误的百分比对于知道一个设备正在发送或接收大量的分段 IP 数据是有用的。同样，大比率的导致分段错误的 IP 数据报可能会影响使用 IP 进行网络传递的性能。

4. 用于计费管理的 Ip 组对象

Ip 组对象 ipOutRequests 和 ipInDelivers 可用于计费管理。

4.2.5 Icmp 组

ICMP 是一个为 IP 设备携带错误和控制信息的协议，实体必须处理接收到的每个 Icmp 分组，这样做可能会负面地影响实体的整体性能。Icmp 组包含关于实体的 ICMP 信息的对象，是有关各种接收的或发送的 ICMP 报文的计数器，如表 4-10 所示，主要用于性能管理。

表 4-10　　icmp 组中被管对象

Object	OID	Syntax	Access	Description
icmpInMsgs	Icmp 1	Counter	RO	输入 ICMP 消息的个数
icmpInErrors	Icmp 2	Counter	RO	输入有错的 ICMP 消息的个数
icmpInDestUnreachs	Icmp 3	Counter	RO	目的不可达消息的输入个数
icmpInTimeExcds	Icmp 4	Counter	RO	超时消息的输入个数
icmpInParmProbs	Icmp 5	Counter	RO	参数有问题的消息的输入个数
icmpInSrcQuenchs	Icmp 6	Counter	RO	源停止消息的输入个数
icmpInRedirects	Icmp 7	Counter	RO	重定向消息的输入个数
icmpInEchos	Icmp 8	Counter	RO	Echo 消息的输入个数
icmpInEchoReps	Icmp 9	Counter	RO	EchoReply 消息的输入个数

续表

Object	OID	Syntax	Access	Description
icmpInTimestamps	Icmp 10	Counter	RO	Timestamp 消息的输入个数
icmpInTimestampReps	Icmp 11	Counter	RO	TimestampReply 消息的输入个数
icmpInAddrMasks	Icmp 12	Counter	RO	地址掩码请求消息的输入个数
icmpInAddrMaskReps	Icmp 13	Counter	RO	地址掩码响应消息的输入个数
icmpOutMsgs	Icmp 14	Counter	RO	输出 ICMP 消息的个数
icmpOutErrors	Icmp15	Counter	RO	输出有错的 ICMP 消息的个数
icmpOutDestUnreachs	Icmp 16	Counter	RO	目的不可达消息的输出个数
icmpOutTimeExcds	Icmp 17	Counter	RO	超时消息的输出个数
icmpOutParmProbs	Icmp 18	Counter	RO	参数有问题的消息的输出个数
icmpOutSrcQuenchs	Icmp 19	Counter	RO	源停止消息的输出个数
icmpOutRedirects	Icmp 20	Counter	RO	重定向消息的输出个数
icmpOutEchos	Icmp 21	Counter	RO	Echo 消息的输出个数
icmpOutEchoReps	Icmp 22	Counter	RO	EchoReply 消息的输出个数
icmpOutTimestamps	Icmp 23	Counter	RO	Timestamp 消息的输出个数
icmpOutTimestampReps	Icmp 24	Counter	RO	TimestampReply 消息的输出个数
icmpOutAddrMasks	Icmp 25	Counter	RO	地址掩码请求消息的输出个数
icmpOutAddrMaskReps	Icmp 26	Counter	RO	地址掩码响应消息的输出个数

对于计算接收和发送的 ICMP 分组的百分率，必须首先获得实体接收和发送的分组的总数，这可以通过找出每个接口的输入分组和输出分组的总数完成，然后用 icmpInMsgs 和 icmpOutMsgs 去除以该和从而获得接收和发送 ICMP 分组的百分率。通过多次查询该对象，可以找出 ICMP 分组进入和离开实体的速率。一个实体正在接收和发送大量的 ICMP 分组并不一定意味着存在一个性能问题，但是拥有这些统计可能有助于解决将来的相关问题。

Icmp 组对象也可以显示每个不同的 ICMP 分组类型的数目。知道了 icmpInEchos、icmpOutEchos、icmpInEchoReps 和 icmpOutEchoReps 的速率，可以分离出如大量 ICMP Echo 分组引起的一些性能问题。一个实体发送大量的 icmpInScrQuenchs 可能暗示着网络来路上的拥挤，发送大量的 icmpOutScrQuenchs 可能意味着实体用尽了资源。如果一个实体正在发送或接收到大量的 IP 错误，可以使用 icmpInErrors 和 icmpOutErrors 确定是否是 ICMP 分组导致了问题。

4.2.6 Tcp 组

TCP 是一个在应用之间提供可靠连接的传输协议，其实现可以增强对流量控制、网络拥塞、丢失段重传等问题的处理。Tcp 组由一些 TCP 的系统对象和一个记录当前 TCP 连接的表 tcpConnTable 组成，如图 4-8 和表 4-11 所示，可以用于配置、性能和计费管理。Tcp 组是必须实现的。

表 4-11　　Tcp 组中的被管对象

Object	OID	Syntax	Access	Description
tcpRtoAlgorithm	Tcp 1	INTEGER	RO	TCP 重传时间策略
tcpRtoMix	Tcp 2	INTEGER	RO	最小的 TCP 重传超时

续表

Object	OID	Syntax	Access	Description
tcpRtoMax	Tcp 3	INTEGER	RO	最大的 TCP 重传超时
tcpMaxConn	Tcp 4	INTEGER	RO	允许的最大 TCP 连接数
tcpActiveOpens	Tcp 5	Counter	RO	实体已经支持的主动打开的数量
tcpPassiveOpens	Tcp 6	Counter	RO	实体已经支持的被动打开的数量
tcpAttemptFails	Tcp 7	Counter	RO	已经发生的试连接失败的次数
tcpEstabResets	Tcp 8	Counter	RO	已经发生复位的次数
tcpCurrEstab	Tcp 9	Gauge	RO	状态为 established 或 close Wait 的 TCP 连接数
tcpInSegs	Tcp 10	Counter	RO	收到的 TCP 段总数
tcpOutSegs	Tcp 11	Counter	RO	发出的 TCP 段总数
tcpRetransSegs	Tcp 12	Counter	RO	重传的 TCP 段总数
tcpConnTable	Tcp 13	SEQUENCE OFTcpConnentry	NA	包含 TCP 各个连接的信息表
tcpInErrors	Tcp 14	Counter	RO	收到有错的 TCP 段总数
tcpOutRests	Tcp 15	Counter	RO	发出的含有 RST 标志的 TCP 段数

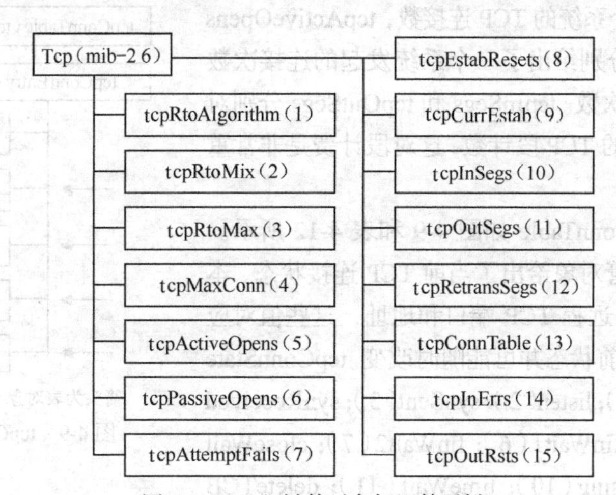

图 4-8 Tcp 组被管对象标识符子树

1. 用于配置管理的 Tcp 组对象

TCP 重传策略和相关的时间配置会很大地影响使用该协议进行传输的应用的性能，不同的系统使用不同的重传方案可能会导致网络拥塞或不公平的带宽分配。通过查询 tcpRtoAlgorithm、tcpRtoMax 和 tcpRtoMin，可以获知 TCP 的当前配置在系统的网络环境中工作得是否令人满意。tcpRtoAlgorithm 说明计算重传时间的算法，其值可取如下几种。

（1）Other（1）：不属于以下 3 种。

（2）Constant（2）：重传超时值为常数。

（3）Rsre（3）：根据通信情况动态地计算超时值。

（4）Vanj（4）：由 Van Jacobson 发明的一种动态算法。

一个系统存在的 TCP 连接数也会影响系统的性能。通过 tcpMaxConn 可以配置一个网络使其能够处理必要数目的远程 TCP 连接。tcpCurrEstab 中的当前连接数会影响决定需要的 TCP 连接总数。

2. 用于性能管理的 Tcp 组对象

试图建立一个 TCP 连接的失败原因有多种，如目的系统不存在或网络有故障，知道建立连接被拒绝的次数有助于衡量网络的可靠性。同样，在重置状态下 TCP 结束许多已建立会话的情况也可能导致网络的不稳定。tcpAttemptFails 和 tcpEstabResets 可以帮助度量网络的拒绝率。

tcpRetransSegs 给出了系统重新发送的 TCP 段的个数。TCP 段的重传并不直接反映性能问题，但是重传次数的增加可告知实体为了保证可靠性是否不得不发送数据的多个拷贝。

如果系统收到了错误的 TCP 段，tcpInErrs 的值将增加，这可能是由于源系统段封装错误、网络设备转发段错误或其他原因引起的。在多数情况下，该对象的值不会单独增加，而是由于系统中一些其他错误引起的结果。

tcpOutRsts 给出了实体试图重置一个连接的次数，这可能是由于网络的不稳定、用户请求或资源问题引起的。

让应用在不同的时间查询 tcpInSegs 和 tcpOutSegs 的值，可以检测 TCP 段进入和离开实体的速度。

3. 用于计费管理的 Tcp 组对象

为了评估网络资源的当前使用情况，一个组织可能想要知道到达和来自一个系统的 TCP 连接数，tcpActiveOpens 和 tcpPassiveOpens 分别给出了一个系统发起的连接次数和被请求建立的连接次数。tcpInSegs 和 tcpOutSegs 分别对进入和离开一个实体的 TCP 段计数，这对段计费是非常重要的。

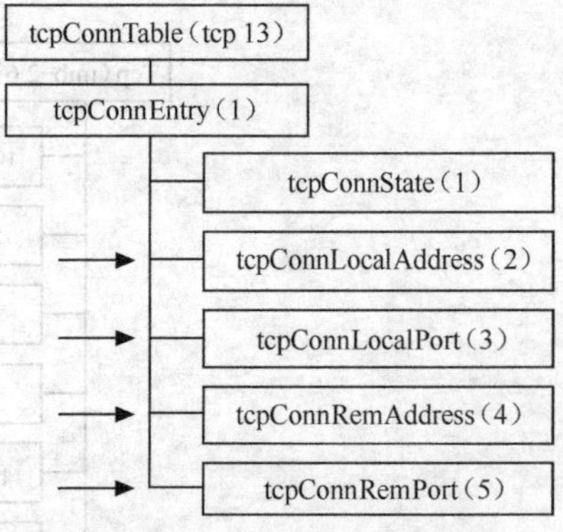

图 4-9　tcpConnTable 的索引对象

TCP 连接表 tcpConnTable 如图 4-9 和表 4-12 所示。tcpConnTable 中的被管对象给出了当前 TCP 连接状态、本地 TCP 端口和地址、远程 TCP 端口和地址，这些值对应于实体中的TCP的当前状态并可能随时改变。tcpConnState 可取值如下：closed(1); listen(2); synSent(3); synReceived(4); established(5); finWait1(6); finWait2(7); closeWait(8); lastAck(9); closing(10); timeWait(11); deleteTCB(12)。最后一个状态表示终止连接。

表 4-12　　tcpConnTable 中的被管对象

Object	OID	Syntax	Access	Description
tcpConnEntry	tcpConnTable 1	SEQUENCE	NA	一个特定的 TCP 连接表目
tcpConnState	tcpConnEntry 1	INTEGER	RW	TCP 连接状态
tcpConnLocalAddress	tcpConnEntry 2	IPAddress	RO	本地 IP 地址
tcpConnLocalPort	tcpConnEntry 3	INTEGER	RO	本地 TCP 端口
tcpConnRemlAddress	tcpConnEntry 4	IPAddress	RO	远程 IP 地址
tcpConnRemPort	tcpConnEntry 5	INTEGER	RO	远程 TCP 端口

4. 安全管理

利用 tcpConnTable 表中的数据，可以跟踪那些试图与本地系统建立连接的远程系统，通过分析连接的特点，可以检测是否存在外来入侵。

4.2.7 Udp 组

UDP 是一个无连接的传输协议，不能保证可靠性，由此 Udp 组包含的对象数有限，如图 4-10 和表 4-13 所示，它们主要用于性能和计费管理。除了有关发送和接收数据报的对象外，还包含一个 udpTable 表，该表中包含每个 UDP 端点用户的 IP 地址和 UDP 端口。Udp 组是必须实现的。

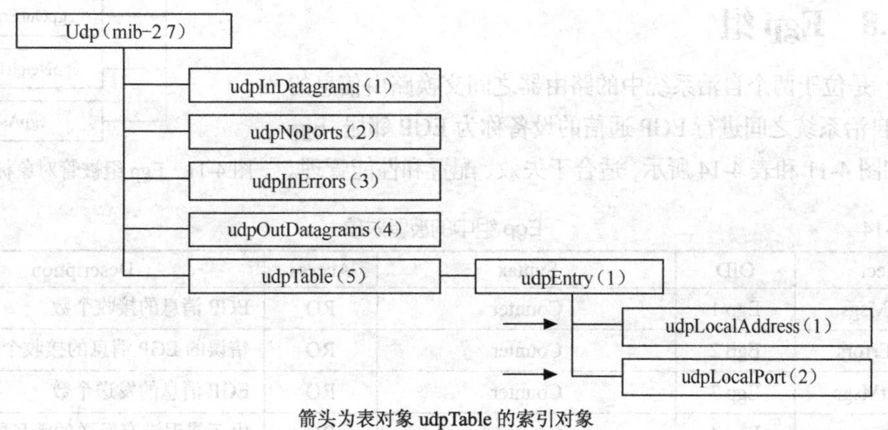

图 4-10 Udp 组对象标识符子树

表 4-13 Udp 组中的被管对象

Object	OID	Syntax	Access	Description
udpInDatagrams	Udp 1	Counter	RO	UDP 数据报的输入数
udpNoPorts	Udp 2	Counter	RO	没有发送到有效端口的 UDP 数据报的个数
udpInErrors	Udp 3	Counter	RO	接收到有错误的 UDP 数据报的个数
udpOutDatagrams	Udp 4	Counter	RO	UDP 数据报的输出数
udpTable	Udp 5	SEQUENCE OF udpEntry	NA	包含 UDP 的用户信息
udpEntry	udpTable 1	SEQUENCE	NA	某个当前 UDP 用户的信息
udpLocalAddress	udpEntry 1	IpAddress	RO	UDP 用户的本地 IP 地址
udpLocalPort	udpEntry 2	INTEGER	RO	UDP 用户的本地端口号

1. 用于性能管理的 Udp 组对象

处理 UDP 数据报会影响实体的性能，不断地查询 udpInDatagrams 和 udpOutDategrams 会产生数据报的输入和输出速率。

当一个实体接收到未知应用的数据报时，udpNoPorts 会对其计数。例如，当网络上有一个 IP 广播时，每个 IP 设备都会捡起广播分组并把它传递给 UDP，只有那些运行了相应应用而且有合适的 UDP 端口正在监听的系统接收到分组，其他的都在 udpNoPorts 对象中报告该分组。

一个 UDP 数据报可能由于很多原因产生错误，包括软件或连接错误或设备故障，udpInErrors

可告知网络上的特定错误。

2. 用于计费管理的 Udp 组对象

使用 udpInDatagrams 和 udpOutDatagrams 可确定一个实体接收和发送了多少 UDP 数据报，由此获知对 UDP 的需求和在实体中有关它们的应用。

udpTable 包含 udpLocalAddress 和 udpLocalPort 两个对象，它们分别给出了收听端口的本地 IP 地址和端口号。然而，由于 UDP 不是一个基于连接的协议，udpTable 的内容在应用监听一个端口时是有效的，利用它可以监视一个实体提供了哪些网络服务的手段。

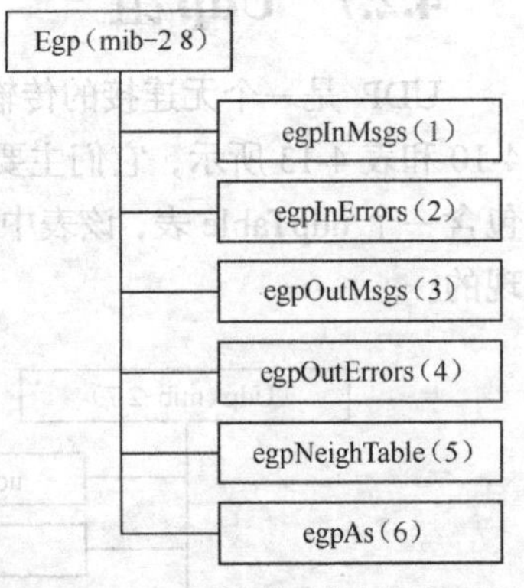

图 4-11 Egp 组被管对象标识符子树

4.2.8 Egp 组

EGP 是位于两个自治系统中的路由器之间交换路由信息的协议。在自治系统之间进行 EGP 通信的设备称为 EGP 邻居。Egp 组对象如图 4-11 和表 4-14 所示，适合于失效、配置和性能管理。

表 4-14 Egp 组中的被管对象

Object	OID	Syntax	Access	Description
egpInMsgs	Egp 1	Counter	RO	EGP 消息的接收个数
egpInErrors	Egp 2	Counter	RO	错误的 EGP 消息的接收个数
egpOutMsgs	Egp 3	Counter	RO	EGP 消息的发送个数
egpOutErrors	Egp 4	Counter	RO	由于错误没有发送的消息的个数
egpNeighTable	Egp 5	Sequence of egpNeighEntry	NA	相邻网关的 EGP 表
egpAs	Egp 6	INTEGER	RO	本地 EGP 自治系统编号

1. 用于失效管理的 Egp 组对象

EGP 邻居表 egpNeighTable 中，通过一个 EGP 邻居的状态可以看到路由信息是如何被注入一个自治系统的，如图 4-12 和表 4-15 所示，其中一部分对象适用于失效管理。

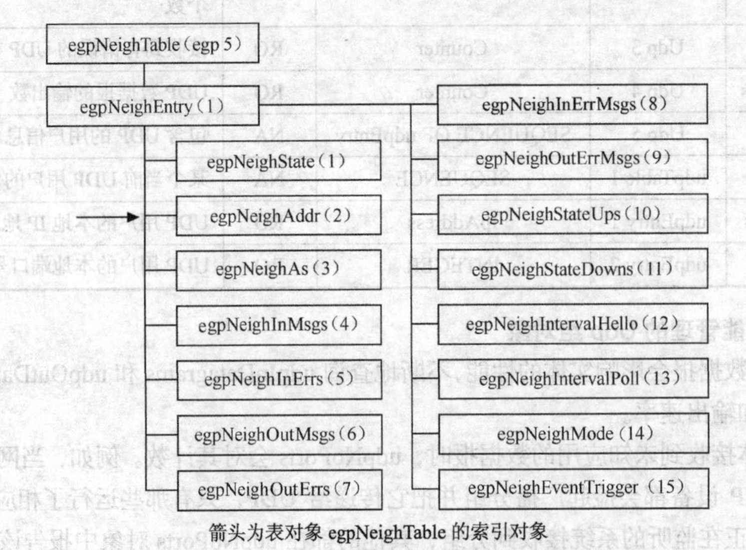

图 4-12 egpNeighTable 中的被管对象标识符子树

表 4-15 egpNeighTable 中的被管对象

Object	OID	Syntax	Description
egpNeighEntry	egpNeighTable 1	SEQUENCE	一个特定的邻居表目
egpNeighState	egpNeighEntry 1	INTEGER	每个 EGP 邻居的状态
egpNeighAddr	egpNeighEntry 2	IPAddress	邻居 IP 地址
egpNeighAs	egpNeighEntry 3	INTEGER	邻居所在的自治系统编号
egpNeighInMegs	egpNeighEntry 4	Counter	从邻居接收的正确报文数
egpNeighInErrs	egpNeighEntry 5	Counter	从邻居接收的出错报文数
egpNeighOutMegs	egpNeighEntry 6	Counter	发送给邻居的报文数
egpNeighOutErrs	egpNeighEntry 7	Counter	发送给邻居的出错报文数
egpNeighInErrMegs	egpNeighEntry 8	Counter	接收的带有 EGP 定义的错误的报文数
egpNeighOutErrMegs	egpNeighEntry 9	Counter	发送的带有 EGP 定义的错误的报文数
egpNeighStateUps	egpNeighEntry 10	Counter	邻居转变为 Up 状态的次数
egpNeighStateDowns	egpNeighEntry 11	Counter	邻居从 Up 状态转变为其他状态的次数
egpNeighIntervalHello	egpNeighEntry 12	TimeTicks	重传 Hello 命令的时间间隔
egpNeighIntervalPoll	egpNeighEntry 13	TimeTicks	重传 Poll 命令的时间间隔
egpNeighMode	egpNeighEntry 14	INTEGER	轮询模式，active(1)，passive(2)
egpNeighEventTrigger	egpNeighEntry 15	INTEGER	由操作员提供的启动和停止操作 start(1)，stop(2)

失效管理可以使用 egpNeighState 来找到 EGP 邻居的当前状态，其可取的值有：idle（1）；acquisition（2）；down（3）；up（4）；cease（5）。

如果一个邻居运行正常，那么它应该不断地发送关于网络的可达性信息到本地 EGP 进程。知道一个邻居何时进入运行状态，可以告知可能进入自治系统的新路由信息，同样，知道一个邻居何时进入停机状态，可帮助解决路由问题。

2. 用于配置管理的 Egp 组对象

egpAs 给出了本地 EGP 实体的自治系统数，其他对象 egpNeighstate、egpNeighAddr、egpNeighAs、egpneighIntervalHello、egpNeighIntervalPoll、egpNeighMode 告知关于一个特定 EGP 邻居的配置。配置管理可以查询该信息，从而不断地告知 EGP 的设置和进入或离开当前自治系统的路由信息。

3. 用于性能管理的 Egp 组对象

通过 egpInMsgs 和 egpOutMsgs 可以计算 EGP 消息进入和离开实体的速率。通常该速率不大，但是在 EGP 邻居之间的网络不稳定使速率会升高，这时处理 EGP 消息可能消耗太多资源，引起实体的低性能。

egpInErrors 和 egpOutErrors 的增加与实体发送和接收消息数目的增加是一致的。如果一个消息接收错误，没有发送有效响应，源 EGP 邻居可能重传消息。

当 EGP 正在引起实体或相连串行连接的性能问题时，要求分离出产生问题的邻居，此时，使用 egpNeighInMsgs、egpNeighInErrs、egpNeighOutMsgs 和 egpNeighOutErrs 可以计算出与每个邻居的输入、输出消息和错误的速率，从而找出产生问题的邻居。

通过检查 egpNeighInErrMsgs 和 egpNeighOutErrMsgs 的增加速率，可确定何时 EGP 邻居在接收和发送合法 EGP 错误消息，这些错误消息速率的增加可能意味着一个错误配置或给邻居 EGP 带来性能的改变。

4.2.9 传输组

Transmission 组针对各种传输介质提供详细的管理信息，它给出关于位于系统接口之下的特定介质的信息。前面介绍的 Interfaces 组包含各种接口通用的信息，而 Transmission 组则提供与子网类型有关的接口专用信息。若网络设备上的某种媒介要想接收管理，那就必须把相应的接口类型加入到该组中。

RFC1643 在文件传输节点下定义了以太网 MIB 的有关对象。下面介绍一个以太网的例子，图 4-13 和表 4-16 列出了以太网 MIB 的有关对象。在统计表 dot3StatsTable 统计表中，如图 4-14 所示，记录了以太网通信的统计信息，这个表以 dot3StasIndex 为索引项，其值与接口组的 ifIndex 相同，因此对应每个接口有一个统计项表。表中的一组计数器记录以太网接口接收和发送的各种帧数。Dot3 MIB 的最后一部分是关于以太网接口测试的信息。目前定义了两种测试和两种错误。当管理站访问代理中的测试对象时，代理就完成对应的测试。

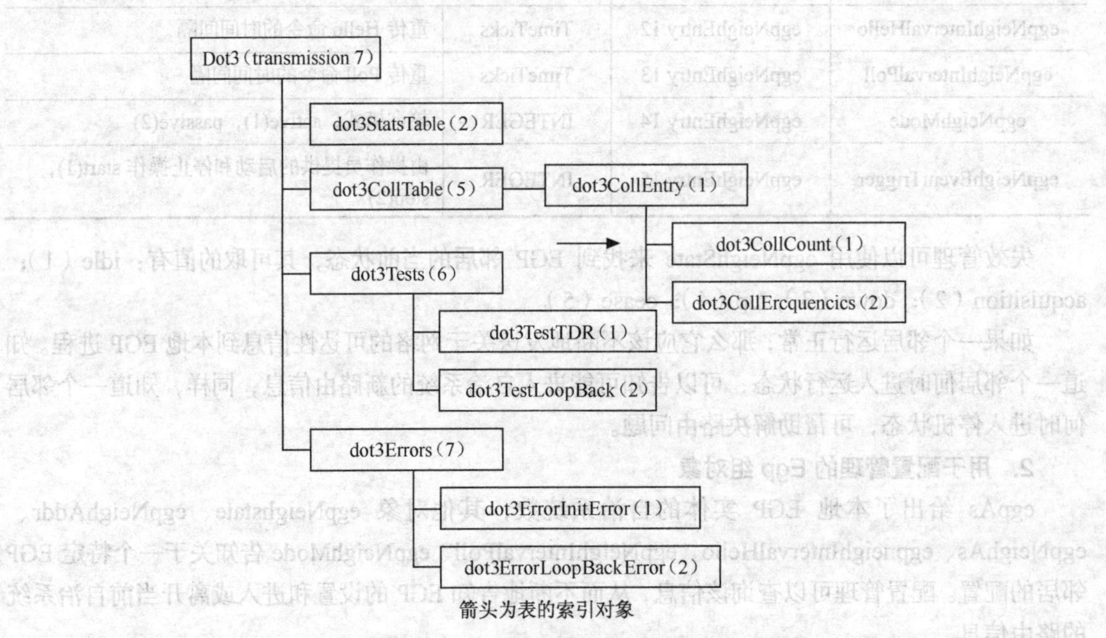

图 4-13 以太网 MIB 的对象标识符树

表 4-16 以太网 MIB 对象

Object	OID	Syntax	Access	Description
dot3StatsTable	Dot 3	SEQUENCE OF	NA	IEEE802.3 统计表
dot3StatsEntry	dot3StasTable 1	SEQUENCE	NA	对应一个以太网接口
dot3StatsStatsIndex	dot3StatsEntry 1	INTEGER	RO	索引项，与接口组索引相同
dot3StatsAlignment-Errors	dot3StatsEntry 2	Counter	RO	接收的非整数个字节的帧数

续表

Object	OID	Syntax	Access	Description
dot3StatsFCSErrors	dot3StatsEntry 3	Counter	RO	接收的 FCS 校验出错的帧数
dot3StatsSingle-CollisionFrames	dot3StatsEntry 4	Counter	RO	仅一次冲突而成功发送的帧数
dot3StatsMultiple-CollisionFrames	dot3StatsEntry 5	Counter	RO	经过多次冲突而成功发送的帧数
dot3StatsSQETestErrors	dot3StatsEntry 6	Counter	RO	SQE 测试错误报文产生的次数
dot3StatsDeferredTrans-missions	dot3StatsEntry 7	Counter	RO	被延迟发送的帧数
dot3StatsLateCollisons	dot3StatsEntry 8	Counter	RO	发送 512 比特后检测到的冲突次数
dot3StatsExcessivesCollisons	dot3StatsEntry 9	Counter	RO	由于过多冲突而发送失败的帧数
dot3StatsInternalMacTra-nsmitErrors	dot3StatsEntry 10	Counter	RO	由于内部 MAC 错误而发送失败的帧数
dot3StatsCarrierSence-Errors	dot3StatsEntry 11	Counter	RO	载波侦听条件丢失的次数
dot3StatsFrameTooLongs	dot3StatsEntry 13	Counter	RO	接收的超长帧数
dot3StatsInternalMacRec-eiveErrors	dot3StatsEntry 16	Counter	RO	由于内部 MAC 错误而接收失败的次数
dot3StatsEhterChipSet	dot3StatsEntry 17	OBJECT IDENTIFIER	RO	接口使用的芯片
dot3CollTable	dot3 5	SEQUENCE OF	NA	有关接口冲突直方图的表
dot3CollEntry	dot3CollTable 1	SEQUENCE	NA	冲突表项
dot3CollCount	dot3CollEntry 1	INTEGER(1..16)	RO	共 16 种不同的冲突次数
dot3CollFrequencies	dot3CollEntry 2	Counter	RO	对应每种冲突次数而成功传送的帧数
dot3Tests	dot3 6	OBJECT IDENTIFIER	RO	对接口的一组测试
dot3TestsTDR	dot3Test 1	OBJECT IDENTIFIER	RO	TDR（Time Domain Reflectometry）测试
dot3TestsLoopBack	dot3Test 2	OBJECT IDENTIFIER	RO	环路测试
dot3Errors	dot3 7	OBJECT IDENTIFIER	RO	测试期间出现的错误
dot3ErrorInitError	dot3Errors 1	OBJECT IDENTIFIER	RO	测试期间芯片不能初始化
dot3ErrorLoopBackError	dot3Error 2	OBJECT IDENTIFIER	RO	在环路测试中接收的数据不正确

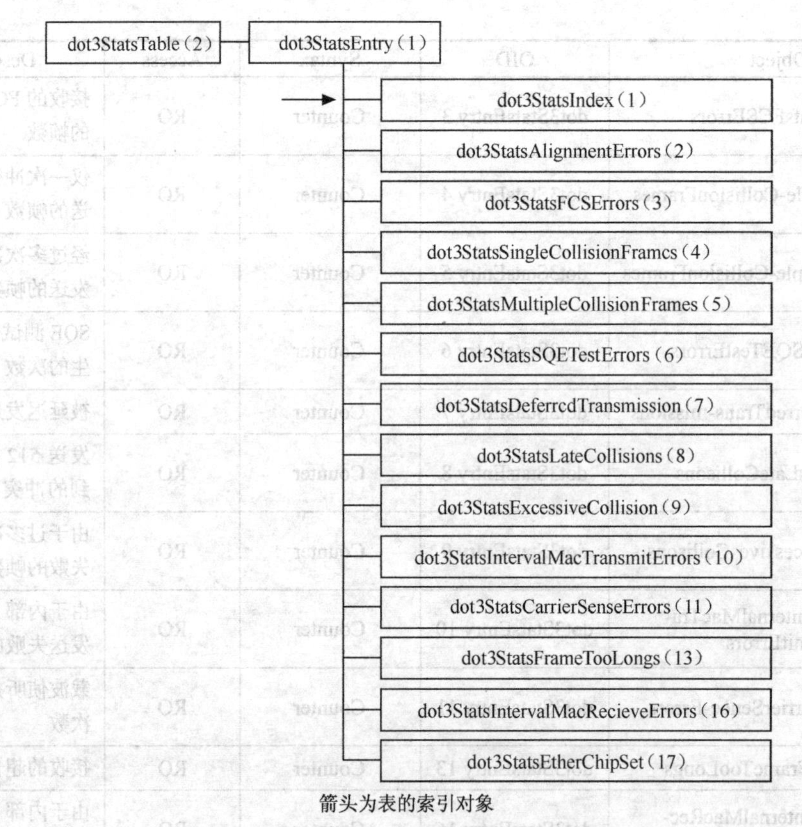

图 4-14　以太网 MIB 统计表 dot3StatsTable 对象标识树

4.3　MIB-2 的局限性

设计 MIB-2 的目标之一是方便管理实体的实现，因而只包括基本的网络管理需要的对象。MIB-2 的简单性有利于网络管理系统的实现，增强互操作性。但是 MIB-2 只存储两种简单的数据类型，标量和二维数组，因而只包括基本的网络管理需要的对象。实际上，SNMP 仅仅能够检索标量对象实例和一个表中的单个对象实例。这样，对管理系统功能的实现带来了一定的限制。例如：不支持基于对象值或类型进行复杂查询；安全机制不够完善；只知道某个 TCP 实体建立连接的数量，而不知道在 TCP 连接上的通信量。

下面的例子说明一种普通的管理功能，但是它却得不到 MIB-2 的支持，如图 4-15 所示。假定网络通信已经相当繁忙，大部分通信是访问服务器，使得路由器 R_1 和子网 N_2 的负载接近饱和。突然之间网络负载又有增加，使得 R_1 和 N_2 通信过载。解决这个问题的方法至少有两种思路，如果能确定是由于 N_5 和 N_6 上的系统之间通信增加引起的，则可在 N_5 和 N_6 之间插入一个网桥或路由器；或者能确定是由其他系统对服务器的访问增加引起的，则可以购置另外一台服务器，放置在其他子网上构成分布式系统。

MIB-2 却不能解决这个问题。如果检查 Tcp 组的变量，只能知道某个 TCP 实体建立的连接数量，而不能知道在 TCP 连接上的通信量，而这正是需要的信息。MIB-2 的其他组也不提供一对系统之间的通信量信息，因此无法确定上述哪种方法更合理。

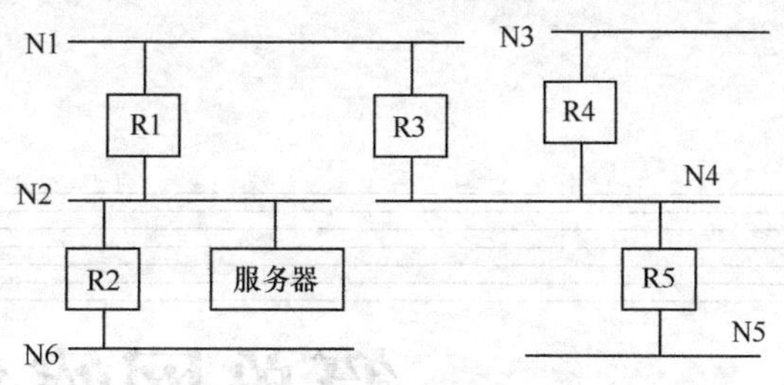

图 4-15　网络管理配置的实例

4.4 小　　结

在现代网络管理模型中，管理信息库（MIB）是网络管理系统的核心。网络管理员在对网络进行监视时就是读取 MIB 中有关对象的数据，而在对网络进行控制时，只需更新 MIB 中相关对象所对应的数据即可。

利用管理信息结构（SMI）定义 MIB 树中的被管对象。RFC1213 定义了管理信息库第 2 版，即 MIB-2。MIB-2 包含 11 个功能组，共 171 个对象。本章详细介绍了 MIB-2 中系统组、接口组、地址转换组、Ip 组、Icmp 组、Tcp 组、Udp 组、Egp 组、传输组这 9 个功能组的功能描述和每个功能组中的被管对象，利用这些功能组中的对象来实现网络管理的配置管理、故障管理、性能管理、计费管理和安全管理。

习 题 4

1. MIB-2 中包括哪些组？分别是什么？
2. 通过 MIB 中的哪个对象，可以知道系统运行的时间？
3. 如果某主机的对象 sysServices 的值为 68，则该主机提供了哪些协议层服务？
4. 对象 ifOperStatus 和 ifAdminStatus 的值分别为 1 和 2，这说明什么？
5. 如何计算接口的输入错误率、输出错误率、丢弃的输入包率和输出包率？
6. 如何计算 IP 数据包的输入错误率、输出错误率、输入速率和转发速率？
7. 如何计算 ICMP 分组的发送率和接收率？
8. 通过哪些对象可以知道输入的 Echo 消息个数、输入的 EchoReply 消息个数和输入的超时消息个数？
9. 如何计算 TCP 段的输入速率和输出速率？
10. 如何计算 UDP 包的输入速率和输出速率？
11. 已知某一路由器某一端口的 IP 地址，如何用 MIB-2 查询该端口的物理地址？

第5章 简单网络管理协议

简单网络管理协议（Simple Network Management Protocol，SNMP）是专门用来管理网络设备（如服务器、工作站、路由器、交换机及集线器等）的一种标准应用层协议，开发和成熟的过程长达10年（1990~1999年），期间产生了SNMPv1、SNMPv2、SNMPv3三个不同的版本和一系列RFC文件。SNMP使网络管理员能够维护网络运行，发现并解决网络问题以及规划网络发展。

本章首先介绍SNMP的演变，这是使用各种SNMP应用软件时必须了解的内容。然后介绍SNMP各部分主要内容。SNMP数据单元、SNMP支持的操作以及SNMP的安全机制。通过有关软件的使用，可以进一步熟悉SNMP的具体功能。

5.1 SNMP的演变

5.1.1 SNMPv1

TCP/IP网络管理最初使用的是1987年11月提出的简单网关监控协议(Simple Gateway Monitoring Protocol，SGMP)，在此基础上发展成简单网络管理协议第一版(Simple Network Management Protocol，SNMPv1)，陆续公布在1990年和1991年的几个RFC(Request For Comments)文件中，即RFC 1155(SMI)、RFC 1157(SNMP)、RFC 1212(MIB定义)和RFC 1213(MIB-2规范)。由于其简单且易于实现，SNMPv1得到了许多制造商的支持和广泛的应用。

当初提出SNMP的目的是将其作为弥补网络管理协议发展阶段性空缺的一种临时性措施。SNMP通过实际应用显示出许多优点，最主要的优点是简单且容易实现，而且基于人们熟悉的SGMP(Simple Gateway Monitoring Protocol)，用户已有相当多的操作经验。因此在1988年，为了适应当时紧迫的网络管理需要，确定了网络管理标准开发的双轨制策略。

（1）SNMP可以满足当前的网络管理需要，用于管理配置简单的网络，并且在将来可以平稳过渡到新的网络管理标准。

（2）OSI网络管理（CMIP Over TCP/IP，CMOT）作为长期的解决办法，可以应付未来的更复杂的网络配置，提供更全面的管理功能，但是需要较长的开发过程以及开发商和用户接受的过程。

然而实际情况是双轨制策略很快就停止了实施，其原因主要如下。

（1）最初设计是SNMP的MIB应该是OSI MIB的子集，以便顺利地过渡到CMOT。但是OSI

定义的管理信息库是相当复杂的面向对象模型，在此基础上实现 SNMP 几乎是不可能的。所以人们很快就放弃了这个想法，让 SNMP 使用简单的标量 MIB。这样 SNMP 向 OSI 管理过渡就很困难了。

（2）OSI 系统管理标准和符合 OSI 标准的网络管理产品的开发进展缓慢，而在此期间 SNMP 却得到了制造商的广泛支持，出现了许多支持 SNMP 产品，并被广大用户所接受。

5.1.2　SNMPv2

SNMP 虽然被广泛使用，但是 SNMP 的缺点也是明显的，没有实质性的安全措施，无数据源认证功能，不能防止被偷听。面对这样不可靠的网络管理环境，许多制造商不得不废除了 Set 命令，以避免网络配置被入侵者恶意篡改。这样，用户面临的只能是在很不完善的管理工具和遥遥无期的管理标准之间做出选择的两难处境。

为了弥补 SNMP 的安全缺陷，1992 年 7 月发布了一个新标准——安全 SNMP（S-SNMP）。这个协议增强了以下安全方面的功能。

- 用报文摘要算法 MD5 保证数据完整性和进行数据源认证。
- 用时间戳对报文排序。
- 用 DES 算法提供数据加密功能。

但是 S-SNMP 没有改进 SNMP 在功能和效率方面的其他缺点。与此同时有人又提出了另一个协议 SMP（Simple Management Protocol），这个协议由 8 个文件组成，它对 SNMP 的扩充表现在以下 4 个方面。

- 使用范围：SMP 可以管理任何资源，不仅包括网络资源，还可用于应用管理、系统管理；可实现管理站之间的通信，也提供了更明确、更灵活的描述框架；可以描述一致性要求和实现能力；在 SMP 中管理信息的扩展性得到了增强。
- 复杂程度、速度和效率：保持了 SNMP 的简单性，更容易实现，并提供了数据块传输能力，因此速度和效率更高。
- 安全措施：结合了 S-SNMP 提供的安全功能。
- 兼容性：可以运行在 TCP/IP 网络上，也适合 OSI 系统和运行其他通信协议的网络。

在对 S-SNMP 和 SMP 讨论的过程中，Internet 研究人员之间达成了共识，这就是必须扩展 SNMP 的功能并增强其安全设施，使用户和制造商尽快地从原来的 SNMP 过渡到第二代 SNMP。于是 S-SNMP 被放弃，并以 SMP 为基础开发 SNMP 第 2 版，即 SNMPv2。

互联网工程任务组（Internet Engineering Task Force，IETF）组织了两个工作组，一个组负责协议功能和管理信息库的扩展，另一组负责 SNMP 安全方面的功能，1992 年 10 月正式开始工作。这两个组的工作进展非常快，功能组的工作在 1992 年 12 月完成，安全组在 1993 年 1 月完成。1993 年 5 月他们发布了 12 个 RFC（1441～1452）文件作为草案标准。后来有一种意见认为 SNMPv2 的高层管理框架和安全机制实现起来太复杂，对代理的配置很困难，限制了网络发展能力，失去了 SNMP 的简单性的特点。又经过几年的试验和论证，最终决定丢掉安全功能，把增加的其他功能作为新标准颁布，并保留了 SNMPv1 的报文封装格式，称其为基于团体的 SNMP（Community-based SNMP），简称 SNMPv2C。新的 RFC（1901～1908）文件于 1996 年 1 月发布。表 5-1 列出了有关 SNMPv2 和 SNMPv2C 的 RFC 文件。

表5-1　　　　有关SNMPv2和SNMPv2C的RFC文件

SNMPv2(1993.5)	名　称	SNMPv2(1996.1)
1441	SNMPv2简介	1901
1442	SNMPv2管理信息结构	1902
1443	SNMPv2文本结构约定	1903
1444	SNMPv2一致性声明	1904
1445	SNMPv2高层安全模型	
1446	SNMPv2安全协议	
1447	SNMPv2参加者MIB	
1448	SNMPv2协议操作	1905
1449	SNMPv2传输层映射	1906
1450	SNMPv2管理信息库	1907
1451	管理进程间的管理信息库	
1452	SNMPv2第1版和第2版网络管理框架共存	1908

5.1.3 SNMPv3

由于SNMPv2没有达到“商业级别”的安全要求，包括提供数据源标识、报文完整性认证、防止重放、报文机密性、授权和访问控制、远程配置和高层管理能力等，因而SNMPv3工作组一直在从事新标准的研制工作，最终在1999年4月发布了SNMPv3新标准草案。

SNMPv3工作组的目标是产生一组必要的文件，作为下一代SNMP核心功能的单一标准。要求尽量使用已有的文件，使新标准满足以下要求。

- 能够适应不同管理需求的各种操作环境。
- 便于已有的系统向SNMPv3过渡。
- 可以方便地建立和维护管理系统。

根据以上要求，工作组于1998年1月发表了5个文件，作为安全和高层管理的建议标准（Proposed Standard），这5个文件内容如下。

RFC 2271——描述SNMP管理框架的体系结构。

RFC 2272——简单网络管理协议的报文处理和调度。

RFC 2273——SNMPv3应用程序。

RFC 2274——SNMPv3基于用户的安全模型。

RFC 2275——SNMPv3基于视图的访问控制模型。

后来在此基础上又进行了修订，终于在1999年4月公布了一组文件，作为SNMPv3的新标准草案（Draft Standard），具体包括以下文件。

RFC2570——Internet标准网络管理框架第3版引论。

RFC2571——SNMP管理框架的体系结构描述（标准草案，代替RFC2271）。

RFC2572——简单网络管理协议的报文处理和调度系统（标准草案，代替RFC2272）。

RFC2573——SNMPv3应用程序（标准草案，代替RFC2273）。

RFC2574——SNMPv3基于用户的安全模型（USM）（标准草案，代替RFC2274）。

RFC2575——SNMPv3基于视图的访问控制模型（VACM）（标准草案，代替RFC 2275）。

RFC2576——SNMP 第 1、2、3 版的共存问题（标准建议，代替 RFC2089，2000 年 3 月发布）。

另外，对 SNMPv2 的管理信息结构（SMIv2）的有关文件也进行了修订，作为正式标准公布，具体文件如下。

RFC2578——管理信息结构第 2 版（SMIv2）（正式标准 STD 0058，代替 RFC1902）。

RFC2579——对于 SMIv2 的文本约定（正式标准 STD 0058，代替 RFC1903）。

RFC2580——对于 SMIv2 的一致性说明（正式标准 STD 0058，代替 RFC1904）。

SNMPv3 不仅在 SNMPv2C 的基础上增加了安全和高层管理功能，而且能和以前的标准（SNMPv1 和 SNMPv2）兼容，便于以后扩充新的模块，从而形成了统一的 SNMP 新标准。

5.2　SNMPv1

SNMPv1 是一种简单的请求/响应协议，使用管理者-代理模型，仅支持对管理对象值的检索和修改等简单操作。网络管理系统发出一个请求，管理器则返回一个响应。这一过程的实现是通过使用 SNMP 操作来完成的。

但是 SNMP 不支持管理站改变管理信息库的结构，即不能增加和删除管理信息库中的管理对象实例，例如，不能增加或删除表中的一行。一般来说，管理站也不能向管理对象发出执行一个动作的命令。管理站只能逐个访问管理信息库中的叶节点，不能一次性访问一个子树，如不能访问整个表的内容。上一章已经介绍，MIB-2 中的子树节点都是不可访问的，这些限制确实简化了 SNMP 的实现，但是也限制了网络管理的功能。

本节讲述 SNMP 的工作原理，包括 SNMP 对管理对象的操作和协议数据单元的格式，以及报文发送、接收和应答的详细过程等。

5.2.1　SNMP v1 协议数据单元

RFC 1157 给出了 SNMPv1 的定义，这个定义是用 ASN.1 表示的。根据这个定义可以绘出图 5-1 所示的 SNMP 报文格式。在 SNMPv1 管理中，管理站和代理之间交换的管理信息构成了 SNMP v1 报文。报文由 3 部分组成，即版本号、团体名和协议数据单元（PDU）。报文头中的版本号是指 SNMP 的版本，即 RFC 1157 为第 1 版。团体名用于身份认证。SNMP v1 共有 5 种管理操作，但只有 4 种 PDU 格式。管理站发出的 3 种请求报文 GetRequest、GetNextRequest 和 SetRequest 采用的格式是一样的，代理的应答报文格式只有一种 GetResponsePDU，从而简少了 PDU 的种类。

如图 5-1 所示，除 TrapPDU 之外的 4 种 PDU 格式是相同的，共有 5 个字段具体内容如下。

（1）PDU 类型：GetRequestPDU、GetNextRequestPDU、SetRequestPDU、GetResponsePDU、TrapPDU 五种类型的 PDU。

（2）请求标识（request-id）：赋予每个请求报文唯一的整数，用于区分不同的请求。由于在具体实现中请求多是在后台执行的，因而当应答报文返回时要根据其中的请求标识与请求报文配对。请求标识的另一个作用是检测由不可靠的传输服务产生的重复报文。

（3）错误状态（error-status）：表示代理在处理管理站的请求时可能出现的各种错误，共有 6 种错误状态，包括 noError(0)、tooBig (l)、noSuchName(2)、badValue (3)、readOuly(4)和 genError(5)。对不同的操作，这些错误状态的含义不同。

（4）错误索引（error-index）：当错误状态非 0 时指向出错的变量。

（5）变量绑定表（variable-binding）：变量名和对应值的表，说明要检索或设置的所有变量及其值。在检索请求报文中，变量的值应为 0。

SNMP报文

版本号	团体名	SNMP PDU

GetRequestPDU、GetNextRequestPDU 和 SetRequestPDU

PDU 类型	请求标志	0	0	变量绑定表

GetResponsePDU

PDU 类型	请求标志	错误状态	错误索引	变量绑定表

TrapPDU

PDU 类型	制造商 ID	代理地址	一般陷入	特殊陷入	时间戳	变量绑定表

变量绑定表

名字1	值1	名字2	值2	…	名字n	值n

图 5-1 SNMP 报文格式

TrapPDU 报文的格式与其他报文不同，它有下列字段。

（1）制造商 ID（enterprise）：表示设备制造商标识，与 MIB-2 对象 sysObjectID 的值相同。

（2）代理地址（agent-addr）：产生陷入的代理的 IP 地址。

（3）一般陷入（genenric-trap）：SNMP 定义的陷入类型，共分 coldStart(0)、wannStart(1)、1inkDown(2)、linkUp(3)、authenticationFailure(4)、egpNeighborLoss(5)、enterpriseSpecific(6) 7 类。

（4）特殊陷入（specific-trap）：与设备有关的特殊陷入代码。

（5）时间戳（time-stamp）：代理发出陷入的时间，与 MIB-2 中的对象 sysUpTime 的值相同。

5.2.2 报文发送与接收

SNMP 报文在管理站和代理之间传送，包含 GetRequest、GetNextRequest 和 SetRequest 的报文由管理站发出，代理以 GetResponse 响应。Trap 报文由代理发给管理站，不需要应答。所有报文的发送和应答序列如图 5-2 所示。一般来说，管理站可连续发出多个请求报文，然后等待代理返回应答报文。如果在规定的时间内收到应答，则按照请求标识进行配对，亦即应答报文必须与请求报文有相同的请求标识。

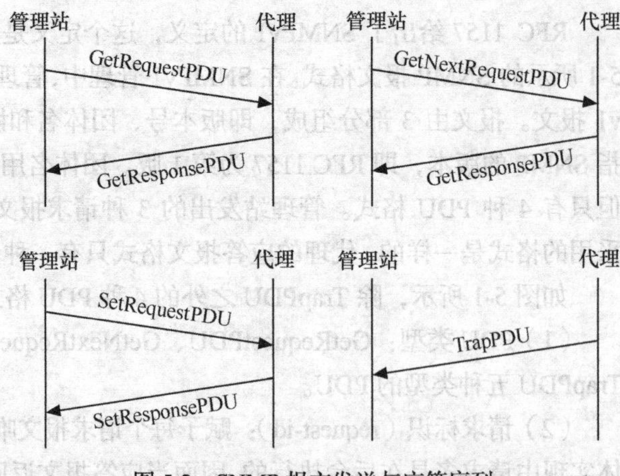

图 5-2 SNMP 报文发送与应答序列

一个 SNMP 实体（PE）发送报文时执行下面的过程：首先按照 ASN.1 的格式构造 PDU，交给认证进程；认证进程检查源和目标之间是否可以通信，如果通过这个检查则把有关信息（版本号、团体名和 PDU）组装成报文；最后经过 BER 编码，将报文交传输实体发送出去，如图 5-3 所示。

当一个 SNMP 实体（PE）接收到报文时执行下面的过程：首先按照 BER 编码恢复 ASN.1 报文，然后对报文进行语法分析，验证版本号和认证信息等。如果通过分析和验证，则分离出协议数据单元并进行语法分析，必要时经过适当处理后返回应答报文。在认证检验失败时可以生成一个陷入报文，向发送站报告通信异常情况。无论何种检验失败，都丢弃报文。接收处理过程如图 5-4 所示。

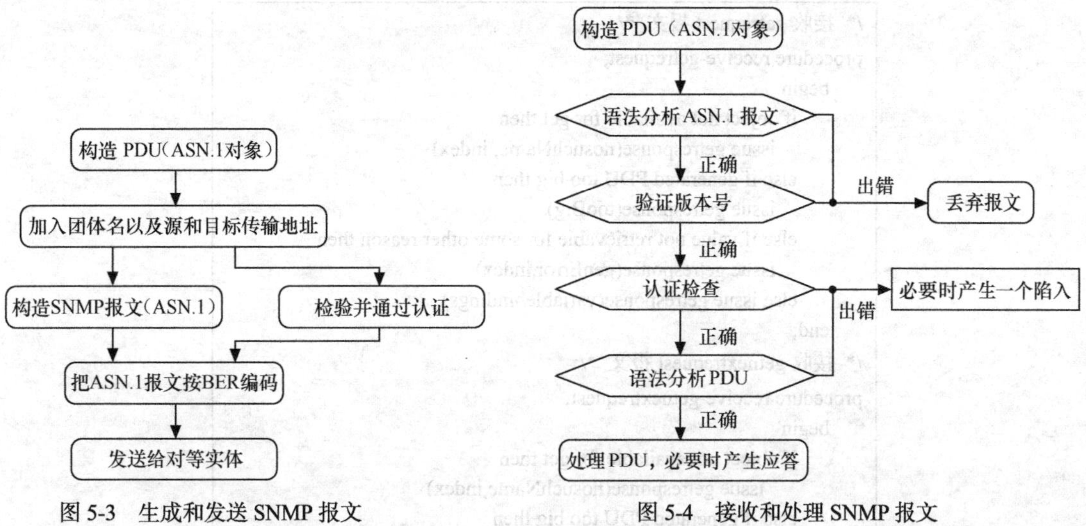

图 5-3 生成和发送 SNMP 报文　　图 5-4 接收和处理 SNMP 报文

SNMP 操作访问对象实例，而且只能访问对象标识树的叶节点。然而为了减少通信负载，用户希望一次检索多个管理对象，可以把多个变量的值装入一个 PDU，这时要用到变量绑定表。RFC1157 建议在 Get 和 GetNext 协议数据单元中发送实体把变量置为 ASN.1 的 NULL 值，接收实体处理时忽略它，在返回的应答协议数据单元中设置为变量的实际值。

5.2.3 SNMPv1 操作

如前所述，SNMP 实体可以对 MIB-2 中的对象执行以下操作。

- Get：管理站检索管理信息库中标量对象的值。
- Set：管理站设置管理信息库中标量对象的值。
- Trap：代理向管理站报告管理对象的状态变化。

通过综合使用这些操作，网络管理员可以实现以下各种基本网络管理功能。

1. 检索简单对象

检索简单的标量对象值可以用 Get 操作。如果变量绑定表中包含多个变量，则一次还可以检索多个标量对象的值。接收 GetRequest 的 SNMP 实体以请求标识相同的 GetResponse 响应。特别要注意的是 GetResponse 操作具有原子性，即如果所有请求的对象值可以得到，则给予应答，反之，只要有一个对象的值得不到，则可能返回下列错误条件之一。

（1）变量绑定表中的一个对象无法与 MIB 中的任何对象标识符匹配，或者要检索的对象是一个数据块（子树或表），没有对象实例生成。在这些情况下，响应实体返回的 GetResponsePDU 中错误状态字段置为 noSuchName，错误索引设置为一个数，指明有问题的变量。变量绑定表中不返回任何值。

（2）响应实体可以提供所有要检索的值，但是变量太多，一个响应 PDU 装不下，这往往是由下层协议数据单元大小限制的。这时响应实体返回一个应答 PDU，错误状态字段置为 tooBig。

（3）由于其他原因（如代理不支持）响应实体至少不能提供一个对象的值，则返回的 PDU

中错误状态字段置为 genError，错误索引置一个数，指明有问题的变量。变量绑定表中不返回任何值。

响应实体的处理逻辑表示如图 5-5 所示。

```
/*  接收 getrequest 报文 */
procedure receive-getrequest;
    begin
        if object not available for get then
            issue getresponse(nosuchName, index)
        else if generated PDU too big then
            issue getresponse(tooBig)
        else if value not retrievable for some other reason then
            issue getresponse(genError,index)
        else issue getresponse(variablebindings)
    end;
/*  接收 getnextrequest 报文  */
procedure receive-getnextrequest;
    begin
        if object not available for get then
            issue getresponse(nosuchName,index)
        else if generated PDU too big then
            issue getresponse(tooBig)
        else if value not retrievable for some other reason then
            issue getresponse(genError,index)
            else issue getresponse(vanablebindings)
    end;
/*  接收 setrequest 报文  */
procedure receive-setrequest;
    begin
        if object not available for set then
            issue getresponse(nosuchName,index)
        else if incinsistant object value then
            issue getresponse(badValue,index)
        else if generated PDU too big then
            issue getresponse(tooBig)
        else if value not settable for some other reason then
            issue getresponse(genError,index)
        else issue getresponse(variablebindings)
    end;
```

图 5-5　SNMP PDU 响应处理逻辑

例 5.1　为了说明简单对象的检索过程，根据图 5-6 所示的例子，这是 Udp 组的一部分。

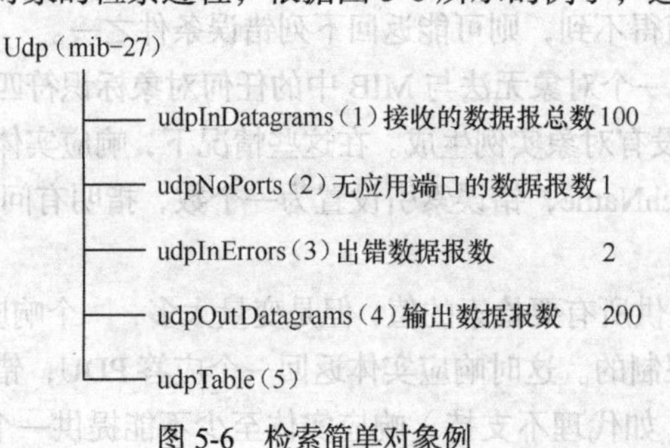

图 5-6　检索简单对象例

用户可以在检索命令中直接指明对象实例的标识符：

```
GetRequest(udpInDatagrams.0, udpNoPorts.0, UdpInErrors.0, udpOutDatagrams.0)
```

可以预期得到下面的响应：

```
GetResponse(udpInDatagrams.0 = 100,udpNoPorts.0=1,udpInErrors.0=2,udPoutDatagrams.0
=200 )
```

GetNextRequest 的作用与 GetRequest 基本相同，PDU 格式也相同，其处理逻辑和返回错误状态表示在图 5-5 中，唯一的差别是 GetRequest 检索变量名所指的是对象实例，而 GetNextRequest 检索变量名所指的是“下一个”对象实例。根据对象标识树的词典顺序，对于标量对象，对象标识符所指的下一实例就是对象的值。

例 5.2 用 GetNext 命令检索图 5-6 中的 4 个值，直接指明对象标识符：

```
GetNextRequest ( udpInDatagrams, udpNoPorts, udpInErrors, udpOutDatagrams )
```

得到的响应与上例是相同的：

```
GetResponse(udpInDatagrams.0=100,udpNoPorts.0=1,udpInErrors.0=2,udpOutDatagrams.0=
200)
```

可见标量对象实例标识符(如 udpInDatagrams.0)总是紧跟在对象标识符(如 udplnDatagrams)的后面。

例 5.3 如果代理不支持管理站对 udpNoPorts 的访问，则响应会不同。

发出同样的命令：

```
GetNextRequest ( udpInDatagrams,udpNoPorts,udpInErrors,udpOutDatagrams )
```

而得到的响应是：

```
GetResponse(udpInDatagrams.0=100,udpInErrors.0=2,udpInErrors.0=2,udpOutDatagrams.0
=200)
```

这是因为变量名 udpNoPorts 和 udpInErrrors 的下一个对象实例都是 udpInErrors.0=2。可见当代理收到一个 Get 请求时，如果能检索到所有的对象实例，则返回请求的每个值。另一方面，如果有一个值不可或不能提供，则返回该实例的下一个值。

2. 检索未知对象

GetNext 命令检索变量名指示的下一个对象实例，但是并不要求变量名是对象标识符或者是实例标识符。例如，udpInDatagrams 是简单对象，它的实例标识符是 udpInDatagrams.0，而标识符 udpInDatagrams.2 并不表示任何对象。如果发出一个命令：

```
GetNextRequest(udpInDatagrams.2)
```

则得到的响应是：

```
GetResponse(udpNoPorts.0 = 1)
```

这说明代理没有检查标识符 udpInDatagrams.2 的有效性，而是直接查找下一个有效的标识符，得到 udpInDatagrams.0 后返回了它的下一个对象实例。

例 5.4 利用 GetNext 的检索未知对象的特性可以发现 MIB 的结构。例如，管理站不知道 Udp 组有哪些变量，先试着发出命令：

```
GetNextRequest(udp)
```

得到的响应是：

```
GetResponse ( udpInDatagrams.0=100 )
```

这样管理站知道了 Udp 组的第一个对象，还可以继续这样找到其他管理对象。

3. 检索表对象

GetNext 可用于有效搜索表对象。

例 5.5 根据图 5-7 所示的例子，如果发出下面的命令，检索 ifNumber 的值：

```
GetRequest(1.3.6.1.2.1.2.1.0)
GetResponse(2)
```

用户已知有两个接口。如果想知道每个接口的数据速率，则可以用下面的命令检索 if 表的 5 个元素：

```
GetRequest(1.3.6.1.2.1.2.2.1.5.1)
```

最后的 1 是索引项 ifindex 的值。得到的响应是：

```
GetResponse(10000000)
```

说明第一个接口的数据速率是 10Mbit/s。

如果发出的命令是：

```
GetNextRequest(1.3.6.1.2.1.2.2.1.5.1)
```

则得到的是第二个接口的数据速率。

```
GetResponse(56000)
```

说明第二个接口的数据速率是 56kbit/s。

Interface（mib-2 2） mib-2=1.3.6.1.2.1
ifNumber（1）
ifTable（2）
ifEntry（1）
ifIndex（1）
ifDescr（2）
ifType（3）
ifMtu（4）
ifSpeed（5）

图 5-7 检索表对象例

例 5.6 根据图 5-8 所示的表。假定管理站不知道该表的行数而想检索整个表，则可以连续使用 GetNext 命令。

```
GetNextRequest ( ipRouteDest, ipRouteMetricl, ipRouteNextHop )
GetResponse ( ipRouteDest.9.1.2.3 = 9.1.2.3,
              ipRouteMetricl.9.1.2.3 = 3,
              ipRouteNextHop.9.1.2.3 = 99.0.0.3 )
```

ip Route Dest	ip Route Metric1	ip Route Next Hop
9.1.2.3	3	99.0.0.3
10.0.0.51	5	89.1.1.42
10.0.0.99	5	89.1.1.42

图 5-8 检索表对象例

以上是第 1 行的值，据此可以检索下一行：

```
GetNextRequest ( ipRouteDest.9.1.2.3,
                 ipRouteMetricl.9.1.2.3 , ipRouteNextHop.9.1.2.3 )
GetResponse ( ipRouteDest.10.0.0.51 = 10.0.0.51,
              ipRouteMetricl.10.0.0.51 = 5,
              ipRouteNextHop.10.0.0.51 = 89.1.1.42 )
```

继续检索第 3 行和第 4 行：

```
GetNextRequest ( ipRouteDest.10.0.0.51, ipRouteMetricl.10.0.0.51,
                 ipRouteNextHop.10.0.0.51)
GetResponse ( ipRouteDest.10.0.0.99 =10.0.0.99 ,
              ipRouteMetricl.10.0.0.99= 5 ,
              ipRouteNextHop . 10 . 0 . 0 . 99 = 89 . 1 . 1 . 42 )
GetNextRequest ( ipRouteDest.10.0.0.99, ipRouteMetricl.10.0.0.99,
                 ipRouteNextHop.10.0.0.99)
GetResponse ( ipRouteDest.9.1.2.3= 3,
              ipRouteMetricl.9.1.2.3=99.0.0.3 ,
              ipNetToMedialfindex.1.3 = 1 )
```

至此可以知道该表只有 3 行，因为第 4 次检索已经检出了表之外的对象。

4. **表的更新和删除**

Set 命令用于设置或更新变量的值。它的 PDU 格式与 Get 是相同的，但是在变量绑定表中必须包含要设置的变量名和变量值。对于 Set 命令的应答也是 GetResponse，同样是原子性的。如果所有的变量都可以设置，则更新所有变量的值，并在应答的 GetResponse 中确认变量的新值；如果至少有一个变量的值不能设置，则所有变量的值都保持不变，并在错误状态中指明出错的原因。Set 出错的原因与 Get 是类似的（如 tooBig、noSuchName 和 genError），然而若有一个变量的名字和要设置的值在类型、长度或实际值方面不匹配，则返回错误条件 badValue。Set 应答的逻辑已表示在图 5-5 中。

例 5.7 再一次根据图 5-8 所示的表。如果想改变列对象 ipRouteMetricl 的第一个值，则可以发出命令：

```
SetRequest(ipRouteMetricl.9.1.2.3=9)
```

得到的应答是：

```
GetResponse(ipR0uteMetricl.9.1.2.3=9)
```

其效果是该对象的值由 3 变成了 9。

例 5.8 假定想增加一行，则可以发出下面的命令：

```
SetRequest(ipRouteDest.11.3.3.12=11.3.3.12,
           ipRouteMetric.11.3.3.12=9 ,
           ipRouteNextHop.11.3.3.12=91.0.0.5)
```

对这个命令如何执行，RFC 1212 有 3 种解释，具体内容如下。

（1）代理可以拒绝这个命令，因为对象标识符 ipRouteDest.11.3.3.12 不存在，所以返回错误状态 noSuchName。

（2）代理可以接受这个命令，并企图生成一个新的对象实例，但是发现被赋予的值不适当，因而返回错误状态 badValue。

（3）代理可以接受这个命令，生成一个新的行，使表增加到 4 行，并返回下面的应答：

```
GetResponse(ipRouteDest.11.3.3.12 = 11.3.3.12,
            ipRouteMetric.11.3.3.12 = 9 ,
            ipRouteNextHop.11.3.3.12 = 91.0.0.5 )
```

在具体实现中，以上 3 种情况都是可能的。

例 5.9 假定原来是 3 行的表，现在发出下面的命令：

```
SetRequest(ipRouteDest.11.3.3.12=11.3.3.12)
```

对于这个命令也有两种处理方法，具体如下。

（1）由于变量 ipRouteDest 是索引项，因而代理可以增加一个表行，对于没有指定值的变量赋于默认值。

（2）代理拒绝这个操作。如果要生成新行，必须提供一行中所有变量的值。

5.2.4 SNMP 功能组

SNMP 组包含的信息关系到 SNMP 的实现和操作。这一组中共有 30 个对象，如图 5-9 所示。在只支持 SNMP 站管理功能或只支持 SNMP 代理功能的实现中，有些对象是没有值的。除最后一个对象，这一组的其他对象都是只读的计数器。对象 snmpEnableAuthenTrap 可以由管理站设置，它指示是否允许代理产生“认证失效”陷入，这种设置优先于代理自己的配置，这样就提供了一种可以排除所有认证失效陷入的手段。

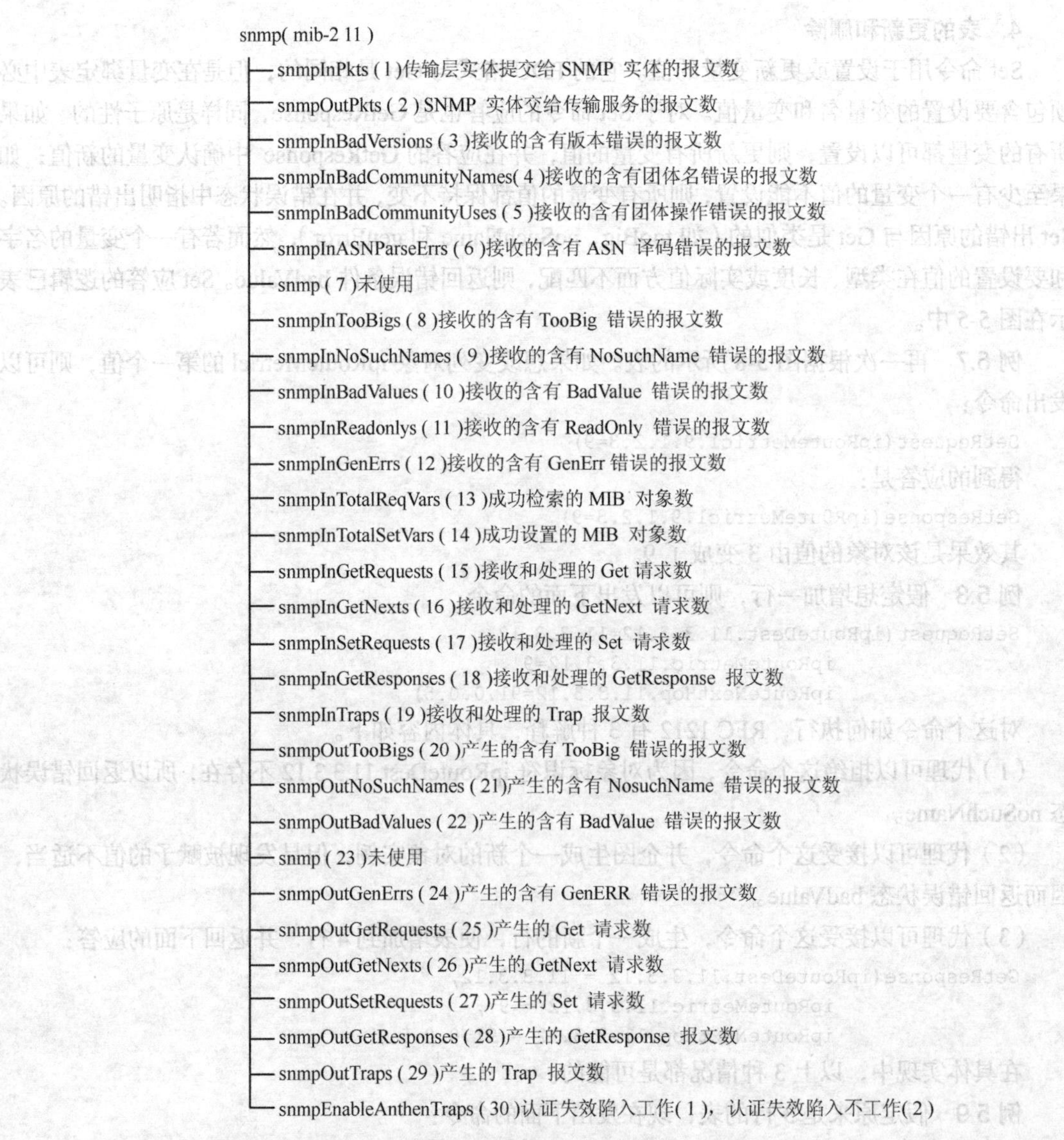

图 5-9　MIB-2 SNMP 功能组

5.2.5　SNMPv1 的局限性

用户利用 SNMP 进行网络管理时一定要清楚 SNMPv1 本身的局限性，具体如下。

（1）由于轮询的性能限制，SNMP 不适合管理很大的网络。轮询产生的大量管理信息传送可能引起网络响应时间的增加。

（2）SNMP 不适合检索大量数据，例如，检索整个表中的数据。

（3）SNMP 的陷入报文是没有应答的，管理站是否收到陷入报文，代理不得而知。这样可能丢掉重要的管理信息。

（4）SNMP 只提供简单的团体名认证，这样的安全措施是很不够的。

（5）SNMP 并不直接支持向被管理设备发送命令。

（6）SNMP 的管理信息库 MIB-2 支持的管理对象是很有限的，不足以完成复杂的管理功能。

（7）SNMP 不支持管理站之间的通信，而这一点在分布式网络管理中是很重要的。

以上局限性有很多方面在 SNMP 的第 2 版中都有所改进。

5.3 SNMPv2

5.3.1 SNMPv2 管理信息结构

SNMPv2 的管理信息结构在总结 SNMP 应用经验的基础上对 SNMPv1 SMI 进行了扩充，提供了更精致、更严格的规范，规定了新的管理对象和 MIB 的文件，可以说是 SNMPvl SMI 的超集。SNMPv2 SMI 引入了 4 个关键的概念：对象的定义、概念表、通知的定义和信息模块。

1. 对象的定义

与 SNMPvl 一样，SNMPv2 也是用 ASN.l 宏定义 OBJECT-TYPE 表示管理对象的语法和语义，但是 SNMPv2 的 OBJECT-TYPE 增加了新的内容。图 5-10 列出了 SNMPv2 宏定义的主要部分，它与 SNMPvl 的宏定义有以下差别。

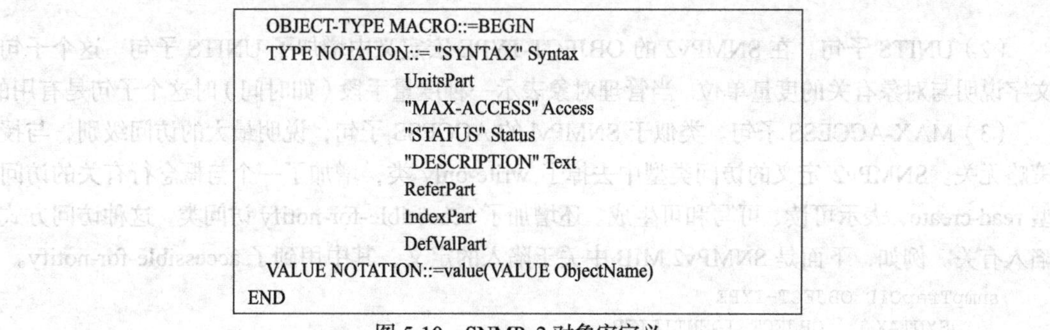

```
OBJECT-TYPE MACRO::=BEGIN
TYPE NOTATION::= "SYNTAX" Syntax
                 UnitsPart
                 "MAX-ACCESS" Access
                 "STATUS" Status
                 "DESCRIPTION" Text
                 ReferPart
                 IndexPart
                 DefValPart
VALUE NOTATION::=value(VALUE ObjectName)
END
```

图 5-10 SNMPv2 对象宏定义

（1）数据类型。从表 5-2 可以看出，SNMPv2 增加了两种新的数据类型 Unsigned32 和 Counter64。Unsigned32 与 Gauge32 在 ASN.l 中是无区别的，都是 32 位的整数，但是在 SNMPv2 中的语义不一样。Counter64 与 Counter32 一样，都表示计数器，只能增加，不能减少，当增加到 $2^{64}-1$ 或 $2^{32}-1$ 时回零，从头再增加。而且 SNMPv2 规定，计数器没有定义的初始值，因此计数器的单个值是没有意义的，只有连续两次读取计数器得到的增加值才是有意义的。

表 5-2 SNMPv1 和 SNMPv2 的数据类型比较

数 据 类 型	SNMPv1	SNMPv2
INTEGER（-2^{31}～$2^{31}-1$）	√	√
Unsigned32（0～$2^{32}-1$）		√
Count32（最大值 $2^{32}-1$）	√	√
Count64（最大值 $2^{64}-1$）		√
Gauge32（最大值 $2^{32}-1$）	√	√
TimeTicks（模 2^{32}）	√	√
OCTET STRING（SIZE（0...65535））	√	√
IpAddress	√	√
OBJECT IDENTIFIER	√	√
Opaque	√	√

关于 Gauge32，SNMPv2 规范澄清了原来标准中一些含糊不清的地方。首先是在 SNMPv2 中规定 Gauge32 的最大值可以设置为小于 2^{32} 的任意正数 MAX，如图 5-11 所示，而在 SNMPvl 中 Gauge32 的最大值总是 $2^{32}-1$，显然这样规定更细致了，使用更方便了。其次是 SNMPv2 明确了当计数器达到最大值时可自动减少，而在 RFC 1155 中只是说明计数器的值“锁定”（Latch）在最大值，但是“锁定”的含义并没有定义，因此之前总是在“计数器达到最大值时是否可以减少”的问题上争论不休。

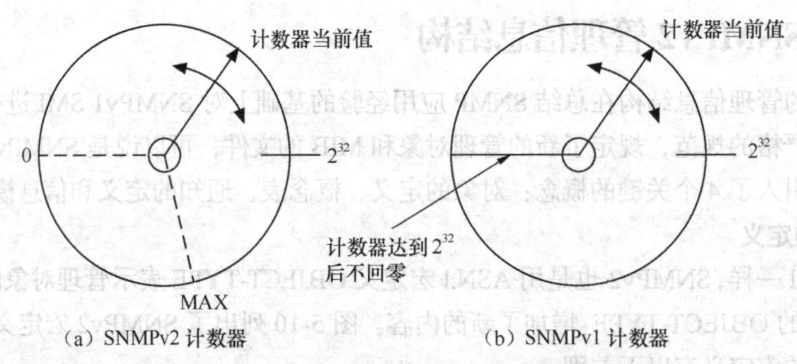

图 5-11　SNMPv1 计数器和 SNMPv2 计数器的比较

（2）UNITS 子句。在 SNMPv2 的 OBJECT-TYPE 宏定义中增加了 UNITS 子句。这个子句用文字说明与对象有关的度量单位。当管理对象表示一种度量手段（如时间）时这个子句是有用的。

（3）MAX-ACCESS 子句。类似于 SNMPvl 的 ACCESS 子句，说明最大的访问级别，与授权策略无关。SNMPv2 定义的访问类型中去掉了 write-only 类，增加了一个与概念行有关的访问类型 read-create，表示可读、可写和可生成。还增加了 aceessible-for-notify 访问类，这种访问方式与陷入有关。例如，下面是 SNMPv2 MIB 中关于陷入的定义，其中用到了 accessible-for-notify。

```
snmpTrapOID OBJECT-TYPE
    SYNTAX    OBJECT IDENTIFIER
    MAX-ACCESS accessible-for-notify
    STATUS    current
    DESCRIPTION
        "The authoritative identification of the trap currently
        Being sent.This variable occurs as the second varbind in
        Every SNMPv2-Trap-PDU and InformRequest-PDU."
    :={snmpTrap 1}
```

SNMPv2 的 5 种访问级别由小到大排列如下：not-accessible；accessible-for-notify；read-only；read-write；read-create。

（4）STATUS 子句。这个子句是必要的，也就是说必须指明对象的状态。SNMPv2 标准去掉了 SNMPvl 中的 optional 和 mandatory，只有 3 种可选的状态。如果说明管理对象的状态是 current，则表示在当前的标准中是有效的。如果管理对象的状态是 obsolete，则表示不必实现这种对象，状态 deprecated 表示对象已经过时了，但是为了兼容旧版本实现互操作，实现时还要支持这种对象。

2. 表的定义

与 SNMPv1 一样，SNMPv2 的管理操作只能作用于标量对象，复杂的信息要用表来表示。按照 SNMPv2 规范，表是行的序列，而行是列对象的序列。SNMPv2 把表分为以下两类。

（1）禁止删除和生成行的表。这种表的最高的访问级别是 read-write。在很多情况下这种表由代理控制，表中只包含 read-only 型的对象。

（2）允许删除和生成行的表。这种表开始时可能没有行，由管理站生成和删除行。行数可由管理站或代理改变。

在 SNMPv2 表的定义中必须含有 INDEX 或 AUGMENTS 子句，但是只能有两者其中之一。INDEX 子句定义了一个基本概念行，而 INDEX 子句中的索引对象确定了一个概念行实例。与 SNMPvl 不同，SNMPv2 的 INDEX 子句中增加了任选的 IMPLIED 修饰符，从下面的解释中能够了解到这个修饰符的作用。假定一个对象的标识符为 y，索引对象为 il，i2，…，i*n*，则对象 y 的一个实例标识符为

$$y.(i_1).(i_2).\cdots.(i_n)$$

每个索引对象 i 的类型可以是如下类型。

① 整数，每个整数作为一个子标识符（仅对非负整数有效）。

② 固定长度的字符串，每个字节编码为一个子标识符。

③ 有修饰符 IMPLIED 的变长度字符串，每个字节编码为一个子标识符，共 *n* 个子标识符。

④ 无修饰符 IMPLIED 的变长度字符串，第一个子标识符是 *n*，然后是 *n* 个字节编码的子标识符，共 *n*+1 个子标识符。

⑤ 有修饰符 IMPLIED 的对象标识符，对象标识符的 *n* 个子串。

⑥ 无修饰符 IMPLIED 的对象标识符，第一个子标识符是 *n*，然后是对象标识符的 *n* 个子串。

⑦ IP 地址，由 4 个子标识符组成。

这种表的一个例子如图 5-12 所示。索引对象 petType 和 petIndex 作为一对索引，表的每一行有唯一的一对 petType 和 petIndex 的实例。图 5-13 绘出了这种表的一个实例，只给出前 6 行的值。假定要引用第 2 行第 4 列的对象实例，则实例标识符为

A.1.4.3.68.79.71.5

其中的 3.68.79.71 是对“DOG”（无修饰符 IMPLIED 的变长度字符串）按照以上规则编码得到的 4 个子标识符。

```
petTable OBJECT-TYPE
SYNTAX      SEQUENCE OF PetEntry
MAX-ACCESS     not-accessible
STATUS        current
DESCRIPTION
"The conceptual table listing the characteristics of all pets living at this agent."
  : : = { A }
petEntry OBJECT-TYPE
        SYNTAX              PetEntry
        MAX-ACCESS          not-accessible
        STATUS              current
        DESCRIPTION
        "An entry (conceptual row) in the petTable. The Table is indexed by type of animal.Within each animal
type , individual pets are indexed by a unique numerical sequence number."
INDEX          { petType , petIndex }
```

图 5-12 不允许生成和删除行的表

```
::={petTable 1 }
PetEntry SEQUENCE {
    petType                 OCTET STRING ,
    petIndex                INTEGER ,
    petCharacteristicl      INTEGER ,
    petCharacteristic2      INTEGER }
petType OBJECT-TYPE
    SYNTAX                  OCTET STRING
    MAX-ACCESS              not-accessible
    STATUS                  current
    DESCRIPTION
    "An auxiliary variable used to identify instances of the columnar object in the petTable"
    : :={ petEntry 1 }
petIndex OBJECT-TYPE
    SYNTAX                  INTEGER
    MAX-ACCESS              read-only
    STATUS                  current
    DESCRIPTION
    "An auxiliary variable used to identify instances of the columnar object in the petTable"
    ::={ petEntry2 }
petCharacteristicl      OBJECT-TYPE
    SYNTAX              INTEGER
    MAX-ACCESS          read-only
    STATUS              current
::={ petEntry 3 }
Petcharacteristic2      OBJECT-TYPE
    SYNTAX                  INTEGER
    MAX-ACCESS              read-only
    STATUS                  current
    : : = { petEntry4 }
```

图 5-12　不允许生成和删除行的表（续）

petType(A.1.1)	petIndex(A.1.2)	petCharacteristic(A.1.3)	petCharacteristic(A.1.4)
DOG	1	23	10
DOG	5	16	10
DOG	14	24	16
CAT	2	6	44
CAT	1	33	5
WOMBAT	10	4	30
⋮	⋮	⋮	⋮

图 5-13　表索引实例

AUGMENTS 子句的作用是代替 INDEX 子句，表示概念行的扩展。图 5-14 是这种表的一个例子，这个表是由 petTable 扩充的表。在扩充表中，AUGMENTS 子句中的变量（PetEniry）叫做基本概念行，包含 AUGMENTS 子句的对象（moreEntry）叫做概念行扩展。这种设置的实质是在已定义的表对象的基础上通过增加列对象定义新表，而不必从头做起重写所有的定义。这样扩展定义的新表与全部定义的新表的作用完全一样，当然也可以经第二次扩展，产生更大的新表。

```
moreTable OBJECT-TYPE
    SYNTAX SEQUENCE OF MoreEntry
  MAX-ACCESS not-accessible
  STATUS current
  DESCRIPTION
      "A table of additional pet objects."
      ::={B}
moreEntry OBJECT-TYPE
  SYNTAX MoreEntry
  MAX-ACCESS not-accessible
  STATUS current
  DESCRIPTION
      "Additional objects for a petTable entry."
  AUGMENTS {petEntry}
      ::={moreTable 1}
MoreEntry::=SEQUENCE{
            nameOfPet OCTET STRING,
            dateOfLastVisit DateAndTime}
nameOfPet OBJECT-TYPE
  SYNTAX OCTET STRING
  MAX-ACCESS read-only
  STATUS current
  ::={moreEntry 1}
dateOfLastVisit OBJECT-TYPE
  SYNTAX DateAndTime
  MAX-ACCESS read-only
  STATUS current
  ::={moreEntry 2}
```

图 5-14 扩充表实例

作为索引的列对象叫做辅助对象，是不可访问的。这个限制说明了以下情况。

（1）读——SNMPv2 规定，读任何列对象的实例，都必须知道该对象实例所在行的索引对象的值，然而在已经知道辅助对象变量值的情况下读辅助变量的内容就是多余的。

（2）写——如果管理程序改变了辅助对象实例的值，则行的标识也改变了，然而这是不允许的。

（3）生成——行实例生成时必须同时给一个列对象实例赋值，在 SNMPv2 中这个操作是由代理而不是由管理站完成的。

SNMPv2 允许使用不属于概念行的外部对象作为概念行的索引，在这种情况下不能把索引对象限制为不可访问的。

3. 表的操作

允许生成和删除行的表必须有一个列对象，其SYNTAX子句的值为Rowstatus，MAX-ACCESS子句的值为 read-write，这种列叫做概念行的状态列。状态列可取以下 6 种值。

- Active（可读写）：被管理设备可以使用概念行。
- NotInService（可读写）：概念行存在，但由于其他原因（下面解释）而不能使用。
- NotReady（只读）：概念行存在，但因没有信息而不能使用。
- CreateAndGo（只写不读）：管理站生成一个概念行实例时先设置成这种状态，生成过程结束时自动变为 active，被管理设备就可以使用了。
- CreateAndWait（只写不读）：管理站生成一个概念行实例时先设置成这种状态，但不会自动变成 active。
- Destroy（只写不读）：管理站需删除所有的概念行实例时设置成这种状态。

这 6 种状态中的 5 种状态（除 notReady）是管理站可以用 Set 操作设置的状态，前 3 种可以是响应管理站的查询而返回的状态。图 5-15 显示了一个允许管理站生成和删除行的表，可以作为下面讨论的参考。

```
evalSlot OBJECT-TYPE
    SYNTAX INTEGER
    MAX-ACCESS read-only
    STATUS current
    DESCRIPTION
        "A management station should create
        new entries in evaluation table using
        this algorithm: first, issue a manage-
        ment protocol retrieval operation to
        Determine the value of evalSlot; and,
        second,issue a management protocol
        Set operation to create an instance of
        the evalStatus object setting its value
        to create AndGo(4) or createAndWait
         (5).if this latter operation succeed,then
        the management station may continue
        modifying the instance corresponding
        to the newly created conceptual row,
        Without fear of collision with other
        Management station."
    ::={eval 1}
evalTable OBJECT-TYPE
    SYNTAX SEQUENCE OF EvalEntry
    MAX-ACCESS not-accessible
    ::={evalTable 1}
evalEntry SEQUENCE{
    evalIndex Integer32
    evalString DisplayString,
    evalValue Integer32,
    evalStatus RowStatus}
evalIndex OBJECT-TYPE
    SYNTAX Integer32
    MAX-ACCESS not-accessible
    STATUS current
    DESCRIPTION
        "The auxiliary variable used for
            Identify instance of the columnar
            Object in the evaluation table."
    ::={evalEntry 1}
evalString OBJECT-TYPE
    SYNTAX Displaystring
    MAX-ACCESS read-create
    STATUS current
    DESCRIPTION
        "The value when evalString was last executed."
    DEFVAL{0}
    ::={evalEntry 3}
evalStatus OBJECT-TYPE
    SYNTAX RowStatus
```

图 5-15　允许管理站生成和删除行的表

STATUS current DESCRIPTION "The (conceptual)evaluation table" ::={eval 2} evalEntry OBJECT-TYPE SYNTAX EvalEntry MAX-ACCESS not-accessible STATUS current DESCRIPTION "An entry in the evaluation table" INDEX {evalIndex}	MAX-ACCESS read-write STATUS current DESCRIPTION "The status column used for creating, modifying,and deleting instances of The columnar object in the evaluation table." DEFVAL {active} ::={evalEntry 4}

图 5-15　允许管理站生成和删除行的表（续）

（1）概念行的生成。生成概念行可以使用两种不同的方法，分为 4 个步骤，下面介绍具体的生成的过程。

① 选择实例标识符。针对不同的索引对象可考虑用不同的方法选择实例标识符。

- 如果标识符语义明确，则管理站根据语义选择标识符，如选择目标路由器地址。
- 如果标识符仅用于区分概念行，则管理站扫描整个表，选择一个没有使用的标识符。
- 由 MIB 模块提供一个或一组对象，辅助管理站确定一个未用的标识符。
- 管理站选择一个随机数作为标识符。

MIB 设计者可在后两种方法中选择。列对象多的大表，可考虑第 3 种方法，小表则可考虑第 4 种方法。

选择好索引对象的实例标识符以后，管理站可以用两种方法产生概念行：一种是管理站通过事务处理一次性地产生和激活概念行；另一种是管理站通过与代理协商，合作生成概念行。

② 产生概念行。产生概念行主要有两种方法。

第一种方法，管理站通过事务处理产生和激活概念行。首先管理站必须知道表中的哪些列需要提供值，哪些列不能或不必要提供值。如果管理站对表的列对象知之甚少，则可以用 Get 操作检查要生成的概念行的所有列，其返回值可能有如下几种情况。

- 返回一个值，则说明其他管理站已经产生了该行。
- 返回 nosuchlnstanee，则说明代理实现了该列的对象类型，而且该列在管理站的 MIB 视图中是可访问的。如果该列的访问特性是“read-write”，则管理站必须用 Set 操作提供这个列对象的值。
- 返回“nosuchobject”，说明代理没有实现该列的对象类型，或者该列在管理站的 MIB 视图中是不可访问的，则管理站不能用 Set 操作生成该列对象的实例。

确定列要求后，管理站发出相应的 Set 操作，并且置状态列为“createAndGo”。代理根据 Set 提供的信息以及实现专用的信息设置列对象的值，正常时返回 noError 响应，并且置状态列为“active”。如果代理不能完成必要的操作，则返回“inconsistentValue”，管理站根据返回信息确定是否重发 Set 操作。

第二种方法，管理站与代理协商生成概念行。管理站用 Set 操作置状态列为“createAndWait”。如果代理不接受这种操作，则返回 wrongValue，管理站必须以单个 Set 操作（事务处理）为所有列对象提供值；如果代理执行这种操作，则生成概念行，返回 noError，状态列被置为 notReady

（代理没有足够的信息使得概念行可用）或notInService（代理有足够的信息使得概念行可用），然后进行下一步。

③ 初始化非默认值对象。管理站用Get操作查询所有列，以确定是否能够或需要设置列对象的值，返回值情况如下。

- 代理返回一个值，则表示代理实现了该列的对象类型，而且能够提供默认值。如果该列的访问特性是read-write，则管理站可用Set操作改变该列的值。
- 代理返回noSuchInstanee，说明代理实现了该列的对象类型，该列也是管理站可访问的，但代理不提供默认值。如果列访问特性是“read-write”，则管理站必须以Set操作设置这个列对象的值。
- 代理返回noSuchObject，说明代理没有实现该列的对象类型，或者该列是管理站不可访问的，则管理站不能设置该对象的值。
- 如果状态列的值是notReady，则管理站应该首先处理其值为noSuchInstanee的列，这一步完成后，状态列变成notInService，再进行下一步。

④ 激活概念行。管理站对所有列对象实例满意后，用Set操作置状态列对象为active。如果代理有足够的信息使得概念行可用，则返回noError；如果代理没有足够的信息使得概念行可用，则返回noInService。

至此，行的生成过程完成了，在具体实现时采用哪种方法，如何设计行的生成算法，要考虑很多因素。首先要解决的几个主要问题如下。

- 表可能很大，一个set PDU不能容纳行中的所有变量。
- 代理可能不支持表定义中的某些对象。
- 管理站不能访问表中的某些对象。
- 可能有多个管理站同时访问一个表。
- 生成操作不能被任意改变。
- 代理在行生成之前要检查是否出现tooBig错误（单个响应PDU不能容纳所有列变量的值）。
- 概念行中可能同时有read-only和read-create对象。

解决这些问题的方法不同，就会有不同的行生成方案。另外希望实现的系统具有下列有用的特点。

- 应该允许在简单的代理系统上实现。
- 代理在生成行的过程中不必考虑行之间的语义关系。
- 不应为了生成行而增加新的PDU。
- 生成操作应在一个事务处理中完成。
- 管理站可以盲目地接收列对象的默认值。
- 应该允许管理站查询列对象的默认值，并自主决定是否重写列对象的值。
- 有些表的索引可取唯一的任意值，对于这种表应该容许代理自主选择索引的值。
- 在行的生成过程中应容许代理自主选择索引值，这样可以减少管理站的负担，而由管理站寻找一个未用的索引值可能效率更低。
- createAndWait 方法把主要的负担放在代理上，要求代理必须维持概念行在notInService状态。但是比起createAndGo方法，它能处理任意行的生成，因此功能更强大。另一方面，ereateAndGo方法在行生成过程中只涉及一两次PDU交换，因此能更有效地节约通信资源和管理站时间，能减少代理系统的复杂性，但是它不能处理任意行的生成。采用哪一种方法主要取决于代理系统如何实现。

（2）概念行的挂起。当概念行处于 active 状态时，如果管理站希望概念行脱离服务，以便进行修改，则可以发出 Set 命令，把状态列由 active 置为 notInService。这时有两种可能的情况。

- 若代理不执行该操作，则返回 wrongValue。
- 若代理可执行该操作，则返回 noError。

表定义中的 DESCRIPTION 子句需指明在何种情况下可以把状态列置为 noInService。

（3）概念行的删除。管理站发出 Set 命令，把状态列置为 destroy，如果这个操作成功，则概念行立即被删除。

4. 通知和信息模块

SNMPv2 提供了通知类型的宏定义 NOTIFICATION-TYPE，用于定义异常条件出现时 SNMPv2 实体发送的信息。NOTIFICATION-TYPE 宏定义表示如图 5-16 所示。任选的 OBJECT 子句定义了包含在通知实例中的 MIB 对象序列。当 SNMPv2 实体发送通知时这些对象的值被传送给管理站。DESCRIPTION 子句说明了通知的语义。任选的 REFERENCE 子句包含对其他 MIB 模块的引用。下面是按照这个宏写出的陷入的定义。

```
NOTIFICATION-TYPE MACRO::=BEGIN
TYPE NOTATION::=ObjectsPart
    "STATUS" Status
    "DESCRIPTION" Text
    ReferPart
VALUE NOTATION::=value(VALUE NotificationName)
ObjectsPart::="OBJECTS""{"Objects"}"|empty
Objects::= Object| Object"," Object
Object::=value(Name ObjectName)
Status::="current"|"deprecated"|"obsolete"
ReferPart::="REFERENCE" Text|empty
Text::=""""string""""
END
```

图 5-16　NOTIFICATION-TYPE 宏定义

```
linkUp NOTIFICATION-TYPE
     OBJECT {ifindex, ifAdminstatus, ifOperStatus }
     STATUS current
     DESCREPTION
        " A linkUp trap signifies that the SNMPv2 entity, acting in an agent
        role, has detected that the ifoperstatus object for one of its
        conlmunication links has transitioned out of the down state ."
     ::={ snmpTraps 4 }
```

SNMPv2 还引入了信息模块的概念，用于说明一组有关的定义，共有以下 3 种信息模块。

- MIB 模块：包含一组有关的管理对象的定义。
- MIB 的依从性声明模块：使用 MODULE-COMPLIANCE 和 OBJECT-GROUP 宏说明有关管理对象实现方面的最小要求。
- 代理能力说明模块：用 AGENT-CAPABILITIES 宏说明代理实体应该实现的能力。

5.3.2 SNMPv2 管理信息库

SNMPv2 MIB 扩展和细化了 MIB-2 中定义的管理对象，又增加了新的管理对象。下面介绍 SNMPv2 定义的各个功能组。

1. 系统组

SNMPv2 的系统组是 MIB-2 系统组的扩展，图 5-17 为这个组的管理对象。可以看出，这个组只增加了与对象资源（Object Resource）有关的一个标量对象 sysORLastChange 和一个表对象 sysORTable，它仍然属于 MIB-2 的层次结构。表 5-3 介绍了新增加的对象。对象资源就是由代理实体使用和控制的、可以由管理站动态配置的系统资源。标量对象 sysORLastChange 记录着对象资源表中描述的对象实例改变状态（或值）的时间。对象资源表是一个只读的表，每一个可动态配置的对象资源占用一个表项。

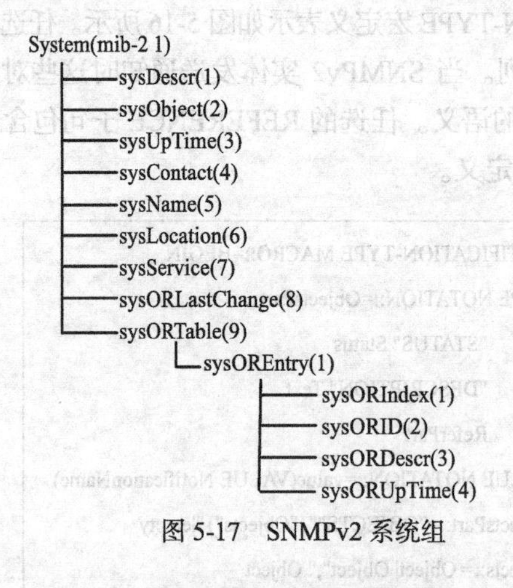

图 5-17 SNMPv2 系统组

表 5-3 SNMPv2 系统组新增的对象

对　　象	语　　法	描　　述
sysORLastChange	TimeStamp	sysORID 的任何实例的状态或值最近改变时 sysUpTime 的值
sysORTable	SEQUENCE OF	作为代理的 SNMPv2 实体中的可动态配置的对象资源表
sysORIndex	INTEGER	索引，唯一确定一个具体的可动态配置的对象资源
sysORID	OBJECT IDENTIFIER	类似于 MIB-2 中的 sysObjectID，表示这个实体的 ID
sysORDescr	DisplayString	对象资源的文字描述
sysORUpTime	TimeStamp	这个行最近开始作用时 sysUpTime 的值

2. Snmp 组

Snmp 组是由 MIB-2 的对应组改造而成的，有些对象被删除了，同时又增加了一些新对象，如图 5-18 所示。可以看出，新的 Snmp 组对象少了，去掉了许多对排错作用不大的变量。

3. Mib 对象组

这个新组包含的对象与管理对象的控制有关，分为两个子组，如图 5-19 所示。

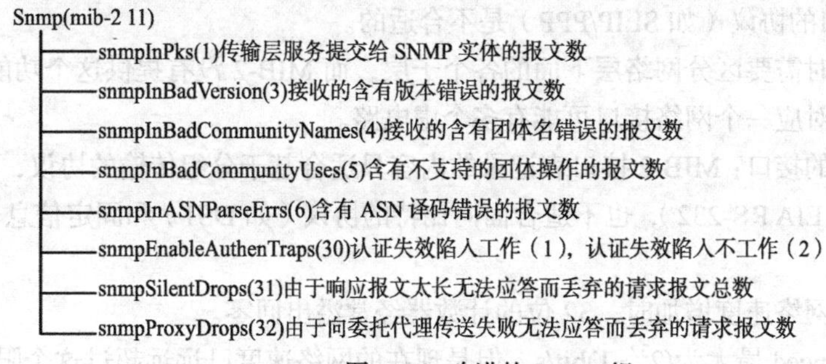

图 5-18　改进的 SNMP 组

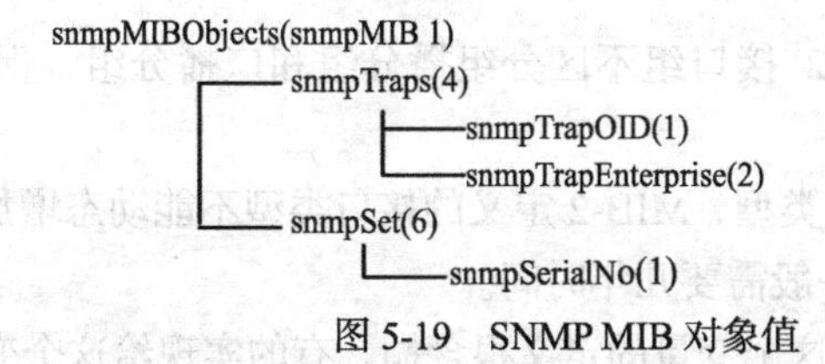

图 5-19　SNMP MIB 对象值

第一个子组 snmpTrap 由下面两个对象组成。

- snmpTrapOID：这是正在发送的陷入或通知的对象标识符，这个变量出现在陷入 PDU 或通知请求 PDU 的变量绑定表中的第二项。
- snmpTrapEnterprise：这是与正在发送的陷入有关的制造商的对象标识符，当 SNMPv2 的委托代理把一个 RFC1157 陷入 PDU 映像到 SNMPv2 陷入 PDU 时，这个变量出现在变量绑定表的最后。

第二个子组 snmpSet 仅有一个对象 snmpSerialNO，这个对象用于解决 Set 操作中可能出现的两个问题。

- 一个管理站可能向同一 MIB 对象发送多个 set 操作，保证这些操作按照发送的顺序在 MIB 中执行是必要的，即使在传送过程中次序发生了错乱。
- 多个管理站对 MIB 的并发操作可能破坏了数据库的一致性和精确性。

解决以上两个问题的方法是定义 snmpSerialNo 的语法为 TestAndIncr（文本约定为 0～2147483647 之间的一个整数），假设它的当前值是 K。如果代理收到的 Set 操作置 snmpSerialNo 的值为 K，则这个操作成功，响应 PDU 中返回 K 值，这个对象的新值增加为 $K+1$（mod 2^{31}）。如果代理收到一个 Set 操作，若这个对象的值不等于 K，则这个操作失败，返回错误值 inconsistentValue。

前面曾经介绍过 Set 操作具有原子性，要么全部完成，要么一个也不做。当管理站需要设置一个或多个 MIB 对象的值时，它首先检索 snmpSet 对象的值。然后管理站发出 Set 请求 PDU，变量绑定表中包含要设置的 MIB 变量及其值，也包含它检索到的 snmpSerialNo 的值。按照上面的规则，这个操作成功。如果有多个管理站发出的 Set 请求具有同样的 snmpSerialNo 值，则先到的 set 操作成功，snmpSerialNo 的值增加后使其他操作失败。

4. 接口组

MIB-2 定义的接口组经过一段时间的使用，发现有很多缺陷。RFC1573 分析了原来的接口组没有提供的功能和其他不足之处。

- 接口编号：MIB-2 接口组定义变量 if Number 作为接口编号，而且是常数，这对于允许动态增加和删除网络接口的协议（如 SLIP/PPP）是不合适的。

- 接口子层：有时需要区分网络层下面的各个子层，而 MIB-2 没有提供这个功能。
- 虚电路问题：对应一个网络接口可能有多个虚电路。
- 不同传输特性的接口：MIB-2 接口表记录的内容只适合基于分组传输的协议，不适合面向字符的协议（如 PPP、EIA RS-232），也不适合面向比特的协议（如 DS1）和固定信息长度传输的协议（如 ATM）。
- 计数长度：当网络速度增加时，32 位的计数器经常溢出回零。
- 接口速度：ifSpeed 最大为(2^{32}–1)bit/s，但是现在的网络速度已远远超过这个限制，例如，SONET OC-48 为 2.488Gbit/s。
- 组播/广播分组计数：MIB-2 接口组不区分组播分组和广播分组，但分别计数有时是有用的。
- 接口类型：ifType 表示接口类型，MIB-2 定义的接口类型不能动态增加，只能在推出新的 MIB 版本时再增加，而这个过程一般需要几年时间。
- ifSpecific 问题：MIB-2 对这个变量的定义很含糊。有的实现给这个变量赋予介质专用的 MIB 的对象标识符，而有的实现赋予介质专用表的对象标识符，或者是这种表的入口对象标识符，甚至是表的索引对象标识符。

根据以上分析，RFC1573 对 MIB-2 接口组做了一些小的修改，主要是纠正了上面提到的有些问题。例如，重新规定 ifIndex 不再代表一个接口，而是用于区分接口子层，而且不再限制 ifIndex 的取值必须在 1 到 ifNumber 之间。这样对应一个物理接口可以有多个代表不同逻辑子层的表行，还允许动态地增加和删除网络接口。RFC1573 废除了有些用处不大的变量，如 ifInNUcastPkts 和 ifOutNUPkts，它们的作用已经被接口扩展表中的新变量代替。由于变量 ifOutQLen 在实际中很少实现，因而也被废除了。变量 ifSpecific 由于前述原因故也被废除了，它的作用已被 ifType 代替。同时把 ifType 的语法改变为 IANAifType，而这种类型可以由 Internet 编码机构（Internet Assigned Number Anthorty）随时更新，从而不受 MIB 版本的限制。另外，RFC1573 还对接口组增加了 4 个新表，如图 5-20 所示，为这 4 个新表的结构。

（1）接口扩展表。接口扩展表 ifXTable 的结构如图 5-21 所示。变量 ifName 表示接口名，表中

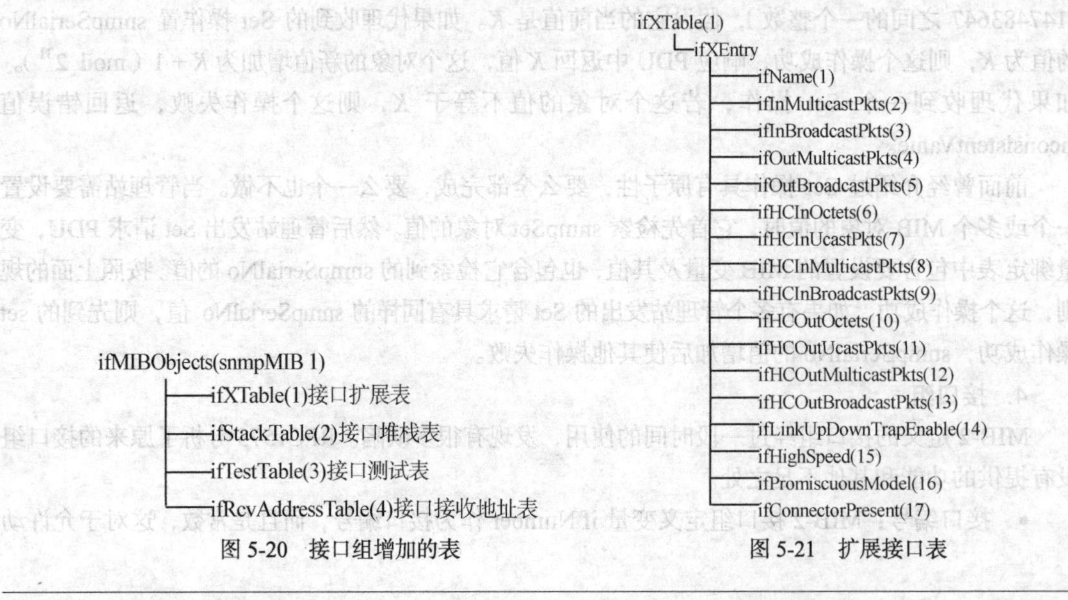

图 5-20 接口组增加的表　　图 5-21 扩展接口表

可能有代表不同子层的多个行属于同一接口，它们具有同一接口名。下面的 4 个变量（ifInMulticastPkts、ifIhBroadcastPkts、ifOutMulticastPkts 和 ifoutBroadcastPkts）代替了原表中的 ifInNUcastPkts 和 ifOutNUPkts，分别计数输入/输出的组播/广播分组数。紧接着的 8 个变量（6～13）是 64 位的高容量（High-Capacity）计数器，用于高速网络中的字节/分组计数。变量 ifLinkUpDownTrapEnable 分别用枚举整数值 enabled(l)和 disabled(2)表示是否能使 linkUp 和 linkDown 陷入。下一个变量 ifHighSpeed 是计量器，记录接口的瞬时数据速率（Mbit/s），如果它的值是 n，则表示接口当时的速率在[n－0.5，n＋0.5]Mbit/s 区间。对象 ifPromiscuonsMode 具有枚举整数值 true(l)或 false(2)，用于说明接口是否接收广播和组播分组。最后一个变量 ifConnectorPresent 的类型与 ifPromiscuonsMode 相同，它说明接口子层是否具有物理连接器。

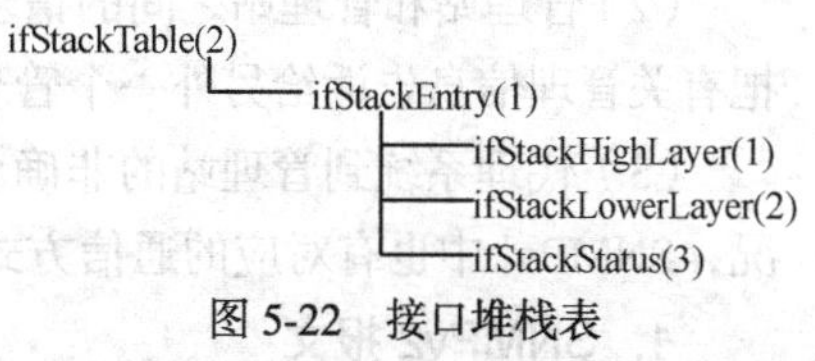

图 5-22 接口堆栈表

（2）接口堆栈表。接口堆栈表如图 5-22 所示，说明接口表中属于同一物理接口的各个行之间的关系，指明哪些子层运行于哪些子层之上。该表中的一行定义了 ifTable 中两行之间的上下层关系：ifStackHigherLayer 表示上层行的索引值；ifStackLowerLayer 表示下层行的索引值；而 ifStackStatus 表示行状态，用于行的生成和删除。

（3）接口测试表。接口测试表如图 5-23 所示，它的作用是由管理站指示代理系统测试接口的故障。该表的一行代表一个接口测试。其中的变量 ifTestId 表示每个测试的唯一标识符；变量 ifTestStatus 说明这个测试是否正在进行，可以取值 notInUse (1)或 inUse(2)；测试类型变量 ifTestType 可以由管理站设置，以便启动测试工作。这 3 个变量的值都与测试逻辑有关，详见下面的解释。测试结果由变量 ifTestResult 和 ifTestCode 给出。代理返回管理站的 ifTestResult 变量可能取下列值之一。

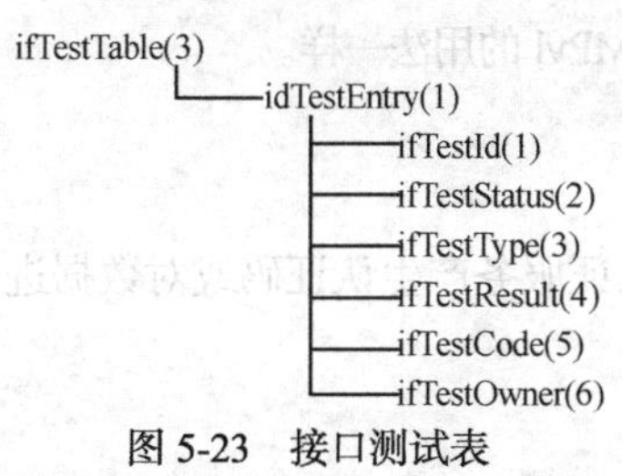

图 5-23 接口测试表

- none (1)——没有请求测试。
- success (2)——测试成功。
- inProgress (3)——测试正在进行。
- notSupported (4)——不支持请求的测试。
- unAbleRun (5)——由于系统状态不能测试。
- aborted (6)——测试夭折。
- failed (7)——测试失败。
- ifTestCode 返回有关测试结果的详细信息。

管理站如果要对一个接口进行测试，首先检索变量 iTestId 和 ifTestStatus 的值。如果测试状态是 notInUse，则管理站发出 setPDU，置 ifTestId 的值为先前检索的值。由于 ifTestId 的类型是 TestAndIncr，因而这一步骤实际上是对多个管理站之间并发操作的控制。如果这一步成功，则由代理系统置 ifTestStatus 为 InUse，置 ifTestOwner 为管理站的标识字节串，于是该管理站得到了进行测试的权利。然后管理站发出 Set 命令，置 ifTestType 为 test_to_run，指示代理系统开始测试。代理启动测试后立即返回 ifTestResult 的值 inProgress。测试完成后，代理给出测试结果 ifTestResult 和 ifTestCode。

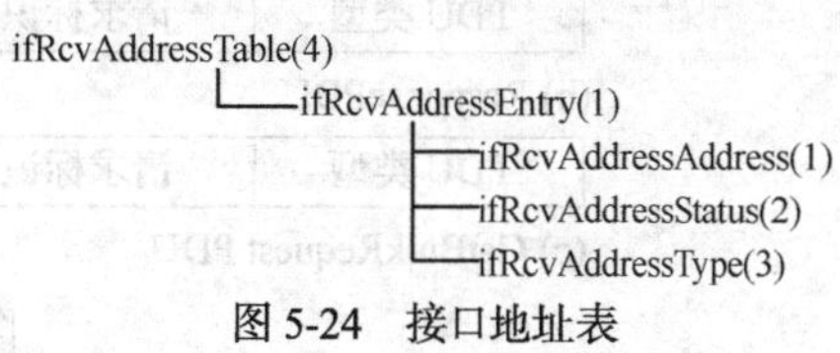

图 5-24 接口地址表

（4）接口地址表。接口地址表，如图 5-24 所示，包含每个接口对应的各种地址（广播地址、组播地址和单地址）。这个表的第一个变量ifRcvAddressAddress表示接口接收分组的地址，第三个变量ifRcvAddressType表示地址的类型，可以取值other(1)、volatile(2)或monVolatile(3)。易失的（volatile）地址在系统断电后就丢失了，非易失的地址永远存在。变量ifRcvAddressStatus用于行的增加和删除。

5.3.3 SNMPv2协议数据单元

SNMPv2提供了3种访问管理信息的方法，具体如下。

（1）管理站和代理之间的请求/响应通信，这种方法与SNMPvl是一样的。

（2）管理站和管理站之间的请求/响应通信，这种方法是SNMPv2特有的，可以由一个管理站把有关管理信息告诉给另外一个管理站。

（3）代理系统到管理站的非确认通信，即由代理向管理站发送陷入报文，报告出现的异常情况，SNMPvl中也有对应的通信方式。

1. SNMPv2报文

SNMPv2 PDU封装在报文中传送，报文头提供了简单的认证功能，而PDU可以完成上面提到的各种操作。这里首先介绍报文头的格式和作用，然后讨论协议数据单元的结构。SNMPv2报文的结构分为3部分：版本号、团体名和作为数据传送的PDU。这个格式与SNMPvl一样。版本号取值0代表SNMPvl，取值1代表SNMPv2。团体名提供简单的认证功能，与SNMPvl的用法一样。

SNMPv2实体发送一个报文一般要经过下面4个步骤。

（1）根据要实现的协议操作构造PDU。

（2）把PDU、源和目标端口地址及团体名传送给认证服务，认证服务产生认证码或对数据进行加密，返回结果。

（3）加入版本号和团体名，构造报文。

（4）进行BER编码，产生0/1比特串，发送出去。

SNMPv2实体接收到一个报文后要完成下列动作。

（1）对报文进行语法检查，丢弃出错的报文。

（2）把PDU部分、源和目标端口号交给认证服务。如果认证失败，发送一个陷入，丢弃报文。

（3）如果认证通过，则把PDU转换成ASN.1的形式。

（4）协议实体对PDU做句法检查，如果通过，根据团体名和适当的访问策略作相应的处理。

2. SNMPV2 PDU

SNMPv2共有6种协议数据单元，分为3种PDU格式，如图5-25所示。注意GetRequest、GetNextRequest、SetRequest、InformRequest和Trap等5种PDU与Response PDU有相同的格式，只是它们的错误状态和错误索引字段被置为0，这样就减少了PDU格式的种类。

SNMPv2报文

PDU类型	请求标识	非重复数N	最大后继数M	变量绑定表

(a) GetRequest、GetNextRequest、SetRequest、InformRequest和Trap

PDU类型	请求标识	0	0	变量绑定表

(b) ResponsePDU

PDU类型	请求标识	错误标志	错误索引	变量绑定表

(c) GetBulkRequest PDU

图5-25 SNMPv2 PDU格式

这些协议数据单元在管理站和代理系统之间或者是两个管理站之间交换，以完成需要的协议操作。它们的交换序列如图 5-26 和图 5-27 所示。下面解释管理站和代理系统对这些 PDU 的处理和应答过程。

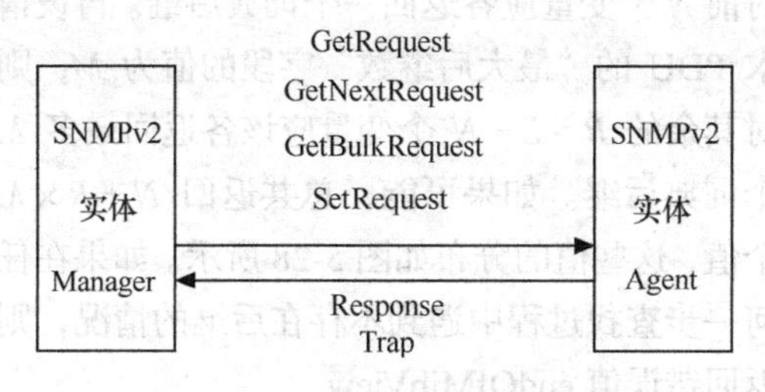

图 5-26 管理站与代理之间的通信

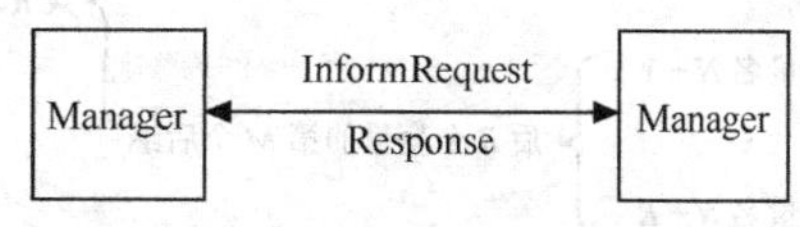

图 5-27 管理站和管理站之间的通信

（1）GetRequest PDU：SNMPv2 对这种操作的响应方式与 SNMPvl 不同，SNMPvl 的响应是原子性的，即只要有一个变量的值检索不到，就不返回任何值。而 SNMPv2 的响应不是原子性的，允许部分响应，按照以下规则对变量绑定表中的各个变量进行处理。

① 如果该变量的对象标识符前缀不能与这一请求可访问的任何变量的对象标识符前缀匹配，则返回一个错误值 noSuchoObject。

② 如果变量名不能与这一请求可访问的任何变量名完全匹配，则返回一个错误值 noSuchInstanee。这种情况可能出现在表访问中，即访问了不存在的行或正在生成中的表行等。

③ 如果不属于以上情况，则在变量绑定表中返回被访问的值。

④ 如果由于任何其他原因而处理失败，则返回一个错误状态 genErr，对应的错误索引指向有问题的变量。

⑤ 如果生成的响应 PDU 太大，超过了本地或请求方的最大报文限制，则放弃这个 PDU，构造一个新的响应 PDU，其错误状态为 tooBig，错误索引为 0，变量绑定表为空。

改变 Get 响应的原子性为可以部分响应是一个重大进步。在 SNMPvl 中，如果 Get 操作的一个或多个变量不存在，代理就返回错误 noSuchName。剩下的事情完全由管理站处理，要么不向上层返回值，要么去掉不存在的变量，重发检索请求，然后向上层返回部分结果。由于生成部分检索算法的复杂性，很多管理站并不实现这一功能，因而就不可能与实现部分管理对象的代理系统互操作。

（2）GetNextRequest PDU：在 SNMPv2 中，这种检索请求的格式和语义与 SNMPvl 基本相同，唯一的差别就是改变了响应的原子性。SNMPv2 实体按照下面的规则处理 GetNext PDU 变量绑定表中的每一个变量，构造响应 PDU。

① 对变量绑定表中指定的变量在 MIB 中查找按照词典顺序排列的后继变量，如果找到则返回该变量（对象实例）的名字和值。

② 如果找不到按照词典顺序排列的后继变量，则返回请求 PDU 中的变量名和错误值 endOfMibView。

③ 如果出现其他情况使得构造响应 PDU 失败，则以与 GetRequest 类似的方式返回错误值。

（3）GetBulkRequest PDU：这是 SNMPv2 对原标准的主要增强，目的是以最少的交换次数检索大量的管理信息，或者说管理站要求尽可能大的响应报文。对这个操作的响应，在选择 MIB 变量值时采用与 GetNextRequest 同样的原理，即按照词典顺序选择后继对象实例，但是这个操作可以说明多种不同的后继。

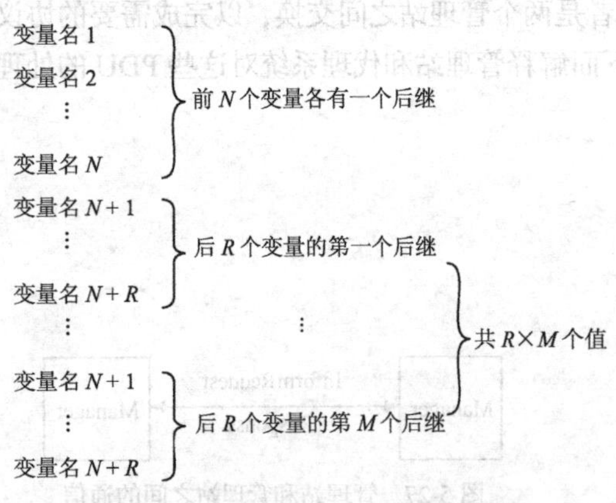

图 5-28　GetBulkRequest 检索得到的值

这种块检索操作的工作过程是这样的，假设 GetBulkRequestPDU 变量绑定表中有 L 个变量，该 PDU 的“非重复数”字段的值为 N，则对前 N 个变量应各返回一个词典后继。再设请求 PDU 的“最大后继数”字段的值为 M，则对其余的 $R=L-N$ 个变量应该各返回最多 M 个词典后继。如果可能，总共返回 $N+R\times M$ 个值，这些值的分布如图 5-28 所示。如果在任何一步查找过程中遇到不存在后继的情况，则返回错误值 endOfMibView。

为了说明块检索的方法，考虑下面一个例子，假设有表 5-4 中内容。

表 5-4　块检索

ifIndex	ipNetToMediaNetAddress	ipNetToMediaPhyAddress	ipNetToMediaType
1	9.2.3.4	00 00 10 54 32 10	dynamic
1	10.0.0.51	00 00 10 01 23 45	static
2	10.0.0.15	00 00 10 98 76 54	dynamic

这个表的索引由前两个变量组成。如果管理站希望检索这个表的值和一个标量对象 sysUpTime 的值，则可以发出这样的请求：

```
GetBulkRequest[非重复数=1, 最大后继数=2]
    { sysUpTime, ipNetToMediaPhysAddress, ipNetToMediaType }
```

代理的响应是：

```
Response ((sysUpTime.0 = "123456 " ),
        (ipNetToMediaPhysAddress.1.9.2.3.4 = "000010543210 " ),
        (ipNetToMediaType.1.9.2.3.4 = "dynamic " ),
        (ipNetToMediaPhysAddress.1.10.0.0.51 = "000010012345" ),
        (ipNetToMediaType.1.10.0.0.51 = "static " ) )
```

管理站又发出下一个请求：

```
GetBulkRequest[非重复数=1, 最大后继数=2 ]
    {sysUpTime, ipNetToMediaPhysAddress.1.10.0.0.51,
    ipNetToMediaType.1.10.0.0.51 }
```

代理的响应是：

```
Response((sysUpTime.0 = "123466 " ),
        (ipNetToMediaPhysAddress.2.10.0.0.15 = " 00 00 10 98 76 54" ),
        (ipNetToMediaType.2.10.0.0.15 = " dynamic" ),
        (iPNetToMediaType.1.9.2.3.4 = " dynamic" ),
        (ipRoutingDiscards.0 = " 2" ) )
```

（4）SetRequest PDU：这个请求的格式和语义与 SNMPvl 的相同，差别是处理响应的方式不同。SNMPv2 实体分两个阶段处理这个请求的变量绑定表，首先是检验操作的合法性，然后再更新变量，如果至少有一个变量绑定对的合法性检验没有通过，则不进行下一阶段的更新操作。因此这个操作与 SNMPvl 一样，是原子性的。合法性检验包括以下内容。

① 如果有一个变量不可访问，则返回错误状态 noAccess。

② 如果与绑定表中变量共享对象标识符的任何 MIB 变量都不能生成、不能修改，也不接受指定的值，则返回错误状态 notWritable。

③ 如果要设置的值的类型不适合被访问的变量，则返回错误状态 wrongType。

④ 如果要设置的值的长度与变量的长度限制不同，则返回错误状态 wrongLength。

⑤ 如果要设置的值的 ASN.1 编码不适合变量的 ASN.1 标签，则返回错误状态 wrong Encoding。

⑥ 如果指定的值在任何情况下都不能赋予变量，则返回错误状态 wrongValue。

⑦ 如果变量不存在，也不能生成，则返回错误状态 noCreation。

⑧ 如果变量不存在，只是在当前的情况下不能生成，则返回错误状态 inconsistantName。

⑨ 如果变量存在，但不能修改，则返回错误状态 notwritable。

⑩ 如果变量在其他情况下可以赋予指定的值，但当前不行，则返回错误状态 inconsistant-Value。

⑪ 如果为了给变量赋值而缺乏需要的资源，则返回错误状态 resourceUnavailable。

⑫ 如果由于其他原因而处理变量绑定对失败，则返回错误状态 genErr。如果对任何变量检查出上述任何一种错误，则在响应 PDU 变量绑定表中设置对应的错误状态，错误索引设置为问题变量的序号。使用如此之多的错误代码也是 SNMPv2 的一大进步，这使得管理站能了解详细的错误信息，以便采取纠正措施。

如果没有检查出错误，就可以给所有指定变量赋予新值。若有至少一个赋值操作失败，则所有赋值被撤销，并返回错误状态为 commitFailed 的 PDU，错误索引指向问题变量的序号；但是若不能全部撤销所赋的值，则返回错误状态 undoFailed，错误索引字段置 0。

（5）Trap PDU：陷入是由代理发给管理站的非确认性消息，SNMPv2 的陷入采用与 Get 等操作相同的 PDU 格式，这一点也与原标准不同。TrapPDU 的变量绑定表中应报告下面的内容。

① sysUPTime.0 的值，即发出陷入的时间。

② snmpTrapOID.0 的值，这是 SNMPv2 MIB 对象组定义的陷入对象的标识符。

③ 有关通知宏定义中包含的各个变量及其值。

④ 代理系统选择的其他变量的值。

（6）InformRequest PDU：这是管理站发送给管理站的消息，PDU 格式与 Get 等操作相同，变量绑定表的内容与陷入报文一样。但是与陷入不同，这个消息是需要应答的。因此，管理站收到通知请求后首先要决定应答报文的大小，如果应答报文的大小超过本地或对方的限制，则返回错误状态 tooBig。如果接收的请求报文不是太大，则把有关信息传送给本地的应用实体，返回一个错误状态为加 Err 的响应报文，其变量绑定表与收到的请求 PDU 相同。关于管理站之间通信的内容，SNMPv2 给出了详细的定义。

5.3.4　管理站之间的通信

SNMPv2 增加的管理站之间的通信机制是分布式网络管理所需要的功能特征，为此引入了通知报文 InformRequest 和管理站数据库（manager-to-manager MIB）。管理站数据库主要由 3 个表组成。

（1）snmpAlarmTable：报警表提供被监视的变量的有关情况，类似于 RMON 警报组的功能，但这个表记录的是管理站之间的报警信息。

（2）snmpEventTable：事件表记录 SNMPv2 实体产生的重要事件，或者是报警事件，或者是通知类型宏定义的事件。

（3）snmpEventNotifyTable：事件通知表定义了发送通知的目标和通知的类型。

由这 3 个表以及其他有关标量对象共同组成了 snmpM2M 模块，该模块表示了管理站之间交

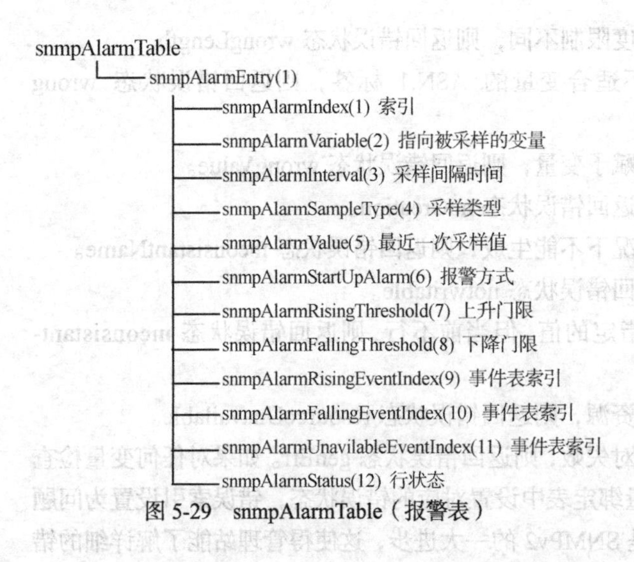

图 5-29 snmpAlarmTable（报警表）

换的主要信息。下面介绍以上3个表的内容。

报警表如图5-29所示，有5个变量，具体解释如下（可参照RMON报警组的解释）。

snmpAlarmSampleType (4)采样类型，可取absoluteValue(l)和deltaValue(2)两个值。

snmpAlarmStartUpAlarm(6)报警方式，可取risingAlarm(1)、fallingAlarm(2)和risingOrFalling Alarm(3)3个值。

snmpAlarmRisingEventIndex(9)事件表索引，当被采样的变量超过上升门限时产生该事件。

snmpAlarmFallingEventIndex(10)事件表索引，当被采样的变量低于下降门限时产生该事件。

snmpAlarmUnavailableEventIndex(n)事件表索引，当被采样的变量不可用时产生该事件。

事件表共有6个变量，如图5-30所示；事件通知表有4个变量，如图5-31所示，图中的变量已经做了解释。

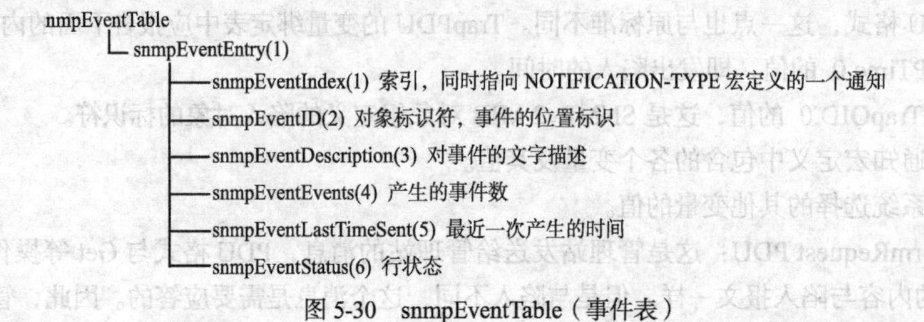

图 5-30 snmpEventTable（事件表）

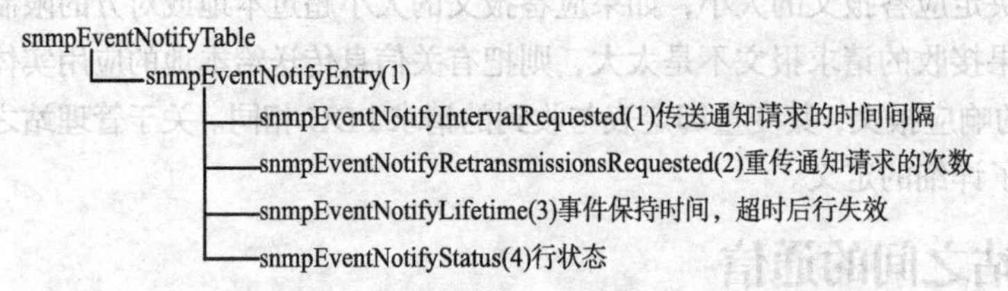

图 5-31 snmpAlarmNotifyTable（事件通知表）

5.4 SNMPv3

5.4.1 SNMPv3 管理框架

在 RFC 2571 描述的管理框架中，以前称做管理站和代理的实体现在统一称为 SNMP 实体（SNMP Entity）。实体是体系结构的一种实现，由一个 SNMP 引擎（SNMP Engine）和一个或多个有关的 SNMP 应用（SNMP Application）组成。图 5-32 显示了 SNMP 实体的组成元素。

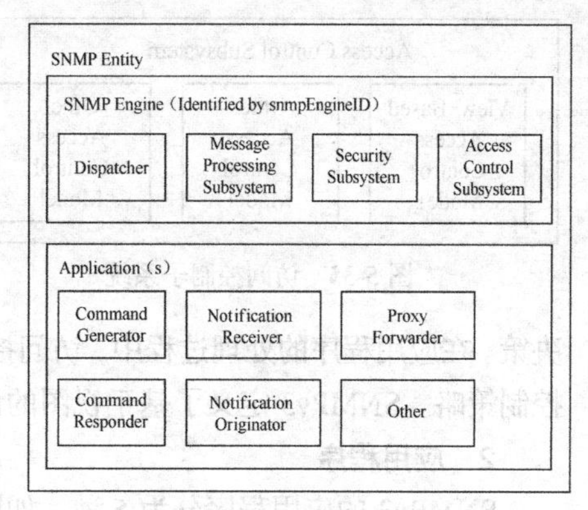

图 5-32　SNMP 实体

1. SNMP 引擎

SNMP 引擎提供三项服务：发送和接收报文；认证和加密报文；控制对管理对象的访问。

SNMP 引擎有唯一的标识 snmpEngineID，这个标识在一个上层管理域中是无二义性的。由于 SNMP 引擎和 SNMP 实体具有一一对应的关系，因而 snmpEngineID 也是对应的 SNMP 实体的唯一标识。SNMP 引擎具有复杂的结构，它包含一个调度器（DisPatcher）、一个报文处理子系统（Message Processing Subsystem）、一个安全子系统（Security Subsystem）及一个访问控制子系统（Access Control Subsystem）。

（1）调度器。一个 SNMP 引擎只有一个调度器，它可以并发地处理多个版本的 SNMP 报文。调度器的功能包括以下内容。

① 向/从网络中发送/接收 SNMP 报文。

② 确定 SNMP 报文的版本，并交给相应的报文处理模块处理。

③ 为接收 PDU 的 SNMP 应用提供一个抽象的接口。

④ 为发送 PDU 的 SNMP 应用提供一个抽象的接口。

（2）报文处理子系统。报文处理子系统由一个或多个报文处理模块（Message Processing Model）组成，每一个报文处理模块定义了一种特殊的 SNMP 报文格式，它的功能是按照预定的格式准备要发送的报文，或者从接收的报文中提取数据，如图 5-33 所示。

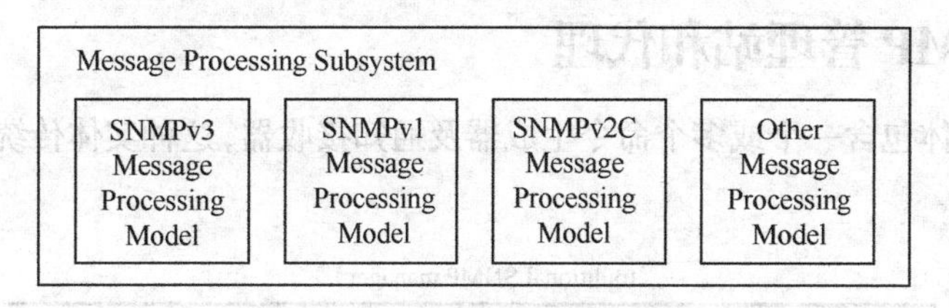

图 5-33　SNMP 报文处理子系统

这种体系结构允许扩充其他的报文处理模块，扩充的处理模块可以是企业专用的，也可以是以后的标准增添的。每一个报文处理模块都定义了一种特殊的 SNMP 报文格式，以便能够按照这种格式生成报文或从报文中提取数据。

（3）安全子系统。安全子系统提供安全服务，例如，报文的认证和加密。一个安全子系统可以有多个安全模块，以便提供各种不同的安全服务，如图 5-34 所示。安全子系统由安全模型和安全协议组成。每一个安全模块定义了一种具体的安全模型，说明它可以防护的安全威胁、它提供安全服务的目标和使用的安全协议。而安全协议则说明了用于提供安全服务（如认证和加密）的机制、过程及 MIB 对象。目前的标准提供了基于用户的安全模型（User-Based security Model）。

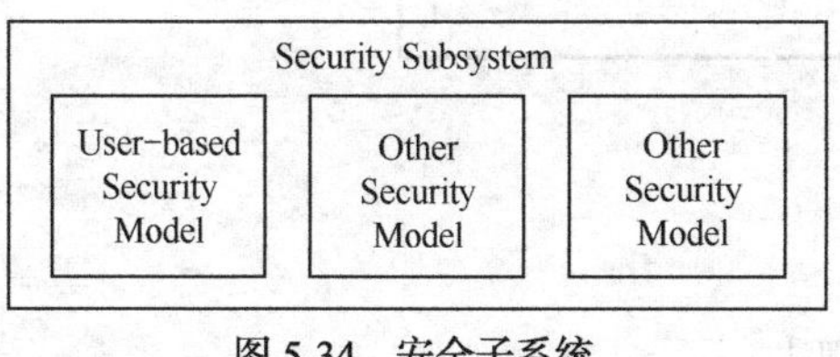

图 5-34　安全子系统

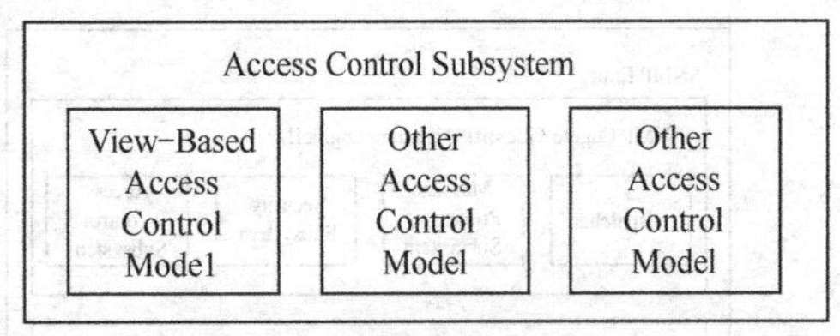

图 5-35　访问控制子系统

（4）访问控制子系统。访问控制子系统通过访问控制模块（Access Control Medel）提供授权服务，即确定是否允许访问一个管理对象，或者是否可以对某个管理对象实施特殊的管理操作，如图 5-35 所示。每个访问控制模块定义了一个具体的访问决策功能，用以支持对访问权限的决策。在应用程序的处理过程中，访问控制模块还可以通过已定义的 MIB 模块进行远程配置访问控制策略。SNMPv3 定义了基于视图的访问控制模型（View-Based Access Control Model）。

2. 应用程序

SNMPv3 的应用程序分为 5 种，如图 5-32 所示，具体功能如下。

（1）命令生成器（Command Generator）：建立 SNMP Read/Write 请求，并且处理这些请求的响应。

（2）命令响应器（Command Responder）：接收 SNMP Read/Write 请求，对管理数据进行访问，并按照协议规定的操作产生响应报文，返回给读/写命令的发送者。

（3）通知发送器（Notification originator）：监控系统中出现的特殊事件，产生通知类报文，并且要有一种机制，以决定向何处发送报文，使用什么 SNMP 版本和安全参数等。

（4）通知接收器（Notification Receiver）：监听通知报文，并对确认型通知产生响应。

（5）代理转发器（Proxy Forwarder）：在 SNMP 实体之间转发报文。

在 SNMP 的历史上使用的“proxy”一词有多种含义，但是在 RFC 2573 中则专指转发 SNMP 报文，而不考虑报文中包含何种对象，也不处理 SNMP 请求，因此它与传统的 SNMP 代理（agent）是不同的。

这 5 种应用程序的抽象接口和操作过程不再详述，读者可参考有关文件。为了与以前版本对照，下面介绍管理站和代理的组成。

5.4.2　SNMP 管理站和代理

一个 SNMP 实体包含一个或多个命令生成器及通知接收器，这种实体传统上称做 SNMP 管理站，如图 5-36 所示。

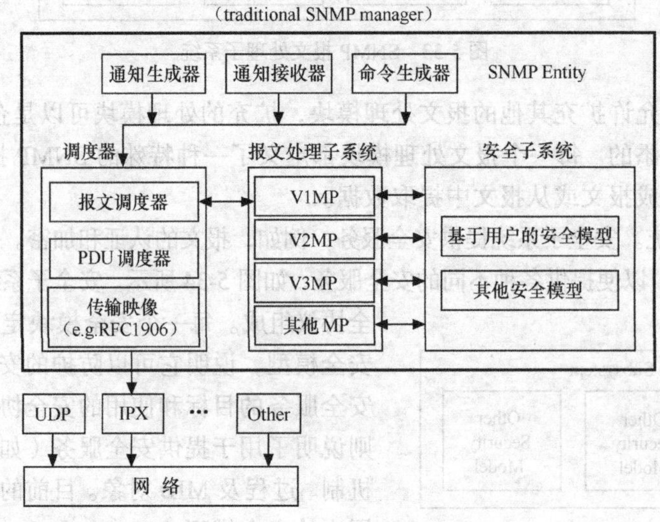

图 5-36　SNMP 管理站

一个 SNMP 实体包含一个或多个命令响应器以及通知发送器，这种实体传统上称做 SNMP 代理，如图 5-37 所示。

1. 基于用户的安全模型（USM）

SNMPv3 把对网络协议的安全威胁分为主要的和次要的两类。标准规定安全模块必须提供防护的两种主要威胁如下。

• 修改信息（Modification of Information），就是某些未经授权的实体改变 SNMP 报文，企图实施未经授权的管理操作，或者提供虚假的管理对象。

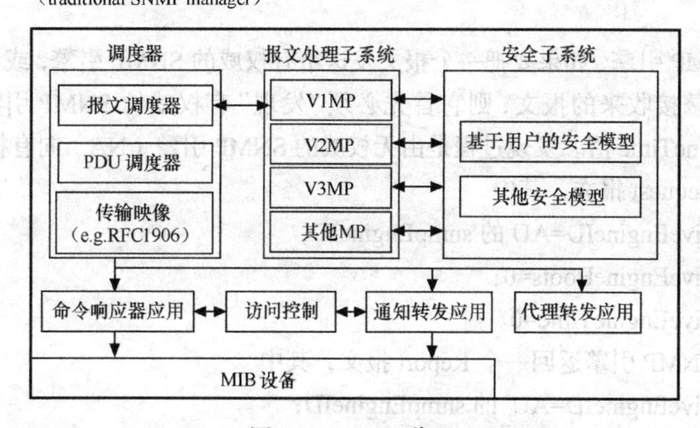

图 5-37　SNMP 代理

• 假冒（Masquerade），即未经授权的用户冒充授权用户的标识，企图实施管理操作。

标准还规定安全模块必须对两种次要威胁提供防护如下。

• 修改报文流（Message Stream Medification）。由于 SNMP 通常是基于无连接的传输服务，因而重新排序报文流、延迟或重放报文的威胁都可能出现。这种威胁的危害性在于通过报文流的修改可能实施非法的管理操作。

• 消息泄露（Disdosure）。SNMP 引擎之间交换的信息可能被偷听，对这种威胁的防护应采取局部的策略。

有两种威胁是安全体系结构不必防护的，因为它们不是很重要，或者这种防护没有多大作用，具体如下。

• 拒绝服务（Denial of Service）。因为在很多情况下拒绝服务和网络失效是无法区别的，所以可以由网络管理协议来处理，安全子系统不必采取措施。

• 通信分析（Traffic Analysis）。通信分析是指由第三者分析管理实体之间的通信规律，从而获取需要的信息。由于通常都是由少数管理站来管理整个网络的，因而管理系统的通信模式是可预见的，防护通信分析就没有多大作用了。

因此，RFC 2574 把安全协议分为以下 3 个模块：时间序列模块，提供对报文延迟和重放的防护；认证模块，提供完整性和数据源认证；加密模块，防止报文内容的泄露。

（1）时间序列模块。为了防止报文被重放和故意延迟，在每一次通信中有一个 SNMP 引擎被指定为是有权威的（Anthoritative，AU），而通信对方则是无权威的（Non-Anthoritative，NA）。当SNMP报文要求响应时，该报文的接收者是有权威的。反之，当SNMP报文不要求响应时，该报文的发送者是有权威的。有权威的SNMP引擎维持一个时钟值，无权威的SNMP引擎跟踪这个时钟值，并保持与之松散同步。时钟由两个变量组成：snmpEngineBoots即SNMP引擎重启动的次数；snmpEngineTime即SNMP引擎最近一次重启动后经过的秒数。

SNMP引擎首次安装时置这两个变量的值为0。SNMP引擎重启动一次，snmpEngineBoots增值一次，同时snmpEngineTime被置0并重新开始计时。如果snmpEngineTime增加到了最大值2147483647，则snmpEngineBoots加1，而snmpEngineTime回零，就像SNMP引擎重新启动过一样。

另外，还需要一个时间窗口来限定报文提交的最大延迟时间，这个界限通常由上层管理模块决定，延迟时间在这个界限之内的报文都是有效的。在RFC 2574文件中，时间窗口定为150s。

对于一个SNMP引擎，如果要把一个报文发送给有权威的SNMP引擎，或者要验证一个从有权威的SNMP引擎接收来的报文，则它首先必须“发现”有权威的SNMP引擎的snmpEngine-Boots和snmpEngineTime值。发现过程是由无权威的SNMP引擎（NA）向有权威的SNMP引擎（AU）发送一个Request报文，其中

msgAuthoritativeEngineID=AU的snmpEngineID；

msgAnthoritativeEngineBoots=0；

msgAuthoritativeEngineTime=0。

而有权威的SNMP引擎返回一个Report报文，其中

msgAuthoritativeEngineID=AU 的snmpEngineID；

msgAuthoritativeEngineBoots=snmpEngineBoots；

msgAuthoritativeEngineTime = snmpEngineTime。

于是，无权威的SNMP引擎把发现过程中得到的msgAuthoritativeEngineBoots和msgAuthoritativeEngineTime值存储在本地配置数据库中，分别记为BootsL和TimeL。

当有权威的SNMP引擎收到一个认证报文时，从其中提取msgAuthoritativeEngineBoots和msgAuthoritativeEngineTime字段的新值，分别记为BootsA和TimeA。如果下列条件之一成立，则认为该报文在时间窗口之外，具体条件包括：BootsL为最大值2147483647；BootsA与BootsL的值不同；TimeA与TimeL的值相差大于±150s。

当无权威的SNMP引擎收到一个认证报文时，从其中提取msgAuthoritativeEngineBoots和msgAuthoritativeEngineTime字段的新值，分别记为BootsA和TimeA。如果下列条件之一成立：

- BootsA大于BootsL；
- BootsA等于BootsL，而TimeA 大于TimeL。

则引起下面的重同步过程：

- 置BootsL = BootsA；
- 置TimeL = TimeA。

当无权威的SNMP引擎收到一个认证报文时，如果下列条件之一成立，则认为该报文在时间窗口之外，具体条件包括：BootsL为最大值2147483647；BootsA小于BootsL的值；BootsA与BootsL的值相等，而TimeA小于TimeL的值150s。

值得注意的是，时间序列的验证必须使用认证协议，否则从报文中得到的msgAuthoritative-

EngineBoots 和 msgAuthoritativeEngineTime 就不可靠了。

（2）认证和加密模块。所谓 MAC，是指报文认证码（Message Authentication Code）。MAC 通常在共享密钥的两个实体之间使用，这里的 MAC 机制使用散列（Hash）函数作为密码，因此叫做 HMAC。HMAC 可以结合任何重复加密的散列函数，如 MD5 和 SHA-1。可见 HMAC-MD5-96 认证协议就是使用散列函数 MD5 的报文认证协议，输出的报文摘要长度为 96 位。

① HMAC-MD5-96 协议。HMAC-MD5-96 是 USM 必须支持的第一个报文摘要认证协议。这个协议可以验证报文的完整性，还可以验证数据源的有效性。实现这个协议涉及下列变量。

- < userName >，户名字的字符串。
- <authKey>，用户用于计算认证码的密钥，16 字节（128 位）长。
- <extendedAuthKey>，在 authKey 后面附加 48 个 0 字节，组成 64 个字节的认证码。
- <wholeMsg>，需要认证的报文。
- <msgAuthenticationParameters >，计算出的报文认证码。
- <authenticatedwholeMsg>，完整的认证报文。

计算报文摘要的过程如下。

a　把 msgAuthenticationParameters 字段置为 12 个 0 字节。

b　根据密键 authKey 计算 Kl 和 KZ。

c　在 authKey 后面附加 48 个 0 字节，组成 64 个字节的认证码 extendedAuthKey。

d　重复 0x36 字节 64 次，得到 IPAD。

e　把 extendedAuthKey 与 IPAD 按位异或（XOR），得到 Kl。

f　重复 0x5C 字节 64 次，得到 OPAD。

g　把 extendedAuthKey 与 OPAD 按位异或（XoR），得到 K2。

h　把 K1 附加在 wholeMsg 后面，根据 MD5 算法计算报文摘要。

i　把 K2 附加在第（3）步得到的结果后面，根据 MD5 算法计算报文摘要（16 字节），取前 12 个字节（96 位）作为最后的报文摘要，即报文认证码 MAC。

j　用第（4）步得到的 MAC 代替 msgAuthenticationParameters。

k　返回 authenticatedwholeMsg 作为被认证了的报文。

为了说明 HMAC-MD5 算法，下面举出取自 RFC 2104 中的一个示例，该示例实现了 HMAC-MD5 算法，并提供了相应的测试向量。

```
/* Function : hmac_md5 */
Void
hmac_md5 ( text , text_len , key , key_len , digest )
unsigned char * text ;          /* pointer to data stream * /
int text_len ;                  /* length of data stream * /
unsigned char * key ;           /* pointer to authentication key */
int key_len ;                   / * length of authentication key * /
caddr_t  digest ;               /* caller digest to be filled in */
{
  MD5_CTX    context ;
  unsigned char k_ipad[65] ;        /* inner padding key XORd with ipad */
  unsigned char k_opad [65];       /* outer padding key XORd with opad * /
  unsigned char tk [16];
  int  i ;
  /* if key is longer than 64 bytes reset it to key = MD5( key ) * /
        if (key_len>64){
```

```
        MD5_CTX    tctx ;
        MD5Init ( & tctx ) ;
        MD5Update ( & tctx , key , key_len ) ;
        MD5Final ( tk , & tctx ) ;
        key = tk ;
        key_len = 16 ;
    }
/* the HMAC_MD5 transform looks like :
* MD5(K XOR opad , MD5(K XOR ipad , text ) )
* where K is an n byte key
* ipad is the byte 0x36 repeated 64 times
* opad is the byte ox5c repeated 64 times
* and text is the data being protected
* /
/* start out by storing key in pads * /
bzero ( k_ipad , sizeof k_ipad ) ;
bzero ( k_opad , sizeof k_opad ) ;
bcopy ( key, k_ipad , key_len ) ;
bcopy ( key, k_opad , key_len ) ;
/ * XOR key with ipad and opad values * /
for(i=0;i<64;i++){
    k_ipad [i]^=0x36 ;
    k_opad [i]^=ox5c ;
}
                                        /* perform inner MD5 */
 MD5Init (&context ) ;                  / * init context for lst pass * /
 MD5Update (&context , k_ipad , 64 );   /* start with inner pad * /
 MD5Update (&context , text , text_len ) ; / * then text of datagram */
 MD5Final ( digest , &context ) ;       / * finish up lst pass * /
                                        / * perform outer MD5 * /
 MD5Init (&context ) ;                  / * init context for 2nd pass */
 MD5Update (&context , k_opad , 64 ) ;  /* start with outer pad * /
 MD5Update (&context , digest , 16 ) ;  / * then results of lst hash * /
 MD5Final( digest , &context ) ;        /* finish up 2nd pass * /
}
```

下面是用实际的字符串进行测试的结果。

```
Test Vectors ( Trailing '\0' of a character string not included in test) :
    key=   0x0b0b0b0b0b0b0b0b0b0b0b0b0b0b0b0b
    key_len =    16 bytes
    data=   "Hi There"
    data_len = 8 bytes
    digest = 0x9294727a3638bblcl3f48ef8158bfc9d

    key = " Jefe "
    data= "what do you want for nothing ? "
    data_len =28 bytes
    digest =0x750c783e6ab0b503eaa86e310a5db738

    key = 0xAAAAAAAAAAAAAAAAAAAAAAAAAAAAAAAA
    key_len = 16 bytes
    data =      0xDDDDDDDDDDDDDDDDDDDD…
                …DDDDDDDDDDDDDDDDDDDD…
                …DDDDDDDDDDDDDDDDDDDD…
```

```
                ...DDDDDDDDDDDDDDDDDDDDD...
                ...DDDDDDDDDDDDDDDDDDDDD
    Data_len = 50 bytes
    digest =0x56be34521d144c88dbb8c733f0e8b3f6
```

② HMAC-SHA-96 认证协议。HMAC-SHA-96 是 USM 必须支持的第二个认证协议，与前一个协议不同的是它使用 SHA 散列函数作为密码，计算 160 位的报文摘要，然后截取前 96 位作为 MAC。这个算法使用的 authKey 为 20 个字节的认证码。

③ CBC-DES 对称加密协议。这是为 USM 定义的第一个加密协议，以后还可以增加其他的加密协议。数据的加密使用 DES 算法，使用 56 位的密钥，按照 CBC（Cipher Block Chaining）模式对 64 位长的明文块进行替代和换位，最后产生的密文也被分成 64 位的块。在进行加密之前先要对用户的私有密钥（16 字节长）进行一些变换，产生数据加密用的 DES 密钥和初始化矢量（Initialization vector，IV），具体过程如下。

a 把 16 字节的私有密钥的前 8 个字节用作 DES 密钥。由于 DES 密钥只有 56 位长，因而每一字节的最低位被丢掉。

b 私有密钥的后 8 个字节作为预初始化矢量 Pre-IV。

c 把加密引擎的 snmpEngineBoots（4 字节长）和加密引擎维护的一个 32 位整数级连起来，形成 8 字节长的 salt。

d 对 salt 和 pre-IV 进行异或运算（XOR），得到初始化矢量 IV。

e 对加密引擎维护的 32 位整数加 1，使得每一个报文用的范围整数都不同。

具体加密过程如下。

a 被加密的数据是一个字节串，其长度应该是 8 的整数倍，如果不是，则应附加上需要的数据，实际附加什么值则无关紧要。

b 明文被分成 64 位的块。

c 初始化矢量作为第一个密文块。

d 把下一个明文块与前面产生的密文块进行异或运算。

e 把前一步的结果进行 DES 加密，产生对应的密文块。

f 返回 d 步，直到所有的明文块被处理完。

具体解密过程如下。

a 验证密文的长度，如果不是 8 字节的整数倍，则解密过程停止，返回一个错误。

b 解密第一个密文块。

c 把上一步的结果与初始化矢量进行异或，得到第一个明文块。

d 把下一个密文块解密。

e 把上一步的结果与前面的密文块进行异或运算，产生对应的明文块。

f 返回 d 步，直到所有的密文块被处理完。

④ 密钥的局部化。用户通常使用可读的 ASCⅡ字符串作为口令字（Password）。所谓的密钥局部化，就是把用户的口令字变换成他与一个有权威的 SNMP 引擎共享的密钥。虽然用户在整个网络中可能只使用一个口令，但是通过密钥局部化，用户与每一个有权威的 SNMP 引擎共享的密钥都是不同的。这样的设计可以防止一个密钥值的泄露对其他有权威的 SNMP 引擎造成危害。

密钥局部化过程的主要思想是把口令字和相应的 SNMP 引擎标识作为输入，运行一个散列函数（如 MD5 或 SHA），得到一个固定长度的伪随机序列，作为加密密钥，其操作步骤如下。

a 首先把口令字重复级联若干次，形成 1M 字节的位组串。这一步的目的是防止字典攻击。

b　对第一步形成的位组串运行一个散列函数，得到Ku。

c　把相应的SNMP引擎的snmpEngineID附加在Ku之后，然后再附加上一个Ku（即两个Ku中间夹着一个snmpEngineID），对整个字符串再一次运行散列函数，得到64位的Ku1，这就是用户和SNMP引擎共享的密钥。

下例给出的算法使用MD5作为散列函数（当然也可以用SHA作为散列函数）实现密钥局部化。

```
void password_to_key_md5 (
    u_char *    password ,        /* IN * /
    u_int       passwordlen ,     / * IN * /
    u_char *    engineID ,        / * IN-pointer to snmpEngineID */
    u_int       engineLength ,    / * IN-length of snmpEngineID * /
    u_char *    key )             / * OUT-pointer to caller 16-octet buffer * /
    {
        MD5_ CTX    MD ;
        u_char      *cp , password_buff[64] ;
        u_long      passwordesindex = 0 ;
        u_long      count = 0 , i ;

      MD5Init(&MD)       /*initialize MD5 * /
    /* * * * * * * * * * * * * * * * * * * * * * * * * * * * * * * * * * * * * * * * /
    / *           Use while loop until we , ve done 1 Megabyte              * /
    / * * * * * * * * * * * * * * * * * * * * * * * * * * * * * * * * * * * * * * * /
      while ( count < 1048576 ) {
         cp = password_buf ;
         for ( i = 0 ; i < 64 ; i + + ) {
    / * * * * * * * * * * * * * * * * * * * * * * * * * * * * * * * * * * * * * * * /
    / *        Take the next octet of the password , wrapping            * /
    / *         to the beginning of the password as necessary            * /
    / * * * * * * * * * * * * * * * * * * * * * * * * * * * * * * * * * * * * * * * /
       cp + + = password [ passwordesindex + + % passwordlen ] ;
       }
    MD5Update ( & MD , passwordesbuf , 64 ) ;
    count + = 64 ;
    MD5Final ( key , & MD ) ;              / * tell MD5 we ' re done * /
    / * * * * * * * * * * * * * * * * * * * * * * * * * * * * * * * * * * * * * * /
    / * Now localize the key with the engineID and pass                        * /
    / * through MD5 to produce final key                                       * /
    / * may want to ensure that engineLength < = 32 ,                          * /
    / * otherwise need to use a bufferlarger than 64                           * /
    / * * * * * * * * * * * * * * * * * * * * * * * * * * * * * * * * * * * * * * /
    memcpy ( passwordesbuf , key, 16 ) ;
    memcpy(passwordesbuf+16, engineID , engineLength ) ;
    memcpy ( passwordesbuf + 16 + engineLength, key, 16 ) ;
    MD5Init ( & MD ) ;
    MD5Update ( & MD , passwordwebuf , 32 +engineLength ) ;
    MD5Final ( key , & MD ) ;
    return ;
    }
```

⑤ 密钥的更新。密钥修改越频繁，越不容易泄露，因此要经常（每天或每周）改变密钥的值。密钥更新算法定义在文本约定KeyChange中。假设有一个旧密钥keyold和一个单向散列算法H

（如 MD5 或 SHA），以及将要使用的新密钥 keyNew，则以下面的步骤进行更新。

- 通过一个（伪）随机数产生器生成一个随机值 R。
- 把 R 和 keyold 作为散列函数 H 的输入，计算出临时变量 T 的值。
- 对 T 和 keyNew 进行异或运算（XOR），产生一个 delta。
- 把 R 和 delta 发送给一个远程引擎。

远程接收引擎执行相反的过程，由 keyold 接收到的随机值 R 和 delta 计算出新密钥值，步骤如下。

- 把临时变量 T 初始化为 keyold。
- 把 T 和接收到的随机值 R 作为散列算法 H 的输入，计算结果作为新的 T 值。
- 把 T 与接收到的 delta 进行异或运算（XOR），生成新密钥 keyNew。

如果窃听者得到了 R 和 delta，但是不知道旧密钥 keyold，他就无法计算新密钥。相反，如果 keyold 被泄露，而且窃听者可以随时监视网络通信，获取每一个传送 R 和 delta 的报文，那他就能够不断计算出新的密钥，因此对待这样的攻击人们还是无能为力的。设计者建议发送 R 和 delta 的报文要用旧密钥进行加密。这样，窃听者就只能用被密钥保护的信息来确定该密钥的值了。

2. 基于视图的访问控制（VACM）模型

当一个 SNMP 实体处理检索（Get 或 Getnext 等）或修改（Set）请求时，都要检查是否允许访问指定的管理对象，以及是否允许执行请求的操作。另外，当 SNMP 实体生成通知报文时，也要用到访问控制机制，以决定把消息发送给谁。在 VACM 模型中要用到以下概念。

- SNMP 上下文（Context）：简称上下文，是 SNMP 实体可以访问的管理信息的集合。一个管理信息可以存在于多个上下文中，而一个 SNMP 实体也可以访问多个上下文。在一个管理域中，SNMP 上下文由唯一的名字 contextName 标识。
- 组（Group）：由二元组<securityMedel,securityName>的集合构成。属于同一组的所有安全名 securityName 在指定的安全模型 securityModel 下的访问权限相同。组的名字用 groupName 表示。
- 安全模型（Security Model）：表示访问控制中使用的安全模型。
- 安全级别（Security Level）：在同一组中的成员可以有不同的安全级别，即 noAuthNoPriv（无认证不保密）、authNoPriv（有认证不保密）和 authPriv（有认证要保密）。任何一个访问请求都有相应的安全级别。
- 操作（Operation）：指对管理信息执行的操作，如读、写和发送通知等。

（1）视图和视图系列。为了安全，需要把某些组的访问权限制在一个管理信息的子集中，提供这种能力的机制就是 MIB 视图。视图限定了 SNMP 上下文中管理对象类型（或管理对象实例）的一个特殊集合。例如，对于一个给定的上下文，可以有一个视图包含了该上下文中的所有对象，另外，还可以有其他一些视图，分别包含上下文中管理对象的不同子集。因此，一个组的访问权限不但被限制在一个（或几个）上下文中，而且还被限定在一个指定的视图中。

由于管理对象类型是通过树结构的对象标识符（OBJECT IDENTIFIER）表示的，因而也可以把 MIB 视图定义成子树的集合，每一个子树都属于对象命名树，叫做视图子树。简单的 MIB 视图可能只包含一个视图子树，而复杂的 MIB 视图可表示为多个视图子树的组合。

虽然任何管理对象的集合都可以表示为一些视图子树的组合，然而有时可能需要大量的视图子树来表示管理对象的集合。例如，有时要表示 MIB 表中的所有列对象，而大量的列对象可能出现在不同的子树中。由于列对象的格式是类似的，因而可以把它们聚合成一个结构，叫做视图树系列（ViewTreeFamily）。

视图树系列由一个对象标识符（叫做系列名）和一个比特串（叫做掩码）组成。掩码的每一位对应一个子标识符的位置，用于指明视图树系列名中的哪些子标识符属于给定的系列。对于一个管理对象实例，如果下列两个条件都成立，则该对象实例属于视图树系列。

① 管理对象标识符至少包含了系列名包含的那些子标识符。

② 对应于掩码为 1 的位，管理对象标识符中的子标识符必须与系列名中的对应子标识符相匹配。

例如，若表示系列名的对象标识符为 1.3.6.1.2.1，系列掩码为 3F，则 MIB-2 中的任何对象都属于这个视图树系列。因此说，当系列掩码为全 1 时，视图树系列与系列名代表的子树相同。另外，当系列掩码的位数比视图树系列的子标识符少时，系列掩码可以用 1 补齐缺少的部分。

（2）VACM MIB 的组成。VACM MIB 由以下 4 个表组成。

① vacmContextTable。这个表列出了本地可用的上下文的名字，该表只有一个列对象 vacmContextName，是一个只读的字符串。

② vacmSecurityToGroupTable。这个表把一个二元组<securityModel , securityName>映像到一个组名 groupName，如图 5-38 所示。securityModel 和 securityName 作为这个表的索引。

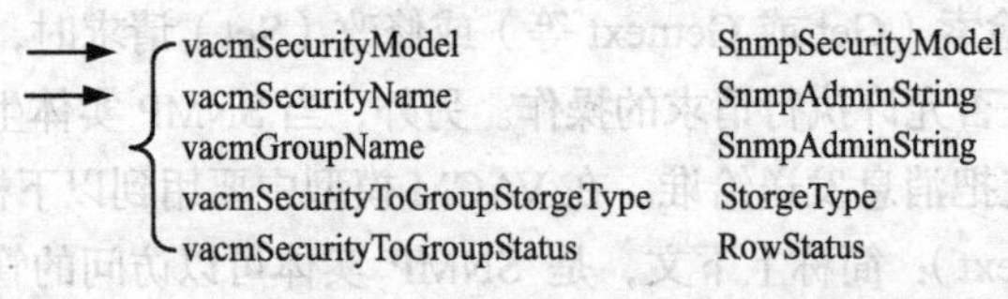

图 5-38 vacmSecurityToGroupTable 的组成

③ vacmAccessTable。这个表规定了各个组的访问权限，如图 5-39 所示。其中的表项由一个外部对象 groupName 及该表中的 3 个对象（vacmAccessContextPrefix、vacmAccessSecurityModel 和 vacmAccesssecurityLevel）索引。这个表包含了 3 个视图，readView、writeView 和 notifyView，分别控制读、写和通知操作的访问权限。还有一个变量 vacmAccessContextMatch，指明 vacmAccessContextPrefix 与 ContextName 的匹配方式：exact(1)表示完全匹配；Prefix(2)表示前缀部分匹配。

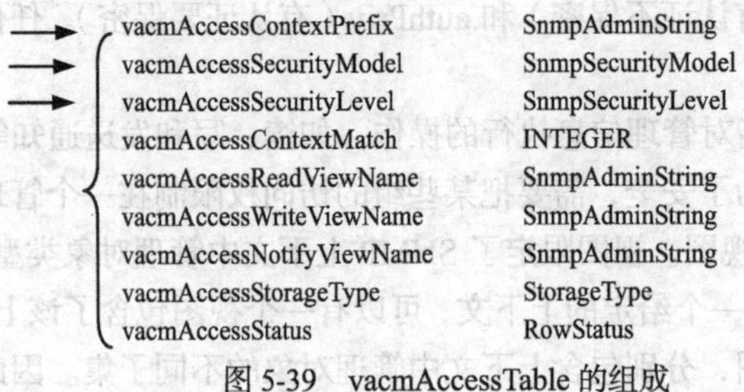

图 5-39 vacmAccessTable 的组成

④ vacmViewTreeFamilyTable。这个表指明了用于访问控制的视图树系列，表行由变量 vacmViewTreeFamilyViewName 和 vacmViewTreeFamilySubtree 索引，如图 5-40 所示。其中的变量 vacmViewTreeFamilyType 指明对 MIB 对象的访问被允许还是被禁止：

vacmViewTreeFamilyViewName SnmpAdminString
vacmViewTreeFamilySubtree OBJECT IDENTIFIER
vacmViewTreeFamilyMask OCTET STRING
vacmViewTreeFamilyType INTEGER
vacmViewTreeFamilyStorageType StorageType
vacmViewTreeFamilyStatus RowStatus

图 5-40 vacmViewTreeFamilyTable 的组成

included (1)表示包含在内，即允许访问；excluded (2)表示排除在外，即禁止访问。

（3）访问控制决策过程。访问控制决策过程如图 5-41 所示，对这个过程解释如下。

① 访问控制服务的输入由下列各项组成。

securityModel——使用的安全模型。

securityName——请求访问的用户名。

securityLevel——安全级别。

viewType——视图的类型，如读、写和通知视图。

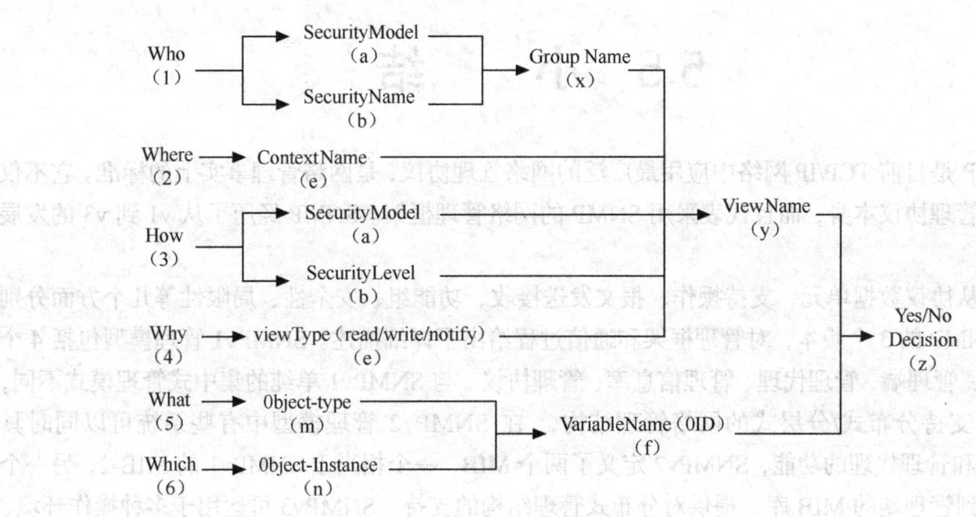

图 5-41　访问控制过程

contextName——包含 variableName 的上下文。

variableName——管理对象 OID，由 object-type 和 object-instance 组成。

② 首先把 securityModel (a)和 securityName (b)作为表 vacmSecurityToGroupTable 的索引(a，b)，找到该表中的一行，得到组名 groupName(x)。

③ 然后把 groupName (x)和 contextName (e)、securityModel (a)及 securityLevel (c)作为表 vacmAccessTable 的索引(e , x , a , c)，找出其中的一个表行。

④ 从上一步选择的表行中，根据 viewType(d)选择适当的 MIB 视图，用 viewName(y)表示。再把 viewName(y)作为表 vacmViewTreeFamilyTable 的索引，选择定义了 variableNames 的表行的集合。

⑤ 检查管理对象的类型和实例是否存在于得到的 MIB 视图中，从而做出访问决策（z）。

在处理访问控制请求的过程中，可能返回的状态信息如下。

① 从表 vacmContextTable 中查找由 contextName 表示的上下文信息。如果指定的上下文信息不存在，则向调用模块返回一个错误指示 noSuchContext。

② 通过表 vacmSecurityToGroupTable 把 securityModel 和 securityName 映像为组名 groupName。如果该表中不存在这样的组合，则向调用模块返回一个错误指示 noGroupName。

③ 在表 vacmAccessTable 中查找变量 groupName、contextName、securityModel 和 securityLevel 的组合。如果这样的组合不存在，则向调用模块返回一个错误指示 noAccessEntry。

④ 如果变量 viewType 是“read”，则用 readView 检查访问权限；如果变量 viewType 是“write”，则用 writeView 检查访问权限；如果变量 viewType 是“notify”，则用 notifyView 检查访问权限；如果使用的视图是空的（viewName 长度为 0），则向调用模块返回错误指示 noSuchView。

⑤ 如果没有一个视图符合 viewType，则向调用模块返回错误指示 noSuchView；如果说明的变量名 variableName 不存在于 MIB 视图中，则向调用模块返回错误指示 notInView，否则说明的变量名存在于 MIB 视图中，向调用模块返回一个调用成功的状态信息 accessAllowed。

5.5 小　结

SNMP 是目前 TCP/IP 网络中应用最广泛的网络管理协议，是网络管理事实上的标准。它不仅包括网络管理协议本身，而且代表采用 SNMP 的网络管理框架。SNMP 经历了从 v1 到 v3 的发展历程。

本章从协议数据单元、支持操作、报文发送接收、功能组、安全性、局限性等几个方面分别分析了 SNMP 的 3 个版本，对管理框架和通信过程给出了详细描述。SNMPv1 管理模型包括 4 个关键元素：管理端、管理代理、管理信息库、管理协议。与 SNMPv1 单纯的集中式管理模式不同，SNMPv2 支持分布式/分层式的网络管理结构，在 SNMPv2 管理模型中有些系统可以同时具有管理点和管理代理的功能，SNMPv2 定义了两个 MIB，一个相当于 SNMPv1 的 MIB-2，另一个是管理端到管理端的 MIB 库，提供对分布式管理结构的支持。SNMPv3 可运用于多种操作环境，具有多种安全处理模块，有极好的安全性和管理功能，弥补了前两个版本在安全方面的不足。

习题 5

1. SNMPv1 规定了哪些协议数据单元？分别有什么作用？
2. SNMP 为什么不使用 TCP 传送报文？
3. 简述 SNMP 报文的发送和接收过程。
4. 举例说明在 SNMPv1 的操作中，如何对简单对象进行检索？
5. 与 SNMPv1 相比，SNMPv2 和操作有哪些改变？
6. SNMPv2 对 MIB-2 的扩展包括哪些方面？
7. SMIv2 中，如何进行行的创建和删除？
8. 简述 SNMPv3 体系结构的特点。
9. SNMPv3 引擎有什么功能，包括哪几部分？
10. SNMPv3 在安全方面做了哪些改进？

第6章 远程网络监视

远程网络监视（Remote Network Monitoring，RMON）是对SNMP标准的重要补充，是简单网络管理向互联网管理过渡的重要步骤。RMON扩充了SNMP的管理信息库MIB-2，可以提供有关互联网管理的主要信息，在不改变SNMP的条件下增强了网络管理的功能。

本章首先介绍RMON的基本概念，然后介绍远程网络监视的两个标准RMON1和RMON2的管理信息库，以及这些管理对象在网络管理中的应用。

6.1 RMON的基本概念

MIB-2能提供的只是关于单个设备的管理信息，例如，进出某个设备的分组数或字节数，而不能提供整个网络的通信情况。通常用于监视整个网络通信情况的设备叫做网络监视器（Monitor）、网络分析器（Analyzer）或探测器（Probe）等。监视器观察LAN上出现的每个分组，并进行统计和总结，给管理人员提供重要的管理信息，例如，出错统计数据（残缺分组数、冲突次数）、性能统计数据（每秒钟提交的分组数、分组大小的分布情况）等。监视器还能存储部分分组，供以后分析用。监视器也根据分组类型进行过滤并捕获特殊的分组。通常每个子网配置一个监视器并与中央管理站通信，因此也称其为远程监视器。远程网络监视的配置如图6-1所示。监视器可以是一个独立设备，也可以是运行监视器软件的工作站或服务器等。图6-1中的中央管理站具有RMON管理能力，能够与各个监视器交换管理信息。RMON监视器或探测器（RMON Probe）实现RMON管理信息库（RMON MIB）。这种系统与通常的SNMP代理一样包含一般的MIB。另外，还有一个探测器进程，提供与RMON有关的功能。探测器进程能够读写本地的RMON数据库，并响应管理站的查询请求，本书也把RMON探测器称为RMON代理。

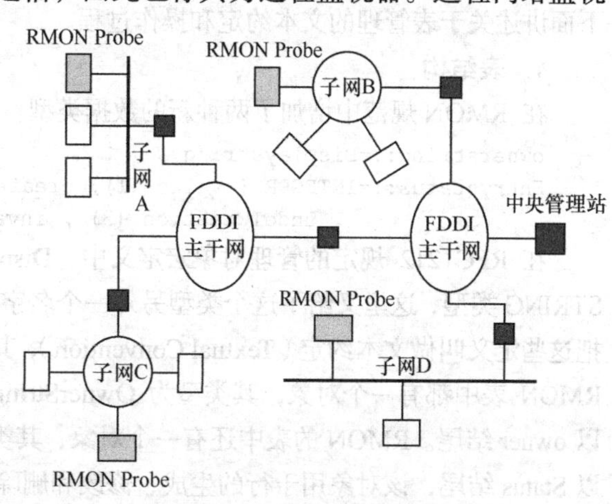

图6-1 远程网络监视的配置

6.1.1 远程网络监视的目标

RMON 定义了远程网络监视的管理信息库以及 SNMP 管理站与远程监视器之间的接口。一般来说，RMON 的目标就是监视子网范围内的通信，从而减少管理站和被管理系统之间的通信负担。更具体地说，RMON 有下列目标。

（1）离线操作。必要时管理站可以停止对监视器的轮询，有限的轮询可以节省网络带宽和通信费用。即使不受管理站查询，监视器也要持续不断地收集子网故障、性能和配置方面的信息，统计和积累数据，以便管理站查询时提供管理信息。另外，在网络出现异常情况时监视器要及时报告管理站。

（2）主动监视。如果监视器有足够的资源，通信负载也允许的情况下，监视器可以连续地或周期地运行诊断程序，收集并记录网络性能参数。在子网失效时通知管理站，给管理站提供有用的诊断故障信息。

（3）问题检测和报告。如果主动监视消耗的网络资源太多，监视器也可以被动地获取网络数据。可以配置监视器，使其连续观察网络资源的消耗情况，记录随时出现的异常情况（如网络拥挤），并在出现错误条件时通知管理站。

（4）提供增值数据。监控器可以分析收集到的子网数据，从而减轻管理站的计算任务。例如，监视器可以分析子网的通信情况，计算出哪些主机通信最多，哪些主机出错最多等。这些数据的收集和计算由监视器来做比由远程管理站来做更有效。

（5）多管理站操作。一个互联网络可能有多个管理站，这样可以提高可靠性，或者分布地实现各种不同的管理功能。监视器可以配置或能够并发工作，为不同的管理站提供不同的信息。

不是每一个监视器都能实现所有这些目标，但是 RMON 规范提供了实现这些目标的基础结构。

6.1.2 表管理原理

在 SNMPv1 的管理框架中，对表操作的规定是很不完善的，至少增加和删除表行的操作是不明确的。这种模糊性常常是用户提问的焦点和抱怨的根源。RMON 规范包含一组文本约定和过程化规则，在不修改和不违反 SNMP 管理框架的前提下提供了明晰而规律的行增加和行删除操作。下面讲述关于表管理的文本约定和操作过程。

1. 表结构

在 RMON 规范中增加了两种新的数据类型，以 ASN.1 表示如下。

```
ownerstring::=Displaystring ,
Entrystatus::=INTEGER { valid (1), createRequest (2),
                        undeICreation (3) , invalid (4) }
```

在 RFC1212 规定的管理对象宏定义中，DisplayString 已被定义为长 255 个字节的 OCTET STRING 类型，这里又给了这个类型另外一个名字 OwnerString，从而赋予了新的语义。RFC 1757 把这些定义叫做文本约定（Textual Convention），其作用是增强规范的可读性。在每一个可读写的 RMON 表中都有一个对象，其类型为 OwnerString，其值为表行所有人或创建者的名字，对象名以 owner 结尾。RMON 的表中还有一个对象，其类型为 EntryStatus，其值表示行的状态，对象名以 Status 结尾，该对象用于行的生成、修改和删除。

RMON 规范中的表结构由控制表和数据表两部分组成，控制表定义数据表的结构，数据表用于存储数据。图 6-2 为这种表的一个例子。该控制表中包含下面的列对象。

```
rm1ControlTable OBJECT-TYPE
    SYNTAX SEQUENCE OF rm1ControlEntry
    ACCESS not-accessible
    STATUS mandatory
    DESCRIPTION
      "A control table."
    ::={ex 1}
rm1ControlEntry OBJECT-TYPE
    SYNTAX rm1ControlEntry
    ACCESS not-accessible
    STATUS mandatory
    DESCRIPTION
      "Defines a paramenter that Control a set
      of data table entries."
    INDEX {rm1ControlIndex}
    ::={rm1ControlTable 1}
rm1ControlEntry::=SEQUENCE{
    rm1ControlIndex INTEGER,
    rm1ControlParamenter Counter,
    rm1ControlOwner OwnerString,
    rm1ControlStatus RowStatus}
rm1ControlIndex OBJECT-TYPE
    SYNTAX INTEGER,
    ACCESS read-only,
    STATUS mandatory,
    DESCRIPTION
      "The value of this object uniquely
       Identifies this rm1ControlEntry."
    ::={rm1ControlEntry 1}
rm1ControlParamenter
    SYNTAX INTEGER
    ACCESS read-write
    STATUS mandatory
    DESCRIPTION
      "The value of this object characterizes
      Datatable rows associated with this entry."
    ::={rm1ControlEntry 2}
rm1ControlOwner OBJECT-TYPE
    SYNTAX OwnerString
    ACCESS read-write
    STATUS mandatory
    DESCRIPTION
      "The entry that configured this entry."
    ::={rm1ControlEntry 3}
rm1ControlStatus OBJECT-TYPE
    SYNTAX EntryStatus
    ACCESS read-write
    STATUS mandatory
    DESCRIPYION
      "The status of this rm1ControlEntry."
    ::={rm1ControlEntry 4}
rm1DataTable OBJECT-TYPE
    SYNTAX SEQUENCE OF rm1DataEntry
    ACCESS not-accessible
    STATUS mandatory
    DESCRIPTION
      "A data table."
    ::={exl 2}
rm1DataEntry OBJECT-TYPE
    SYNTAX rm1DataEntry
    ACCESS not-accessible
    STATUS mandatory
    DESCRIPTION
      "A single data table entry."
    INDEX {rm1DataControlIndex,rm1DataIndex}
    ::={rm1DataTable 1}
rm1DataEntry::=SEQUENCE{
    rm1DataControlIndex INTEGER,
    rm1DataIndex INTEGER,
    rm1DataValue Counter}
rm1DataControlIndex OBJECT-TYPE
    SYNTAX INTEGER
    ACCESS read-only
    STATUS mandatory
    DESCRIPTION
      "The control set of identified by a value of this index is
      the same control set identified by the same value of
      rm1ControlIndex."
    ::={rm1DataEntry 1}
rm1DataIndex OBJECT-TYPE
    SYNTAX INTEGER
    ACCESS read-only
    STATUS mandatory
    DESCRIPTION
      "An index that uniquely identifies a particular Entry
      among all data entries associated with the same
      rm1ControlEntry."
    ::={rm1DataEntry 2}
rm1DataValue OBJECT-TYPE
    SYNTAX Counter
    ACCESS read-only
    STATUS mandatory
    DECRIPTION
      "The value reported by this entry."
    ::={rm1DataEntry 3}
```

图 6-2 RMON 表例 1

（1）rmlControlIndex：唯一地标识 rmlControlTable 中的一个控制行，该控制行定义了 rmlDataTable 中一个数据行集合。集合中的数据行由 rm1ControlTable 的相应行控制。

（2）rm1ControlParameter：这个控制参数应用于控制行控制的所有数据行。通常表有多个控制参数，而这个简单的表只有一个参数。

（3）rm1ControlOwner：该控制行的主人或所有者。

（4）rmlControlStatus：该控制行的状态。

数据表由 rm1DataControlIndex 和 rmlDataIndex 共同索引。rm1DataControlIndex 的值与控制行的索引值 rm1ControlIndex 相同，而 rm1DataIndex 的值唯一地指定数据行集合中的某一行。图 6-3 给出了这种表的一个例子。图 6-3 中的控制表有 3 行，因此定义了数据表的 3 个数据行集合。控制表第一行的所有者是 monitor，按照约定这是指代理本身。控制行和数据行集合的关系已表示在图 6-3 中。

rm1ControlTable

rm1ControlIndex	rm1ControlParameter	rm1ControlOwner	rm1ControlStatus
1	5	monitor	valid
2	26	manager alpha	valid
3	19	manager beat	valid

rm1DataTable

rm1DataControlIndex	rm1DataIndex	rm1DataValue
1	1	46
2	1	96
2	2	35
2	3	77
2	4	93
2	5	86
3	1	92
3	2	26

图 6-3　RMON 表例 2

2. 增加行

管理站用 Set 命令在 RMON 表中增加新行，并遵循下列规则。

（1）管理站用 SetRequest 生成一个新行，如果新行的索引值与表中其他行的索引值不冲突，则代理产生一个新行，其状态对象的值为 createRequest (2)。

（2）新行产生后，由代理把状态对象的值置为 underCrteation (3)。对于管理站没有设置新值的列对象，代理可以设置为默认值，或者让新行维持这种不完整、不一致状态，这取决于具体的实现情况。

（3）新行的状态值保持为 underCreation (3)，直到管理站产生了所有要生成的新行。这时由管理站设置每一新行状态对象的值为 valid(1)。

（4）如果管理站要生成的新行已经存在，则返回一个错误。

以上算法的效果就是在多个管理站请求产生同一概念行时，仅最先到达的请求成功，其他请求失败。另外，管理站也可以把一个已存在的行的状态对象的值由 invalid 改写为 valid，恢复旧行的作用，这等于产生了一个新行。

3. 删除行

只有行的所有者才能发出 SetRequestPDU，把行状态对象的值设置为 invalid (4)，这样就删除了行。这种方式是否意味着物理删除行取决于具体的实现。

4. 修改行

首先设置行状态对象的值为 invalid (4)，然后用 SetRequest PDU 改变行中其他对象的值。图 6-4 给出了行状态的变化情况，图 6-4 中的实线是管理站的作用，虚线是代理的作用。

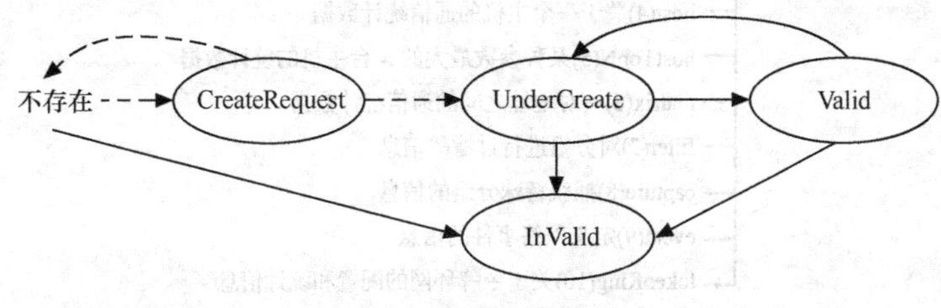

图 6-4 行状态的转换

6.1.3 多管理站访问

RMON 监视器应允许多个管理站并发地访问。当多个管理站访问时可能出现下列问题。

（1）多个管理站对资源的并发访问可能超过监视器的能力。

（2）一个管理站可能长时间占用监视器资源，使得其他站得不到访问。

（3）占用监视器资源的管理站可能崩溃，然而没有释放资源。

RMON 控制表中的列对象 Owner 规定了表行的所属关系。所属关系有以下用法，可以解决多个管理站并发访问的问题。

（1）管理站能识别自己所属的资源，也知道自己不再需要的资源。

（2）网络操作员可以知道管理站占有的资源，并决定是否释放这些资源。

（3）一个被授权的网络操作员可以单方面地决定是否释放其他操作员保有的资源的问题。

（4）如果管理站经过了重启动过程，则它应该首先释放不再使用的资源。

RMON 规范建议，所属标志应包括 IP 地址、管理站名、网络管理员的名字、地址和电话号码等。所属标志不能作为口令或访问控制机制使用。在 SNMP 管理框架中唯一的访问控制机制是 SNMP 视阈和团体名。如果一个可读写的 RMON 控制表出现在某些管理站的视阈中，则这些管理站都可以进行读写访问。但是控制表行只能由其所有者改变或删除，其他管理站只能进行只读访问。这些限制的实施已超出了 SNMP 和 RMON 的范围。

为了提供共享的功能，监视器通常配置一定的默认功能。定义这些功能的控制行的所有者是监视器，所属标志的字符串以监视器名打头，管理站只能以只读方式利用这些功能。

6.2 RMON 管理信息库

RMON 规范定义了管理信息库 RMON MIB，它是 MIB-2 下面的第 16 个子树。RMON MIB 分为 10 组，如图 6-5 所示。存储在每一组中的信息都是监视器从一个或几个子网中统计和收集的数据。这 10 个功能组都是任选的，但实现时有下列连带关系。

（1）实现警报组时必须实现事件组。

（2）实现最高 N 台主机组时必须实现主机组。

（3）实现捕获组时必须实现过滤组。

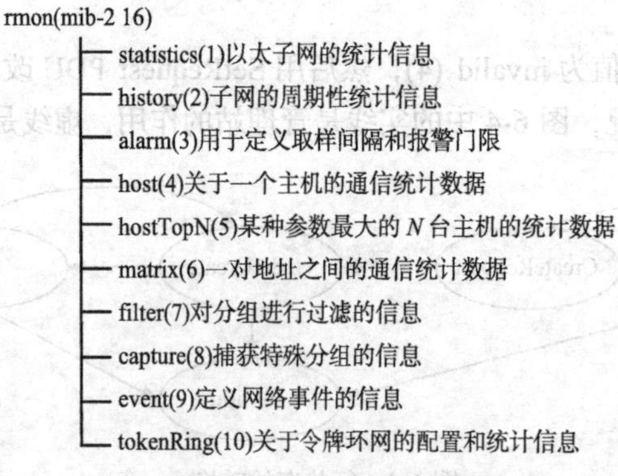

图 6-5　RMON MIB 子树

6.2.1　以太网的统计信息

RFC 1757（Feb 1995）定义的 RMON MIB 主要包含以太网的各种统计数据，以及有关分组捕获、网络事件报警方面的信息。本节介绍以太网统计信息方面的内容。

1. 统计组

统计组提供一个表，该表每一行表示一个子网的统计信息。其中的大部分对象是计数器，记录监视器从子网上收集到的各种不同状态的分组数。统计组的所有对象如图 6-6 所示，其中两个不是计数器类型的变量解释如下。

（1）etherStatsIndex (1)：整数类型，表项索引，每一表项对应一个子网接口。

（2）etherStatsDataSource (2)：类型为对象标识符，表示监视器接收数据的子网接口。这个对象的值实际上是 MIB-2 接口组中的变量 ifindex 的实例。例如，若该表项对应 1 号接口，则 etherStatsDataSource 的值是 ifindex.1，这样就把统计表与 MIB-2 接口组联系起来了。

图 6-6 所示的对准错误是指非整数字节的分组。

这个组只有 3 个变量是可读写的，即 etherStatsDropEvents、etherStatsOwer 和 etherStatsStatus。为这 3 个变量设置不同的值，监视器就可以从不同的子网接口收集同样的信息。显然，这些子网必须是以太网。

把统计组与 MIB-2 接口组比较后会发现，有些数据是重复的。但是统计组提供的信息分类更详细，而且是针对以太网特点设计的。

把统计组与 Dot3 统计表比较后发现，也有些数据是相同的，但是统计的角度不一样。Dot3 统计表收集单个系统的信息，而统计组收集的是关于整个子网的统计数据。

统计组的很多变量对性能管理是有用的，而变量 etherStatsDropEvents、etherStatsCRCAlign-Errors 和 etherStatsUndersizePkts 对故障管理也有用。如果对某些出错情况要采取措施，则可以对变量 etherStatsDropEvents、etherStatsCRCAlignErrors 或 etherStatsCollisions 分别设定门限值，超过门限后产生事件警报。后面还会详细介绍这个问题。

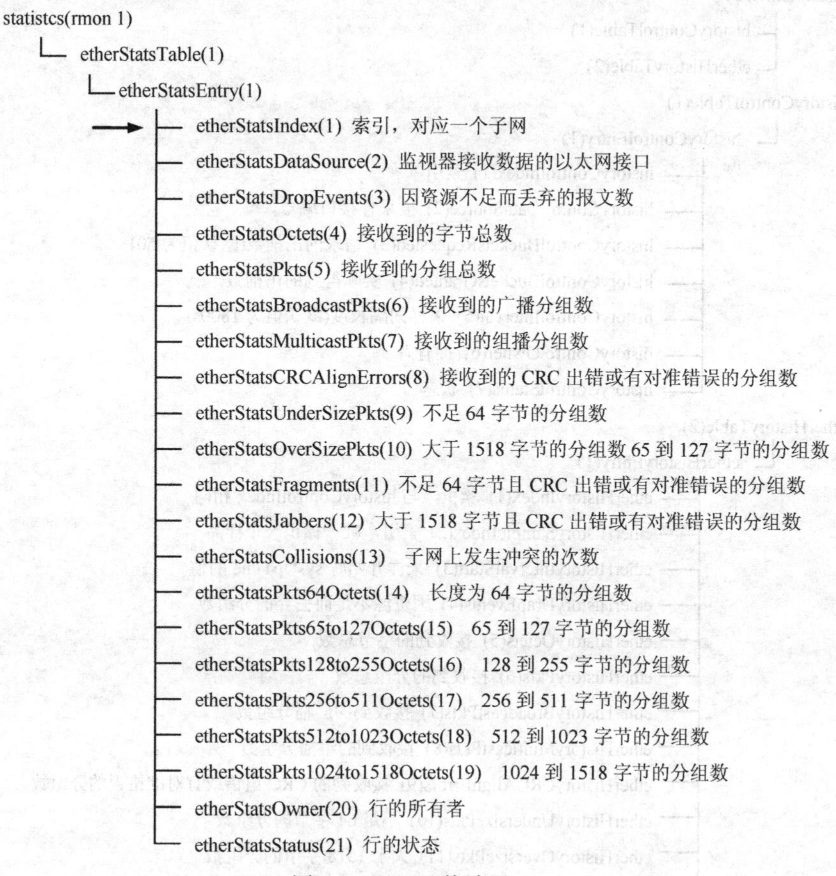

图 6-6　RMON 统计组

2. 历史组

历史组存储的是以固定间隔取样所获得的子网数据。该组由历史控制表和历史数据表组成。控制表定义被取样的子网接口编号、取样间隔大小及每次取样数据的多少，而数据表则用于存储取样期间获得的各种数据。这个表的细节如图 6-7 所示，并加上了注释。

历史控制表（History Control Table）定义的变量 historyControlInterval 表示取样间隔长度，取值范围为 1s～3600s，默认值为 1800s。变量 historyControlBucketsGranted 表示可存储的样品数，默认值为 50。如果都取默认值，则每 1800s（30min）取样一次，每个样品记录在数据表的一行中，只保留最近的 50 行。

数据表中包含与以太网统计表类似的计数器，提供关于各种分组的计数信息。与统计表的区别是这个表提供一定时间间隔之内的统计结果，这样可以进行一些与时间有关的分析，例如，可以计算子网利用率变量 etherHistoryUtilization，如果计算出取样间隔（Interval）期间收到的分组数 Packets 和字节数 Octets，则子网利用率可计算如下。

$$\text{Utilizition} = \frac{\text{Packets} \times (96 + 64) + \text{Octets} \times 8}{\text{Interval} \times 10^7}$$

其中 10^7 表示数据速率为 10Mbit/s。以太网的帧间隔为 96bit，帧前导字段 64bit，因此每个帧有（96 + 64）bit 的开销。

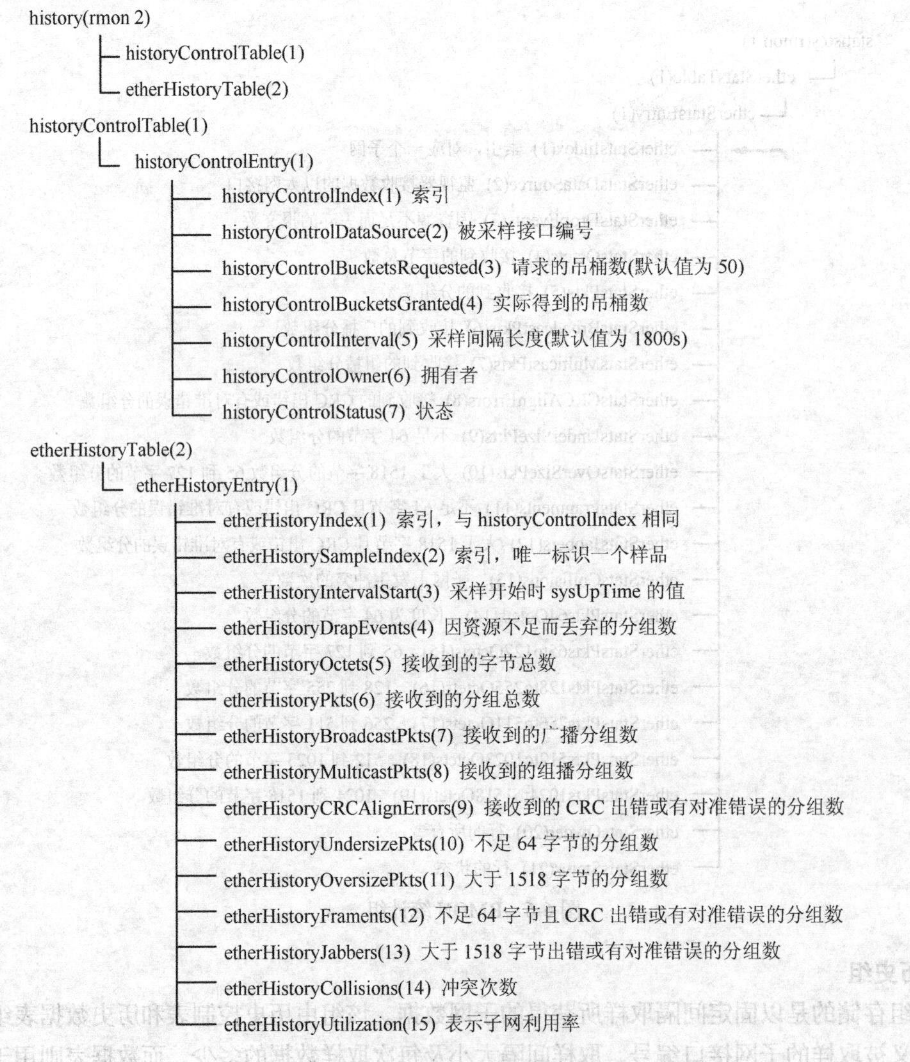

图 6-7 RMON 历史组

历史组控制表和数据表的关系参见如图 6-8 所示。控制表每一行有一个唯一的索引值，而各行的变量 historyControlDatasource 和 historyControlInterval 的组合值都不相同。这意味着对一个子网可以定义多个取样功能，但每个功能的取样区间应不同。例如，RMON 规范建议对每个被监视的接口至少应有两个控制行，一个行定义 30s 的取样周期，另一个行定义 30min 的取样周期。短周期用于检测突发的通信事件，而长周期用于监视接口的稳定状态。

从图 6-8 可以看出，对应第 i 个（$1\leqslant i\leqslant K$）控制行有 B_i 个数据行，这里 B_i 是控制变量 historyControlBucketsGranted 的值。一般来说，变量 historyControlBucketsGranted 的值由监视器根据资源情况分配，但应与管理站请求的值 historyControlBucketsRequested 相同或接近。每一个数据行（也叫做吊桶 Bucket）保存一次取样中得到的数据，这些数据与统计表中的数据有关。例如，历史表中的数据 etherHistoryPkts 等于统计表中的数据 etherStatsPkts 在取样间隔结束时的值减去取样间隔开始时的值之差，如图 6-9 所示。

当每一个取样间隔开始时，监视器就在历史数据表中产生一行，行索引 etherHistoryIndex 与

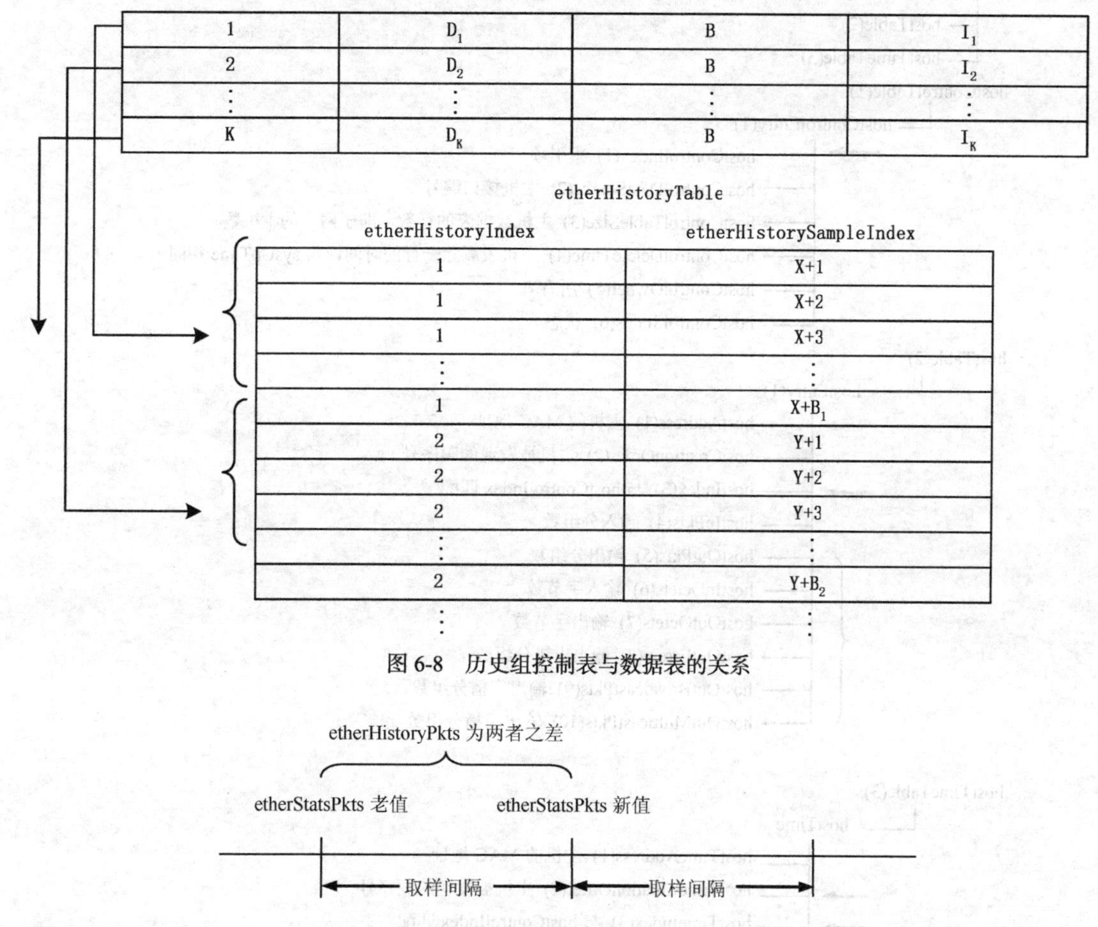

图 6-8　历史组控制表与数据表的关系

图 6-9　etherHistoryPkts 的值

对应控制行的 historyControlIndex 相同，而 etherHistorySampleIndex 的值则加 1。当 etherHistorySampleIndex 的值增至与 historyControlBucketsGranted 的值相等时，这一组数据行就当作循环使用的缓冲区，丢弃最老的数据行，保留 historycontrolBucketsGranted 个最新的数据行。例如，如图 6-8 所示，第一组已丢弃了 X 个旧数据行，第二组则丢弃了 Y 个旧数据行。

3. 主机组

主机组收集新出现的主机信息，其内容与接口组相同，如图 6-10 所示。监视器观察子网上传送的分组，根据源地址和目标地址了解网上活动的主机，为每一个新出现（启动）的主机建立并维护一组统计数据。每一个控制行对应一个子网接口，而每一个数据行对应一个子网上的一个主机。这样主机表 hostTable 的总行数为

$$N=\sum_{i}^{k}N_i$$

其中，N_i 为控制表第 i 行 hostContro1TableSize 的值；k 为控制表的行数；N 为主机表的行数；i 为控制表索引 hostControlIndex 的值。

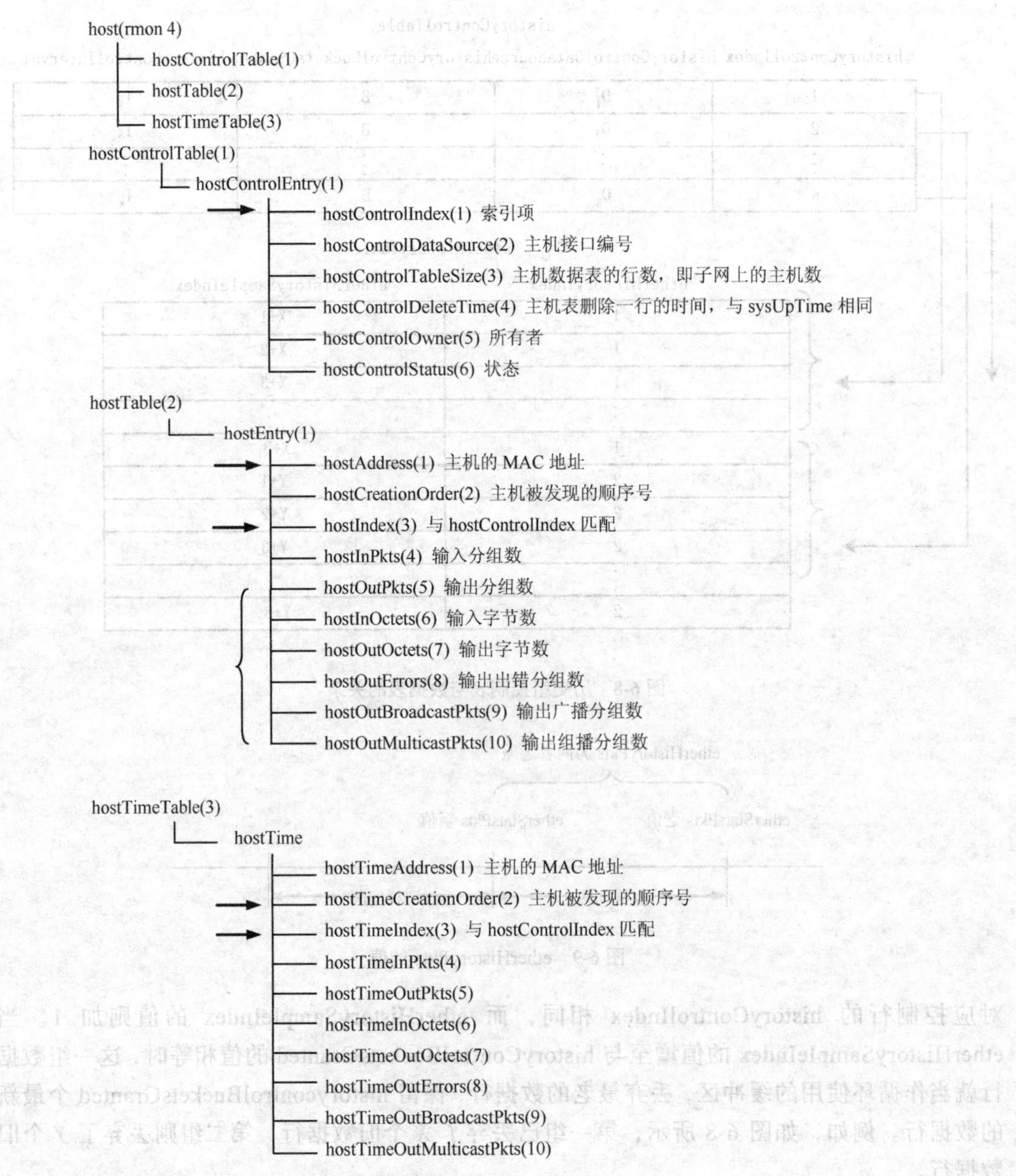

图 6-10 RMON 主机组

例如，如图 6-11 所示，监视器有两个子网接口（$k=2$）。子网 X 与接口 1 相连（对应的 hostControlIndex 值 = 1），有 3 台主机，因此该行的 hostContro1TableSize 的值为 3（$N_1=3$）；子网 Y 与接口 2 相连，有两台主机，因此对应子网 Y 的值是 hostControlIndex=2，N_2=2。

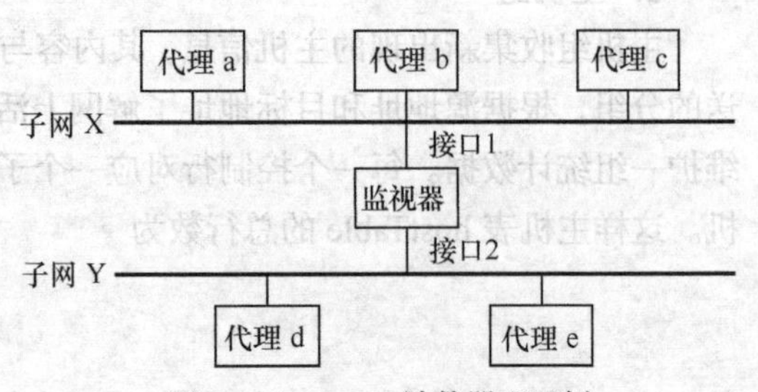

图 6-11 RMON 计数器配置例

主机数据表 hostTable 的每一行由主机 MAC 地址 hostAddress 和接口号 hostIndex 共同索引，记录各个主机的通信统计信息。

主机控制表配置完成后，监视器就开始检查各个子网上出现的分组。如果发现有新的源地址出现，就在主机数据表中增加一行，并且把 hostControlTableSize 的值增加 1。理想的情况是监视器能够保存接口上发现的所有主机的数据，但监视器的资源有限，有时必须按先进先出的顺序循环使用已建立的数据行。当一个新行加入时，同一接口的一个旧行被删除，与同一接口有关的行变量 hostCreationOrder 的值减 1，而新行的 hostCreationOrder 值为 N_i。

主机时间表 hostTimeTable 与 hostTable 内容相同，但是以发现时间 hostTimeCreationOrder 排序的，而不是以主机的 MAC 排序的。这个表有两种重要应用。

如果管理站知道表的大小和行的大小，就可以用最有效的方式把有关的管理信息装入 SNMP 的 Get 和 GetNext PDU 中，这样检索起来更快捷方便。由于该表是以 hostTimeCreationOrder 按由小到大的顺序排列的，因而应答的先后顺序不会影响检索的结果。

这个表的结构方便管理站找出某个接口上最新出现的主机，而不必查阅整个表。主机组的两个数据表实际上是同一个表的两个不同的逻辑视图，并不要求监视器实现两个数据重复的表。另外，这一组的信息与 MIB-2 的接口组是相同的，但是这个组的实现也许更有效，因为暂时不工作的主机并不占用监视器资源。

4. 最高 *N* 台主机组

这一组记录某种参数最大的 *N* 台主机的有关信息，这些信息的来源是主机组。在一个取样间隔中收集到的一个子网上的一个主机组变量数据集合叫做一个报告。可见，报告是针对某个主机组变量的，是该变量在取样间隔中的变化率。最高 *N* 台主机组提供的是一个子网上某种变量变化率最大的 *N* 台主机的信息。这个组包含一个控制表和一个数据表，如图 6-12 所示，并加上了注释。

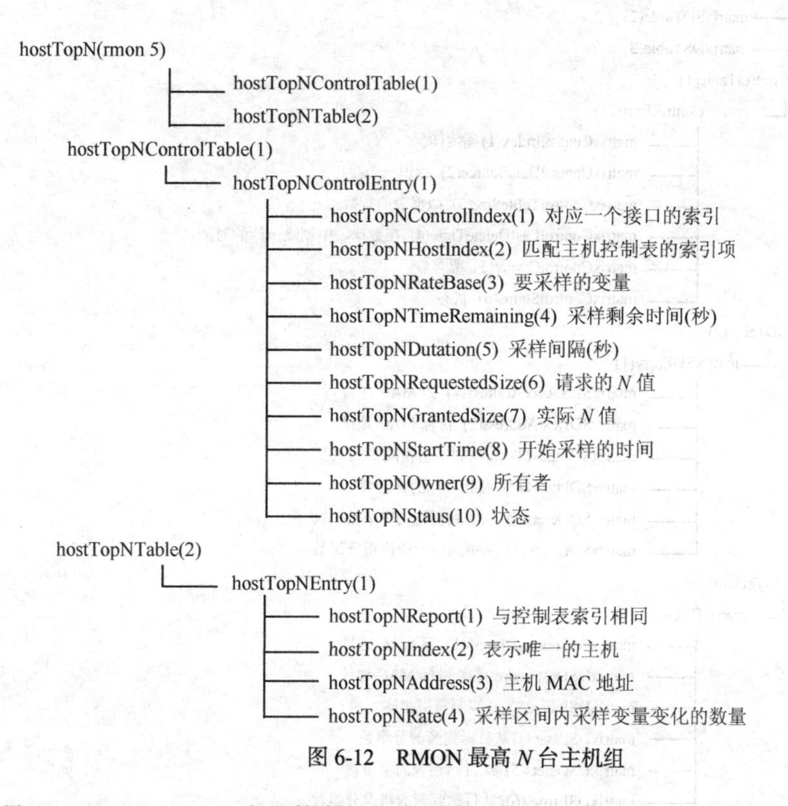

图 6-12　RMON 最高 *N* 台主机组

变量 hostTopNRateBase 为整数类型，可取下列值之一。

```
INTEGER {
```

```
    hostTopNInPkts (1),
    hostTopNOutPkts(2),
    hostTopNInOctets(3),
    hostTopNOutOctets(4),
    hostTbpNOutErrors (5),
    hostTopNOutBroadcastPkts(6),
    hostTopNOutMulticastPkts(7)
    }
```

hostTopNRateBase 定义了要采样的变量，实际上就是主机组中统计的 7 个变量之一。数据表变量 hostTopNRate 记录的是上述变量的变化率。报告准备过程是这样的。开始时管理站生成一个控制行，定义一个新的报告，指示监视器计算一个主机组变量在取样间隔结束和开始时的值之差。取样间隔长度（单位秒）存储在变量 hostTopNDutation 和 hostTopNTimeRemaining 中。在取样开始后，hostTopNDutation 保持不变，而 hostTopNTimeRemaining 递减，记录采样剩余时间。当剩余时间减到 0 时，监视器计算最后结果，产生 N 个数据行的报告。报告由变量 hostTopNIndex 索引，N 个主机以计算的变量值递减的顺序排列。报告产生后管理站以只读方式访问。如果管理站需要产生新报告，则可以把变量 hostTopNTimeRemaining 置为与 hostTopNDutation 的值一样，这样原来的报告被删除，又开始产生新的报告。

5. 矩阵组

这个组记录子网中一对主机之间的通信量，信息以矩阵的形式存储。矩阵组表示如图 6-13 所示，并加上了注释。

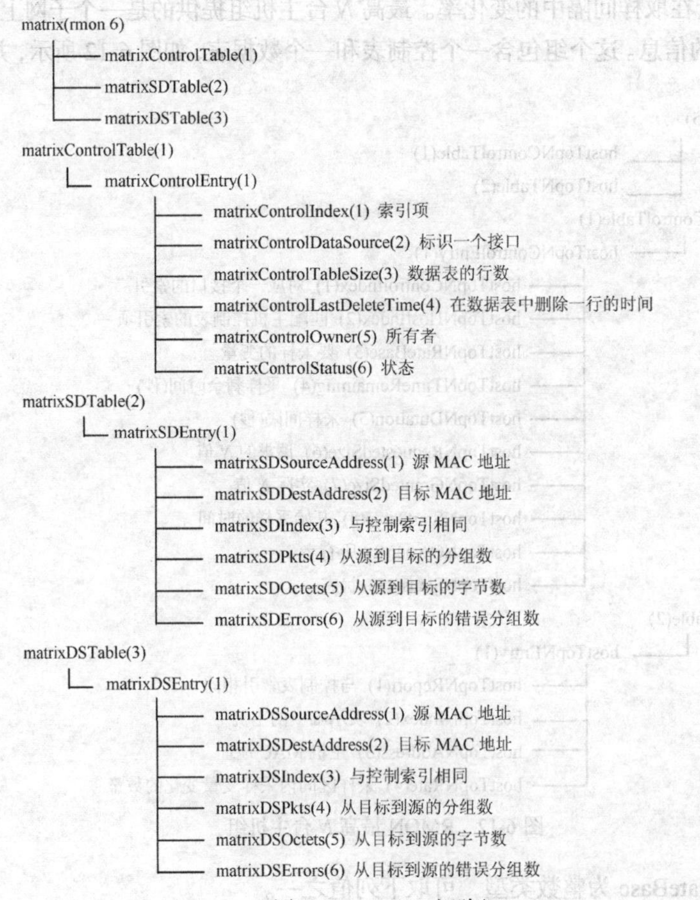

图 6-13　RMON 矩阵组

矩阵组由 3 个表组成。控制表的一行指明发现主机对会话的子网接口，其中的变量 matrixControlTableSize 定义了数据表的行数，而变量 matrixControlLastDeleteTime 说明数据表行被删除的时间，与 MIB-2 的变量 sysUpTime 相同。如果没有删除行，matrixControlLastDeleteTime 的值为 0。

数据表分成源到目标（SD）和目标到源（DS）两个表，它们的行之间的逻辑关系如图 6-14 所示。SD 表首先由 matrixSDIndex 索引，然后由源地址索引，最后由目标地址索引。而 DS 表首先由 matrixDSIndex 索引，然后由目标地址索引，最后由源地址索引。

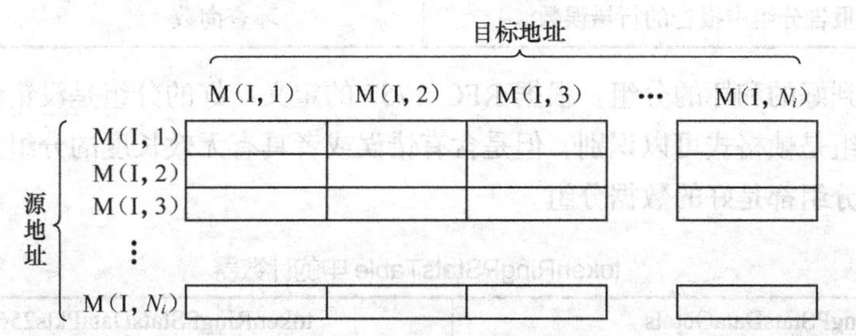

图 6-14　matrixSDTable 表行和 matrixDSTable 表行之间的逻辑关系

如果监视器在某个接口上发现了一对主机会话，则在 SD 表中记录两行，每行表示一个方向的通信。DS 表也包含同样的两行信息，但是索引的顺序不同。这样，管理站可以检索到一个主机向其他主机发送的信息，也容易检索到其他主机向某一个主机发送的信息。

如果监视器发现了一个会话，但是控制表定义的数据行已用完，则监视器需要删除现有的行。标准规定首先删除最近最少使用的行。

6.2.2　令牌环网的统计信息

RFC 1513 扩展了 RMON MIB，增加了有关 IEEE802.5 令牌环网的管理信息。首先是在统计组增加了两个表：tokenRingMLStatsTable 和 tokenRingPstatsTable。前者统计令牌环中各种 MAC 控制分组，后者统计各种数据分组。这两种表中的计数器分别表示在表 6-1 和表 6-2 中。

表 6-1　　tokenRingMLStatsTable 中的计数器

tokenRingMLStatsDropEvents 由于缺乏资源而丢弃的分组数	tokenRingMLStatsInternalErrors 适配器内部错误数
tokenRingMLStatsMacOctets 好的 MAC 分组中的字节数	tokenRingMLStatsBurstErrors 突发的内部错误数
tokenRingMLStatsMacPkts 接收的 MAC 分组总数	tokenRingMLStatsACErrors 地址复制错误数
tokenRingMLStatsPurgeEvents 环进入清除状态的次数	tokenRingMLStatsAbortErrors 夭折错误数
tokenRingMLStatsPurgePkts 检测到的清除分组数	tokenRingMLStatsLostFrameErrors 丢失帧错误数
tokenRingMLStatsBeaconEvents 环进入信标状态的次数	tokenRingMLStatsCongestionErrors 接收拥挤错误数
tokenRingMLStatsBeaconPkts 检测到的信标分组数	tokenRingMLStatsFrameCopiedErrors 帧复制错误数

续表

tokenRingMLStatsClaimTokenEvents 环进入声明令牌状态的次数	tokenRingMLStatsFrequencyErrors 频率错误数
tokenRingMLStatsClaimTokenPkts 检测到的声明令牌分组数	tokenRingMLStatsTokenErrors 令牌错误数
tokenRingMLStatsNAUNChanges 检测到 NAUN 改变的次数	tokenRingMLStatsSoftErrorsReports 软件错误数
tokenRingMLStatsLineErrors 在出错报告分组中报告的行错误数	tokenRingMLStatsRingPollEvebts 环查询数

这些表中提到好的和坏的分组。根据 RFC 1757 的定义：好的分组是没错误的具有有效长度的分组；坏的分组是帧格式可以识别，但是含有错误或者具有无效长度的分组。表 6-2 中的各种不同长度的数据分组都是好的数据分组。

表 6-2　　tokenRingPStatsTable 中的计数器

tokenRingPStatsDataOctets 好的 MAC 数据分组中的字节数	tokenRingPStatsDataPkts256to511Octets 256～511 字节的数据分组数
tokenRingPStatsDataPkts 好的 MAC 分组数	tokenRingPStatsDataPkts512to1023Octets 512～1023 字节的数据分组数
tokenRingPStatsDataBroadcastPkts 广播分组数	tokenRingPStatsDataPkts1024to2047Octets 1024～2047 字节的数据分组数
tokenRingPStatsDataMulticastPkts 组播分组数	tokenRingPStatsDataPkts2048to4095Octets 2048～4095 字节的数据分组数
tokenRingPStatsDataPkts18to63Octets 18～63 字节的数据分组数	tokenRingPStatsDataPkts4096to8191Octets 4096～8191 字节的数据分组数
tokenRingPStatsDataPkts64to127Octets 64～127 字节的数据分组数	tokenRingPStatsDataPkts8192to8000Octets 8192～8000 字节的数据分组数
tokenRingPStatsDataPkts128to255Octets 128～255 字节的数据分组数	tokenRingPStatsDataPktsGreaterThan8000Octets 大于 8000 字节的数据分组数

RFC 1513 还扩展了历史组，定义了两个新的历史表：tokenRingMLHistoryTable 和 tokenRingPHistoryTable。这两个表都由历史组控制表 historyControlTable 控制。与统计组的两个新表类似，这两个表分别收集各种 MAC 控制分组和数据分组的有关数据。RFC1513 在 RMON MIB 中增加了一个新的 tokenRing 组，这个组包含 4 个子组，下面分别介绍这些子组中的对象。

1. 环站组

这个组包含有关每个站的统计数据和状态信息。该组由控制表和数据表组成。环站控制表 ringStationControlTable 有下列变量。

（1）ringstationControlTablesize：与一个接口相连的站数，也是该表的行数。

（2）ringstationControlActivestations：活动的站数。

（3）ringstationControlRingstate：环状态。

（4）ringstationControlBeaconsender：最近的 Beacon 帧发送者的 MAC 地址。

（5）ringstationControlBeaconNAUN：在最近的 Beacon 帧中的 NAUN 的 MAC 地址。

（6）ringstationControlActiveMonitor：活动的监控器的 MAC 地址。

（7）ringstationControlorderChanges：同一接口的环站顺序表中增加或删除事件的次数。

环状态分 7 种：normalOperation(1)，ringPurgeState(2)，claimTokenState(3)，beaconFrameStreamingstate(4)，beaconBitstreamingstate(5)，beaconRingsignalLossstate(6)，beaconSetRecoveryModestate(7)。

环站数据表 ringStationTable 有下列变量。

（1）ringStationMacAddress：本站 MAC 地址。

（2）ringStationLastNAUNindex：最近的 NAUN 的 MAC 地址。

（3）ringStationStationStatus：站状态，指示本站是否活动。

（4）ringStationLastEnterTime：本站入环时的 sysUpTime 值。

（5）ringStationLastExitTime：本站离开环时的 sysUpTime 值。

2. 环站顺序组

这个组提供站在环上的顺序。该组只有一个表 ringStationOrderTable，有下列变量。

（1）ringStationOrderindex：子网接口编号。

（2）ringStationOrderindex：本站在环上的相对位置（从 RMON 监视器到本站的跳步计数）。

（3）ringStationOrderMacAddress：MAC 地址。

3. 环站配置组

这个组提供控制环站的手段。RMON 监视器可以把站从环上移去，或者向站下载配置信息。该组由控制表和数据表组成。控制表 ringStationConfigControlTable 有下列变量。

（1）ringStationConflgControlifIndex：定义一个子网。

（2）ringStationConfigControlMacAddress：由本行控制的站的 MAC 地址。

（3）ringStationConfigControlRemove：整数{stable (1) removing (2)}，取值 2 时站被移出。

（4）ringStationConfigControlUpdateStatus：整数，取值 updating (2)时更新配置信息。

环站配置数据表 ringStationConfigTable 有下列变量。

（1）ringStationConfigMacAddress：本站 MAC 地址。

（2）ringStationConfigUpdateTime：更新配置信息时 sysUpTime 值。

（3）ringStationConfigLocation：本站位置。

（4）ringStationConfigMicrocode：本站微码版本。

（5）ringStationConfigGroupAddress：地址的低位 4 个字节。

（6）ringStationConflgFunctionalAddress：本站功能地址。

4. 环源路由组

该组只有一个表 sourceRoutingStatsTable，提供源路由信息的使用情况，其中的变量如表 6-3 所示。

表 6-3 sourceRoutingStatusTable 中的变量

sourceRoutingStatsInFrames 本地环网接收的帧数	sourceRoutingStatsLocalLLCFrames 接收的本地 LLC 帧数（无路由信息字段）
sourceRoutingStatsOutFrames 本地环网发送的帧数	sourceRoutingStats1HopsFrames 接收的单跳步帧数
sourceRoutingStatsThroughFrames 经过本地环网的帧数	sourceRoutingStats2HopsFrames 接收的 2 跳步帧数
sourceRoutingStatsAllRoutesBroadcastFrames 接收的全路广播帧数	sourceRoutingStats3HopsFrames 接收的 3 跳步帧数

续表

sourceRoutingStatsSingleRoutesBroadcastFrames 接收的单路广播帧数	sourceRoutingStats4HopsFrames 接收的 4 跳步帧数
sourceRoutingStatsInOctets 接收的字节数	sourceRoutingStats5HopFrames 接收的 5 跳步帧数
sourceRoutingStatsOutOctets 发送的字节数	sourceRoutingStats6HopsFrames 接收的 6 跳步帧数
sourceRoutingStatsThroughOctets 经过的字节数	sourceRoutingStats7HopsFrames 接收的 7 跳步帧数
sourceRoutingStatsAllRoutesBroadcastOctets 全路广播帧数的字节数	sourceRoutingStats8HopsFrames 接收的 8 跳步帧数
sourceRoutingStatsSingleRoutesBroadcastOctets 单路广播帧数的字节数	sourceRoutingStatsMoreThan8HopsFrames 接收的大于 8 跳步帧数

6.2.3 警报

RMON 警报组定义了一组网络性能的门限值，超过门限值时向控制台产生报警事件。显然，RMON 警报组必须和事件组同时实现。警报组由一个表组成，如图 6-15 所示，该表的一行定义了一种警报：监视的变量、采样区间和门限值。

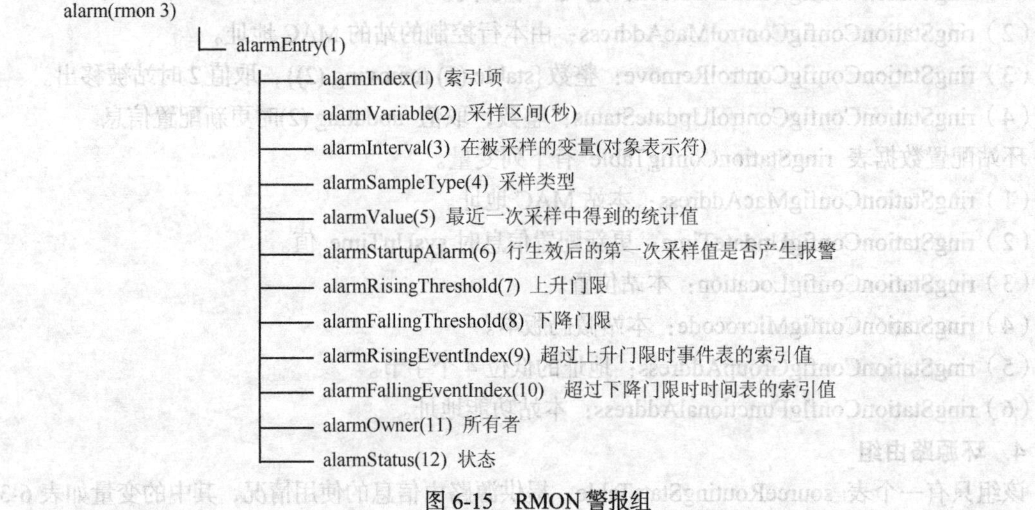

图 6-15 RMON 警报组

采样类型分为两种：absoluteValue (1)表示直接与门限值比较；deltaValue (2)表示相减后比较，因此比较的是变化率，叫做增量报警。关于行生效后是否产生报警，alarmStartupAlarm 的取值有下面 3 种。

（1）risingAlarm(1)：该行生效后第一个采样值≥上升门限（RisingThreshold），产生警报。

（2）fallingAlarm(2)：该行生效后第一个采样值≤下降门限（FallingThreshold），产生警报。

（3）risingOrFallingAlarm(3)：该行生效后第一个采样值≥上升门限，或者≤下降门限，产生警报。

警报组定义了下面的报警机制。

（1）如果行生效后的第一个采样值≤上升门限，则后来的一个采样值≥上升门限，产生一个上升警报。

（2）如果行生效后的第一个采样值≥上升门限，且 alarmStartupAlarm = 1 or 3，则产生一个上升警报。

（3）如果行生效后的第一个采样值≥上升门限，且 alarmStartupAlarm = 2，则当采样值落回上升门限后又变成≥上升门限时产生一个上升警报。

产生一个上升警报后，除非采样值落回上升门限到达下降门限，并且又一次到达上升门限将不再产生警报。这个规则的作用是避免信号在门限附近波动时产生很多报警，加重网络负载。

下降警报的规则是类似的。

图 6-16 给出了一个报警的例子，本例中 alarmStartupAlarm =1（或 3），星号的地方应产生警报。

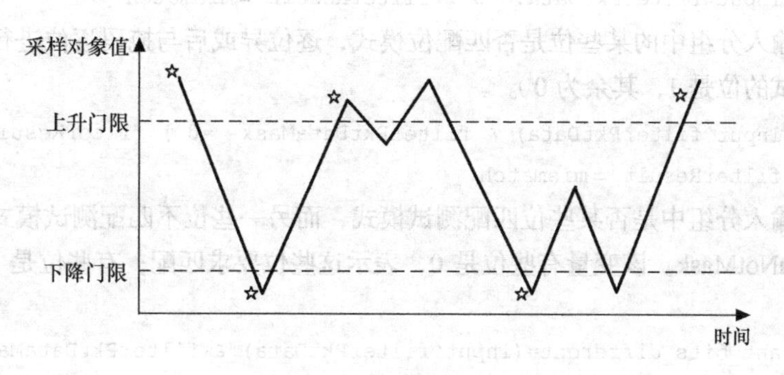

图 6-16　报警实例

关于增量报警方式（采样类型为 deltaValue），RMON 规范建议每个周期应采样两次，把最近两次采样值的和与门限比较，这样可以避免漏报超过门限的情况。举例如下。

时间（秒）	0 10 20
观察的值	0 19 32
增量值	0 19 13

如果上升门限是 20，则不报警。但是按双重采样规则，每 5s 观察一次，则

时间（秒）	0	5	10	15	20
观察的值	0	10	19	30	32
增量值	0	10	9	1	12

可见在 15s 时连续两次取样的和是 20，已达到报警门限，应产生一个报警事件。

6.2.4　过滤和通道

过滤组提供一种手段，使得监视器可以观察接口上的分组，通过过滤选择出某种指定的特殊分组。这个组定义了两种过滤器：数据过滤器采用按位模式匹配，即要求分组的一部分匹配或不匹配指定的位模式；而状态过滤器采用按状态匹配，即要求分组具有特定的错误状态（有效、CRC 错误等）。各种过滤器可以用逻辑运算（AND、OR 等）来组合，形成复杂的测试模式。一组过滤器的组合叫做通道（channel）。可以对通道测试的分组计数，也可以配置通道使得通过的分组产生事件（由事件组定义），或者使得通过的分组被捕获（由捕获组定义）产生事件。通道的过滤逻辑是相当复杂的，下面首先举例说明过滤逻辑。

1．过滤逻辑

首先定义与测试有关的变量。

Input——被过滤的输入分组。

filterPktData——用于测试的位模式。

fllterPktDataMask——要测试的有关位的掩码。

filterPktDataNotMask——指示进行匹配测试或不匹配测试。

下面分步骤进行由简单到复杂的位模式配位测试。

（1）测试输入分组是否匹配位模式，这需要进行逐位异或。

```
if ( input^filterPktData= =0 ) filterResult = match
```

（2）测试输入分组是否不匹配位模式，这也需要逐位异或。

```
if ( input^filterPktData! =0 ) filterResult =mismatch
```

（3）测试输入分组中的某些位是否匹配位模式，逐位异或后与掩码逐位进行逻辑与运算（掩码中对应要测试的位是1，其余为0）。

```
if ((input^filterPktData) & filterPktDataMask= =0 ) filterResult = match ;
else filterResult =mismatch
```

（4）测试输入分组中是否某些位匹配测试模式，而另一些位不匹配测试模式。这里要用到变量 filterPktDataNotMask。该变量有些位是0，表示这些位要求匹配；有些位是1，表示这些位要求不匹配。

```
relevant_bits_different=(input^filterPktData) & filterPktDataMask ;
if ((relevant_bits_different & ~filterPktDataNotMask )= =0)
filterResult = successful_match ;
```

实例如下，假定希望过滤出的以太网分组的目标地址为0xA5，而源地址不是0xBB。由于以太网地址是48位，而且前48位是目标地址，后48位是源地址，因而有关变量设置如下。

```
filterPktDataOffset=0
filterPktData=0x0000000000A50000000000BB
filterPktDataMask=0xFFFFFFFFFFFFFFFFFFFFFFFF
filterPktDataNotMask=0x000000000000FFFFFFFFFFFF
```

其中，变量 fllterPktDataOffset 表示分组中要测试部分距分组头的距离（其值为0，表示从头开始测试）。状态过滤逻辑是类似的。每一种错误条件是一个整数值，并且是2的幂。为了得到状态模式，只要把各个错误条件的值相加，这样就把状态模式转换成了位模式。例如，以太网有下面的错误条件：

0——分组大于1518字节；

1——分组小于64字节；

2——分组存在CRC错误或对准错误。

如果一个分组错误状态值为6，则它有后两种错误。

2．通道操作

通道由一组过滤器定义，被测试的分组要通过通道中有关过滤器的检查。分组是否被通道接受，取决于通道配置中的一个变量：

channelAcceptType::= INTEGER { acceptMatched(l), acceptFailed(2) }

如果该变量的值为1，则分组数据和分组状态至少要与一个过滤器匹配，分组被接受；如果该变量的值为2，则分组数据和分组状态与每一个过滤器都不匹配，分组被接受。对于channelAcceptType = l 的情况，如图6-17所示。

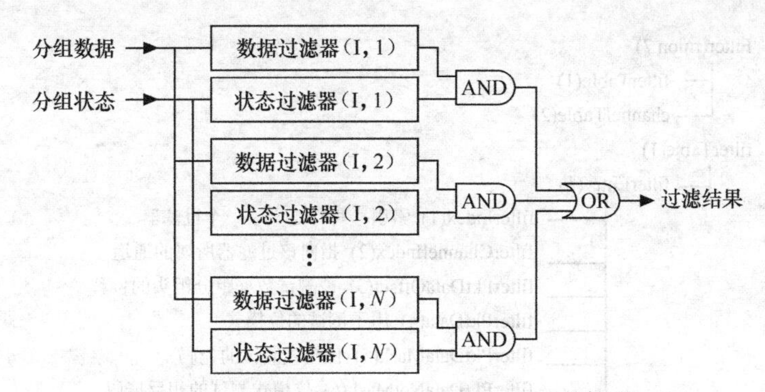

图 6-17 通道变量 channelAcceptType=1 的情况

与通道操作有关的变量如下。

- channelAcceptType 的值和过滤器集合决定是否接受分组。
- channelMatches（计数器）对接受的分组计数。
- channelDataControl 控制通道开/关。
- channelEventstatus 当分组匹配时该变量指示通道是否产生事件，是否被捕获。
- channelEventIndex 产生的事件的索引。

根据这些变量的值，通道操作逻辑如下（result = 1 表示分组通过检查，result = 0 表示分组没有通过检查）。

```
if (((result==1)&&(channelAcceptType==acceptMatched))||
    ((result==0)&&(channelAcceptType==acceptFailed)))
    {
        channelMatches=channelMatches + 1 ;
        if(channelDataControl==ON)
        {
            if ((channelEventstatus!=eventFired)&&(channelEventIndex!=0))
                generateEvent ( ) ;
                if (channelEventstatus==eventReady)
                channelEventStatus = eventFired ;
        }
    }
```

3. 过滤组结构

过滤组由两个控制表组成，如图 6-18 所示。过滤表 filterTable 定义了一组过滤器，通道表 channelTable 定义由若干过滤器组成的通道。

过滤表每一行定义一对数据过滤器和状态过滤器，变量 filterChannelIndex 说明该过滤器所属的通道。通道表每一行定义一个通道。通道表的有关变量解释如下。

（1）channelDataControl：通道开关，控制通道是否工作，可取值 on（1）或 off（2）。

（2）channelTurnOnEventIndex：指向事件组的一个事件，该事件生成时把有关的 channel-DataControl 变量的值由 on 变 off。当这个变量为 0 时，不指向任何事件。

（3）channelTurnOffEventIndex：指向事件组的一个事件，该事件生成时把有关的。

（4）channelDataControl 变量的值由 off 变 on。当这个变量为 0 时，不指向任何事件。

（5）channelEventIndex：指向事件组的一个事件，当分组通过测试时产生该事件。当这个变量为 0 时，不指向任何事件。

（6）channelEventStatus：事件状态，可取下列值。

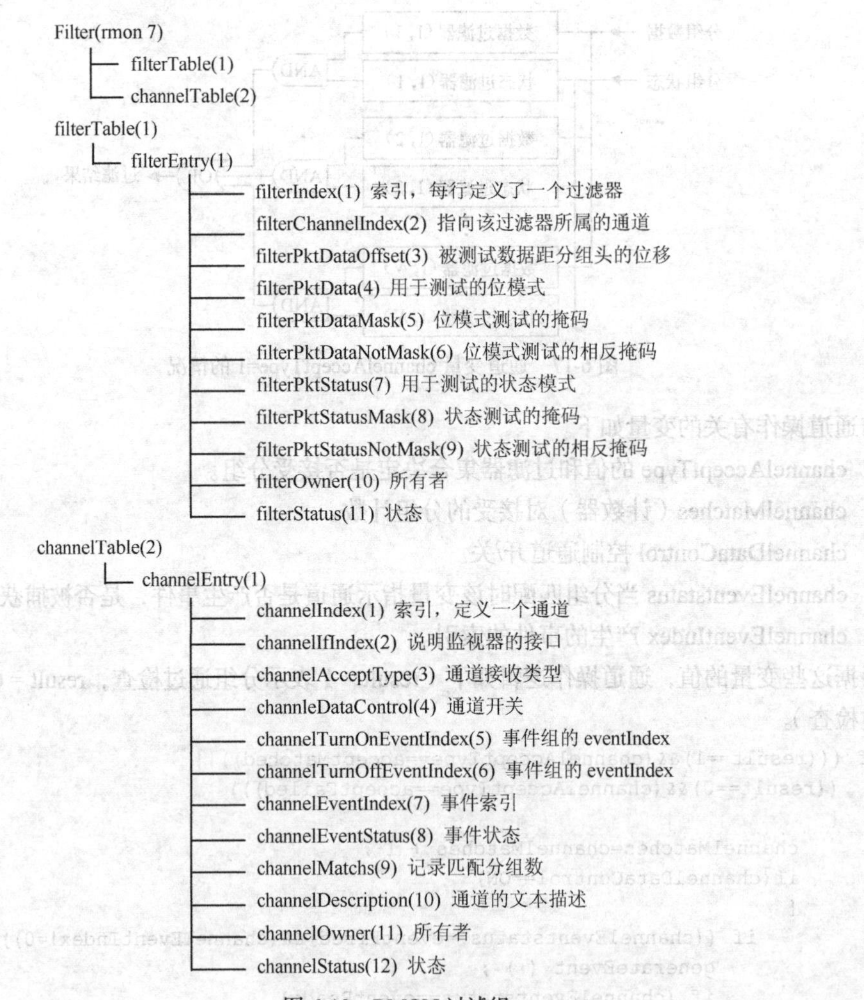

图 6-18　RMON 过滤组

eventReady(1)——分组匹配时产生事件，然后值变为 eventFired。

eventFired(2)——分组匹配时不产生事件。

eventAlwaysReady——每一个分组匹配时都产生事件。

当变量 channelEventStatus 的值为 eventReady 时，如果产生了一个事件，则 channelEventStatus 的值自动变为 eventFired，就再不会产生同样的事件了。管理站响应事件通知后可以恢复。channelEventStatus 的值为 eventReady，以便产生类似的事件。

6.2.5　包捕获和事件记录

1. 包捕获组

包捕获组建立一组缓冲区，用于存储从通道中捕获的分组。这个组由控制表和数据表组成，如图 6-19 所示。

变量 bufferContro1FullStatus 表示缓冲区是否用完，可以取两个值：spaceAvailab1e(l)表示尚有存储空间；full(2)表示存储空间已占满。变量 bufferContro1FullAction 表示缓冲区的两种不同用法，取值 1ockWhenFull(1)表示缓冲区用完时不再接受新的分组，取值 wrapWhenFull(2)表示缓冲区作为先进先出队列循环使用。

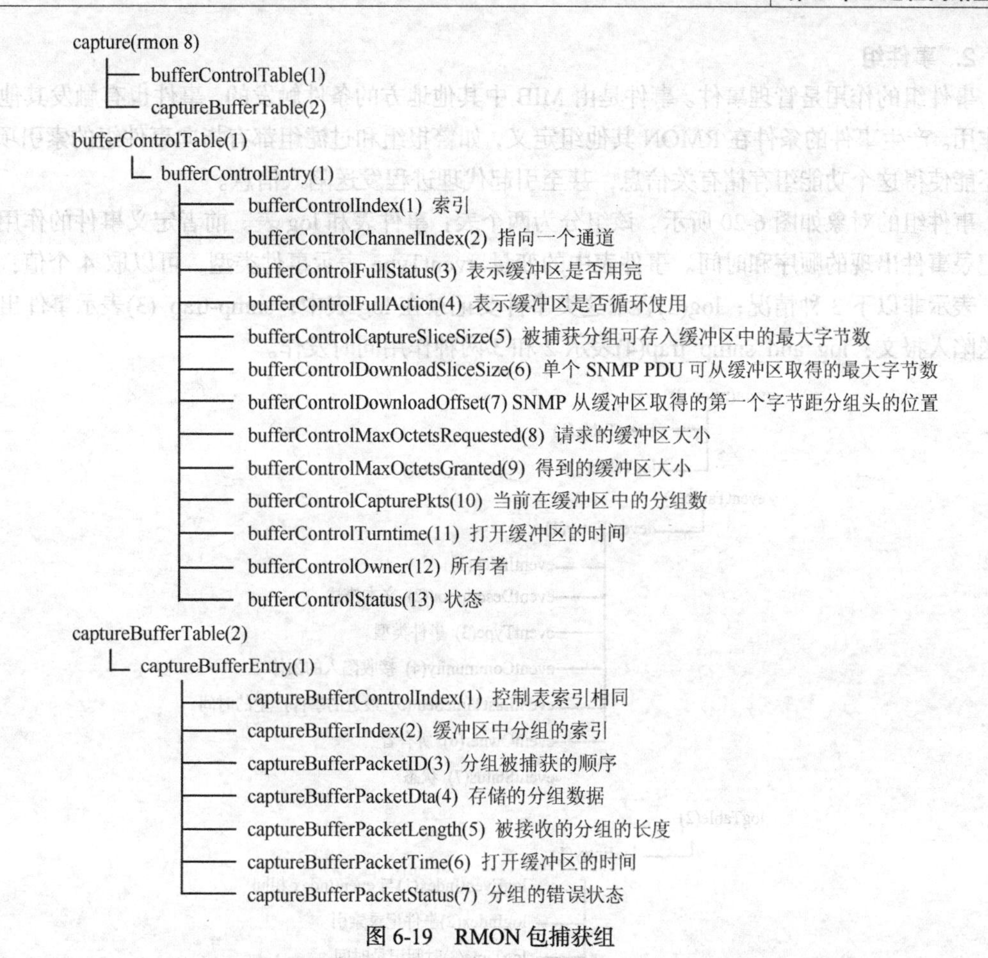

图 6-19 RMON 包捕获组

还有一组参数说明分组在捕获缓冲区中如何存储，以及 SNMP Get 和 GetNext 如何从捕获缓冲区提取数据。

（1）bufferControfCaptureSliceSize(CS)：每个分组可存入缓冲区中的最大字节数。

（2）bufferControlDownloadSliceSize(DS)：缓冲区中每个分组可以被单个 SNMP PDU 检索的最大字节数。

（3）bufferControlDownloadOffset(DO)：SNMP 从缓冲区取得的第一个字节距分组头的位移。

（4）captureBufferPacketLength(PL)：被接收的分组的长度。

（5）captureBufferPacketData：存储的分组数据。

设 PDL 是 captureBufferPacketData 的长度，则下面的关系成立。

PDL=MIN（PL，CS）

显然，存储在捕获缓冲区中的分组数据既不能大于分组的实际长度，也不能大于缓冲区允许的最大长度。当 CS 大时，分组可全部进入缓冲区；当 PL 大时，只有一个分组片存储在缓冲区中。无论是整个分组，还是分组片，在缓冲区中都是以字节串（OCTET STRING）的形式存储的。如果这个字节串大于 SNMP 报文长度，检索时就只能装入一部分。标准提供了两个变量（DO 和 DS）帮助管理站分次分段检索捕获缓冲区中的数据。变量 DO 和 DS 都是可读写的。通常管理站先设置 DO=0，DS=100，可以读出缓冲区的前 100 个字节。当然管理站也可以得到 PL 和分组的错误状态。如果有必要，再设置 DO=100，再检索分组的下一部分。

2. 事件组

事件组的作用是管理事件。事件是由 MIB 中其他地方的条件触发的，事件也有触发其他地方的作用。产生事件的条件在 RMON 其他组定义，如警报组和过滤组都有指向事件组的索引项。事件还能使得这个功能组存储有关信息，甚至引起代理进程发送陷入消息。

事件组的对象如图 6-20 所示。该组分为两个表：事件表和 log 表。前者定义事件的作用，后者记录事件出现的顺序和时间。事件表中的变量 eventType 表示事件类型，可以取 4 个值：none（1）表示非以下 3 种情况；log(2)表示这类事件要记录在 log 表中；snmp-trap (3)表示事件出现时发送陷入报文；log_and_snmp_trap(4)表示 2 和 3 两种作用同时发作。

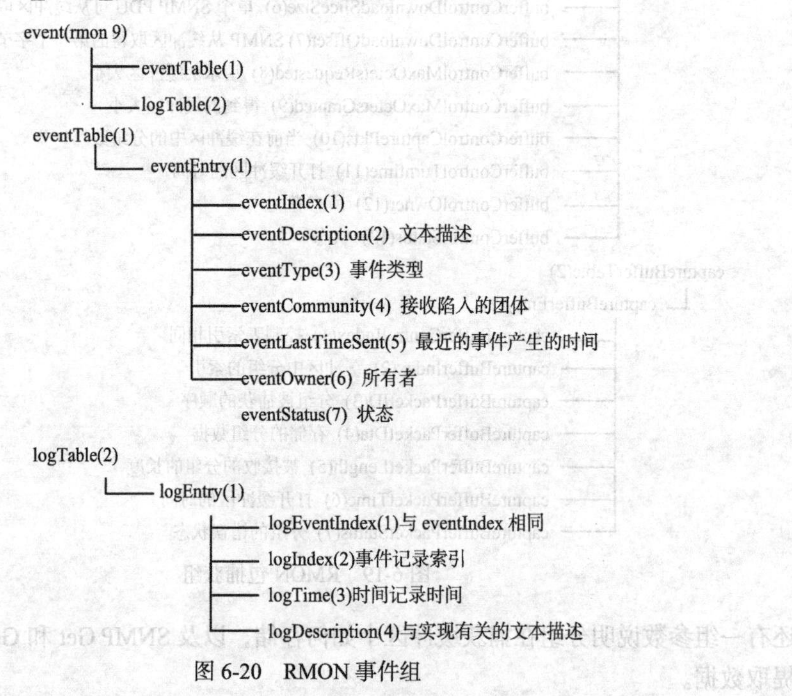

图 6-20 RMON 事件组

6.3 RMON2 管理信息库

前面介绍 RMON MIB 只能存储 MAC 层管理信息。从 1994 年开始人们对 RMON MIB 进行了扩充，使其能够监视 MAC 层之上的通信，这就是后来的 RMON2，同时把前一标准称为 RMON1。本节介绍 RMON2 的有关内容。

6.3.1 RMON2 MIB 的组成

RMON2 监视 OSI/RM 第 3～7 层的通信，能对数据链路层以上的分组进行译码。这使得监视器可以管理网络层协议，包括 IP，因此能了解分组的源和目标地址，能知道路由器负载的来源，使得监视的范围扩大到局域网之外。监视器也能监视应用层协议，如电子邮件协议、文件传输协议、HTTP 等，这样监视器就可以记录主机应用活动的数据，可以显示各种应用活动的图表。这些对网络管理人员都是很重要的信息。另外，在网络管理标准中，通常把网络层之上的协议都叫做应用层协议，以后提到的应用层包含 OSI 的 5、6、7 层。

RMON2 扩充了原来的 RMONMIB，增加了 9 个新的功能组，如图 6-21 所示，这些功能组的介绍如下。

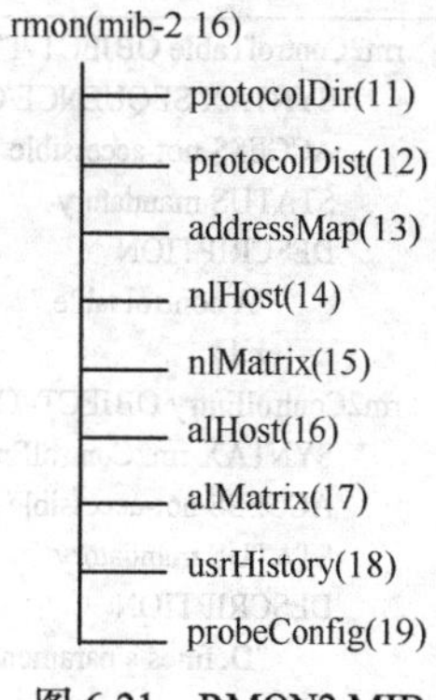

图 6-21　RMON2 MIB

协议目录组（ProtocolDir）：提供了表示各种网络协议的标准化方法，使得管理站可以了解监视器所在的子网上运行什么协议。这一点很重要，特别当管理站和监视器来自不同制造商时是完全必要的。

协议分布组（ProtocolDist）：提供每个协议产生的通信统计数据，如发送了多少分组、多少字节等。

地址映像组（addressMap）：建立网络层地址（IP 地址）与 MAC 地址的映像关系。这些信息在发现网络设备、建立网络拓扑结构时使用。这一组可以为监视器在每一个接口上观察到的每一种协议建立一个表项，说明其网络地址和物理地址之间的对应关系。

网络层主机组（nlHost）：这一组类似于 RMON1 的主机组，收集网上主机的信息，如主机地址、发送/接收的分组/字节数等。但是与 RMON1 不同，这一组不是基于 MAC 地址，而是基于网络层地址。这样管理人员可以超越路由器看到子网之外的 IP 主机。

网络层矩阵组(nlMatrix)：记录主机对(源/目标)之间的通信情况，收集的信息类似于 RMON1 的矩阵组，但是按网络层地址标识主机。其中的数据表分为 SD 表、DS 表和 TopN 表，与 RMON1 的对应表也是相似的。

应用层主机组（alHost）：对应每个主机的每个应用协议（指第 3 层之上的协议）在 alHost 表中有一个表项，记录有关主机发出和接收的分组/字节数等。这一组使用户可以了解每个主机上的每个应用协议的通信情况。

应用层矩阵组（alMatrix）：统计一对应用层协议之间的各种通信情况，以及某种选定的参数（如交换的分组数/字节数）最大的（TopN）一对应用层协议之间的通信情况。

用户历史组（usrHistory）：按照用户定义的参数，周期地收集统计数据，这使得用户可以研究系统中的任何计数器，如关于路由器与路由器之间的连接情况的计数器。

监视器配置组（ProbeConflg）：定义了监视器的标准参数集合，这样可以提高管理站和监视器之间的互操作性，使得管理站可以远程配置不同制造商的监视器。

6.3.2　RMON2 增加的功能

RMON2 引入了两种与对象索引有关的新功能，增强了 RMON2 的能力和灵活性。下面介绍这两种新功能。

1. 外部对象索引

在 SNMPv1 管理信息结构的宏定义中，没有说明索引对象是否必须是被索引表的列对象。在 SNMPv2 的 SMI 中，已明确指出可以使用不是概念表成员的对象作为索引项。在这种情况下，必须在概念行的 DESCRIPTION 子句中给出文字解释，说明如何使用这样的外部对象唯一地标识概念行实例。

RMON2 采用了这种新的表结构，经常使用外部对象索引数据表，以便把数据表与对应的控制表结合起来。图 6-22 给出了这样的例子。这个例子与图 6-2 所示的 rml 表是类似的，只不过改写成了 RMON2 的风格。在图 6-2 所示的 rml 表中，数据表有两个索引对象。第一个索引对象 rm1DataControlIndex 只是重复了控制表的索引对象。在图 6-22 所示的数据表中，这个索引对象没有了，只剩下了唯一的索引对象 rm2DataIndex。但是在数据表的概念行定义中说明了两个索引

rm2ControlIndex 和 rm2DataIndex，同时在 rm2DataIndex 的描述子句中说明了索引的结构。

```
rm2ControlTable OBJECT-TYPE
    SYNTAX SEQUENCE OF rm2ControlEntry
    ACCESS not-accessible
    STATUS mandatory
    DESCRIPTION
        "A control table."
    ::={ex 1}
rm2ControlEntry OBJECT-TYPE
    SYNTAX rm2ControlEntry
    ACCESS not-accessible
    STATUS mandatory
    DESCRIPTION
        "Defines a paramenter that Control
        a set of data table entries."
    INDEX {rm2ControlIndex}
    ::={rm2ControlTable 1}
rm2ControlEntry::=SEQUENCE{
    rm2ControlIndex INTEGER,
    rm2ControlParamenter Counter,
    rm2ControlOwner OwnerString,
    rm2ControlStatus RowStatus}
    rm2ControlIndex OBJECT-TYPE
    SYNTAX INTEGER
    ACCESS read-only
    STATUS mandatory
    DESCRIPTION

        "The unique index for this
        rm2Control entry."
    ::={rm2ControlEntry 1}
rm2ControlParamenter
    SYNTAX INTEGER
    ACCESS read-write
    STATUS mandatory
    DESCRIPTION
        "The value of this object characteriszes
        Data table rows associated with this entry."
    ::={rm2ControlEntry 2}
rm2ControlOwner OBJECT-TYPE
    SYNTAX OwnerString
    ACCESS read-write
    STATUS mandatory
    DESCRIPTION
        "The entry that configured this entry."
    ::={rm2ControlEntry 3}
rm2ControlStatus OBJECT-TYPE
    SYNTAX RowStatus
    ACCESS read-write
    STATUS mandatory
    DESCRIPTION
        "The status of this rm2Control entry."
    ::={rm2ControlEntry 4}
rm2DataTable OBJECT-TYPE
    SYNTAX SEQUENCE OF rm2DataEntry
    ACCESS not-accessible
    STATUS mandatory
    DESCRIPTION
        "A data table."
    ::={ex1 2}
rm2DataEntry OBJECT-TYPE
    SYNTAX rm2DataEntry
    ACCESS not-accessible
    STATUS mandatory
    DESCRIPTION
        "A single data table entry."
    INDEX {rm2ControlIndex,rm2DataIndex}
    ::={rm2DataTable 1}
rm2DataEntry:=SEQUENCE{
    rm2DataIndex INTEGER,
    rm2DataValue Counter}
rm2DataIndex OBJECT-TYPE
    SYNTAX INTEGER
    ACCESS read-only
    STATUS mandatory
    DESCRIPTION
        "the index that uniquely identifies a
        particular entry among all data entries
        associated with the same rm2ControlEntry"
    ::={rm2DataEntry 1}
rm2DataValue OBJECT-TYPE
    SYNTAX Counter
    ACCESS read-only
    STATUS mandatory
    DESCRIPTION
        "The value reported by this entry."
    ::={rm1DataEntry 2}
```

图 6-22 RMON2 的控制表和数据表

假设要检索第二控制行定义的第 89 个数据值，则可以给出对象实例标识 rm2DataValue.2.89，显然这样定义的数据表比 RMON1 的表少一个作为索引的列对象。另外 RMON2 的状态对象的类型为 RowStatus，而不是 EntryStatus。这是 SNMPv2 的一个文本约定。

2. 时间过滤器索引

网络管理应用需要周期地轮询监视器，以便得到被管理对象的最新状态信息。为了提高效率，用户希望监视器每次只返回那些自上次查询以来改变了的值。SNMPv1 和 SNMPv2 中都没有直接解决这个问题的方法。然而 RMON2 的设计者却给出了一种新颖的方法，在 MIB 的定义中实现了这个功能，这就是用时间过滤器进行索引。

RMON2 引入了一个新的文本约定：

```
TimeFilter::=TEXTUAL-CONVENTION
    STATUS    CURRENT
    DESCRIPTION
     "......"
     SYNTAX TimeTicks
```

类型为 TimeFilter 的对象专门用于表索引，其类型也就是 TimeTicks。这个索引的用途是使得管理站可以从监视器取得自从某个时间以来改变过的变量，这里的时间由类型为 TimeFilte 的对象表示。为了说明时间过滤器的工作原理，考虑如图 6-23 所示的例子。这个表 fooTable 有 3 个列对象：fooTimeMark 是时间过滤器（TimeFilter 类型）；fooIndex 是表的索引；fooCounts 是一个计数器。假设表索引仅取值 1 和 2，则该表有两个基本行。图 6-24 给出了这个表的一个实现，分 6 个不同时刻表示出表的当前值。可以看出，监视器对每个基本行打上了该行计数器值改变时的时间戳。开始时间戳为 0，两个计数器的值都是 0。后来在 500s、900s 和 2300s 时计数器 1 的值改变，在 1100s 和 1400s 时计数器 2 的值改变。如果管理站检索这个表，则发出下面的请求：

GetRequest(fooCounts.fooTimeMark.fooIndex 的值)

```
fooTable OBJECT-TYPE
    SYNTAX SEQUENCE OF fooEntry
    ACCESS not-accessible
    STATUS current
    DESCRIPTION
        "A control table."
        ::={ex 1}
fooEntry OBJECT-TYPE
    SYNTAX Foo Entry
    ACCESS not-accessible
    STATUS current
    DESCRIPTION
        "One row in fooTable"
    INDEX {fooTimeMark,fooIndex}
    ::={fooTable 1}
FooEntry::=SSEQUENCE{
    fooTimeMask TimeFilter,
    fooIndex INTEGER,
    fooCounts Counter32}

fooTimeMark OBJECT-TYPE
    SYNTAX TimeFilter
    ACCESS not-accessible
    STATUS current
    DESCRIPTION
        "A TimeFilter for this entry."
    ::={fooEntry 1}
fooIndex OBJECT-TYPE
    SYNTAX INTEGER
    ACCESS not-accessible
    STATUS current
    DESCRIPTION
        "Basic row index for this entry."
    ::={fooEntry 2}
fooCounts OBJECT-TYPE
    SYNTAX Counter32
    ACCESS read-only
    DESCRIPTION
        "Current count for this entry."
    ::={fooEntry 3}
```

图 6-23　时间过滤器示例

timestamp	fooIndex	fooCounts
C	1	C
C	2	C

(a)

timestamp	fooIndex	fooCounts
500	1	1
C	2	C

(b)

timestamp	fooIndex	fooCounts
900	1	2
C	2	C

(c)

timestamp	fooIndex	fooCounts
900	1	2
1100	2	1

(d)

timestamp	fooIndex	fooCounts
900	1	2
1400	2	2

(e)

timestamp	fooIndex	fooCounts
2300	1	3
1400	2	2

(f)

图 6-24　时间过滤器索引的表

(a) Time = 0；(b) Time = 500；(c) Time = 900；(d) Time = 1100；(e) Time = 1400；(f) Time = 2300

监视器按照下面的逻辑检查各个基本行：

```
if (timestamp-for-this-fooIndex >= fooTimeMark-value-in-Request)
```

在应答 PDU 中返回这个实例。

else 跳过这个实例。

下面举例说明检索过程。假设管理站每 15s 轮询一次监视器，nms 表示时间，于是有下列应答步骤。

（1）在 nms=1000 时，监视器开始工作，管理站第 1 次查询：

```
GetRequest ( sysUpTime.0, fooCounts.0.1 , fooCounts.0.2 )
```

（2）监视器在本地时间 600 时收到查询请求，计数器 1 在 500 时已变为 1，因此应答为

```
Response ( sysUpTime.0 = 600, fooCounts.0.1 = 1 , fooCounts.0.2=0)
```

（3）在 nms = 2500 时（15s 以后），监视器第 2 次查询，欲得到自 600 以后改变的值：

```
GetRequest ( sysUpTime.0, fooCounts.600.1 , fooCounts.600.2 )
```

（4）监视器在本地时间 2100 时收到查询请求，计数器 1 在 900 时已变为 2，计数器 2 在 1100 时变为 1，后又在 1400 时变为 2，因此应答为

```
Response(sysUpTime.0 = 2100, fooCounts.600. 1 = 2 , fooCounts.600.2 =2 )
```

（5）在 nms =4000 时（15s 以后），监视器第 3 次查询，欲得到自 2100 以后改变的值：

```
GetRequest ( sysUPTime.0 , fooCounts .2100.1, fooCounts.2100.2 )
```

（6）监视器在本地时间 3600 时收到查询请求，计数器 1 的值已变为 3，计数器 2 无变化，因此应答为

```
Response(sysUpTime.0 = 3600, fooCounts.2100.1 = 3)
```

（7）在 nms = 5500 时（15s 以后），监视器第 4 次查询：

```
GetRequest(sysUPTime.0, fooCounts.3600.1, fooCounts.3600.2 )
```

（8）监视器在本地时间 5500 时收到查询请求，两个计数器均无变化，不返回新值，即

```
Response(sysUpTime.0 = 5500)
```

可以看出，使用 TimeFilter 可以使管理站有效地过滤出最近变化的值。

6.4 RMON2 的应用

本节重点介绍 RMON2 新功能的应用，主要包括网络协议的表示方法、用户历史的定义方法和监视器的标准配置方法等。

6.4.1 协议的标识

任何一个网络都可能运行许多不同的协议，有些协议是标准的，有些是专用于某种特定产品的。一个网络运行的各个协议之间还有复杂的关系，如可能同时运行多个网络层协议（IP 和 IPX），一个 IP 有多个数据链路层协议的支持，而 TCP 和 UDP 同时运行于 IP 之上等。在远程网络监视中必须能够识别各种类型的网络协议，表示协议之间的关系，RMON2 提供了表示协议类型和协议关系信息的标准方法。

RMON2 用协议标识符和协议参数共同表示一个协议及该协议与其他协议之间的关系。协议标识符是由字节串组成的分层的树结构，类似于 MIB 对象组成的树。RMON2 赋予每一个协议层范围的字节串，编码为 4 个十进制数，表示为[a.b.c.d]的形式，这是协议标识符树的节点。如各种数据链路层协议被赋予下面的字节串。

```
ether2==1[0.0.0.1]
llc=2[0.0.0.2]
snap=3[0.0.0.3]
vsnap=4[0.0.0.4]
wgAssigned=5[0.0.0.5]
anylink=[1.0.a.b ]
```

最后的 anylink 是一个通配符，可指任何链路层协议。有时监视器可以监视所有的 IP 数据报，而不论它包装在什么链路层协议帧中，这时可以用 anylink 说明 IP 下面的链路层协议。

链路层协议字节串是协议标识符树的根，下面每个直接相连的节点是链路层协议直接支持的上层协议，或者说是直接包装在数据链路帧中的协议（通常情况下是网络层协议）。整个协议标识符树就是这样逐级构造的，如图 6-25 所示。这里表示的是以太网协议直接支持 IP，UDP 运行于 IP 之上，最后，SNMP 报文封装在 UDP 数据报中传送。用文字表示就是 ether2.ip.udp.snmp。

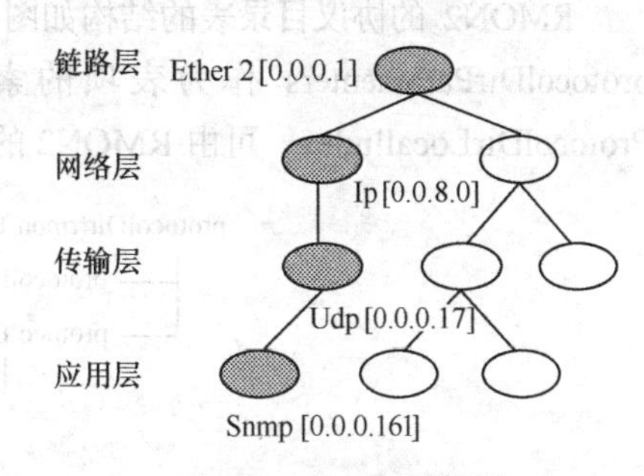

图 6-25　协议标识符树

RMON2 的协议标识符的格式如图 6-26 所示。开头有一个字节的长度计数字段 cnt,后续各层协议的子标识符字段。每层协议的子标识符都与上述链路层协议字节串相似，是 32 位，编码为 4 个十进制数。这里已经赋予 2 型以太网协议的字节串是[0.0.0.1]。以太网之上的协议的字节串形式为[0.0.a.b]，其中的 a 和 b 是以太 2 协议 MAC 帧中的类型字段的 16 位二进制数，这 16 位数用来表示 2 型以太网协议支持的上层协议。2 型以太网协议为 IP 分配的字节串是[0.0.8.0]。与此类似，在 IP 头中的 16 位协议号表示 IP 支持的上层协议，IP 标准为 UDP 分配的编号是 17。UDP 为 SNMP 分配的端口号为 161。这样 4 层协议的字节串级联起来，前面加上 16 表示长度，就形成了完整的 SNMP 标识符 16.0.0.0.1.0.0.8.0.0.0.0.17.0.0.0.161。

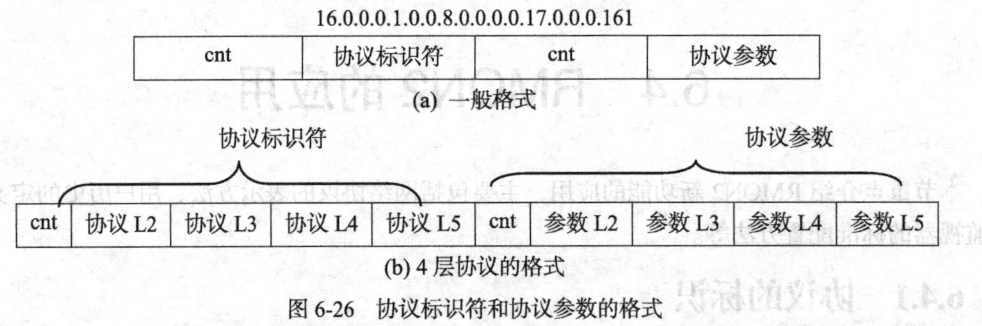

图 6-26　协议标识符和协议参数的格式

应该注意的是，对监视器能解释的每个协议都必须有一个协议标识符。假如有个监视器可以识别以太网帧、IP 和 UDP 数据报及 SNMP 报文，则 RMON2 MIB 中必须记录 4 个协议标识符：ether2（4.0.0.0.1）；ether2.ip（8.0.0.0.1.0.0.8.0）；ether2.ip.udp（12.0.0.0.1.0.0.8.0.0.0.0.17）；ether2.ip.udp.snmp（16.0.0.0.1.0.0.8.0.0.0.0.17.0.0.0.161）。

从图 6-26 可以看出协议参数的格式：长度计数字段后跟各层协议的参数。参数的每一个比特定义了一种能力。例如，最低两比特的含义如下。

（1）比特 0 表示允许上层协议 PDU 分段。如七层报文可以分成若干 IP 数据报传送，则 IP 层的参数比特 0 为 1。

（2）比特 1 表示可以为上层协议指定端口号。如 TFTP（Trivial File Transfer Protocol），其专用端口号是 69。如果上层用户进程向端口 69 发送连接请求，则 TFTP 进程响应用户请求，派生出一个临时进程，并为其分配临时端口号，返回用户进程，用户就可以用 TFTP 传送文件了。

现在可以把上例中的协议标识符加上协议参数。如果表示 IP 之上的协议 PDU 可以分段传送，则有下面的协议标识符和协议参数串：16.0.0.0.1.0.0.8.0.0.0.0.17.0.0.0.161.4.0.1.0.0。

6.4.2　协议目录表

RMON2 的协议目录表的结构如图 6-27 所示。其中的协议标识符 protocolDirID 和协议参数 protocolDirParamenters 作为表项的索引，另外，还为每个表项指定了一个唯一的索引 ProtocolDirLocalIndex，可由 RMON2 的其他组引用该表项。

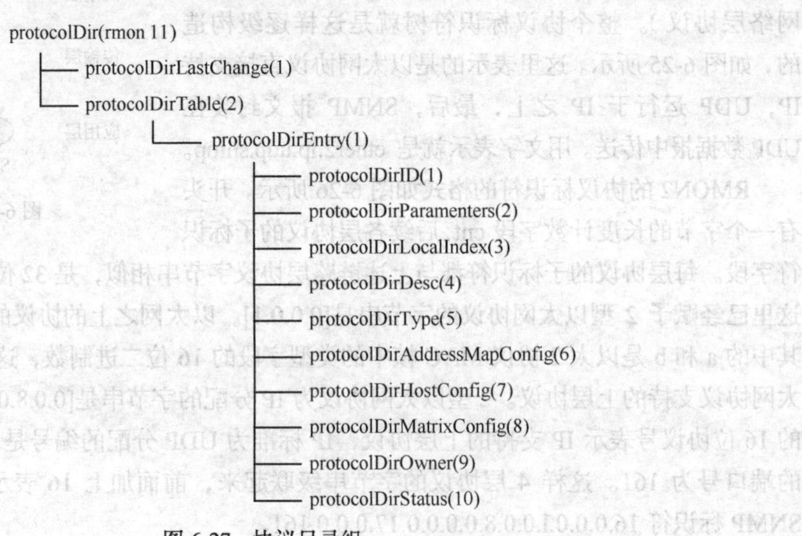

图 6-27　协议目录组

另外 5 个变量解释如下。

（1）protocolDirDesc (4)：关于该协议的文字描述。

（2）protocolDirType(5)：协议类型是可扩展的，如果表中生成一个新项，则所表示的协议是该协议的子项；协议类型是具有地址识别能力的，如果监控器可以区别源地址和目标地址，则分别对源和目标计数。

（3）protocolDirAddressMapConfig(6)：表示协议是否支持（网络层对数据链路层）地址映像。

（4）protocolDirHostConfig(7)：与网络层和应用层主机表有关。

（5）protocolDirMatrixConfig(8)：与网络层和应用层矩阵表有关。

6.4.3　用户定义的数据收集机制

关于历史数据收集在 RMON1 中是预先定义的，在 RMON2 中可以由用户定义。下面介绍的用户历史收集组规定定义历史数据的方法。

历史收集组由 3 级表组成。第一级是控制表 usrHistoryControlTable。这个表说明了一种采样功能的细节（采样的对象数、采样区间数和采样区间长度等），它的一行定义了下一级的一个表。第二级是用户历史对象表 usrHistoryObjectTable，它也是一个控制表，说明采样的变量和采样类型。该表的行数等于上一级表定义的采样对象数。第三级表 usrHistoryTable 才是历史数据表，该表由第二级表的一行控制，记录着各个采样变量的值和状态，以及采样间隔的起止时间。用户历史收集组如图 6-28 所示。

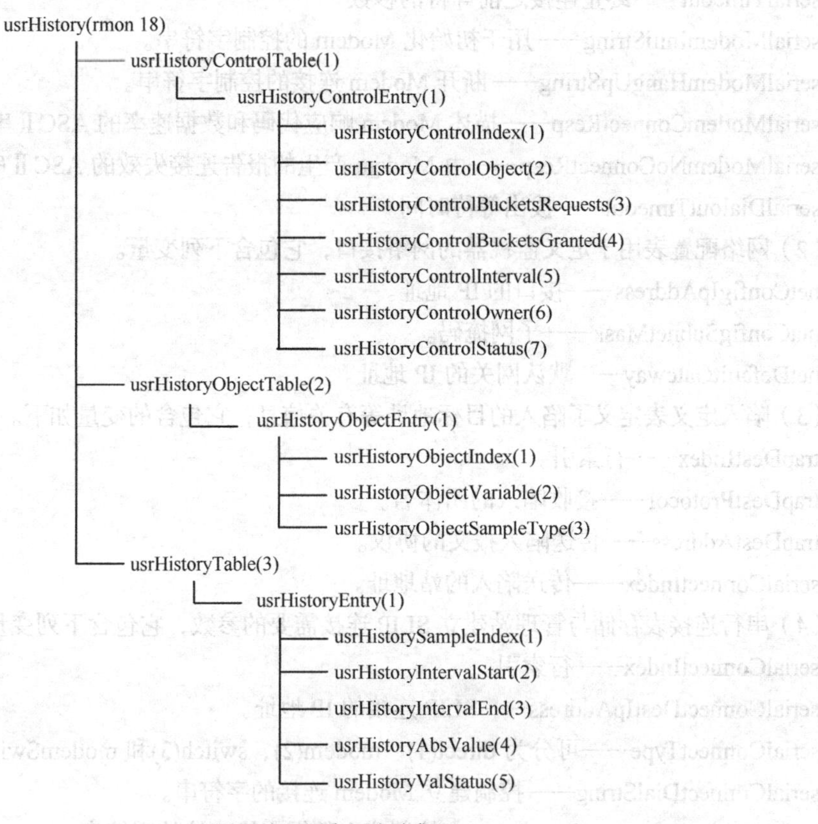

图 6-28　用户历史收集组

6.4.4 监视器的标准配置法

为了增强管理站和监视器之间的互操作性，RMON2 在监视器配置组中定义了远程配置监视器的标准化方法。这个组由一些标量对象和 4 个表组成。这些标量对象具体如下。

probeCapabilities——说明支持哪些 RMON 组。

probeSoftwareRev——设备的软件版本。

probeHardwareRev——设备的硬件版本。

probeDateTime——监视器的日期和时间。

probeResetControl——可以取不同的值，表示运行、热启动或冷启动等。

probeDownLoadFile——自举配置文件名。

probeDownLoadTFTPServer——自举配置文件所在的 TFTP 服务器地址。

probeDownLoadAction——若取值 imageValid(1)，则继续运行；若取值 downloadToPROM (2) 或 downloadToRAM(3)，则重启动，装入另外一个应用程序。

probeDownLoadStatus——表示不同的运行状态。

监视器配置组中的 4 个表是串行配置表、网络配置表、陷入定义表和串行连接表。

（1）串行配置表用于定义监视器的串行接口，它包含下列变量。

serialMode——连接模式可以是直接连接或通过调制解调器连接。

serialProtocol——数据链路协议可以是 SUP 或其他协议。

serialTimeout——终止连接之前等待的秒数。

serialModemInitiString——用于初始化 Modem 的控制字符串。

serialModemHangUpString——断开 Modem 连接的控制字符串。

serialModemConnectResp——描述 Modem 响应代码和数据速率的 ASCⅡ串。

serialModemNoConnectResp——由 Modem 产生的报告连接失效的 ASCⅡ串。

serialDialoutTimeout——拨出等待时间。

（2）网络配置表用于定义监视器的网络接口，它包含下列变量。

netConfigIpAddress——接口的 IP 地址。

netConfigSubnetMask——子网掩码。

netDefaultGateway——默认网关的 IP 地址。

（3）陷入定义表定义了陷入的目标地址等有关信息，它包含的变量如下。

trapDestIndex——行索引。

trapDestProtocol——接收陷入的团体名。

trapDestAddress——传送陷入报文的协议。

serialConnectIndex——传送陷入的站地址。

（4）串行连接表存储与管理站建立 SLIP 连接需要的参数，它包含下列变量。

serialConnectIndex——行索引。

serialConnectDestIpAddress——SLIP 连接的 IP 地址。

serialConnectType——可分为 direct(1)、modem(2)、switch(3)和 modemSwitch(4) 4 种类型。

serialConnectDialString——控制建立 Modem 连接的字符串。

serialConnectSwitchconnectSeg——控制建立数据交换连接的字符串。

serialConnectDisconnectSeg——控制终止数据交换连接的字符串。

serialConnectSwitchResetSeg——使数据交换连接复位的字符串。

6.5 小　结

使用 SNMP 进行网络管理时，管理端通过轮询的方式向代理的 MIB 发出查询请求，得到网络设备有关的通信信息和统计数据。但频繁的轮询会极大地增加网络流量，造成通信拥挤。RMON MIB 的目的是使 SNMP 更为有效，它由一组统计数据、分析数据和诊断数据构成。本章介绍了 RMON 的基本概念，综合分析了 RMON 管理信息库及 RMON2 MIB 的改进，并对 RMON 的应用进行了详细介绍。总之，合理使用 RMON 能够明显提高网络管理的效率，改善网络管理的质量，增强网络服务可靠性。

习 题 6

1. 简述 RMON 的概念。RMON 是如何工作的？
2. 简述 RMON1 各个组的功能和结构。
3. RMON1 和 RMON2 的区别和联系是什么？
4. RMON2 新增了哪些功能？它们的作用是什么？
5. 试根据矩阵组定义的管理对象设计一个显示网络会话的工具。

第7章 典型网络管理系统

随着网络应用的发展，网络结构的复杂化和规模扩大化使得网络系统需要有效的网络管理工具来保证其正常运作，网络管理的好坏直接影响到网络的运行质量，网络管理与网络建设对于网络运行同等重要。网络管理已经成为保证计算机网络，特别是大型计算机网络正常运行的关键。这就要求必须建立一个合适的网络管理应用系统来监控管理网络，实时查看全网的状态，对网络设备进行集中式的配置、监视和控制；自动检测网络拓扑结构；监视和控制网段和端口，统计网络流量和错误，检测网络性能上可能出现的瓶颈；收集和管理网络设备事件，并进行自动处理或告警显示，保证网络高效可靠地运转。通过对网络的监控和分析，网络管理员可以优化网络结构，提高网络的可用性。网络管理系统已成为计算机网络应用必不可少的一部分。

本章介绍网络管理系统的一些基本概念、具有代表性的网络管理系统（平台）以及它们的主要功能，最后通过对 StarView 网络管理系统的应用进行分析，了解典型的网络管理系统的主要组成部件及可实现的管理功能目标，对网络管理应用有一个具体的认识，为深入学习网络管理应用开发奠定基础。

7.1 网络管理系统概述

前面的章节中已经介绍了网络管理的概念、网络管理采用的协议、网络管理的基本模型以及模型要素之间的相互关系，了解到网络管理中最底层的管理运作机制，如通过 SNMP 中的 Set 操作设置被管对象的参数值，从而达到控制被管对象的目的，通过读取被管对象 MIB 中的指定对象值来检测网络的运行状态，从而了解当前网络运行的状况等。但在实际网络管理应用中，一般不会采取由网络管理员直接输入操作指令的方式进行管理，而是通过网络管理系统，也就是通过一个实现网络管理功能的应用系统来进行管理。

网络管理系统是用来管理网络、保障网络正常运行的软、硬件组合，是在网络管理平台基础上实现的各种网络管理功能的集合，功能包括配置管理、性能管理、故障管理、安全管理和计费管理等。任何网络管理系统无论其规模大小，基本上都由支持网络管理协议的网络管理系统软件（平台）和网络设备组成。目前，网络管理软件（平台）一般都遵循 SNMP 并提供类似的网管功能，但不同软件系统的可靠性、用户界面、操作功能、管理方式、应用程序接口以及所支持的数据库等不尽相同。

网络管理系统在对网络进行管理时，管理系统对被管对象进行的底层操作对于用户来说是透明的，它会把操作的结果以图形图像或者表格的方式呈现给网络管理系统的操作人员（网管员），操作人员对被管对象参数的配置，往往只是通过单击几个命令按钮或输入几个数字来完成，其他工作就可以由网络管理系统去具体执行。

7.1.1　网络管理系统基本概念

网络管理的最终目的是保障网络的安全运行，这也是网络提供服务的保障。作为网络管理人员，必须了解网络服务与网络服务载体之间的关系，这些与服务相关的载体就是管理对象，它包括的内容非常广，如网络设备（交换机、路由器）、链路状况（WAN、LAN）、前置设备、数据库、安全产品甚至是各种应用都被包括在内。管理对象的故障或性能状况会直接影响到网络服务，因此网络管理人员需要了解的信息量是很大的。管理对象之间往往存在着相互连接的关系，这就要求必须集中处理被管理信息，以便找出其中的关联，并在第一时间查找到真正对服务产生影响的故障原因。

因此，网络管理系统应该是以提高网络服务质量为目标，以保证网络安全运行为前提，以管理网络事件为中心的网络服务质量管理体系。因为只有以网络资源实时发生的实际事件为基础，才能及时、准确地了解到网络环境的真实情况，才能建立起与服务层面的关联，实现对网络的有效管理，所以网络管理系统应具备以下特点。

（1）具有全面监控网络性能的能力。实现对所涉及范围内网络设备的实时监控，实现对众多应用系统在网络上使用情况的监控。监控的对象和内容应根据网络服务管理机构的需求灵活定制，上级网络服务管理机构可以根据需要监控下级网络的状况。

（2）具有主动和预警管理的功能。根据各级网络服务管理机构的需求在网络事件采集、分类、处理和呈现等方面进行相应的客户化定制工作，以实现对网络状况进行及时、高效、准确的了解，这种监控能够实现主动处理和预警功能，从而奠定服务质量管理的基础。

（3）支持全网联动。以网络故障事件处理为核心，规范和统一各级网络服务管理机构的运行操作流程，确定各级机构中网络运行操作岗位的设置和职责，实现对网络故障处理的记录、升级、统计等功能。在事前预防、事中防护、事后审计等各个环节对应的产品之间实现联动，构建严密的防护体系。

（4）具有对资源进行有效管理的能力。准确了解网络基础资源的信息，了解网络的设备类型、型号、端口，以及包括VLAN划分等资源的分配情况。从全面统一的网络资源管理角度来规划和设计网络。网络资源管理系统应有适当的接口与网络实时监控系统、网络运行操作流程系统实现平滑的连接，以辅助实时监控功能和运行操作流程功能的实现。

（5）服务质量管理。在实现实时监控网络运行状况和规范网络运行操作流程的基础上实现网络服务质量管理。

7.1.2　网络管理系统发展趋势

从网络管理系统的管理功能来看，目前网络管理系统技术的热点和发展趋势有以下几个方面。

1. 开放性

网络管理系统应具备综合管理不同品牌的设备功能。随着用户对不同设备进行统一管理的需求日益迫切，许多厂商也在考虑采用更加开放的方式实现设备对网络管理系统的支持。例如，开放私有的MIB，甚至完全依照RFC来编写MIB，以实现不同厂商的设备与网管系统的互操作性；或者将第三方厂商和用户设备（如主机、交换机和路由器）纳入自己的管理范围，以提高整个网络的管理水平。

开放式管理接口可以使网络管理软件能管理其他厂商的网络管理设备，增加组网的适应性和灵活性。

开放式应用编程接口在网络管理平台上提供各种应用编程接口（API），为用户提供增值的机会。

非编程的用户定制能力允许用户定义新的管理对象及修改对象属性，使用户不经编程、编译连接就可以完成网络管理系统的功能定制。

2. 综合性

综合性要求通过一个控制操作台就可提供对各个子网的透视、对所管业务的了解及对故障定位和故障排除的支持，也就是通过一个操作台实现对多个互连网络的管理。此外，网络管理与系统管理正在逐渐融合，通过一个平台或者一个界面，就可以提供网络管理、操作系统、数据库等应用服务的管理功能。

3. 智能化

现代通信网络的迅速发展使网络的维护和操作越来越复杂，对管理人员提出了更高的要求。但在实际管理中，人工维护和诊断往往费时费力，而且对于间歇性故障无法及时检错排除。这就使人工智能技术势在必行，它可以作为技术人员的辅助工具。故障诊断和网络自动维护是人工智能应用最早的网络管理领域，可用于捕捉网络运行的差错信息、诊断故障并提供处理建议，而不只是提供故障的原始数据。性能专家系统能够分析运行参数和数据，在用户发现网络故障之前预测和排除故障。

让网络自行发现运行中的问题，自动排除一些网络故障，即将人工智能引入网络管理技术，是网管软件一个新的研究方向。这种系统能对各种网络故障进行判断，并具有自学能力。

4. 安全性

对于网络来说，安全性是网络的生命保障，因此网络管理软件的安全性能也是关注热点之一。由于目前网管软件多采用 SNMP，普遍使用的是 SNMP v1/v2，因此在安全性方面还比较薄弱。但最新的 SNMP v3 大大加强了安全性，对 SNMP v3 的支持也是网络管理软件的热点技术之一。

5. 基于 Web 的管理

基于 Web 的管理以其统一友好的界面风格，地理位置和系统上的可移动性及系统平台的独立性吸引着越来越多的用户和开发商。当前主流的网络管理软件都提供融合 Web 技术的管理平台。

另外还有一些网络新技术，如无线产品、QoS、服务品质协议（Service-Level Agreement，SLA）等服务方面也是网络管理软件的发展方向。随着网络底层技术的标准化和基于网络的应用不断丰富，网络管理的方向越来越侧重于对系统、业务和应用的管理。分布式技术一直是推动网络管理技术发展的核心，它受到了业界越来越多的重视。网络管理软件对网络规划的决策支持能力将越来越重要，它将逐渐发展成为除安全保障和故障监测以外最重要的功能。

7.2 网络管理系统软件（平台）

网络管理系统软件一般都遵循 SNMP 并提供类似的网络管理功能，但因生产厂家不同，它们在系统的可靠性、用户界面、操作功能、应用程序接口以及数据库的支持等方面存在差别。

网络管理系统软件因其技术含量高，生产管理难度大，主要由大的信息技术公司或网络设备厂商开发。在全球网络管理系统软件市场中，国外网络管理系统的开发相对成熟，涌现出了一批针对企业级网络管理的软件生产厂家，如惠普、CA、IBM 等，它们占据了全球一半以上市场。表 7-1 是国内外主要的网络管理系统软件。

表 7-1　主要的网络管理软件系统

公司类别	开发厂商	网络管理系统名称
信息技术公司	HP	OpenView
	IBM	Tivoli NetView
	CA	Uniceter TNG Neugent
	Castle Rock Computing	SNMPc
	Solarwinds	Orion
	青鸟网硕	NetSureXpert
	华信亿码	Netwin
	游龙科技	SiteView
	清华紫光	BitView
网络设备制造公司	Cisco	Ciscoworks
	Cabletron	Spectrum
	华为	Quidview
	锐捷	StarView

本节简要介绍部分有代表性的网络管理软件的特点，并在下一节中以星网锐捷网络公司开发的 StarView 为例详细介绍该类软件的应用实例。

7.2.1　Ciscoworks

Cisco 公司开发的系列网络管理产品具有对各种网络设备性能进行集成化操作和远程管理的功能，目前，其网络管理产品包括新的基于 Web 的产品和基于控制台的应用程序。新产品系列中包括增强的工具以及基于标准的第三方集成工具，用于对系统变化、配置、系统日志、连接和软件部署等进行管理，新产品系列中还包含了用于创建内部管理网的工具。

Cisco 提供的 Ciscoworks 网络管理软件中含有故障管理工具，该工具能够发现故障所在的位置，维护并检查错误日志，然后形成故障统计，接收错误检测报告并做出反应。该软件能够对 Cisco 的交换机、路由器等网络设备提供基于 Web 的管理。由于该系统网络流量较小，所以可以减少管理网络所需要的时间，降低故障率，提高工作人员的效率和网络可用性。

Ciscoworks 建立了管理内部网络的 Cisco 管理连接，能够支持新的或增强的网络管理功能的插入模块，提供第三方管理工具的集成连接。Cisco 的网络管理产品主要由以下几个组件组成。

（1）Campus Manager（园区管理器）。园区管理器是为管理 Cisco 交换网而设计的、基于 Web 的应用工具套件，其工具主要有第 2 层设备和连接探测、工作流应用服务器探测和管理、详细的拓扑检查、VLAN/LAN 和异步传输模式配置、终端站跟踪、第 2 层/第 3 层路径分析工具、IP 电话用户与路径分析等组件。图 7-1 是 Ciscoworks 园区管理的运行界面。

（2）内容流量监视器。监视与管理内容流量传输是了解并维护网络中重要应用及服务内容流量的关键，内容流量监视器为负载平衡设备提供了实时监视的应用工具。

（3）实时监视器。实时监视器是一种新型的多用户传输管理工具包，能为网络的监控、故障的排除和网络的维护提供全网络实时远程监视信息。其图形应用报告和分析设备、链接以及端口级远程监视能够从 Catalyst 交换机、内部网络分析模块和外部交换机探测器中收集传输数据。

（4）资源管理器要素。资源管理器要素具有网络库存取和设备更换管理能力、网络配置与软件图像管理能力及网络可用性和系统记录分析能力，同时，它还提供了强大的与 Cisco 在线连接相集成的功能。

（5）图形设备管理工具。该工具提供所选设备（包括已安装的模块）的配置状况和图像显示，同时提供设备及端口状态的彩色编码图示。

Ciscoworks 网管软件系统采取高级别和多层次的安全防护措施，对各种配置数据和统计数据采取备份和保护措施。系统提供严格的操作控制和存取控制，当系统出现故障时，能自动或通过人工操作恢复系统正常工作，不影响网络的正常运行。

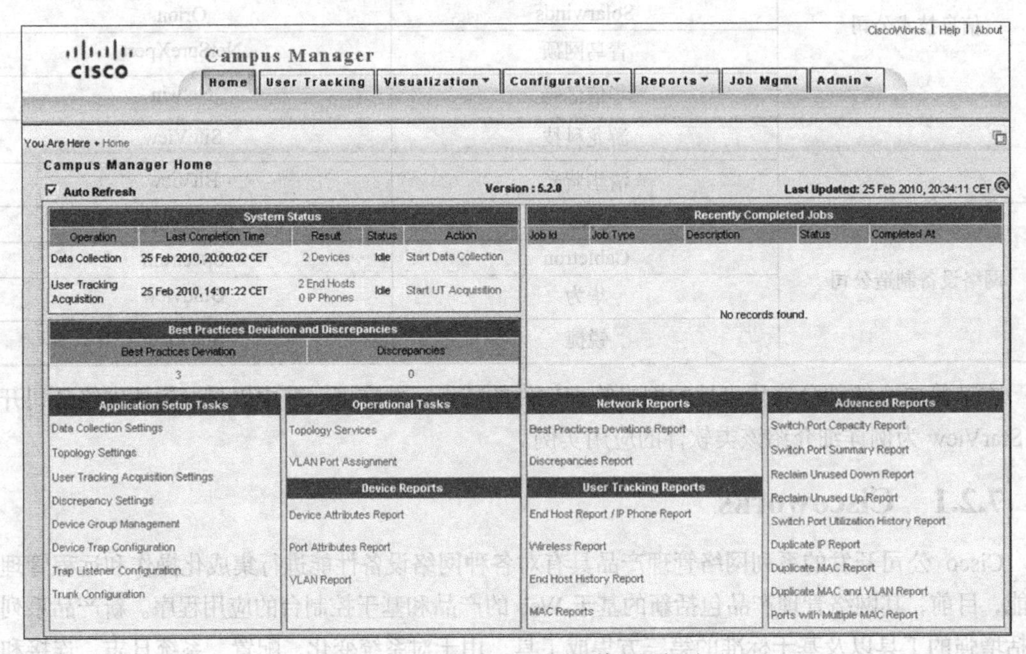

图 7-1　Cisco Ciscoworks 园区管理运行界面

（6）设备故障管理器。设备故障管理器为 Cisco 设备提供了实时故障分析能力。它通过对多种数据进行收集和分析生成了“智能 Cisco 陷阱”。这些陷阱能够在本地显示，也可以用 E-mail 的方式传递给其他常用的事件管理系统。

7.2.2　HP OpenView

HP 公司是最早开发网络管理产品的厂商，其产品 HP OpenView 已经得到了广泛的应用。这个产品集成了网络管理和系统管理的优点，使网络管理与系统管理集成在一个统一的用户界面中，共享消息数据库、对象数据库及拓扑数据库中的数据，从而形成了一个单一的、完整的管理系统。OpenView 实现了网络运行从被动无序到主动控制的过渡，使网络管理员能够了解整个网络当前的真实状况，实现主动控制。OpenView 系列产品包括统一的管理平台和全面的服务，具有设备管理、网络安全、服务质量保障、故障自动监测和处理、设备搜索、网络存储、智能代理及 Internet 环境的开放式服务等功能。

HP OpenView 的 NNM（Network Node Manager）能够提供管理网络的智能手段，监控整个网络的各种设备，并能够自动发现设备的运行状况，将这些信息以直观的图形表示出来。还能够持续监控网络上的新设备及其状态，其发现和监控功能还可以探测到位于广域网上的设备，多层次映射图能够显示出哪些设备和网络分段工作正常，哪些部分需要引起注意。NNM 几乎不需要进行配置，在网管工作站上安装好后就会立即自动扫描网络，生成综合业务网络的拓扑图，其中包括 NNM 发现的所有主机和网络设备，并按照网络结构分层，即在根图中包含多层子图。从最高层的全网拓扑图到最低层的网络连接设备，NNM 都可以对其进行方便的管理，大大减轻了网管员的工作难度和强度。图 7-2 是 OpenView 的运行界面。

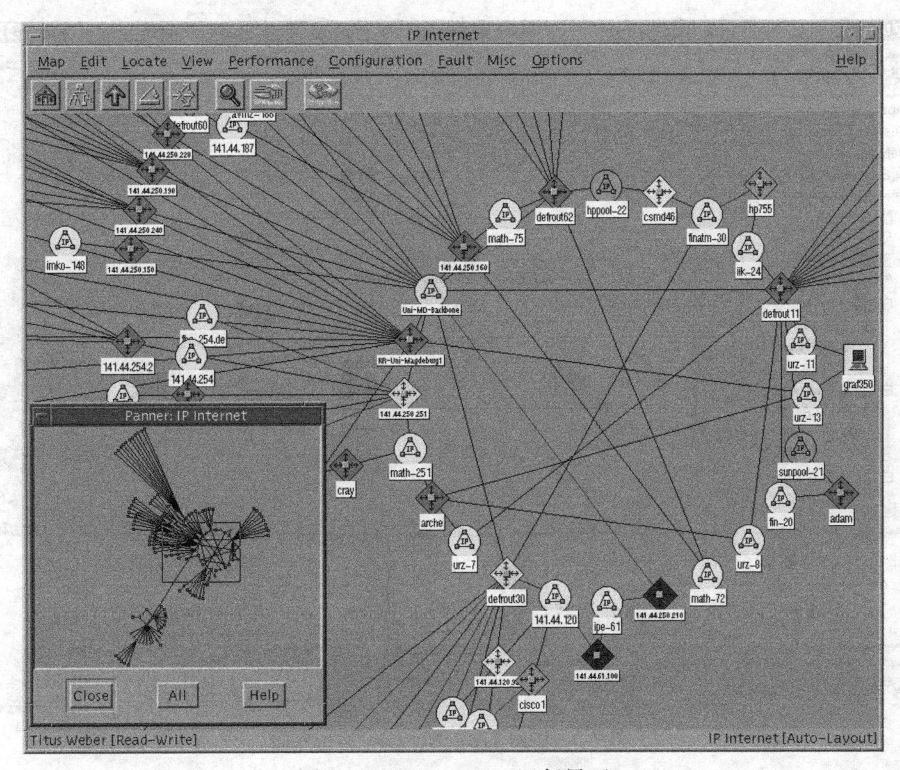

图 7-2　HP OpenView 运行界面

7.2.3　IBM Tivoli NetView

NetView 是 IBM 公司的网管产品，主要用于 Unix 系统上，NetView 在网络管理和系统管理市场上占有一定的份额。

Tivoli NetView 管理环境是用于网络管理的集成产品，可为各种系统平台提供管理。它具有跨主机系统、客户机/服务器系统、工作组应用、企业网络及 Internet 服务端到端的解决方案，并将系统管理包含在一个开放的、基于标准的体系结构中。

Tivoli NetView 包含了较为全面的资源管理功能，具体体现如下特征。

（1）平台：统一的管理平台。

（2）可用性：包括网管软件、分布式系统监控功能、事件处理和自动化管理等。

（3）安全性：扩展了用户管理功能和安全管理功能。

（4）配置：软件分发管理和自动信息仓储管理。

（5）可操作性：具有支持和控制远程用户的功能。

（6）应用管理：全面的 Domain/Notes 管理和对各种大型数据库系统的管理。

（7）工作组产品：可将局域网与 Tivoli 企业管理系统连接起来。

Tivoli NetView 的位置敏感型拓扑特性可以让网管员通过简单的配置说明来指导 Tivoli NetView 的映像布局。可自动生成直观的拓扑视图，将有关网络的地理、层次与优先信息直接合并到拓扑视图中。此外，Tivoli NetView 的开放性体系结构可让网管员对来自其他单元管理器的拓扑数据加以集成，以便从一个中央控制台对多种网络资源进行管理。图 7-3 是 Tivoli NetView 的运行界面。

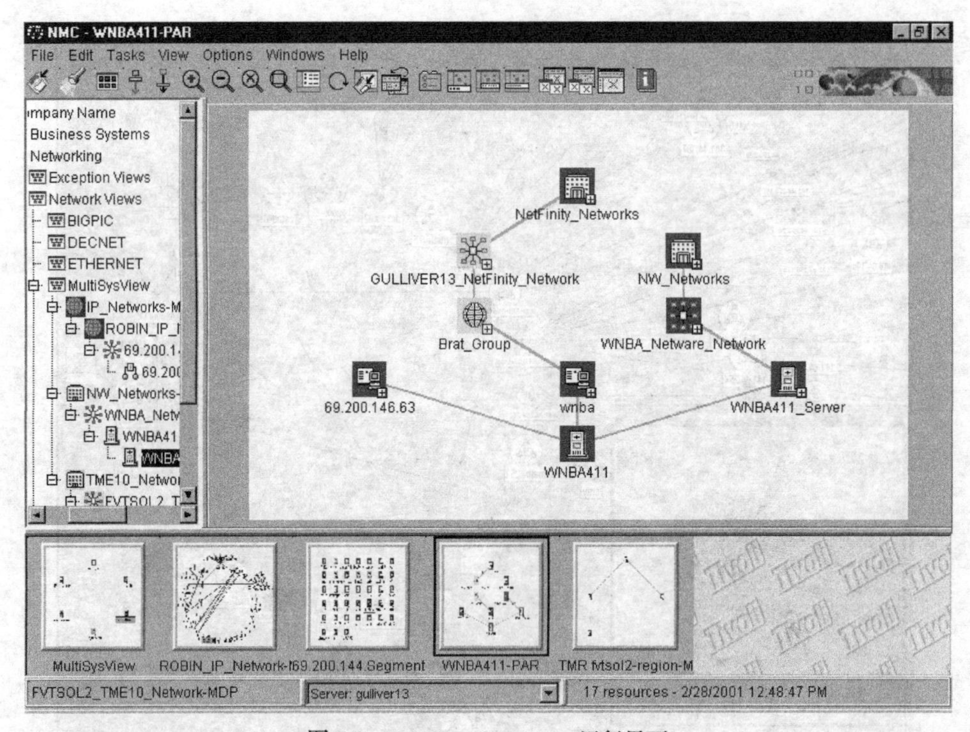

图 7-3 IBM Tivoli NetView 运行界面

7.2.4 华为 Quidview

华为 Quidview 是华为公司针对 IP 网络开发的、适合于各种网络管理的网管软件，是 iManager 系列网管产品之一。Quidview 是一个简洁的网络管理工具，能够充分利用设备本身的管理信息库完成设备的配置、配置信息的浏览及设备运行状态的监控等。该软件不但能和华为的 N2000 结合，还能集成到其他一些通用的网管平台上，实现从设备级到网络级全方位的网络管理，其主要特点如下。

（1）图形化的管理界面。Quidview 提供图形化的操作界面，用户可以从中选择需要的操作。用户可以通过指定设备的 IP 地址访问被管设备并得到全仿真的完整设备视图，该视图能够直接地反映出设备各接口的运行状况。

（2）运行环境与平台无关。Quidview 是使用 Java 语言开发的，由于该语言与平台无关，因此 Quidview 可以运行在多种操作系统平台上。

（3）提供中英文页面显示功能。在运行 Quidview 系统时，用户可以动态地切换两种文字的操作显示界面，同时将当前打开的所有功能窗口关闭，并用相应的语言显示主界面。

（4）操作简单。在 Quidview 提供的图形化操作界面上，用户通过选择菜单完成一系列功能操作，其操作风格与 Windows 相似。图 7-4 是 QuidView 的运行界面。

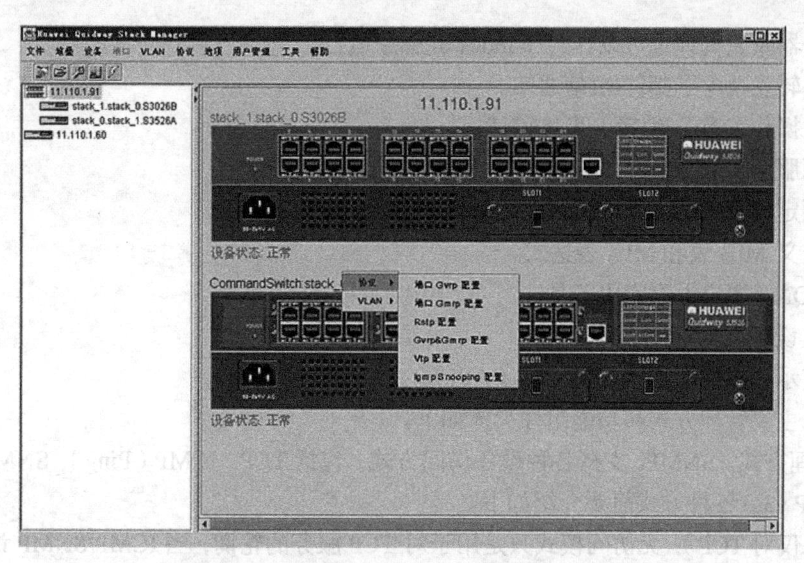

图 7-4　QuidView Stack Manager 运行界面

7.2.5　SNMPc 网络管理系统

SNMPc 是安奈特公司开发的通用的分布式网络管理系统，其系统结构如图 7-5 所示。它提供了诸多区别于单机产品的优势功能，具体如下。

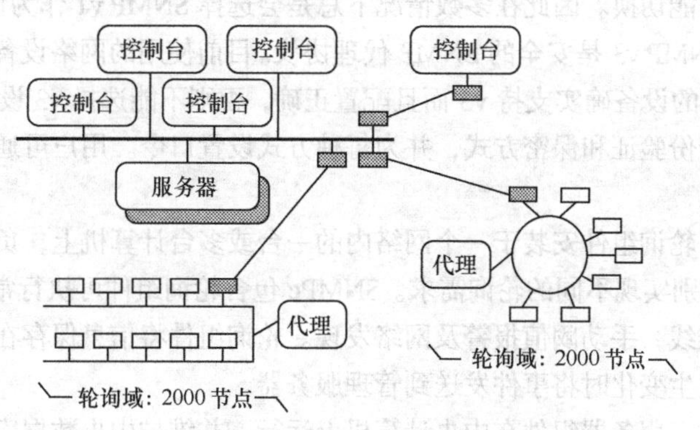

图 7-5　SNMPc 系统结构

- 具有运行在多个计算机上的轮询与服务器等组件，SNMPc 可以延伸以管理非常大型的网络。
- 能够运行多个远程控制台，SNMPc 支持信息共享。
- SNMPc 成本低廉，因为所有组件组合的费用少于相同数目单机管理系统的所需费用。

通过通用的 SNMP，SNMPc 在 IP 网络上进行轮询及配置设备、工作站与服务器。SNMPc 不仅拥有任何 SNMP 管理站所希望的所有特征，它还包括如下高级特征。

- 支持安全的 SNMP v3。
- 可扩展至管理 25000 台设备。
- 支持管理管理器的多级管理架构。
- 支持冗余备份服务器。
- 远程控制台及 Java Web 访问。

- 服务器及轮询代理可以作为 Windows 服务运行。
- 事件转发及电子邮件/短信通知。
- 用户操作（登录/编辑）事件审计。
- 应用服务（TCP）轮询。
- 可预定的 Web 及打印版趋势报告。
- 自定义 MIB 表和 MIB 表达式。
- RMON-I 用户界面应用工具。
- GUI 设备支持开发工具。
- 带有示例的应用程序编程界面（API）。

SNMPc 主要管理方式和功能组件具体如下。

（1）管理方式。SNMPc 支持各种设备访问方式，包括 TCP、ICMP（Ping）、SNMP v1、SNMP v2c 和 SNMP v3。各种方式简要介绍如下。

- 无（仅对 TCP）：无访问模式只是用于对 TCP 服务的轮询，当 ICMP/SNMP 访问受防火墙限制时。
- ICMP（Ping）：ICMP（Ping）用于不支持 SNMP 但仍可通过 Ping 测试其是否有响应的设备。此类设备也可能包括服务器和工作站。
- SNMP v1 和 v2c：SNMP v1 和 SNMP v2c 是非常相似的 SNMP 代理协议，目前部署的网络设备大多数都使用这两种协议。任何支持 v2c 的设备一般同样也支持 v1。SNMPc 根据需要在两种方式之间自动智能切换。因此在多数情况下总是会选择 SNMP v1 作为设备的访问方式。
- SNMP v3：SNMP v3 是安全的 SNMP 代理协议。目前使用的网络设备多数都不支持 SNMP v3。除非确定要访问的设备确实支持 v3 而且配置正确，否则不能选择 v3 设备访问方式。采用 v3 方式，用户应选择身份验证和保密方式，并为每种方式设置口令。用户可通过本地连接接口直接配置任何 v3 设备。

（2）轮询组件。轮询组件安装于一个网络内的一台或多台计算机上，负责对管理域的本地监控。每个轮询组件分别实现不同的轮询需求。SNMPc 包含轮询组件可执行常规的状态轮询，长期历史轮询，自动基准线，手动阈值报警及网络发现。轮询组件将信息保存在一个本地数据库中，并当设备对象状态发生变化时将事件发送到管理服务器。

（3）服务器组件。服务器组件在中央计算机上运行，并维护中央数据库，包括配置、映射拓扑图和事件日志文件。服务器组件负责协调多个客户端应用程序，如用户界面控制台、Java 控制台和远程轮询代理。

在企业版中，服务器组件可以用管理管理器的体系结构组合在一起，共享映射和事件分发，也可以指定一个备份服务器以便在发生灾难恢复支持时提供冗余服务器。

（4）LAN 控制台组件。LAN 控制台组件在用户工作站上运行，为 SNMPc 管理模块的一个或多个模块提供用户界面。SNMPc 控制台事实上由几个控制台组件构成，包括主映射/日志用户界面、MIB 浏览器和 Bitview 设备专用 GUI。

所有在 LAN 控制台和设备间的通信都是首先经过 SNMPc 服务器选择路径的，然后再通过相关的轮询代理。这样极大地简化了防火墙的配置并且允许对私有地址网络的访问。

（5）Java 控制台。Java 控制台是功能受限的只读用户接口界面，任何安装有 Web 浏览器的系统，包括 Windows、Apple 和 Unix 操作系统，都可以使用。Java 控制台是用户每次使用时下载的程序，所以无需在控制台系统上进行安装或维护。Java 控制是设计用于低速率线路的功能组件。

（6）工作组版本。SNMPc 工作组版本是一个独立的 SNMPc 版本。它采用与企业版相同的结构体系，但所有组件必须运行于一台计算机上。工作组版本与企业版采用基本同样的结构体系，但它是专门配置以运行于小型工作组环境下的。工作组版本有受限的功能，最多只支持 1000 个对象。图 7-6 是 SNMPc 的运行界面。

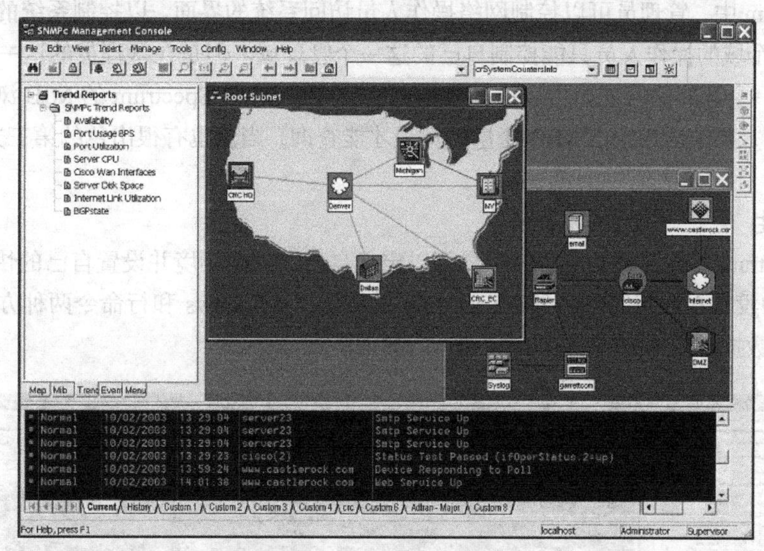

图 7-6　SNMPc 运行界面

7.2.6　Cabletron Spectrum

Cabletron 的 Spectrum 是一个可扩展的、智能的网络管理系统，它使用了面向对象的方法和 Client/Server 体系结构。Spectrum 构筑在一个人工智能的引擎之上，该引擎叫 Inductive Modeling Technology（IMT），同时 Spectrum 借助于面向对象的设计，可以管理多种对象实体；该网络管理系统还提供针对 Novell 的 NetWare 和 Banyan 的 VINES 这些局域网操作系统的网关支持。另外，一些本地的协议支持（比如 AppleTalk、IPX 等）都可以利用外部协议 API 加入到 Spectrum 中，当然这样需要进一步的开发。Spectrum 的主要特性如下。

1. 网络的监视特性

Spectrum 是具备处理网络对象相关性能力的系统。Spectrum 采用的归纳模型可以使它检查不同的网络对象与事件，从而找到其中的共同点，以归纳出同一本质的事件或故障。比如，许多同时发生的故障实际上都可最终归结为一个同一路由器的故障，这种能力减少了故障卡片的数量，也减少了网络的开销。

Spectrum 服务器提供两种类型的轮询：自动轮询与手动轮询。在每次自动轮询中，服务器都要检查设备的状态并收集特定的 MIB 变量值。与其他网络管理系统一样，Spectrum 也可设定哪些设备需要轮询，哪些 MIB 变量需要采集数据，但不同之处在于，对同一设备对象 Spectrum 中没有冗余监听。

Spectrum 提供多种形式的告警手段，包括弹出报警窗口、发出报警声响、发报警电子邮件以及自动寻呼等。在一个附加产品中，甚至允许 Spectrum 提供一种语音响应支持。

Spectrum 的自动拓扑发现非常灵活，但相对比较慢。它提供交互式发现的功能，即用户指定要发现的子网 Spectrum 就可以自动发现，或用户可以指定特定的 IP 地址范围、路由器以及设备等。单一网络和异构网络它都支持自动发现。SFECTRUM 使用一种集成的关系数据库系统来保存数据，但它不支持直接对该数据库的 SQL 语言操作。Spectrum 的数据网关提供类似 SAS 的访问接口，用户可以用 SAS 语言来访问数据库，同时它还提供针对其他数据库系统的 SQL 接口。

2. 管理特性

在 Spectrum 中，管理员可以控制网络操作人员访问系统的界面，以控制系统的使用权限，同时严格控制一个域的操作人员只能控制自己的这一个管理域。但是在管理员的这一层次上只有一级控制，因此一个部门的管理员可以访问其他部门的用户文件。Spectrum 的 MIB 浏览器 Attribute Walk 略显笨拙，要求用户给出 MIB 变量的标识才能查询，当然也有很出色的第三方 MIB 浏览器可以使用。

3. 可用性

通过 Spectrum 的图形用户界面，用户可以定义自己的操作环境并设置自己的快捷方式。不过在 Spectrum 中没有在线帮助。另外，Spectrum 提供了 X-Windows 和行命令两种方式来查询和操作数据库中的数据。图 7-7 是 Spectrum 的运行界面。

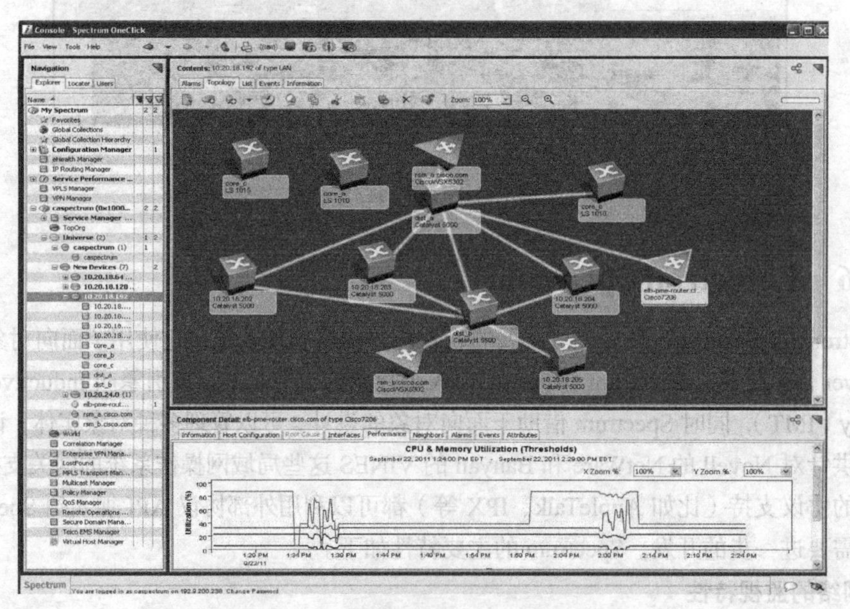

图 7-7 Cabletron Spectrum 运行界面

总之，Spectrum 是一个性能强大同时非常灵活的网络管理系统。它被一些用户使用并给予很高的评价。Spectrum 还提供一些独特的功能，例如相关性的分析和错误告警的控制等。Spectrum 的灵活性也带来了一些复杂性，这种复杂性也限制了 Spectrum 的第三方开发厂商的数量。

7.2.7 SolarWinds Orion

SolarWinds 公司的主要业务是开发和销售网络管理、网络监控以及网络探测工具，能够满足电信运营商、企事业单位对网络管理和专业咨询的不同需求。

专业的 SolarWinds 网络性能监视管理系统，在全球得到了广泛的使用。在中国，众多省（市）移动、电信网通核心 IDC 机房使用 SolarWinds 管理系统对全网设备进行全面监测管理。Orion 是 SolarWinds 一系列网络管理工具中主要进行性能监控和故障管理的软件。Orion 是一个完全 Web 化的网络故障、流量和性能监视管理软件，实现对整个网络的可视化管理和实时监控，Orion 安装和配置简便，易于使用，可以适应任何大小网络对网络管理的需求。

Orion 的主要特性如下：

1. 完全可定制化的 Web 显示

Orion 系统的 Web 页面显示可以根据小型公司、大型企业以及服务运营商的需要进行自定义显示，也可以根据不同管理权限账号显示不同的管理页面。Web 管理权限账号的权限可以基于不同部门、不同地理位置、用户的 ID 号或者用户定义域进行限制。

2. 网络地图

通过 Orion 性能监视系统提供的网络地图功能，网络工程师可以方便地构建整个网络地图形拓扑图，并可以单击进入具体的区域、部门和设备去查询网络的实时状态。

3. 灵活的告警功能

Orion 强大的告警引擎允许网络工程师为网络中各种不同的状况进行告警设置，并将这些告警机制应用于不同分类的设备。例如，可以为设备设定状态相关告警、持续告警以及逐步增强告警。

4. 先进的报表生成功能

Orion 先进的报表生成功能允许网络工程师直接提取数据库中的数据形成多种 Web 报表，并可以直接转换成 Excel 格式进行保存。图 7-8 是 Orion 的运行界面。

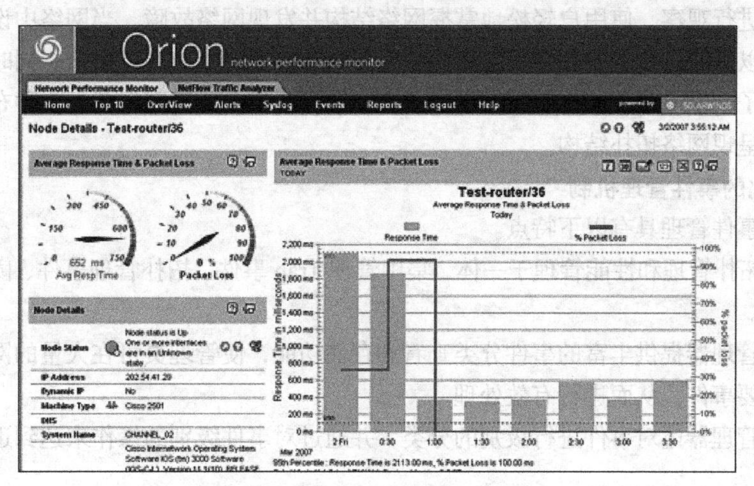

图 7-8　Solarwinds Orion 运行界面

5. SNMP 兼容性

Orion 支持 SNMP v1、v2、v3 不同版本，同时 Orion 也能够接收 SNMP traps 信息。SNMP traps 是在网络设备被检测到异常事情发生时所发送的特殊配置的公告信息。

7.3 StarView 网络管理系统

StarView 是一个基于 Windows 平台的全中文用户界面的网络管理系统。该系统具有集成度高、功能完善、实用性强、方便易用和全中文用户界面等优点。

StarView 管理系统能提供整个网络的拓扑结构，能对以太网络中的任何通用 IP 设备和 SNMP 管理型设备进行管理，结合管理设备所支持的 SNMP 管理、Telnet 管理、Web 管理、RMON 管理等构成一个功能齐全的网络管理解决方案，实现从网络级到设备级的全方位的网络管理功能。StarView 可以对整个网络上的网络设备进行集中式的配置、监视和控制，自动检测网络拓扑结构，监视并控制网段和端口，进行网络流量的统计和错误统计，对网络设备事件进行自动收集和管理等。通过对网络的全面监控，网络管理员可以优化网络结构，使网络达到最佳性能。

7.3.1 StarView 系统特点

1. 稳定的可扩展软件体系结构

StarView 软件结构采用多进程挂靠的方式进行设计，如图 7-9 所示，从而使 StarView 具备了丰富的可扩展接口，为进一步升级和软件外联提供了可靠的平台基础，同时 StarView 使用 Visual C++ 6.0 进行设计，其高效率的代码设计降低了对系统资源的占用，使软件能够快速完成复杂的计算，更好地与平台中的其他软件共存。

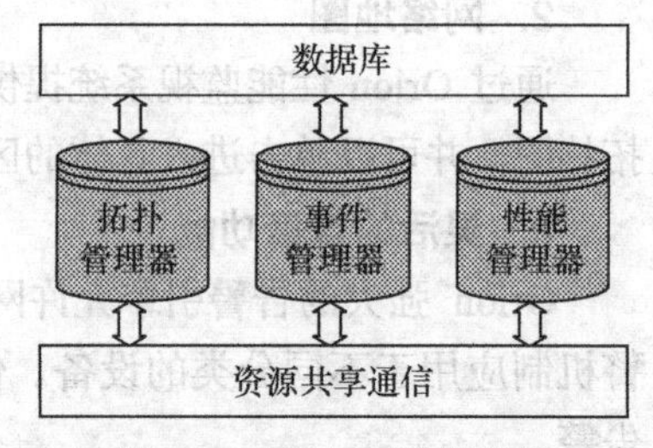

图 7-9 StarView 软件结构

2. 增强的网络拓扑发现能力

StarView 集成了目前最先进的网络拓扑发现算法，可以高效地对三层网络链接（逻辑拓扑）和两层网络链接（物理拓扑）进行发现和描绘。StarView 还提供了独有的全网拓扑视图，从全局的角度对全网进行观察，使用户轻松地掌握网络结构并发现网络故障。当网络中设备较多时，设备过滤功能可以过滤掉普通设备，使网络骨干设备的链接更清晰地展现出来。同时，StarView 通过子网划分和子网发现等手段为管理员提供了点面结合的集中式管理视角。多种布局算法可以按照用户的要求呈现网络拓扑结构。

3. 智能化的事件管理机制

其智能化事件管理具有以下特点。

（1）结合拓扑管理和性能管理于一体，集中管理 Trap 事件、拓扑管理事件、阈值报警事件和未知类型事件。

（2）事件管理器提供丰富的事件分类查看和存储功能，使管理员可在大量的网络事件中迅速查找并标识重要事件，从而进行有效处理。

（3）事件管理器还对事件进行级别的分类，并通过对事件级别的操作来达到迅速处理事件的目的。

（4）事件管理器使用标准数据库作为 Trap 解释模板库，通过编辑配置数据库，管理员可使用自定义的方式扩展软件支持的事件类型，从而解决了多设备混用时事件管理混乱的问题。

（5）事件管理器提供了事件报表功能，可根据管理员定义的搜索条件检索数据库，并形成 HTML 报表供管理员汇总和分析。

（6）事件管理器除了为管理员提供基于声音和 E-mail 的事件告警功能外，还提供了对网络事件的管理操作进行自动处理的功能。用户可以通过强大的外挂工具管理器定义扩展外挂工具，外挂工具管理器又通过提供一系列的参数将事件相关信息传递给扩展工具，从而使管理员能够及时对网络事件进行处理。

4. 高效的性能监视和预警功能

StarView 的性能监视和预警功能具体如下。

（1）提供完美的组合式曲线统计方式，为网络性能分析和故障分析提供直观的分析视图集。

（2）提供视图打印功能，使用简单的操作即可进行统计和视图打印，从而为网络故障分析提供了现场保存的能力。

（3）主动式的阈值告警功能使管理员能够自定义网络关键性能变更事件，并通过与事件管理器连接得到有效的预警和处理。

（4）提供多设备多性能同视图对比监视的方式，使管理员能够方便地对多项网络性能进行对比分析。

（5）自动视图记忆功能使监视视图被设置后即可永久保存，从而使软件一旦启动，即可对历史监视点进行后台监视，免除了管理员重复设置的操作。

5. 友好的用户界面

StarView 采用全中文的用户界面和标准的 Windows 应用程序界面风格，使用户可以快速掌握软件的使用方法。同时高度简化的软件操作方式使得复杂的软件功能应用只需执行简单的步骤即可完成。

7.3.2　StarView 基本产品信息

1. StarView 产品信息

StarView 产品信息见表 7-2。

表 7-2　StarView 网管产品信息

型　　号	描　　述
StarView 2.0 标准版	通过对全网进行拓扑发现及对事件、性能、日志进行统一管理，可以方便地实现对全网设备的统一管理，包括拓扑管理器及其他相关管理工具。可网管的网络设备台数为 12 台
StarView 2.0 企业版	通过对全网进行拓扑发现及对事件、性能、日志进行统一管理，可以方便地实现对全网设备的统一管理，包括事件管理器、性能管理器、拓扑管理器及其他相关管理工具，支持全网发现管理及连接发现管理，没有可网管的网络设备台数限制

2. StarView 功能及原理

StarView 2.0 中二层拓扑发现的基本原理是基于 802.1d 标准的，由于网桥是以太网的基础，所以 StarView 2.0 的兼容性较好，不需要其他特殊的拓扑发现协议支持。在二层拓扑发现过程中，软件使用了 Ping 命令进行目标设备的探测，使用 SNMP 进行网络信息的收集。通过收集网络中各被管设备所保存的数据，结合锐捷网络自主研发的拓扑分析算法，提取出明晰的二层拓扑信息。对于二层拓扑发现来说，目标设备状态、MAC 地址、IP 地址都是进行拓扑分析的重要数据，从这一点看，二层拓扑发现效果取决于拓扑分析的数据是否充分。

在一个全网络管理的交换网络中，StarView 2.0 的二层拓扑发现将会得到最佳结果。如果将实际物理网络拓扑看成一棵树，树中的所有非叶子节点都完整地实现了以下几个功能，那么这样的网络就被称为全网管的交换网络，具体协议包括：SNMP、ARP、ICMP、802.1d Bridge Protocol（RFC1493）、TCP/IP、UDP。

（1）在拓扑发现过程中需要检测以下几种设备管理信息（只要求交换机设备或路由器设备支持）。

- 系统信息（RFC1213 定义的管理内容，1.3.6.1.2.1.1 System Group，必需）。
- 地址信息（RFC1213 定义的管理内容，1.3.6.1.2.1.3.1 atTable，三层发现必需）。
- 路由信息（RFC1213 定义的管理内容，1.3.6.1.2.1.4.21 ipRouterTable，三层发现必需）。

- 接口信息（RFC1213 定义的管理内容，1.3.6.1.2.1.4.20 ipAddressTable，三层发现必需）。
- 桥信息（RFC1213 定义的管理内容，1.3.6.1.2.1.17.4.3 dotldTpdTable，三层发现必需）。

其中 802.1d Bridge Protocol（RFC1493 定义的管理内容）是准确发现网络拓扑的关键，上面列出的功能不仅针对工作在二层子网的交换机设备，也针对工作在二层子网边缘的三层设备（如路由器、三层交换机等）。

（2）交换机设备和三层设备被发现的条件具体包括：支持标准的 SNMPv1；完整实现支持 SNMP 标准的系统信息、地址信息、路由信息、接口信息、桥信息及 ARP 信息，即实现了 RFC1493 和 RFC1213 所规定的 SNMP 管理内容。

（3）标准 IP 设备被发现的条件具体包括：标准 IP 设备曾经与三层设备通信；支持 ICMP，就是通常所说的响应 Ping 操作；支持 ARP；支持 NetBIOS（非必要条件）。

（4）服务器设备被发现的条件具体包括：支持标准 IP 设备需要的条件；需要提供相应的服务端口打开并可以被检测；端口协议可以支持 TCP 或者 UDP。

（5）哑设备被发现的条件具体包括：哑设备的上链设备必须是一台可被检测的交换机或三层设备；除上链设备外，哑设备必须是至少有两个端口连接标准 IP 设备；注意，当多台哑设备被串联在网络上使用时，这些哑设备将被识别为一台哑设备。

3. StarView 运行环境

（1）硬件平台。

- Intel PentiumⅢ800 以上的 CPU 处理器。
- 256MB 内存。
- 剩余硬盘空间为 100MB。
- 网络适配器。

（2）软件平台。

- Microsoft Windows XP sp1/NT 4.0 或 Windows/2000 操作系统，推荐使用 NT 或 2000 系统。
- Microsoft SQL Server ODBC 驱动。
- Microsoft SQL Server 网络驱动。
- Microsoft SQL Server 企业版或个人版（推荐安装）。

7.3.3 StarView 使用说明

在使用 StarView 网管软件以前，必须确认已经完成了以下三项工作。

（1）正确安装了 StarView 网络管理软件。

（2）正确连接了必需的 SQL 数据源。

（3）完成了软件注册操作。

首次登录 StarView 可以使用默认的用户名称（Start）进行登录，该用户为 Supervisor 级用户，可以使用拓扑管理器中的用户管理功能对软件用户进行管理。如果是第一次登录软件，软件会要求为用户指定数据源。

首先单击“Machine Data Source”选项卡，在列表中选择“StarView Database”数据源（该数据源的安装见《软件安装指南》），然后单击“确定”按钮，打开“数据库登录”对话框，在文本框中输入登录 SQL 数据库的用户名和密码（需要向数据库管理员获得正确的数据库权限），再单击“OK”按钮完成登录。

7.3.4　拓扑管理器

1. 拓扑管理器概述

（1）拓扑管理器用于描述网络拓扑结构，拓扑管理器提供简单易用的拓扑编辑方式，简化了用户操作，管理员可使用其提供的自动发现和管理员自绘两种方法详细表示网络的逻辑拓扑和物理拓扑。

（2）拓扑管理器可作为管理网络设备的平台，通过与软件提供的 MIB-Browser、RMON-View 以及相应的 Telnet 客户端、Web 浏览器结合构成对设备的集成管理。

（3）软件提供了灵活的外挂工具接口用于在 StarView 拓扑管理器中捆绑管理工具。

（4）拓扑管理器支持设备的响应监视功能，拓扑管理可定期检测资源数据库中的设备响应时间，并依据设备当前的状态进行标识。

（5）通过与事件管理器结合，性能管理器可设备改变状态信息和转化为网络拓扑事件，并传输到事件管理器中进行统一管理。

2. 基本概念

拓扑管理器由管理元素、标准 IP 设备、哑设备以及链接等组成。

（1）管理元素是所有可在 StarView 拓扑管理器中被管理的对象的抽象，管理元素只包含一个属性，即管理元素的名称。拓扑管理器为不同的管理元素提供了不同的管理工具集，从而实现了对不同管理元素的分类管理。

（2）标准 IP 设备是实现 IP 协议栈的管理元素，标准 IP 设备由 IP 地址进行标识。

其中提供应用层服务的标准 IP 设备被称为服务器；实现了 802.1d 功能的标准 IP 设备被称为交换机；具备三层路由转发功能（IP Forwarding）的标准 IP 设备在 SatrView 拓扑管理器中统称为三层设备。三层设备包含以下两类设备。

- L3 交换机：实现了 IP Forwarding 功能的交换机设备。
- 路由器：实现了 IP Forwarding 功能的标准 IP 设备，路由器不具备 802.1d 功能。

（3）哑设备即 Dump 设备，是指存在于网络拓扑中的用于链接多个管理元素的网络节点，哑设备没有 IP 标识，并且不响应 IP 请求。

在实际应用中，哑设备通常包含集线器、无网管交换机等。注意，当一台可网管的交换机设备为另一个 IP 子网提供二层交换服务时，这台设备在该 IP 子网网段中将被标识为哑设备。

（4）子网是指有共同特征的管理元素集合，其中 IP 子网指的是有相同 IP 子网号和子网掩码的标准 IP 设备集合。同一个 IP 子网中的设备之间可直接进行通信，而不同 IP 子网中设备之间的通信必须经由三层设备进行转发。

（5）主拓扑为三层网络设备、二层交换机、哑设备以及网络中的其他标准 IP 设备构成的网络拓扑，主拓扑中不再包含 IP 子网等逻辑管理因素，也可以认为主拓扑是以三层设备为关键节点，将所有子网拓扑整合后的网络拓扑，一个互相连通的局域网中只有一个主拓扑。在主拓扑中主要表达了网络设备之间的物理连接关系，因此从某种意义上讲，StarView 拓扑管理器所描绘的主拓扑等同于网络的物理拓扑。

（6）三层拓扑由实现了 IP Forwarding 功能的网络设备、此类设备的网络接口所链接的子网，以及它们之间的链接构成。一个互相连通的局域网中只有一个三层拓扑。

（7）子网拓扑由一个 IP 子网中的网络设备及这些网络设备之间的链接关系组成，子网拓扑可使用 IP 子网号进行标识，子网拓扑又称为二层拓扑。

3. 拓扑管理器的界面结构

拓扑管理器的界面结构如图 7-10 所示。

拓扑管理器视图用于表达二层拓扑、三层拓扑以及主拓扑等网络拓扑。在拓扑管理视图中可以进行以下操作：通过拖曳管理元素图标来改变管理元素在视图中的位置；鼠标右键单击管理元素图标将出现与该管理元素相关的功能菜单。

资源管理视图以树状结构表达管理元素之间的层次关系，使用资源管理视图要注意以下几点。

（1）当某个 IP 子网下存在管理元素时，这个 IP 子网才能在资源管理器上被添加。

（2）鼠标双击资源管理器的非子网管理元素，将打开管理元素对话框。

（3）双击资源管理器的子网管理元素，可直接将当前拓扑视图跳转为被双击的子网拓扑视图。

（4）哑设备不在资源管理器中被添加。

菜单栏提供了拓扑管理的功能调用接口；工具栏为常用管理功能的调用，提供了快捷的调用方式；状态栏标注了当前软件的状态，同时也提供了对功能的简单描述。

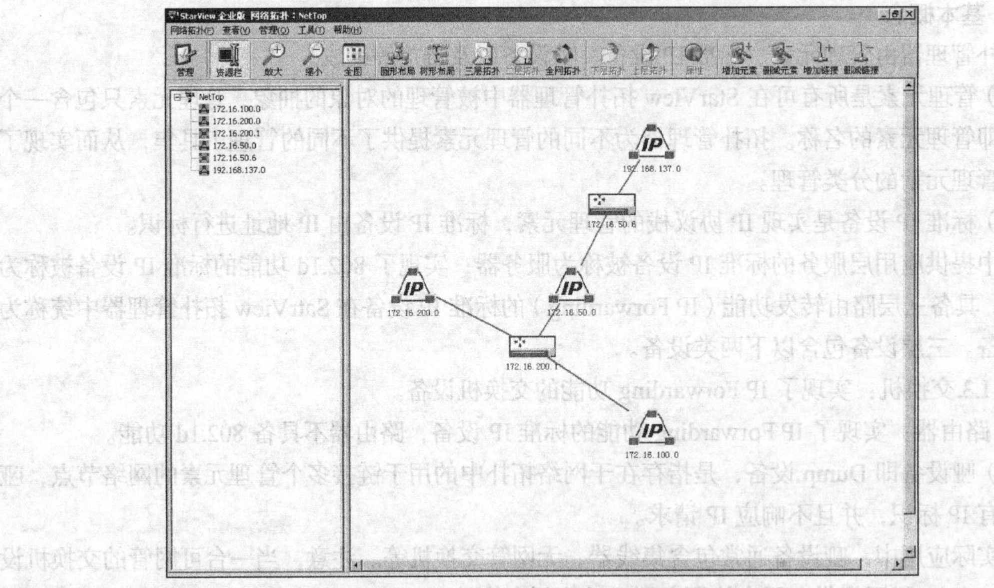

图 7-10 StarView 拓扑管理器界面

7.3.5 事件管理器

1. 事件管理器概述

事件管理器是一款基于数据库管理的软件，对事件（包括标准 Trap 事件、锐捷网络设备 Trap 事件、拓扑管理事件、性能管理器阈值报警事件以及未知类型事件）进行统一存储和管理。通过 UDP 端口接收事件，然后根据事件规则直接对事件进行分类存储、标记或删除。默认情况下，UDP 端口为 162。Trap 事件存储在 Trap 事件文件夹中，性能管理器的阈值报警事件存储在阈值报警文件夹中，拓扑管理事件存储在系统事件文件夹中。

事件管理器的主要功能包括事件文件夹的新建与删除，事件规则的创建与删除，系统属性的设置，事件的查找，数据库的维护，事件的标记、移动存储和删除等。用户可以通过设置 UDP 端口新建事件文件夹及规则，根据规则对接收到的事件进行分类存储、标记、删除、声音警告、触发应用程序、E-mail 通知等。可以结合事件的移动存储、删除、查找，以及数据库的维护等功能对现有的数据库事件信息进行组织和管理。此外，事件管理器还具有定义事件级别等功能。

事件管理器界面如图 7-11 所示。

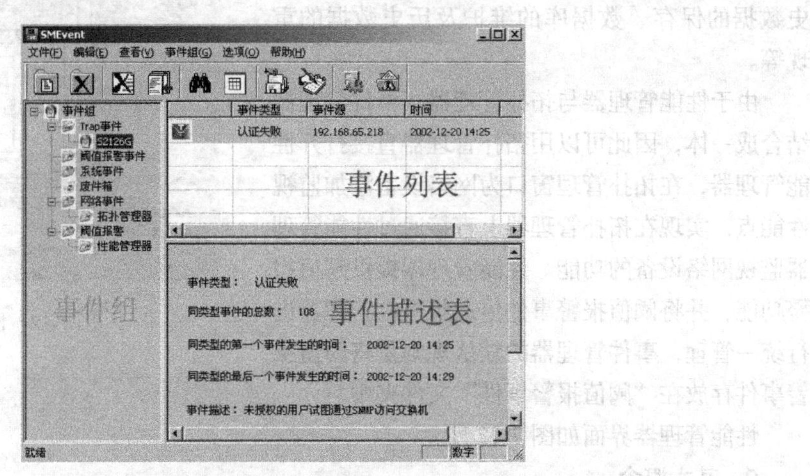

图 7-11 事件管理器界面

2. 基本概念

（1）事件。事件泛指网络设备向 UDP 端口发出的标准 Trap、各厂家网络设备的私有 Trap、性能管理器的阈值报警事件、拓扑管理的系统事件等。

（2）事件类型。事件管理器中包含近 30 种事件类型，如广播风暴、接口链接断开、性能管理器阈值报警事件、拓扑管理事件等。当事件管理器接收到未定义的 Trap 时，会自动解析 Trap 并将其添加到数据库中。然后可以通过自定义功能对未知类型的 Trap 重新进行定义。

（3）事件源是指发出事件的网络设备的 IP 地址。网络设备一般是指交换机，但如果发出的是阈值报警事件和拓扑管理事件，则此时的网络设备是指本机的 IP 地址。

（4）事件组，也称事件文件夹，是为事件的分类存储服务的。可以通过事件规则将某类型的事件存放在规定的事件文件夹中。

（5）事件级别。每个事件都属于一个事件级别，一共有 5 个事件级别，分别是 0 级（报告）、1 级（告警）、2 级（重要告警）、3 级（故障）、4 级（严重故障）。

所有的阈值告警事件都属于一个事件级别，网络拓扑事件也都属于一个事件级别。而 Trap 事件除了默认的事件级别以外，还可以设定不同的事件级别。

（6）事件规则。事件规则由规则条件、规则操作、规则描述组成。规则条件即事件类型或（和）事件源满足的条件；规则操作即满足规则条件的事件将执行的具体操作；规则描述是指详细描述规则的内容。

规则操作包括移动到指定的文件夹、标记为已读、删除、声音警告、触发应用程序及 E-mail 通知等。

7.3.6 性能管理器

1. 性能管理器概述

性能管理器可以定时采集网络报文流量信息，用可视化曲线走势图描述报文流量与时间的对应关系，实时监控网络性能。性能管理器可以同时监控多台网络设备和网络设备的多个接口，并提供多文件的曲线走势图。其功能包括性能组的新建与删除、性能点的添加与删除、网络报文流量的阈值报警功能、曲线走势图的打印功能、曲线走势图管理、网络报文流量的信息表功能、历史数据的保存、数据库的维护及历史数据的重现等。

由于性能管理器与拓扑管理器、事件管理器结合成一体，因此可以用拓扑管理器直接打开性能管理器，在拓扑管理窗口为网络设备添加监视性能点，实现在拓扑管理器上直接通过性能管理器监视网络设备的功能。性能管理器提供阈值报警功能，并将阈值报警事件传送给事件管理器进行统一管理，事件管理器的默认规则是将阈值报警事件存放在“阈值报警事件”文件夹中。

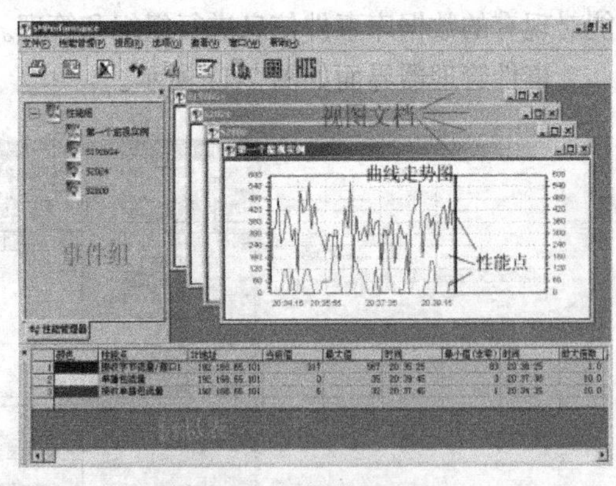

图 7-12　性能管理器界面

性能管理器界面如图 7-12 所示。

2. 基本概念

（1）性能组。性能管理分为两级，即性能组管理和性能点管理。性能组由性能点组成。性能组对应一个曲线走势图文件，走势图描绘了每个性能点对应的曲线走势。每个性能组中的性能点各不相同，不同性能组中的性能点可以相互包含。

（2）性能点。俗称报文流量监视点，每个性能点对应某类型的网络报文和曲线走势图中的一个曲线。性能点分为网络设备报文流量监控点和设备接口报文流量监控点。目前，设备监控点有 10 种，接口监控点有 15 种。

（3）曲线走势图。曲线走势图描绘了各性能点的报文流量与时间的对应关系。其中 y 轴为报文流量的比例值，x 轴为当前流量的时间。

（4）曲线段。连续时间内监视保存的性能点为曲线段。“停止监视”后则产生新的曲线段，历史重现程序是根据曲线段重现的。

（5）阈值报警。当性能点的流量越过报警阈值时，性能管理器会向事件管理器发送阈值报警事件，如图 7-13 所示。

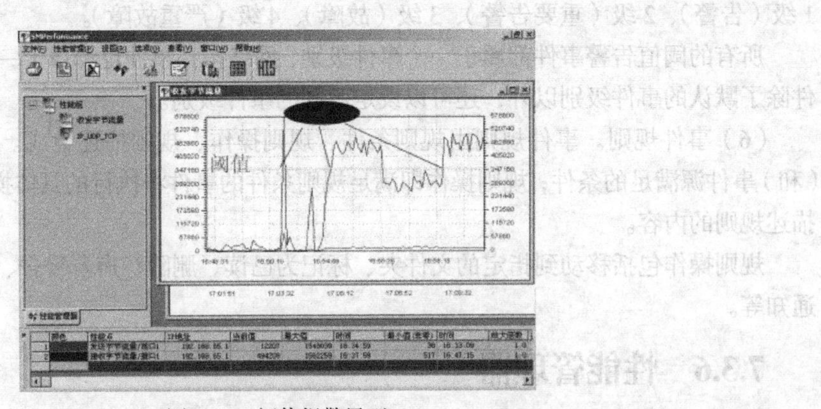

图 7-13　阈值报警界面

（6）信息表。信息表位于曲线走势图的下方，包括性能点的报文类型、设备 IP 地址、当前报文流量值、报文流量最大值及其对应的时间、报文流量最小值及其对应的时间和对应曲线的颜色等。

7.4　使用 StarView 管理网络

传统网络管理理论中，一个典型的网络管理系统可实现的网管功能主要包括拓扑管理、配置管理、故障管理、计费管理、性能管理五部分。StarView 网络管理系统的网管功能主要包括拓扑管理、性能管理和故障管理，而配置管理的部分功能在 StarView 事件管理部分有所涉及，另外该系统没有提供计费管理功能。StarView 2.3 标准版（简称 StarView）基于 Windows 平台，可对以太网络中的标准 IP 设备、SNMP 管理型设备进行管理，结合被管理设备所支持的 Telnet 管理、Web 管理能够实现对中小型网络的基本管理维护。在本节中使用锐捷网络设备规划设计了一个实验网络，并使用 StarView 对该网络进行维护管理，为使用网管系统管理、维护网络及优化网络提供示例。

7.4.1　实验网络规划设计

实验网络中使用两台锐捷 S3760 三层交换机作为核心设备，连接 4 台 S2126 二层交换机，每台 S2126 连接两个主机节点，使用锐捷 R2632 连接外部网络，将管理机和服务器连接到一个子网中，组成一个包括 7 个网络节点和 5 个子网的小型网络。网络结构如图 7-14 所示。

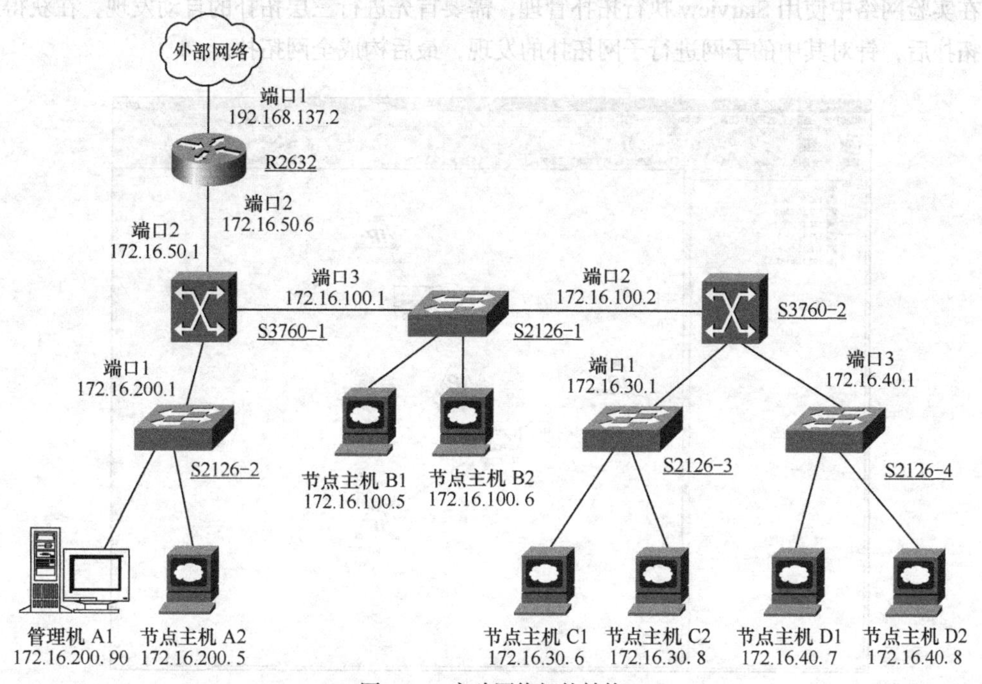

图 7-14　实验网络拓扑结构

1. 网络规划

图 7-12 所示的实验网络中规划设计包括 5 个子网，其子网地址分别为 172.16.30.0/24、172.16.40.0/24、172.16.50.0/24、172.16.100.0/24、172.16.200.0/24。

交换机 S3760-1 和 S3760-2 为核心设备，具备三层交换能力。S3760-1 端口 3IP 地址配置为 172.16.100.1，与节点主机 B1、节点主机 B2、交换机 S3760-2 端口 2（IP 地址为 172.16.100.2）经交换机 S2126-1 连接构成子网 172.16.100.0/24，该子网桥接交换机 S3760-1 和 S3760-2。其中 S3760-1 端口 1IP 地址配置为 172.16.200.1，与管理机 A1、节点主机 A2 经交换机 S2126-2 连接构成子网 172.16.200.0/24；S3760-1 端口 2IP 地址配置为 172.16.50.1 与路由器 R2632 的端口 2 直连，构成子网 172.16.50.0/24。其中 S3760-2 端口 1IP 地址配置为 172.16.30.1，与节点主机 C1、节点主机 C2 经交换机 S2126-3 连接构成子网 172.16.30.0/24；S3760-2 端口 3IP 地址配置为 172.16.40.1，与节点主机 D1、节点主机 D2 经交换机 S2126-4 连接构成子网 172.16.40.0/24。

在上述网络结构中的节点能够实现子网内和子网间的数据通信，可以使用 StarView 网络管理系统拓扑管理器实现三层网络、子网网络和全网网络的自动发现和管理维护，使用性能管理器分析设定性能点的网络流量，提高网络可用性。

2．节点配置

图 7-13 所示网络中包括路由器、三层交换机、二层交换机共 3 种网络设备和主机，需为路由器和三层交换机对应端口设置 IP 地址和掩码，并建立 5 个 VLAN，将各节点主机加入到对应 VLAN 中。二层交换机需将其系统信息及 SNMP 信息设置为只读，并设置认证为 public。在交换机 S2126-1 上启用 spanning-tree 协议，以桥接 S3760-1 和 S3760-2，使子网间互联。各节点主机需要在 Windows 平台上安装 SNMP 和 NetBIOS，提供拓扑发现的基本信息。

7.4.2 StarView 拓扑管理实例

在实验网络中使用 Starview 执行拓扑管理，需要首先进行三层拓扑的自动发现，在获得三层网络拓扑后，针对其中的子网进行子网拓扑的发现，最后构成全网拓扑。

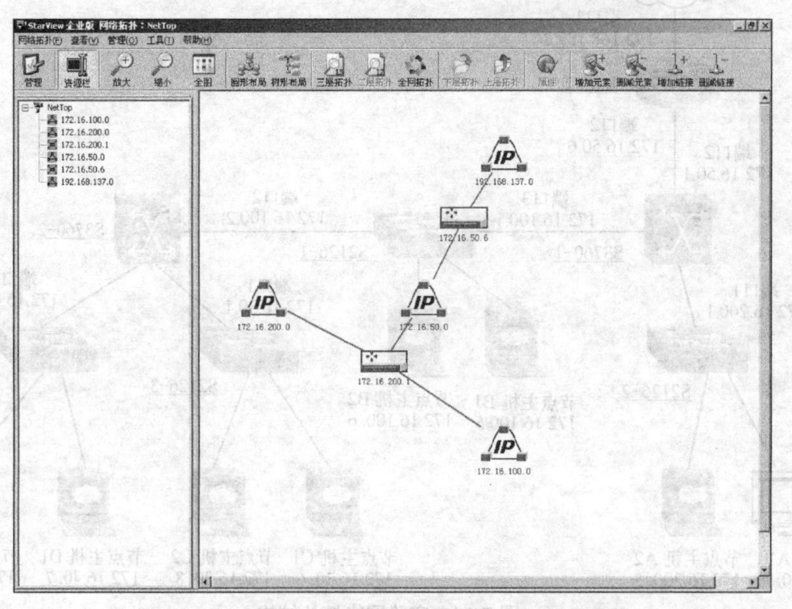

图 7-15 启用 spanning-tree 协议前的三层拓扑结构

进行三层拓扑发现前，需要设置“种子设备”，发现程序将从“种子设备”开始向邻接设备发送探测包，因此该设备必须是三层网络设备。自动发现结束后得到如图 7-15 所示的拓扑结构图。该拓扑视图包括 IP 地址为 172.16.200.1 和 172.16.50.6 的两个三层网络设备以及地址为 172.16.200.0/24、172.16.50.0/24、172.16.100.0/24、192.168.137.0/24 的 4 个 IP 子网，与图 7-12 所示的实验拓扑相比，缺少 S3760-2、子网 172.16.30.0/24 和 172.16.40.0/24。由于 S3760-1 与 S3760-2

通过子网 172.16.100.0/24 桥接，因此考虑在二层交换机 S2126-1 上启用 spanning-tree 协议，通过该协议 S3760-1 连接的子网即可与 S3760-2 连接的子网实现互通信。再次执行三层拓扑发现可得到如图 7-14 所示的拓扑视图。在该视图中，交换机 S3760-2、子网 172.16.30.0/24、172.16.40.0/24 被发现，从而形成了完整的三层拓扑视图。图 7-16 及图 7-17 为圆形布局，StarView 拓扑管理器还提供了树型布局，如图 7-18 所示，使用树型布局能更加清晰地描述节点间的连接关系。

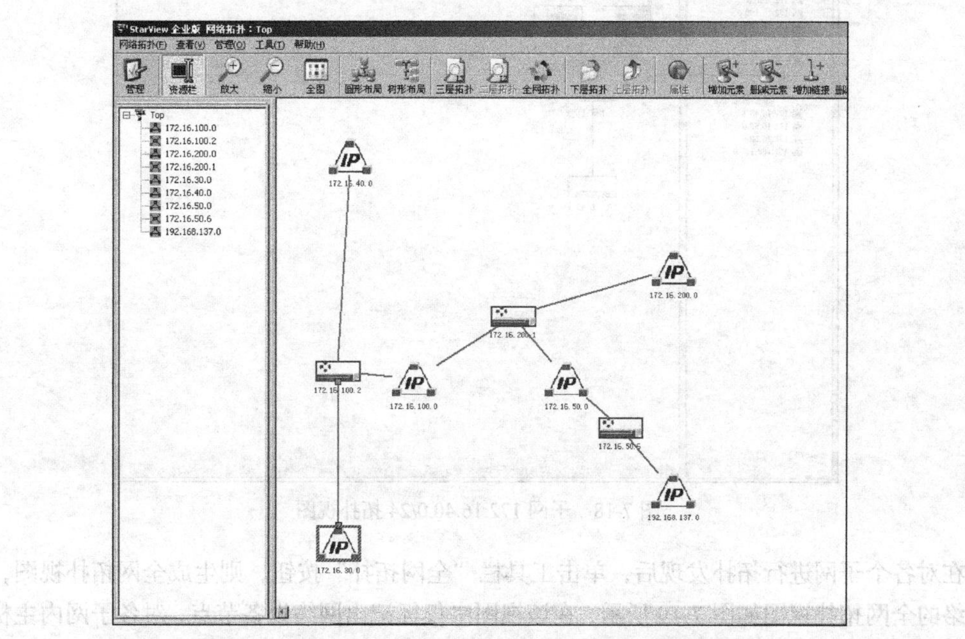

图 7-16　启用 spanning-tree 协议后的三层拓扑视图圆形布局

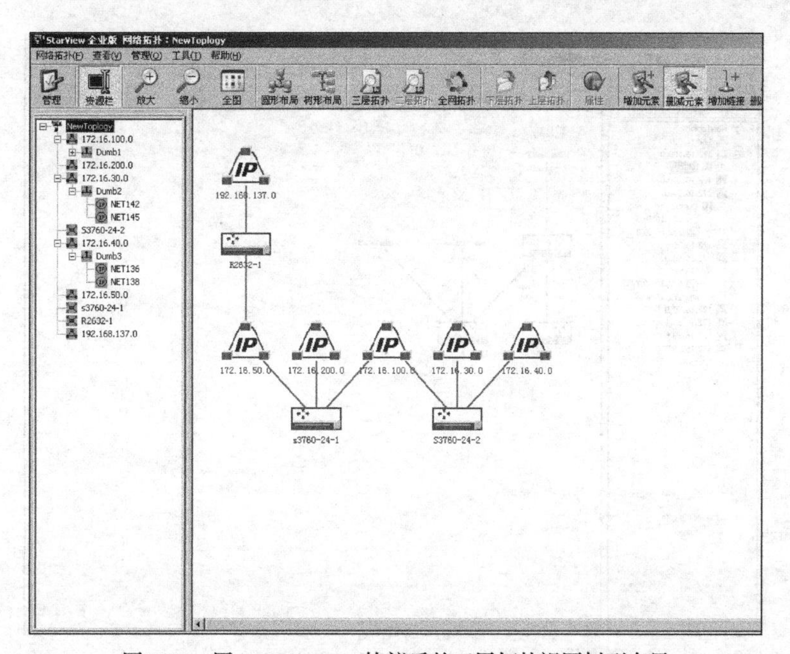

图 7-17　用 spanning-tree 协议后的三层拓扑视图树型布局

子网拓扑是在完成三层拓扑发现的基础上进行的。在三层拓扑视图中选定子网，以 172.16.40.0/24 为例，单击工具栏“二层拓扑”按钮，系统会对该子网进行二层发现，得到如图

7-18 所示的子网拓扑结构视图。在该视图中，交换机 S2126-4 被标记为哑设备，表示该设备仅支持链路层和物理层。

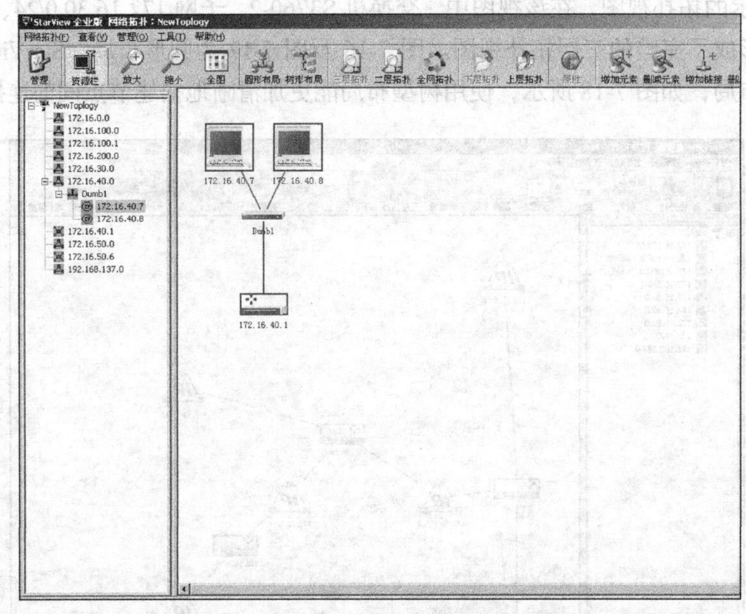

图 7-18　子网 172.16.40.0/24 拓扑视图

在对各个子网进行拓扑发现后，单击工具栏“全网拓扑”按钮，则生成全网拓扑视图，本实验网络的全网拓扑视图如图 7-19 所示，在该视图中仅标记出网络设备节点，对各子网内主机节点没有予以标记。

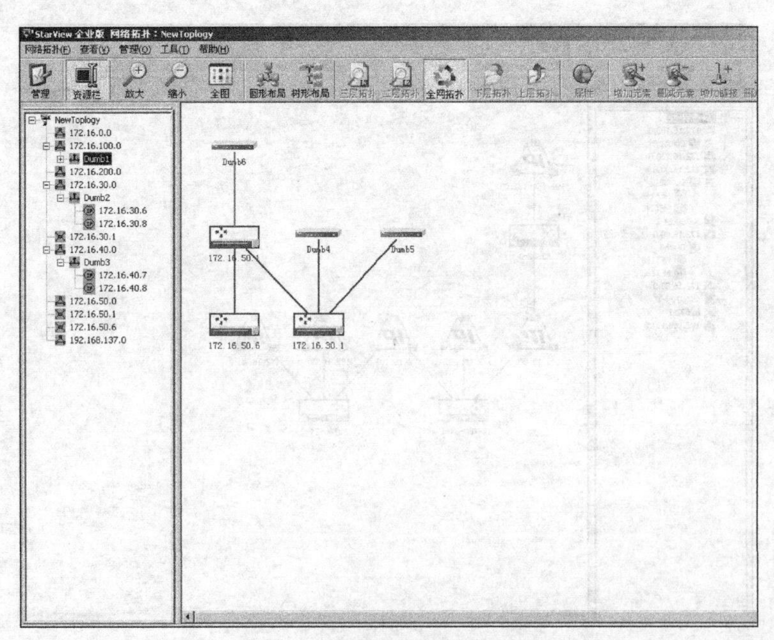

图 7-19　实验网络全网拓扑视图

另外，在使用 StarView 拓扑管理器执行拓扑管理时，发现如下问题：在拓扑管理其左侧树状视图中显示已经发现的 172.16.100.0/24 子网中的 Dump1 即 S2126-1 没有显示在右侧视图中，而出现在右侧视图中的由 S3760-1 端口 1 连接的 Dump6 即 S2126-2 则未出现在左侧视图中，读者可自行验证。

在完成实验网络的各级拓扑发现后，可查看各节点的属性，从这些属性中能够了解该节点的基本信息，便于网络管理人员的管理维护。在网络日常维护过程中，通过拓扑发现可以检测网络设备的连接状态，对未出现在拓扑视图中的设备应进行检查，确定其状态和可用性。

7.4.3　StarView 性能管理实例

性能管理是监测网络运行情况的主要任务。网络管理人员通过在网络各关键连接处设置性能检测点，获取网络运行实时数据，通过分析数据得到网络运行基本情况，发现网络瓶颈，并以此为依据消除瓶颈提高网络运行稳定性和服务质量。

SatrView 性能管理器允许网络管理人员依据各节点属性设置相关性能点，实时监测通信数据，并在监测过程中使性能指标以随时间变化曲线的形式显示出来。

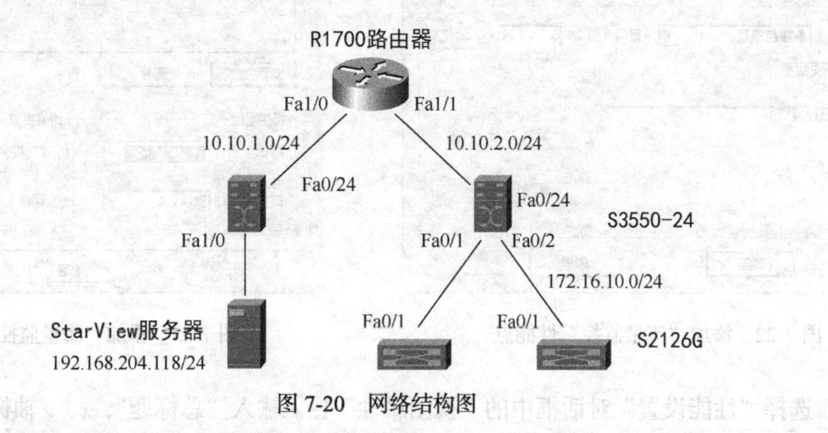

图 7-20　网络结构图

针对图 7-20 的网络，StarView 性能管理步骤如下。

（1）运行 StarView 性能分析器组件，在主菜单中选择【性能管理】→【新建文件夹】，在性能组中新建一个性能组，再选择主菜单中的【性能管理】→【重命名】，把“新建性能组”重命名为“流量监控”，如图 7-21 所示。

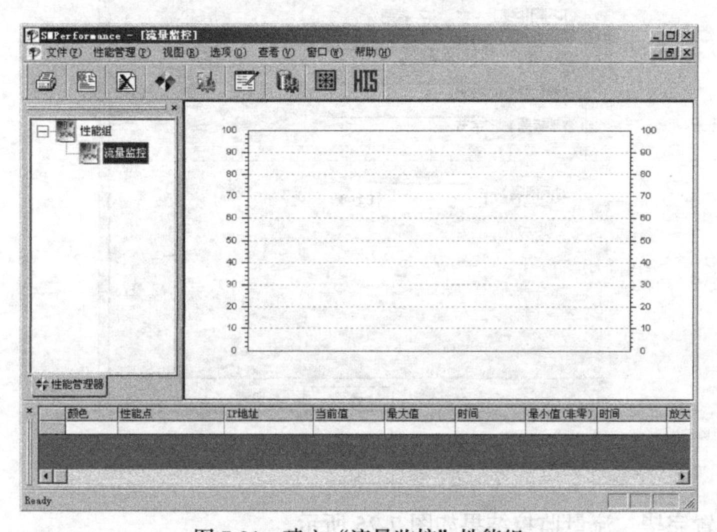

图 7-21　建立“流量监控”性能组

（2）选中“流量监控”性能组，在主菜单中选择【选项】→【性能点设置】，在弹出的对话框中设置监控参数，在【网络设备】栏中输入需要监控的网络设备的IP、认证名，选择网络设备支持的SNMP协议。在【性能点】栏选择需要监控的性能点，及需要监控的端口（接口索引即端口号），如图7-22所示。

（3）设置2条监控曲线，如图7-23所示。第一条：监控172.16.10.3的第5端口的单播包流量。第二条：监控172.16.10.3的第6端口的单播包流量。

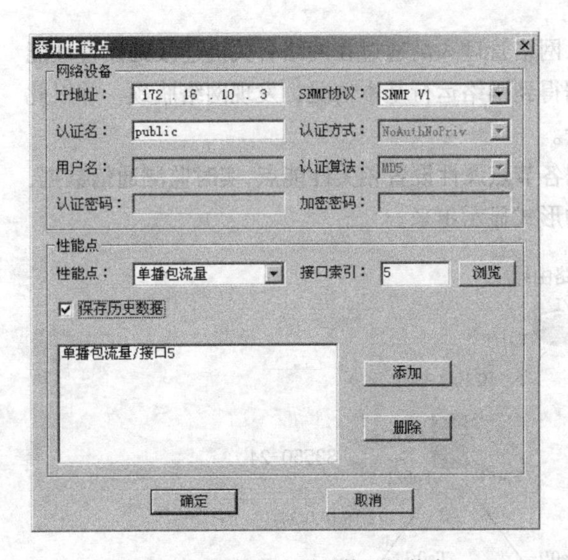

图7-22 添加“流量监控”性能点

图7-23 添加“流量监控”性能点

（4）选择“性能设置”对话框中的“视图属性”栏。输入“总标题”，x、y轴标题，如图7-24所示。

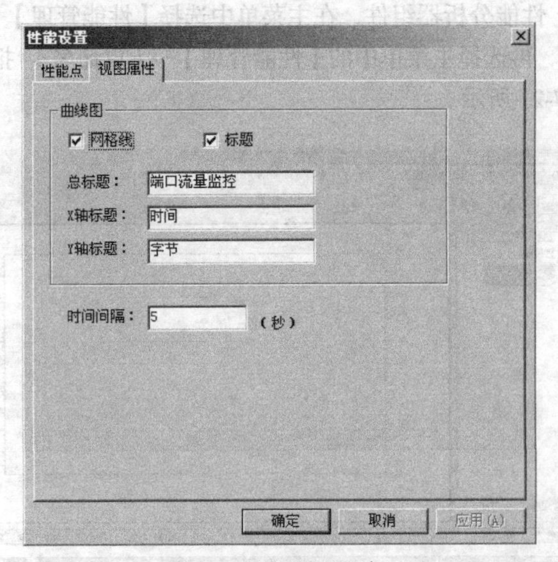

图7-24 设置显示坐标

（5）全部设置完毕，流量监控结果如图7-25所示。

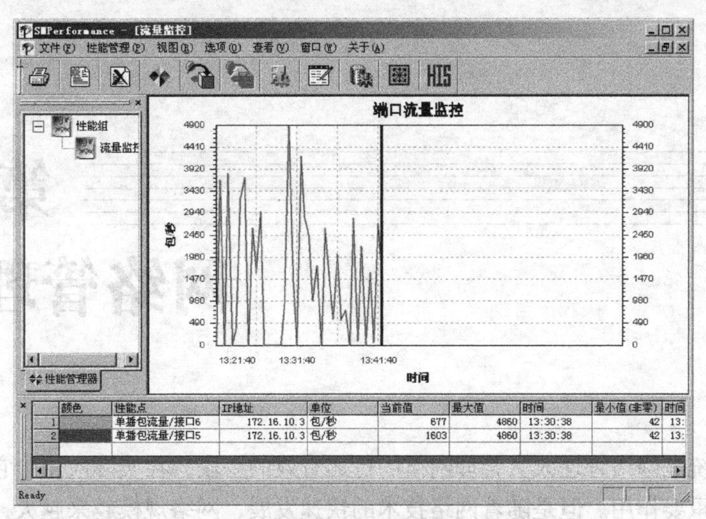

图 7-25　流量监控结果显示

7.5 小　　结

网络管理系统是以提高网络服务质量为目标，以保证网络安全运行为前提，以管理网络事件为中心的网络服务质量管理体系。网络管理系统具有全面监控网络性能和对资源进行有效管理的能力，具有主动和预警管理的功能，支持全网联动，能够进行服务质量管理。典型的网络管理系统应该能够进行拓扑管理、事件管理、性能管理、MIB 操作和陷阱信息处理等。

本章介绍了网络管理系统的基本功能和组成结构，并介绍了常见的网络管理系统的功能特点，用户可以根据不同网络的特点选择相应的管理系统实现高质量的网络管理。7.3 节从性能管理、事件管理、拓扑管理的角度对锐捷公司的 StarView 网络管理系统软件进行了详细解析，也为后续章节有关网络管理应用程序的开发提供了良好的实例。

习题 7

1. 什么是网络管理系统？
2. 结合第 1 章内容，描述常见的网络管理系统结构。
3. 网络管理系统具有哪些主要特点？
4. 通过访问 Internet，了解目前网络管理软件（平台）的发展动态。

第 8 章 网络管理开发

网络管理系统是网络管理人员管理网络的行之有效的手段，在实际应用中它对网络的日常管理和维护起到了重要作用。但是随着网络技术的快速发展，网络规模越来越大，网络结构越来越复杂，这使得如前文所述的大部分网络管理系统只能针对某种特殊网络进行管理，因此，就需要网络管理系统开发人员不断开发新的管理系统。本章将在前文详细分析典型网络管理系统功能和使用的基础上，具体介绍 Windows 系统下网络管理软件开发的流程和方法。

8.1 网络管理开发概述

通用的网络管理应用程序通常叫做管理平台，它提供一组通用的网络管理功能，也提供实现专用管理程序的工具。如前文所述 HP 的 OpenView 就是典型的 SNMP 网管平台，支持基本的管理功能：网络自动发现、拓扑映像生成、MIB 编译器、MIB 浏览器、陷入记录、管理轮询等。还提供开发 API(OVAPI), 可以使用 C、C++、Visual Basic 编写用户专用的管理程序(叫作 OpenView 集成应用)。

无论使用什么管理平台，设计网络管理应用程序都要首先确定以下内容。

- 确定被管理结点的网络地址（IP 地址、IPX 地址、DNS 主机名）。
- 确定远程目标的端口号（UDP161，专用端口号大于 1024）。
- 确定接收陷入的端口号（UDP162，专用端口号大于 1024）。
- 确定团体名(通常为 public, 如果使用两个团体名, 则 read-only 团体名为 public, read-write 团体名为 private)。
- 确定响应定时器等待时间间隔。
- 确定重复请求次数。
- 确定轮询时间间隔。

8.1.1 网络管理应用程序的基本功能

网络管理应用程序的基本功能是辅助管理员监视网络, 发现活动的网络设备, 排除网络故障。具体包括以下内容。

1. 网络发现

网络发现通常包含两部分内容。首先是探测活动站点，这可以通过向子网中的所有站发送 ICMP 报文，把收到应答的站标记为活动站点，或者读取 ARP 缓冲区以及本地路由器和管理主机的接口表，发现可连接的设备，然后有选择地发送 ICMP 报文。其次是标识 SNMP 管理站点，这可以通过向活动站点发送 GetRequest 报文，获取有关信息。例如收集下列信息是必要的。

- 活动站点的基本信息：系统组 1.3.6.1.2.1.1.sysDescr.0 和 1.3.6.1.2.1.1.sysName.0。
- 站地址信息：地址转换组的 1.3.6.1.2.1.3.1.1.atPhysAddress，或者 IP 组的地址转换表 ipNetToMediaTable 中的 ipNetToMediaPhysAddress（1.3.6.1.2.1.4.22.1.2）和 ipNetToMediaNetAddress（1.3.6.1.2.1.4.22.1.3）。

根据收集的信息可以建立网络发现数据库，视其复杂性可用 Text 文件、Windows 注册表或实际的数据库引擎（如 Microsoft ACCESS 等）实现。最后还要建立网络拓扑映像，把发现的各个子网拓扑结构用图形表示出来，可用多个窗口分别显示。

2. 管理站轮询

定期轮询活动站点，可以用 ICMP 报文检查站点活动状态，或者利用 SNMP 收集管理信息。

3. MIB 编译器和数据库

MIB 模块以 ASN.1 编写，以 ASCⅡ文件存储，经编译后转换成代理可利用的格式。MIB 数据库是 MIB 模块的集合。简单的应用可以不使用 MIB 数据库。这种情况下管理员发送请求时要手工输入变量的 OID、数据类型和数据值，同时要记住常用的 OID，解释需要的 MIB 模块。复杂的应用通过 MIB 数据库把对象描述符变换成 OID（数字形式的子标志符），确定存储的数据类型和访问方式。

4. MIB 浏览器

该程序的功能是用搜索目录树的方法，定位和显示 MIB 库中的被管理对象的值，可以通过向某个 MIB 对象发送 GetNextRequest 请求，接收和显示变量绑定表中的内容。

5. MIB 搜索器

该程序是比较简单的浏览器，用于发现被管理对象的 MIB 库。在 SNMP 中没有标准的方法使得被管理结点公布其名字、版本号、MIB 模块的内容及其支持的对象。MIB 搜索器可以动态地发现各个站点中可以访问的对象，但只能检索存储在变量中的 MIB 信息，其他 MIB 模块数据，例如对象标志符、访问模式等不能检索。因而 MIB 搜索器不能替代经过编译的 MIB 模块。典型 MIB 搜索器使用 GetNext 操作按照词典顺序逐个检索某结点支持的各个被管理对象，同时丢弃该对象的值，直至遇到 noSuchName 错误时停止。

6. 陷入信息记录

管理应用接收到一个陷入报文后，可以在拓扑结构图上显示一个图标，或弹出一个消息窗口，甚至声音告警。同时把陷入数据及其时间和地址写入陷入记录文件。在 Windows NT 环境下，可以利用 Win32 Event Logging API 向事件记录中写消息。管理人员可以定期查看时间展示器（Evevt Viewer），发现网络管理中的问题。

8.1.2　SNMP 编程任务

SNMP 是网络管理程序和 SNMP 代理之间的通信协议，主要用来管理网络设备，到目前为止几乎所有的网络产品都要为其提供支持，以方便管理员的管理和软件开发人员的开发。SNMP 编程主要包括两大部分：网络管理程序的开发和 SNMP 代理软件的开发。网络管理程序主要运行在管理端，代理软件则运行在特定的网络被管设备上。

1. SNMP 编程内容

从客户机/服务器的角度分析，网络管理程序和 SNMP 代理既是客户机，同时又充当服务器的角色。作为服务器，网络管理程序监听 UDP 端口 162，接收 SNMP 代理发送的陷阱消息，SNMP 代理监听 UDP 端口 161，接收网络管理程序发送的各种查询请求。作为客户机，网络管理程序可以随时向 SNMP 代理发送查询请求，而 SNMP 代理则可以随时向网络管理程序发送陷阱信息。

因此，开发基于 SNMP 的网络管理程序，和开发其他基于客户机/服务器模式的网络应用程序没有本质的区别。如果程序不准备处理陷阱信息，那么网络管理程序实际上就是一个普通的客户端程序。开发主要包括以下内容。

- 构造正确的 PDU，组成 SNMP 报文。
- 对发送（接收）的 SNMP 报文进行 BER 编码（解码）。
- 接收并处理陷阱信息。

BER 编码处理后的 SNMP 报文，使用 UDP 协议进行封装，并设置服务器端（SNMP 代理）IP 地址和端口号 161。接收到返回的应答包后，再对 SNMP 报文进行解码处理、分析。

SNMP v1 的报文由 SNMP 版本号、共同体字符串和一个附加的 PDU 结构组成。BER 编码的对象是整个报文，而不仅仅是 PDU 部分。UDP 报文的数据部分，就是一个经过 BER 编码处理的完整 SNMP 报文。图 8-1 是网络管理程序发送的 SNMP 请求报文使用的 UDP 报文格式。

源端口（随机）	目的端口161	数据长度	校验和	SNMP报文BER编码

图 8-1　UDP 报文格式

2. SNMP 变量

SNMP 变量是运行期间 SNMP 代理维护的被管理对象实例。网络管理程序通过查询 SNMP 变量的值，获知被管理设备的网络运行状态；通过设置 SNMP 变量值，达到远程配置网络参数的目的。无论是查询还是设置操作，都离不开 SNMP 变量。

SNMP 代理中有哪些 SNMP 变量，是由代理所实现的 MIB 所决定的。MIB 中的标量对象只有一个实例，因此一个标量对象在代理中只产生一个 SNMP 变量。例如，MIB-Ⅱ中的被管理对象 ifNumber（1.3.6.1.2.1.2.1）是标量对象，表示设备中的网络接口数量。运行期间，在一台运行 Windows 2000 的主机（启用了 SNMP 代理）中产生一个 SNMP 变量，变量标志符（标量对象实例的标志符）为 1.3.6.1.2.1.2.1.0，变量值可能为 2（主机中网络接口数）；而在一台 Cisco 交换机中产生具有同样变量标志符，变量值可能为 26。

列对象的情况相对复杂。虽然列对象可以有多个对象实例，但运行期间，同一个表中列对象的实例数是相等的。由 MIB 中表产生的 SNMP 变量数要根据实际情况而定。表产生的 SNMP 变量可以看作一个多维动态数组，如表中有 n 个列对象，就产生一个 n 维动态数组。

例如，MIB-Ⅱ中定义的 ipAddrTable 表，这个表反映了运行期间网络设备本地 IP 地址的相关信息。定义有 5 个列对象，索引对象为 ipAdEntAddr，意义如表 7-1 所示。

表 8-1　　ipAddrTable 表中列对象

列对象	意　义
ipAdEntAddr	本地 IP 地址
ipAdEntIfIndex	IP 地址所在的网络接口索引

续表

列对象	意　义
ipAdEntNetMask	子网掩码
ipAdEntBcastAddr	广播地址格式
ipAdEntReasmMaxSize	允许接收的分片 IP 包最大字节

假设某台主机有两个网络接口，接口索引值分别为 1 和 2，IP 地址分别为 192.168.1.1（子网掩码 255.255.0.0）和 10.10.1.1（子网掩码 255.0.0.0），那么运行时期生成一个有两个元素的五维数组，结构如图 8-2 所示。

ipAdEntAddr	ipAdEntIfIndex	ipAdEntNetMask	ipAdEntBcastAddr	ipAdEntReasmMaxSize
192.168.1.1	1	255.255.0.0	1	65535
10.10.1.1	2	255.0.0.0	1	65535

图 8-2　SNMP 变量

每行表示一个 IP 地址，由于设备中有多少个 IP 地址是不确定的，因此图 8-2 中所示的结构中行数在不同的设备中也是动态变化的。每个列对象都有 2 个实例，每个列对象实例就是一个 SNMP 变量。每行有 5 个列对象，那么，有 2 个 IP 地址的系统，运行期间该表产生 10 个 SNMP 变量。

变量标志符就是列对象实例标志符。例如，欲通过 SNMP 获得 IP 地址 192.168.1.1 的子网掩码（图 8-2 中阴影部分），需要查询的 SNMP 变量标志符为对应列对象标志符和表索引。列对象 ipAdEntNetMask 的标志符为 1.3.6.1.2.1.4.20.1.3，索引为 192.168.1.1，因此得到 SNMP 变量标志符为 1.3.6.1.2.1.4.20.1.3.192.168.1.1。

SNMP 变量对网络管理程序的开发十分重要，管理过程的实质是程序对于 SNMP 变量的操作。因此，在开发程序之前，必须弄清楚在被管理设备中，有哪些 SNMP 变量对实现程序管理功能有意义，它们的变量标志符是什么，弄清楚这些问题是开发网络管理程序的前提条件。

3. MIB 表的操作

MIB 表结构中的列对象往往包含着一组相关的网络信息，程序中经常需要对表进行操作，有时是获取一个列对象的所有实例，有时是获取几个列对象的所有实例。根据表的结构以及 SNMP GetNext 操作特点，使用 GetNext 完成表的检索。

只要产生的应答 PDU 不超过大小限制，一次操作中可以绑定多个 SNMP 变量，即一次取回多个列对象实例。因此，在对表进行检索操作时，有两种选择：可以在一次 SNMP GetNext 操作中取回所有相关列对象的实例，即一次取回一行中的所有实例；或者每次取回列对象的一个实例，循环，直至取回所有相关的 SNMP 变量。

8.1.3　基于 SNMP 的网络管理应用开发方法

在 Windows 下实现 SNMP 协议的编程，可以采用 Winsock 接口，在 161、162 端口通过 UDP 传送信息。在 Windows NT4.0、2000 及以上版本中，Microsoft 已经封装了 SNMP 协议的实现，提供了一套可供在 Windows 下开发基于 SNMP 的网络管理程序的接口，这就是 WinSNMP API。

WinSNMP API 函数实现了基本的 SNMP 功能，使用 SNMP 消息完成 SNMP 实体间的通信。因此，Windows 环境下的 SNMP 编程可以通过调用 WinSNMP API 函数来实现。

但直接使用 API 函数开发应用程序比较繁琐，目前有许多支持 SNMP 功能的第三方软件包，如 UCD SNMP、PowerT、SNMP++等，使用这些开发包能够大大简化 Windows 环境下的 SNMP 编程。

8.2 Windows SNMP 服务

在 20 世纪 90 年代初 SNMP 开始浮出水面时，Microsoft 还没有为它当时的 Win16 操作系统制定出网络管理标准，后来 Microsoft 为 Windows NT 操作系统制定了远程过程调用和系统管理服务（SMS）标准，作为公司专用的网络管理平台。由于 SNMP 在 TCP/IP 网络上的广泛应用，Microsoft 在推出 TCP/IP 32 协议簇时包含了一个 SNMP 服务选件，用于接收和发送 SNMP 请求、响应和陷入。为了提高网络管理的性能，基于 Windows 的 SNMP 服务采用由管理系统、代理和其他相关组件组成的分布式体系结构，Windows 计算机既可以是 SNMP 管理者，也可以是安装 SNMP 代理的被管对象。当 Windows 计算机发生重大事件，如主机硬盘空间不足或 IIS 服务发生异常时，SNMP 服务就会把状态信息发送给一个或多个管理主机。在本节中我们将介绍 Windows 中 SNMP 服务的基本运行原理及安装配置。

8.2.1 Windows SNMP 服务基本概念

Win32 系统支持并发的系统服务，一个 Win32 系统服务可以在后台运行，它的开始和停止无需系统重启动。服务是一种特殊的 Win32 应用软件，它通过 Win32 API 与 Windows NT 的服务控制管理器（SCM）连接，一般运行在后台，作用是监视硬件设备和其他系统进程，提供访问外围设备和操作系统辅助功能的能力。系统服务在系统启动时或用户登录时自动开始运行，当用户退出或系统关机时停止运行。SNMP 就是运行于 Win32 系统之上的一个服务软件，支持 SNMP 管理站和代理功能，包括发送和接收陷入的能力。在安装 Windows 2000 系统时，可以有选择地安装 SNMP 服务，配置成需要的形式。

Windows 2000 系统的 SNMP 服务包括两个应用程序。一个是 SNMP 代理服务程序 Snmp.exe，另一个是 SNMP 陷入服务程序 SNMPTRAP.EXE。Snmp.exe 接收 SNMP 请求报文，根据要求发送响应报文，能对 SNMP 报文进行语法分析，ASN.1 和 BER 编码/译码，也能发送陷入报文，并处理与 WinSock API 的接口。SNMPTRAP.EXE 监听发送给 NT 主机的陷入报文，然后把其中的数据传送给 SNMP 管理 API。Windows 95/Windows 98 中没有陷入处理程序。Windows Server 2003 中 SNMP 的内部体系结构由管理端函数库和代理端函数库两大部分实现，其中部分函数功能出现交迭，既用于管理端，也用于代理端。图 8-3 描述了 Windows Server 2003 SNMP 服务体系结构。

Windows 的 SNMP 代理服务是可扩展的，即允许动态地加入或减少 MIB 信息。这意味着程序员不必修改和重新编译代理程序，只需加入或删除一个能处理指定信息的子代理就可以了。Microsoft 把这种子代理叫作扩展代理，它处理私有的 MIB 对象和特定的陷入条件。当 SNMP 代理服务接收到一个请求报文时，它就把变量绑定表的有关内容送给对应的扩展代理，扩展代理根

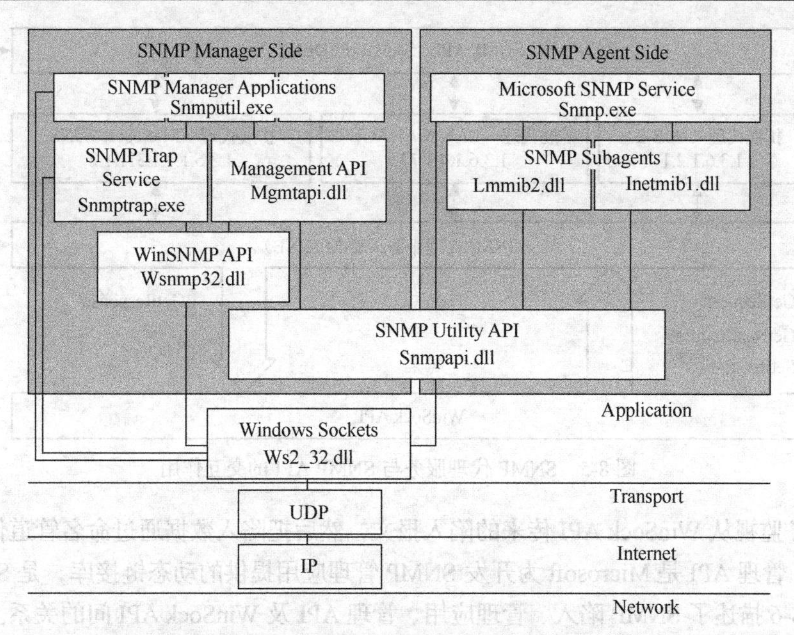

图 8-3　Windows Server 2003 SNMP 服务体系结构图

据 SNMP 的规划对其私有的变量进行处理，形成响应信息。编写扩展代理程序是开发网络管理系统的程序员的责任，程序员可根据需要随时增加或删除系统的扩展代理程序。SNMP 代理服务、扩展代理以及陷入服务与 Win32 操作系统的关系如图 8-4 所示。

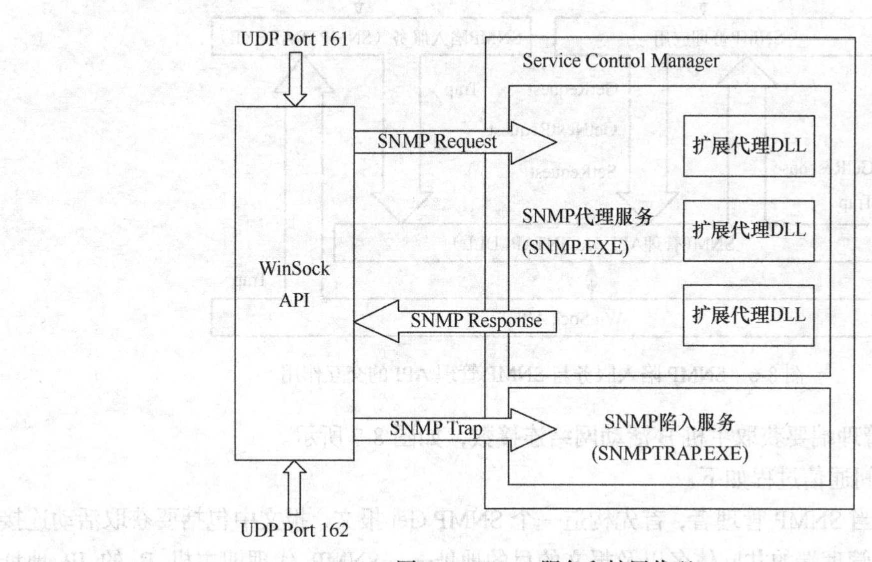

图 8-4　SNMP 服务和扩展代理

WinSNMP API 是 Microsoft 为 SNMP 协议开发的应用程序接口，是一组用于构造 SNMP 服务、扩展代理和 SNMP 管理系统的库函数。图 8-5 描述了 SNMP 代理与 SNMP API 交互作用的详细过程。SNMP 报文通过 UDP/IP 服务经 WinSock API 传送到 SNMP 代理。SNMP 代理调用 SNMP API 对报文译码和认证检查，然后把变量信息传送给有关的扩展代理，经扩展代理处理形成响应信息后又返回给 SNMP 代理，再由 SNMP 代理装配成 GetResponse 报文，交给 WinSock API 回送给发出请求的管理站。如果请求的 MIB 对象没有得到任何扩展代理的支持，则返回 noSuchName 错误。

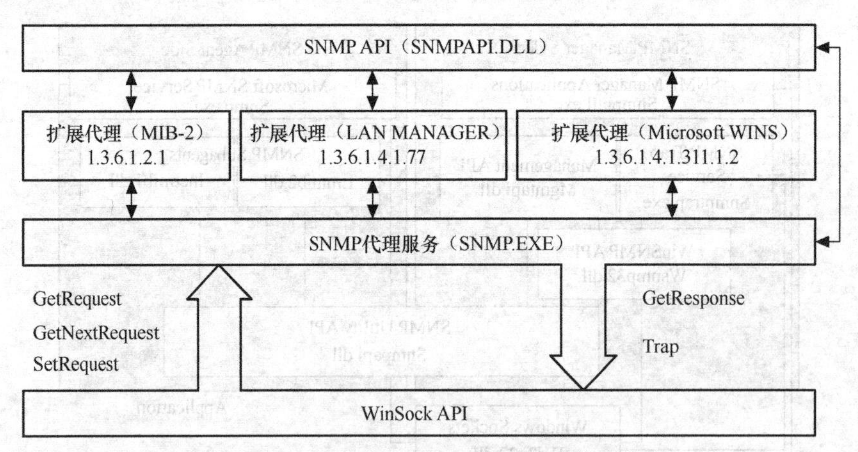

图 8-5　SNMP 代理服务与 SNMP API 的交互作用

陷入服务监视从 WinSock API 传来的陷入报文，然后把陷入数据通过命名管道传送给 SNMP 的管理 API。管理 API 是 Microsoft 为开发 SNMP 管理应用提供的动态链接库，是 SNMP API 的一部分。图 8-6 描述了 SNMP 陷入、管理应用、管理 API 及 WinSock API 间的关系。管理应用程序从管理 API 接收数据，向管理 API 发送管理信息，并通过管理 API 与 WinSock 通信，实现网络管理功能。

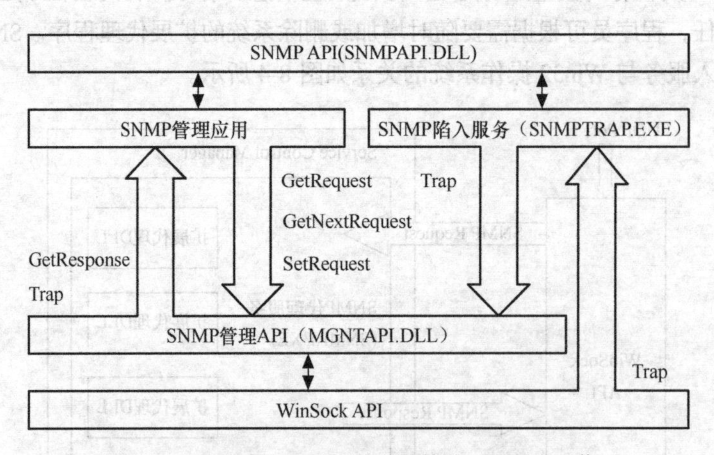

图 8-6　SNMP 陷入服务与 SNMP 管理 API 的交互作用

例 8.1　假定管理端要获取主机 B 活动网络连接数，如图 8-7 所示。

管理端和代理间通信过程如下。

（1）主机 A 担当 SNMP 管理者，首先构造一个 SNMP Get 报文，报文中包括要获取活动连接数的信息、SNMP 管理端的共同体名以及报文的目的地址——SNMP 代理即主机 B 的 IP 地址（131.107.7.24）。SNMP 管理端可以采用 Microsoft SNMP Management API library （Mgmtapi.dll）或 Microsoft WinSNMP API library（Wsnmp32.dll）来实现该步骤。

（2）SNMP 管理端利用 SNMP service libraries 将构造好的报文发送给主机 B。

（3）主机 B 接收到报文后，首先验证报文中的共同体名（MonitorInfo）是否为合法共同体名，并验证与该共同体名相对应的访问权限和源 IP 地址是否合法。若共同体名或访问权限不合法，而且 SNMP 服务已被配置成需要发送认证陷入，代理就会向指定的陷入目的地——主机 C，发送一个 “Authentication Failture” 的陷入报文，其中主机 B 和主机 C 都属于 TrapAlarm 共同体。

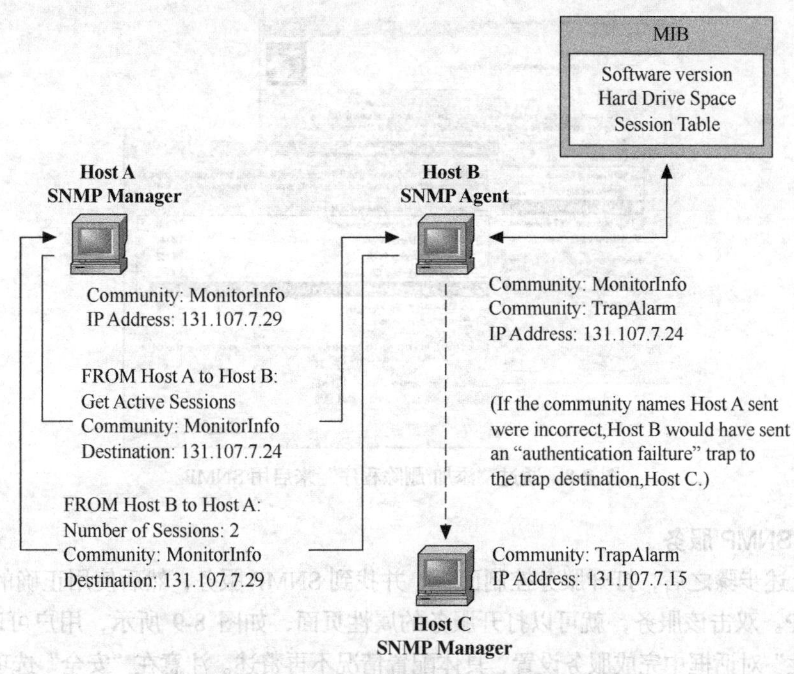

图 8-7　管理端向代理查询活动网络连接数

（4）SNMP 代理的主代理组件调用相应的扩展代理，从 MIB 库中取得所请求的活动连接信息。

（5）利用获得的连接信息，SNMP 代理服务构造一个响应报文，其中包括活动连接数和 SNMP 管理者的目的地址——主机 A 的 IP 地址（131.107.7.29）。

（6）主机 B 将响应报文发送给主机 A。

管理者向代理请求的信息包含在 MIB 中。MIB 是一组可管理的对象，这些对象代表了与网络设备有关的各种类型的信息。例如，活动会话的数目、主机名字或主机网络操作系统软件的版本等。SNMP 管理端和代理对 MIB 对象的理解是一致的。

Windows SNMP 服务支持 Internet MIB-2、Lan Manager MIB-2、DHCP MIB、HTTP MIB 等。

8.2.2　Windows SNMP 服务的安装、配置和测试

Windows SNMP 服务的安装方法同其他服务的安装方法类似，但安装之前必须首先安装 TCP/IP 协议。在 Windows 2000/Windows XP/Windows 2003 中安装和配置 SNMP 服务的方法一致，下面以 Windows 2000 为例讲解具体的安装测试步骤。

1. 安装 SNMP 服务

进入“Start（开始）| Control Panel（控制面板）| Add Or Remove Programs（添加/删除程序）| 选择“Add/Remove Windows Components（添加/删除 Windows 的组件）”，在 Windows 组件窗口中，卷动窗口，选中“Management And Monitoring Tools（管理和监控工具）”。不要在选择框中打上复选标记，仅仅选择该入口即可。单击“Details（详细）”卷动窗口，然后选中在“Simple Network Management Protocol（简单网络管理协议）”旁边的复选框，如图 8-8 所示。单击“OK（确定）”按钮，返回 Windows 组件窗口。单击“Next（下一步）”按钮，如果出现了相关提示，则插入 Windows 的安装光盘。

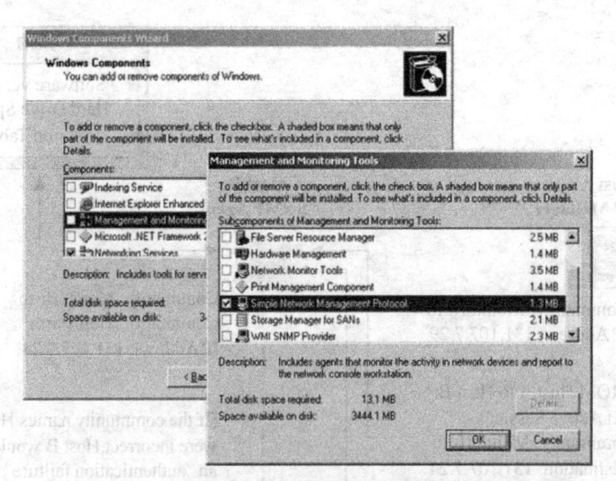

图 8-8　通过“添加/删除程序”来启用 SNMP

2. 配置 SNMP 服务

完成了上述步骤之后，打开服务控制面板，并找到 SNMP 服务，然后使用正确的通讯字符串来配置 SNMP。双击该服务，就可以打开服务的属性页面，如图 8-9 所示，用户可以在“SNMP Service 的属性”对话框中完成服务设置，具体配置情况不再赘述。注意在“安全”选项卡中可设置访问团体号及主机地址，通常情况下我们使用系统默认的配置即可（默认情况下团体名为 public）。

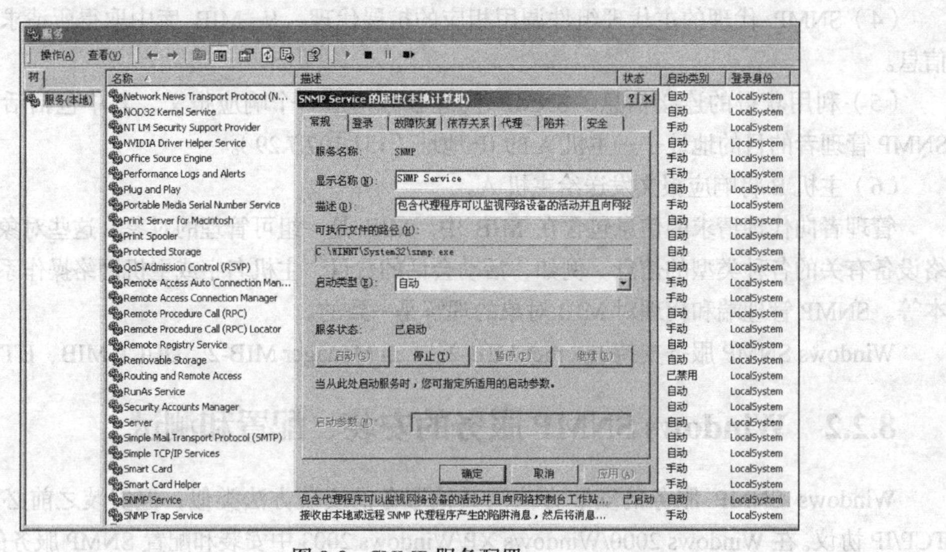

图 8-9　SNMP 服务配置

3. 测试 SNMP 服务

SNMPUTIL（snmptuil.exe）是微软 Windows 2000 资源工具中的一个实用程序，也是网络管理系统中的管理进程，可用于测试 SNMP 服务，也可以测试用户开发的扩展代理。SNMPUTIL 是 MS-DOS 程序，是基于微软公司的管理 API 编写的，但在 Windows 98 系统中没有管理 API，所以该程序只能运行在 Windows NT/Windows 2000/Windows XP/Windows 2003 及更高版本的操作系统中，具体使用语法如下：

```
usage: snmputil [get|getnext|walk] agent community oid [oid ...]
       snmputil trap
```

其中，agent 表示代理进程的 IP 地址，community 表示团体名，oid 表示 MIB 对象 ID。使用 SNMPUTIL

发送 GetRequest 或 GetNextRequest 报文，可以遍历整个 MIB 子树，可以完成查看本地计算机系统信息、连续开机时间、联系人、用户列表、运行的进程等功能，实现对 SNMP 服务的测试。

下面是使用 SNMPUTIL 工具测试 SNMP 服务的示例，测试代理 IP 地址为 192.168.0.3，有效的共同体名是 public。

（1）查看本地计算机的系统信息。

系统信息所对应的系统组的 MIB 对象为.1.3.6.1.2.1.1.1（参看系统组对象），可使用 get 参数来查询。

```
C:\>snmputil get 192.168.0.3 public .1.3.6.1.2.1.1.1.0
```

系统返回：

```
Variable = system.sysDescr.0
Value = String Hardware: x86 Family 15 Model 2 Stepping 7 AT/AT COMPATIBLE -
Software: Windows 2000 Version 5.1 (Build 2600 Uniprocessor Free)
```

其中 public 是 192.168.0.3 计算机上的团体名，.1.3.6.1.2.1.1.1.0 是对象实例，注意对象 ID 前面要加一个点“.”，后面还要加一个“0”。如果不在对象 ID 末尾加上一个 0，那么用 get 参数查询就会出错。从查询结果中我们能够看出操作系统版本和 CPU 类型。

（2）查询计算机连续开机多长时间。

系统连续开机时间对应的 MIB 对象为.1.3.6.1.2.1.1.3.0，查询命令如下。

```
C:\>snmputil get 192.168.0.3 public .1.3.6.1.2.1.1.3.0
```

系统返回：

```
Variable = system.sysUpTime.0
Value = TimeTicks 447614
```

如果我们在对象 ID 后面不加 0，使用 getnext 参数能得到同样的效果。

```
C:\>snmputil getnext 192.168.0.3 public .1.3.6.1.2.1.1.3
```

系统返回：

```
Variable = system.sysUpTime.0
Value = TimeTicks 476123
```

（3）查询计算机的联系人。

计算机联系人对应的 MIB 对象为.1.3.6.1.2.1.1.4.0，查询命令如下。

```
C:\>snmputil get 192.168.0.3 public .1.3.6.1.2.1.1.4.0
```

系统返回：

```
Variable = system.sysContact.0
Value = String administrator
```

（4）使用 walk 查询设备上所有正在运行的进程。

系统进程对应的 MIB 对象为.1.3.6.1.2.1.25.4.2.1.2，查询命令如下。

```
C:\>snmputil walk 192.168.0.3 public .1.3.6.1.2.1.25.4.2.1.2
```

系统返回：

```
Variable = host.hrSWRun.hrSWRunTable.hrSWRunEntry. hrSWRunName.1
Value = String System Idle Process
Variable = host.hrSWRun.hrSWRunTable.hrSWRunEntry. hrSWRunName.4
Value = String System
Variable = host.hrSWRun.hrSWRunTable.hrSWRunEntry. hrSWRunName.292
Value = String snmputil.exe
Variable = host.hrSWRun.hrSWRunTable.hrSWRunEntry. hrSWRunName.308
Value = String RavTimer.exe
```

```
Variable = host.hrSWRun.hrSWRunTable.hrSWRunEntry. hrSWRunName.336
Value = String RavMon.exe
```

限于篇幅，笔者未把所有进程列出来，读者可以在自己的计算机上实验，以加强感性认识。

（5）查询计算机上面的用户列表。

计算机用户列表对应的MIB对象为.1.3.6.1.4.1.77.1.2.25.1.1，查询命令如下。

```
C:\>snmputil walk 192.168.0.3 public .1.3.6.1.4.1.77.1.2.25.1.1
```

系统返回：

```
Variable=.iso.org.dod.internet.private.enterprises. lanmanager.lanmgr-2.server.
svUserTable.svUserEntry.svUserName.4.117.115.101.114
Value=String user
Variable=.iso.org.dod.internet.private.enterprises. lanmanager.lanmgr-2.server.
svUserTable.svUserEntry.svUserName.5.71.117.101.115.116
Value = String Guest
Variable=.iso.org.dod.internet.private.enterprises. lanmanager.lanmgr-2.server.
svUserTable.svUserEntry.
svUserName.13.65.100.109.105.110. 105.115.116.114.97.116.111.114
Value = String
Administrator
```

从中我们可以得知该计算机共有三个用户，它们分别为user、guest和administrator。

SNMPUTIL还有一个trap的参数，主要用来陷阱捕捉，它可以接受代理进程上主动发来的信息。如果我们在命令行下面输入snmputil trap后回车，然后用错误的团体名来访问代理进程，这时候就能收到代理进程主动发回的报告。

使用SNMPUTIL可以实现对SNMP基本服务的测试，但由于snmptuil.exe只是一个简单的工具，没有包含Set命令，因此不能实现设置操作。此外，在Windows 2000/Windows XP安装光盘中附带了一个图形界面的测试程序snmputilg.exe，用户可以启动光盘中/support/tools/setup.exe安装此测试程序。该程序使用方法与Snmputil.exe类似，具体不再赘述。下面将着重介绍如何在Windows系统环境中开发基于SNMP的网络管理应用程序。

8.3 Windows网络管理应用程序开发

在Windows系统中开发网络管理应用程序需要使用系统提供的API函数，主要包括四部分，即扩展代理API、管理API、使用程序API和WinSNMP API。编写扩展代理和SNMP管理应用程序都要使用这些库函数。

8.3.1 Windows SNMP应用程序接口

1. SNMP扩展代理API函数

SNMP扩展代理API函数定义SNMP服务和第三方SNMP扩展代理DLL间的接口。应用程序使用这些函数来解析由引入的SNMP PDU指定的变量绑定。扩展代理AP共包括6个API函数，说明如下。

（1）SnmpExtensionClose。

SNMP服务调用SnmpExtensionClose函数来请求SNMP扩展代理释放资源，终止操作。但只有扩展代理运行在NT5.0以上版本时，SNMP服务才会调用SnmpExtensionClose函数。

```
VOID SnmpExtensionClose(
);
```

参数：无。

返回值：无。

（2）SnmpExtensionInit。

SnmpExtensionInit 用来初始化 SNMP 扩展代理 API。

```
BOOL SnmpExtensionInit(
        DWORD dwUptimeReference,
        HANDLE *pbSubagentTrapEvent,                //陷入时间句柄
        AsnObjectIdentifier *pFirstSupportedRegion  //第一个 MIB 子树
);
```

参数说明如下。

dwUptimeReference [in]指扩展代理的零事件参考。扩展代理应忽略次函数，SNMP 扩展代理使用 SnmpSvcGetUptime 函数来检取 SNMP 服务已经运行的厘秒数（1/100 秒）。

pbSubagentTrapEvent [out]指向扩展代理传回 SNMP 服务的事件句柄的指针。此句柄用于通知服务有一个或多个陷入要发送。

pFirstSupportedRegion [out]指向用于接收扩展代理支持的第一个 MIB 子树的 AsnObjectIdentifier 结构的指针。扩展代理通过实现的 SnmpExtensionInitEx 入口点函数可以注册额外的 MIB 子树。

返回值：函数成功，返回 TRUE，否则返回 FALSE。

（3）SnmpExtensionInitEx。

SnmpExtensionInitEx 函数标识 SNMP 扩展代理支持的任何附加的管理信息库（MIB）子树。

```
BOOL SnmpExtensionInitEx(
        AsnObjectIdentifier *pNextSupportedRegion    //下一个 MIB 子树
);
```

参数说明如下。

pNextSupportedRegion [out]指向接收扩展代理支持的下一个 MIB 子树的 AsnObjectIdentifier 结构的指针。

返回值说明如下。

如果 pNextSupportedRegion 参数已被附加的 MIB 子树初始化，返回值为 TRUE。

如果已没有 MIB 子树要注册，返回 FALSE。

（4）SnmpExtensionQuery。

SNMP 服务调用 SnmpExtensionQuery 函数以解析 SNMP 请求，此请求包含一个或多个在 SNMP 扩展代理中注册的 MIB 子树。

如果扩展代理在 Windows NT3.51/4.0 运行，扩展代理必须引用 SnmpExtensionQuery 函数，在 Windows 2000 及后续版本中建议使用 SnmpExtensionQueryEx 函数，它支持 SNMPv2C 的数据类型和多阶段 SNMP SET 操作。

```
BOOL SnmpExtensionQuery(
        BYTE bPduType,           //SNMPv1 PDU 请求类型
        SnmpVarBindList *pVarBindList,      //指向变量绑定的指针
        AsnInterger32 *pErrorStatus,        //指向 SNMPv1 错误状态的指针
        AsnInterger32 *pErrorIndex,         //指向错误索引的指针
        );
```

参数：见注释。

返回值：函数执行成功返回 TRUE，否则返回 FALSE。

（5）SnmpExtensionQueryEx。

SNMP服务调用SnmpExtensionQueryEx函数以解析SNMP请求，此请求包含由SNMP扩展代理中注册一个或多个MIB子树中的变量。

```
BOOL SnmpExtensionQueryEx(
    DWORD dwRequestId,                  //扩展代理请求类型
    DWORD dwTransactionId,              //引入PDU的标志符
    SnmpVarBindList *pVarBindList,      //指向变量绑定表的指针
    AsnOctetString *pContextInfo,       //指向上下文信息的指针
    AsnInteger32 *pErrorStatus,         //指向SNMPv2错误状态的指针
    AsnInteger32 *pErrorIndex           //指向错误索引的指针
);
```

参数：见注释。

返回值：函数成功返回TRUE，否则返回FALSE。

（6）SnmpExtensionTrap。

SNMP服务调用SnmpExtensionTrap函数获取SNMP服务需要为SNMP扩展代理产生陷入的信息流。

```
BOOL SnmpExtensionTrap(
        AsnOjectIdentifier *pEnterpriseOid,      //产生陷入企业
        AsnInteger32 *pGenericTrapId,            //产生的陷入类型
        AsnInteger32 *pSpecificTrapId,           //企业专用类型
        AsnTimeticks *pTimeStamp,                //时间戳
        SnmpVarBindList *pVarBindList            //变量绑定
);
```

参数：见注释。

返回值：如果SnmpExtensionTrap返回一个陷入，则返回值为TRUE。SNMP服务重复调用此函数直至返回FALSE。

2. SNMP管理API函数

SNMP管理API函数定义第三方SNMP管理端应用程序与管理函数动态链接库MGMTAPI.dll间的接口。此DLL与SNMP陷入服务（SNMPTRAP.EXE）一起工作，并能与一个或多个第三方管理端应用程序相结合。第三方管理端应用程序可以调用这些管理API函数实现发送SNMP请求报文，接收响应等管理操作。SNNP管理API由7个函数组成，具体说明如下。

（1）SnmpMgrClose。

SnmpMgrClose函数关闭通信套接字和指定会话相关的数据结构。

```
BOOL SnmpMgrClose(
     LPSNMP_MGR_SESSION session              //SNMP会话指针
);
```

参数：session [in]指向标识要关闭会话的内部结构的指针。

返回值：函数成功，返回非0值，否则返回0。此函数可以返回Windows套接字错误代码。

（2）SnmpMgrGetTrap。

SnmpMgrGetTrap函数返回在允许接收陷入时调用者还没有收到的重要陷入数据。

```
BOOL SnmpMgrGetTrap(
        AsnObjectIdentifier *enterprise,         //产生的企业
        AsnNetworkAddress *IPAddress,            //产生的IP地址
```

```
        AsnInteger32 *genericTrap,                    //一般陷入类型
        AsnInteger32 *specificTrap,                   //企业私有陷入类型
        AsnTimeticks *timeStamp,                      //时间戳
    SnmpVarBindList *variableBindings                 //变量绑定
);
```

参数说明如下。

enterprise [out]指向用于接收产生 SNMP 陷入的企业的对象标志符的指针。

IPAddress [out]指向用于接收产生 SNMP 陷入的企业的 IP 地址的变量的指针。

genericTrap [out]指向用于接收一般陷入指示器的变量的指针。

specificTrap [out]指向用于接收被产生的特定陷入的变量的指针。

timeStamp [out]指向时间戳的变量的指针。

variableBindings [out]指向用于接收变更量绑定表的 SnmpVarBindList 结构的指针。

返回值说明如下。

函数成功，返回一陷入，且返回值为非 0 值。反复调用 SnmpMgrGetTrap 直至 GetLastError 函数返回 0。GetLastError 函数也可能返回下列错误代码。

错误代码	意义
• SNMP_MGMTAPI_TRAP_ERRORS	指示遇到的错误，陷入不可获取
• SNMP_MGMTAPI_NOTRAPS	指示没有可用的陷入
• SNMP_MEM_ALLOC_ERROR	指示内存分配错误

（3）SnmpMgrOidToStr。

SnmpMgrOidToStr 函数转换内部对象标志符结构为其字符串表示。

```
BOOL SnmpMgrOidToStr(
        AsnObjectIdentifier *oid,             //要转换的对象标字符
        LPSTR *string                         //对象标志符的字符串表示
);
```

参数说明如下。

Oid [in]指向要转换的对象标志符的指针。

String [out]指向用于接收转换结果的以 null 结尾的串的指针。

返回值：函数成功，返回非 0 值，失败返回 0。可返回 Windows 套接字错误。

（4）SnmpMgrOpen。

SnmpMgrOpen 函数初始化通信套接字和数据结构，允许与指定的 SNMP 代理进行通信。

```
LPSNMP_MGR_SESSION SnmpMgrOpen(
      LPSTR lpAgentAddress,               //目标 SNMP 代理的名称和地址
      LPSTR lpAgentCommunity,             //目标 SNMP 代理的共同体
      INT nTimeOut,                       //以毫秒表示的通信超时
      INT nRetries                        //通信超时后重发次数
);
```

参数：见注释。

返回值：函数成功，返回值为指向 LPSNMP_MGR_SESSION 结构的指针。此数据结构由内部使用，程序员不应改变。函数失败，返回 NULL。

（5）SnmpMgrRequest。

SnmpMgrRequest 函数向指定 SNMP 代理发送 Get、GetNext 或 Set 请求。

```
SNMPAPI SnmpMgrRequest(
        LPSNMP_MGR_SESSION session,              //SNMP 会话指针
        BYTE requestType,                        //Get、GetNext 或 Set
        SnmpVarBindList *variableBinding,        //变量绑定
        AsnInteger *errorStatus,                 //SNMPv1 错误状态
        AsnInteger *errorIndex                   //错误索引
);
```

参数说明如下。

Session [in]指定将执行请求的会话的内部结构指针。

requestType [in]指定 SNMP 请求类型。此参数可以设定为 SNMP v1 定义的下列值之一。

值	意义
• SNMP_PDU_GET	获取指定变量的值
• SNMP_PDU_CONTEXT	获取指定变量的后继者数据
• SNMP_PDU_SET	写指定变量的值
• variableBindings [in/out]	指向变量绑定列表的指针
• errorIndex[out]	指向将返回错误索引值的变量的指针
• errorStatus [out]	指向将返回错误结果的变量的指针。此参数可选取 SNMPv1 定义的下列值之一。

值	意义
• SNMP_ERRORSTATUS_NOERROR	代理报告在传输过程中没有发生错误
• SNMP_ERRORSTATUS_TOOBIG	代理不能把请求操作结果放在一个 SNMP 消息中
• SNMP_ERRORSTATUS_NOSUCHNAME	请求操作识别到一个位置变量
• SNMP_ERRORSTATUS_BADVALUE	请求操作试图改变变量值时出现非法值
• SNMP_ERRORSTATUS_GENERR	请求操作中出现未知错误

返回值：函数成功返回非 0 值，否则返回 NULL。

（6）SnmpMgrStrToOid。

SnmpMgrStrToOid 函数把对象标志符的字符串格式转换为内部对象标志符结构。

```
BOOL SnmpMgrStrToOid(
       LPSTR string,                   //待转换的串
       AsnObjectIdentifier *oid        //内部对象标志符表示
);
```

参数说明如下。

string [in]指向欲转换的以 nul 结尾的字符串的指针。

oid [out]指向接收转换值得对象标志符变量的指针。

返回值：函数成功，返回非 0 值，否则返回 0 值。此函数不返回 Windows Socket 错误代码。

（7）SnmpMgrTrapListen。

SnmpMgrTrapListen 函数注册 SNMP 管理端应用程序通过 SNMP 陷入服务接收 SNMP 陷入。

```
BOOL SnmpMgrTrapListen(
       HANDLE *phTrapAvailable                //指示存在陷入的事件句柄
);
```

参数说明如下。

phTrapAvailable　[out]指向用于接收未处理陷入事件的事件句柄指针。

返回值：函数成功返回非 0 值，否则返回 0。为获得扩展错误信息，可调用 GetLastError 函数。该函数可返回下列错误代码。

错误代码	意义
• SNMP_MEN_ALLOC_ERRORS	指示内存分配错误
• SNMP_MGMTAPI_DUPINIT	指示此函数已经被调用
• SNMP_MGMTAPI_AGAIN	指示出现错误，应用程序可尝试再次调用此函数

3. SNMP 实用 API 函数

SNMP 实用 API 函数简化 SNMP 数据结构的操作并提供在 SNMP 应用程序开发过程非常有用的函数集。实用 API 共包含 27 个函数，如表 8-2 所示。

表 8-2　SNMP 实用 API 函数

函 数 名	功 能 描 述
SnmpSvcGetUptime	返回 SNMP 服务已经运行了多长时间的厘秒（1/100）值
SnmpSvcSetLogLevel	调用 SnmpUtilDbgPrint 函数调整从 SNMP 服务和 SNMP 扩展代理输出的调试信息的详细程度（级别）
SnmpSvcSetLogType	使用 SnmpUtilDbgPrint 函数调整 SNMP 服务和 SNMP 扩展代理调试信息的输出目标
SnmpUtilAsnAnyCpy	复制由 pAnySrc 参数指定的变量到 pAnyDst 参数，函数为目标的复制分配任何需要的内存
SnmpUtilAsnAnyFree	释放为指定 AsnAny 结构分配的内存
SnmpUtilDbgPrint	允许 SNMP 服务能够输出调试信息
SnmpUtilMemAlloc	分配动态内存
SnmpUtilMenFree	释放指定的内存对象
SnmpUtilMemReAlloc	改变指定内存对象的大小
SnmpUtilOctetsCmp	比较两个八位组串
SnmpUtilOctetsCpy	复制 pOctetsSrc 参数指定的变量到 pOctetsDst 参数所指变量，此函数为目标的复制分配任何需要的内存
SnmpUtilOctetsFree	释放为指定八位组串分配的内存
SnmpUtilOctetsNCmp	比较两个八位组串，此函数比较串中子标识符直至超过 nChars 参数指定的最大长度
SnmpUtilOidCpy	复制由 pOidSrc 参数指定的变量到 pOidDst 参数，并为复制目标分配所需内存
SnmpUtilOidFree	释放为指定对象标识符分配的内存
SnmpUtilOidNCmp	比较两个对象标识符，直至超过 nSubIds 参数指定的最大长度
SnmpUtilPrintAsnAny	打印 Any 参数的值到标准输出
SnmpUtilVarBindCpy	复制指定的 SnmpVarBind 结构，并为目标结构分配任何需要的内存
SnmpUtilVarBindFree	释放为 SnmpVarBind 结构分配的内存
SnmpUtilVarBingListCpy	复制指定的 SnmpVarBingList 结构，并为目标的复制分配所需内存
SnmpUtilVarBingListFree	释放为 SnmpVarBingList 结构分配的内存
SnmpUtilIdsToA	将对象标识符转换为单字节 ASCⅡ字符串

续表

函 数 名	功 能 描 述
SnmpUtilIdsToW	将对象标识符转换为单字节 Unicode 字符串
SnmpUtilOidToA	将对象标识符转换为单字节 ASCⅡ字符串
SnmpUtilOidToW	将对象标识符转换为单字节 Unicode 字符串

4. WinSNMP API 函数

WinSNMP API 为在 Windows 下开发基于 SNMP 的网络管程序提供解决方案，为 SNMP 网管开发者提供了必须遵循的开放式单一接口规范，定义了过程调用、数据类型、数据结构和相关的语法。

WinSNMP API 具有以下特点。

- 为基于 SNMP 开发网络管理应用程序提供接口。
- 支持 SNMPv1 和 SNMPv2C。
- 除支持 SNMP 管理端功能外，WinSNMP API2.0 还支持 SNMP 代理功能。
- 支持 32 位应用程序和多线程。
- 适应于 Windows2000 及后续操作系统。
- 比 SNMP 管理 API 提供更多功能的函数。

WinSNMP API 以函数的形式封装了 SNMP 协议的各部分，且针对 SNMP 是使用 UDP 的特点而设置了消息重传、超时机制等。基于 WinSNMP 的应用程序必须通过 WSNMP32.DLL 访问 WinSNMP API 函数。WinSNMP API 提供了 7 大类，约 50 多个 API 函数。表 8-3 列出了部分函数及功能描述。

表 8-3　WinSNMP API 部分函数

函 数 名	功 能 描 述
SnmpCreatePdu	产生并初始化 SNMP 协议数据单元
SnmpDuplicatePdu	复制 SNMP 协议数据单元
SnmpGetPduData	返回从指定的 SNMP 协议数据单元选择的数据元素
SnmpSetPduData	修改在指定的 SNMP 协议数据单元选择的数据元素
SnmpDecodeMsg	对 SNMP 报文进行解码
SnmpEncodeMsg	构造 SNMP 报文
SnmpStrToOid	转换 SNMP 对象标识符的点分十进制数字串格式为其内部二进制表示
SnmpOidToStr	转换 SNMP 对象标识符的内部二进制表示为其点分十进制数字串格式
SnmpGetVb	从指定变量绑定入口获取信息
SnmpSetVb	改变变量绑定列表中的变量绑定入口，或向已存在的变量绑定列表中追加新的变量绑定入口
SnmpCreateVbl	创建新的变量绑定列表
SnmpDeleteVb	从变量绑定列表中删除一变量绑定入口
SnmpSendMsg	请求 WinSNMP 发送一 SNMP 协议数据单元
SnmpRecvMsg	获取 SNMP 操作请求的应答和代理发来的陷入

续表

函数名	功能描述
SnmpStartup	执行 WinSNMP 初始化并给应用程序返回 Windows SNMP 管理器应用程序编程接口的版本、支持的通信级别、缺省转换模式及缺省重发模式
SnmpOpen	打开一个 WinSNMP 会话
SnmpClose	关闭一个 WinSNMP 会话，释放为该会话分配的内存和其他资源
SnmpCleanup	关闭 WinSNMP 服务调用
SnmpRegister	向 WinSNMP 管理器应用程序注册或卸载“陷入和通告”接收

8.3.2 WinSNMP 编程概念

使用 WinSNMP 设计开发网络管理程序，会涉及许多基本编程概念，下面将对这些概念予以阐述，更加详细的解释请参见 Microsoft MSDN。

1. SNMP 消息与异步模式

Win32 编程模式的一个很大特点就是消息驱动。WinSNMP 采用了异步消息驱动模式，主要基于以下两个原因。

（1）异步消息驱动模式非常适合于面向对象理论、SNMP 分布式管理模型以及 Windows 编程、运行环境。

（2）SNMP 再管理站和代理之间传送数据是基于数据报的，没有在远程实体之间建立实际通道（虚电路）。

消息驱动程序必须响应各种重要事件，有些则完全依赖于异步关系。事实上，WinSNMP API 中几乎所有函数都含有异步因素，有些则是完全异步的。有三个非常重要的异步函数：SnmpSendMsg、SnmpRecvMsg、SnmpRegister。WinSNMP 的整个编程模式就是基于异步的，我们将在后面做详细介绍。

简单网络管理协议使用消息来通信，并在远程 SNMP 实体间交换信息。SNMP 消息包含协议数据单元及相关 RFC 定义的附加消息头元素。PDU 是包含 SNMP 数据成分（或域）的数据包。SNMP 消息的格式对 SNMP v1 和 SNMP v2 都相同。但是，SNMPv2 支持更多的 PDU 类型。例如，它支持 SNMP_PDU_GETBULK 请求类型，它使管理器应用程序能够从目标实体有效地检取大数据块。

2. WinSNMP 支持级别

WinSNMP 实现提供 SNMP 通信支持的多个级别。

- Level 0：只支持消息编码与解码，不支持 SnmpSendMsg、SnmpRecvMsg、SnmpRegister 函数。因为这些函数需要与其他 SNMP 实体通信。
- Level 1：支持 0 级通信和在 SNMP v1 框架下与 SNMP 代理实体相互操作。
- Level 2：支持 1 级通信和在 SNMP v2c 框架下与 SNMP 代理实体相互操作。
- Level 3：支持 2 级通信和与其他 SNMP v2 管理站的通信。

因为 SNMP 协议支持 SNMP v1 与 SNMP v2 的共存，所以 WinSNMP 提供对两个版本协议的支持。SnmpStartup 函数能够返回当前 WinSNMP 实现支持的 SNMP 通信的最大级别。如果 WinSNMP 管理应用程序使用此实现只是 SNMP 消息编码和解码，则应用程序必须进行由实现执行的需要的转换。这包括转换 SnmpRecvMsg 函数返回的 SNMP v1 陷入到 SNMP v2c 陷入，也包括用 SNMP v1 定义的 PDU 类型到与 RFC1908 一致的 SNMP v2c 定义的相关类型。

3. 协议数据单元（PDU）

一个 PDU 包括一个变量绑定列表，PDU 的结构受限于 WinSNMP 服务。WinSNMP 管理器应用程序用 HSNMP_PDU 类型句柄可以存取 PDU。WinSNMP 管理器应用程序在它调用 SnmpSendMsg 函数或 SnmpEncodeMsg 函数以前必须产生一个 PDU。应用程序可以提取或修改 PDU 的数据元素，释放为 PDU 分配的资源。为了执行这些操作，管理器应用程序使用 WinSNMP PDU 函数（见表 8-3）。

4. 陷入从 SNMP v1 转换到 SNMP v2c

当 WinSNMP 实现从 SNMP v1 框架下的实体操作中收到陷入时，它把此陷入转换到 SNMP v2c 格式。因此，当 SnmpRecvMsg 传送陷入时它总是用 SNMP v2c 格式。RFC1908 详细说明从 SNMP v1 到 SNMP v2c 转换陷入格式的规则。

WinSNMP 管理器应用程序可以检查变量绑定列表中的最后一个变量绑定入口来决定入口是否是从 SNMP v1 转换到 SNMP v2c 格式的陷入。

5. 本地数据库

WinSNMP 服务本地数据库存储以下信息。

- 网络协议信息和版本号：依据该信息决定传输中使用的传输协议和 SNMP 版本。
- 实体和上下文转换模式：依据该信息向用户提供界面友好的 SNMP 实体和上下文。
- 重发策略：依据该信息决定是否进行重发，并存储每一个目的连接实体的超时期限和重发次数。

6. 重发策略

WinSNMP 管理器应用程序可以用各种方式进行 SNMP 操作请求。应用程序可以给 SNMP 代理发送几个请求但不等待应答，或发送单个的请求并等待应答。由于 SNMP 可以在多个传输协议上执行，故传送机制和可靠性会改变。

当编写 WinSNMP 管理器应用程序时，必须决定基于应用程序发布操作请求的方式、通信操作需要的可靠等级。然后，必须选择重发策略并实现此重发政策。

重发政策包括超时周期和重发次数。超时周期是应用程序 SnmpSendMsg 请求的发布和其相应消息的接收之间以厘秒（1/100 秒）表示的时间。作为调用 SnmpRecvMsg 函数的结果应用程序接收此消息。超时值是 WinSNMP 实现等待实体应答通信请求的时间段。如果在超时时间段内没有应答，则实现要么重发此请求，如果重发次数值指定重发尝试的话，要么调用 SnmpSendMsg 失败。重发次数是在 SNMP 重发请求失败的情况下，由该实现进行的尝试重发的最大次数。

实现保存超时值和重发次数在应用程序的数据库中。实现为每一个目标实体保存其各自值。管理器应用程序必须建立它们自己的轮询频率并必须管理定时器变量。

7. 实体和上下文转换模式

WinSNMP 管理应用程序通过设定实体和上下文转换模式可以指定实体和上下文参数的解释和翻译。WinSNMP 实现保存此模式于数据库中。

实体和上下文转换模式的设置确定 SnmpStrToEntity 和 SnmpStrToContext 函数解释输入串的方式。此设置也确定 SnmpEntityToStr 和 SnmpContextToStr 函数返回的输出串的类型。实现用在 SnmpStartup 函数中的 nTranslateMode 参数返回当前缺省的实体和上下文转换模式。为了检取实现中当前起作用的实体和上下文转换模式，应用程序任何时候都可以调用 SnmpGetTranslateMode 函数。

有效实体和上下文转换模式如表 8-4 所示。

表 8-4　有效实体和上下文转换模式表

模　式	意　义
SNMPAPI_TRANSLATED	使用本地数据库来转换 SNMP 实体和共同体串
SNMPAPI_UNTRANSLATED_v1	把实体和上下文参数转换为 SNMP v1 实体和共同体串
SNMPAPI_UNTRANSLATED_v2	把实体和上下文参数转换为 SNMP v2 实体和共同体串

为了改变实体和上下文转换模式的设定，WinSNMP 管理应用程序必须调用 SnmpSetTranslate-Mode 函数。如果请求的转换模式无效，函数失败，并 SnmpGetLastError 函数返回错误代码 SNMPAMI_MODE_INVALID。

我们可以通过 SnmpStartup 函数获得当前默认的实体和上下文转换模式，SnmpSetTranslated-Mode 函数可以用来设置实体和上下文转换模式。当在系统中采用 SNMPv1 协议时，可以将其设置为 SNMPAPI_UNTRANSLATED_v1，具体实现如下。

```
HSNMP_ENTITY hAgent;
HSNMP_CONTEXT hView;
LPCSTR entityName ="192.168.0.3";
smiOCTETS contextName;
contextName.ptr ="public";
contextName.len = lstrlen (contextName.ptr);
hAgent = SnmpStrToEntity (hSomeSessin, entityName);
hView = SnmpStrToContext (hSomeSession, const &contextName);
```

通过这样的设置，就可以在 161 端口通过 UDP 访问 IP 地址“192.168.0.3”的 SNMP 代理了。

8. WinSNMP 数据管理概念

使用 WinSNMP 管理器 API 进行编程时采用的主要数据管理概念包括对象标识符、WinSNMP 描述符、资源句柄对象、C 类型串、分配 WinSNMP 内存对象。

- 对象标识符：SNMP 对象标识符唯一地命名一个对象并确定其在 MIB 树结构内的位置。对象标识符是与应用程序无关的 ASN.1 的数据类型，此数据类型由一系列按顺序表示的非负整数或者说子标识符组成。对象标识符必须最少有二个子标识符但不可超过 128 个子标识符。WinSNMP 编程环境使用 smiOID 结构来管理对象标识符。smiOID 结构中对象标识符数组的格式是每一个数组元素一个子标识符。对象标识符的点分十进制数字串表示把其子标识符用句点分开，如“1.2.3.4.5.6”。
- WinSNMP 描述符：在 WinSNMP 编程环境中描述符是下面的二个结构，描述八位组串变量的 smiOCTETS 结构和描述 SNMP 对象标识符变量的 smiOID 结构。WinSNMP 描述符是有二个成员的一个结构，长度成员 len 和指针成员 ptr。ptr 成员指向感兴趣的八位组串或对象标识符的指针。ptr 成员可以为 smiLPBYTE 或 smiLPUINT32 数据类型。smiOCTETS 或 smiOID 描述符可以作为 smiVALUE 结构的 value 成员。smiVALUE 结构描述变量绑定入口中的值和变量名。WinSNMP 实现为所有输出 smiOID 和 smiOCTETS 结构分配和释放内存。因此，应用程序必须调用 SnmpFreeDescriptor 函数来释放为这些结构的 ptr 成员分配的内存。描述符中的串成员不需要 NULL 终结符。

• 资源句柄对象：资源对象的结构受限于 WinSNMP 实现。WinSNMP 管理器应用程序可以用句柄存取资源对象。实现可以为 WinSNMP 管理器应用程序分配下面一种资源句柄。WinSNMP 管理器应用程序可以请求实现产生或删除资源句柄。

表 8-5　WinSNMP 句柄类型

句柄类型	描　述
HSNMP_SESSION	WinSNMP 会话句柄
HSNMP_ENTITY	SNMP 实体句柄
HSNMP_CONTEXT	WinSNMP 上下文句柄
HSNMP_PDU	协议数据单元句柄
HSNMP_VBL	变量绑定列表句柄

• C 类型串：WinSNMP 管理器应用程序可以使用 NULL 终结的 C 类型串在实体和对象标识符对象与其串表示间来回转换。操作 C 类型串的 WinSNMP 函数包括 SnmpStrToEntity、SnmpEntityToStr、SnmpStrToOid 和 SnmpOidToStr。因为 SnmpEntityToStr 和 SnmpOidToStr 函数返回指向 C 类型串变量的指针，所以 WinSNMP 管理器应用程序在调用这些函数时必须在 size 参数传递适当的值。注意 SnmpStrToContext 和 SnmpContextToStr 函数的 context 参数必须是一个八位组串结构，即 smiOCTETS 结构。context 参数不能是 C 类型串。包含在 smiOCTETS 结构的串不需要 NULL 终结符。

• WinSNMP 内存对象：描述符、资源句柄和 C 类型串是 WinSNMP 编程环境中的三种内存对象。对象的类型决定微软 WinSNMP 实现或 WinSNMP 管理器应用程序是否为此对象分配和释放内存。这减少临时缓冲空间的不必要分配和缓冲的不必要复制。

表 8-6　WinSNMP 内存对象资源的分配和释放

对象类型	描　述
资源句柄	由实现分配、管理和释放内存
C 类型串	WinSNMP 管理器应用程序必须管理和释放它分配的内存
SmiOID 或 smiOCTETS 描述符	如果 WinSNMP 管理器应用程序分配内存，它必须通过调用适当的函数来释放此内存。如果实现分配内存，应用程序必须调用 SnmpFreeDescriptor 函数来释放内存
SmiVALUE 结构	如果 value 成员是 smiOID 或 smiOCTETS 描述符，应用程序必须进行如上有关描述符所做的处理

资源句柄有五种变量：会话、实体、上下文、协议数据单元、变量绑定表。所有句柄对象都表示为“HSNMP_<object_tag>”的形式，它为 WinSNMP 实现（以 DLL 方式）所拥有。

C 类型串主要用来为通用的字符串表示与实体和对象标识符对象之间的转换提供便利。WinSNMP 中使用 C 类型串的函数有：SnmpStrToEntity、SnmpEntityToStr、SnmpStrToOid、SnmpOidToStr。C 类型串的内存分配、管理和释放完全由应用程序负责。因此还需要传递“size”参数给使用它的函数。

WinSNMP 中有三种结构类型：smiOCTETS、smiOID、smiVALUE。定义如下。

```
typedef struct {
smiUINT32 len;   /*unsigned long integer 类型，表示 ptr 中的字节数*/
smiLPBYTE ptr;  /*指向包含 octet string 的字节数组的 far 指针*/
```

```
} smiOCTETS;
      typedef struct {
      smiUINT32   le;  /*unsigned long integer 类型，表示 ptr 中无符号长整形的个数*/
      smiLPUINT32 ptr; /*指向由 OID 各个标识符组成的无符号长整形数组的 far 指针*/
} smiOID;
      typedef struct {
      smiUINT32 syntax;             /* Insert SNMP_SYNTAX_<type> */
      union {
          smiINT  sNumber;          /* SNMP_SYNTAX_INT SNMP_SYNTAX_INT32 */
          smiUINT32 uNumber;        /* SNMP_SYNTAX_UINT32
                                       SNMP_SYNTAX_CNTR32
                                       SNMP_SYNTAX_GAUGE32
                                       SNMP_SYNTAX_TIMETICKS */
          smiCNTR64 hNumber;        /*  SNMP_SYNTAX_CNTR64    */
          smiOCTETS string;         /*  SNMP_SYNTAX_OCTETS
                                        SNMP_SYNTAX_BITS
                                        SNMP_SYNTAX_OPAQUE
                                        SNMP_SYNTAX_IPADDR
                                        SNMP_SYNTAX_NSAPADDR */
          smiOID  oid;              /* SNMP_SYNTAX_OID */
          smiBYTE empty;            /* SNMP_SYNTAX_NULL
                                       SNMP_SYNTAX_NOSUCHOBJECT
                                       SNMP_SYNTAX_NOSUCHINSTANCE
                                       SNMP_SYNTAX_ENDOFMIBVIEW */
          }  value;                 /* union */
} smiVALUE;
```

当一个应用程序得到一个 smiVALUE 变量时，首先必须检查它的“syntax”成员，以决定怎样取到它的第二个成员。当“syntax”成员变量显示“value”值是一个 smiOCTETS 或 smiOID 对象时，就应该考虑内存管理，约定如下。

（1）当其作为输入参数时，应用程序负责为变长对象分配内存。

（2）当其作为输出参数时，由 WinSNMP 实现（表现为 DLL）为变长对象分配内存。

WinSNMP 应用程序必须负责释放所有通过调用 WinSNMP API 函数所分配的资源，主要有以下三类函数。

① SnmpFree<xxx>：释放 Entity、Context、Pdu、Vbl、Descriptor。

② SnmpClose：关闭会话。

③ SnmpCleanup：必须在程序结束之前调用，释放所有资源。

应用程序推荐使用上述的顺序来释放所有的 WinSNMP 资源。

9. 陷入和通知

WinSNMP 管理器应用程序必须用 SNMPAPI_ON 调用 SnmpRegister 函数注册接收陷入和通知。应用程序可以通过用 SNMPAPI_OFF 调用此函数卸载，使不能进行陷入和通知。当应用程序调用 SnmpRegister 时有几个可选项可用。应用程序可以注册或卸载以下的陷入和通知。

- 一种陷入或通知。
- 所有陷入和通知。
- 陷入和通知请求的全部源。

- 从所有管理实体来的陷入和通知。
- 为每一个上下文的陷入和通知。

为了注册和接收预定义的陷入或通知的类型，应用程序必须为每一个预定义类型定义一个对象标识符（smiOID 结构）。此结构必须包含此种类型的陷入或通知的类型匹配的序列号。RFC 1907 定义陷入和通知的对象标识符。为了检取 WinSNMP 会话未处理的陷入和通知，WinSNMP 管理器应用程序必须用 SnmpOpen 函数返回的会话句柄调用 SnmpRecvMsg 函数。

8.3.3 WinSNMP 编程模式

WinSNMP 程序主要由 WinSNMP 应用程序、WinSNMP 会话、WinSNMP 服务三部分组成。WinSNMP 服务为应用程序提供以下服务。

- 实现管理实体间的管理通信。管理实体可以处于本地计算机，也可以通过局域网、广域网或者 Internet 连接。
- 隐藏 SNMP 协议、ASN.1 语法及 BER 编码在传输过程中的具体细节。
- 验证接收到的 SNMP PDU 的正确性，并拒绝接收无效的 PDU。
- 依据相关 RFC 规定转换 SNMP v2 PDU 类型。
- 为使 SNMP v2 能够向下兼容 SNMP v1，在发送 SNMP v1 陷入时，将该陷入转换为 SNMP v2 陷入。
- 应用程序重发策略服务。
- 设定实体和上下文转换模式。

WinSNMP 会话是 WinSNMP 管理器应用程序调用和 WinSNMP 服务之间资源和通信管理的基本单位。由 SnmpCreateSession 或 SnmpOpen 函数创建。会话是资源管理的最小单位，也是 WinSNMP 应用程序和 WinSNMP 服务之间通信管理的最小单位。一个良好的 WinSNMP 应用程序应该使用会话结构逻辑的管理它的操作，并将实现中的资源需求控制在最小。调用 SnmpCreateSession 或 SnmpOpen 函数创建一个会话时，会返回一个“session id”，这是一个句柄变量，WinSNMP 用它来管理自己的资源。应用程序最终应调用 SnmpClose 函数将会话释放。

WinSNMP 一般编程任务包括管理对象标识符、释放 WinSNMP 描述符、设定实体和上下文转换模式、管理重发政策。使用 WinSNMP 开发网络管理应用的基本编程步骤如下。

- 打开 WinSNMP 应用程序。
- 打开一个或多个 WinSNMP 会话。
- 注册接收陷入或通知。
- 产生一个或多个变量绑定列表结合到一个 PDU 中。
- 提交一个或多个 SNMP 操作请求。
- 检取 SNMP 操作请求的应答。
- 处理请求应答。
- 关闭每一个 WinSNMP 会话。
- 关闭 WinSNMP 应用程序。

由于 WinSNMP API 按照 SNMP 协议封装了各种操作，包括 PDU、VarBindList 以及协议操作的各项函数。在具体开发 WinSNMP 应用时，我们可以按照 SNMP 协议的描述，调用 WinSNMP 相关函数，完成一次完整的 SNMP。下面将具体描述 WinSNMP 的一般编程模式，分发送请求消息与接受响应消息两部分来实现。

8.3.3.1　WinSNMP 发送请求消息

WinSNMP 发送请求消息的过程可以分为四个部分，主要有 WinSNMP 的初始化、协议数据单元的创建、发送信息以及资源的释放。

1. WinSNMP 的初始化

（1）调用 SnmpStartup 函数启动 WinSNMP。

（2）调用 SnmpOpen 或 SnmpCreateSession 函数创建一个会话。

（3）调用 SnmpSetTranslateMode 设置传输模式。

（4）调用 SnmpStrToEntity 创建实体。

（5）调用 SnmpSetRetransmitMode 函数设置重传模式。

（6）调用 SnmpSetRetry 函数设置重传次数。

（7）调用 SnmpSetTimeout 函数设置超时时间。

（8）调用 SnmpStrToContext 创建上下文句柄。

2. 创建协议数据单元

在创建 PDU 之前，必须先创建变量绑定表。

（1）调用 SnmpStrToOid 函数创建读取对象的对象标志符。

例如创建 MIB 变量 ipInReceives（一个实例的 OID 为 1.3.6.1.2.1.4.3.0），可以采用下面的代码。

```
LPCSTR name="1.3.6.1.2.1.4.3.0";
smiOID Oid;
SnmpStrToOid(name,&Oid);
```

（2）调用 SnmpCreateVbl 函数创建变量绑定表。

```
HSNMP_VBL m_hvbl=SnmpCreateVbl(session,&Oid,NULL);/*NULL 表示 OID 值为空*/
```

（3）调用 SnmpSetVb 函数往变量绑定表中添加变量绑定。

在调用 SnmpSetVb 函数时，需先创建一个 OID，本例中命名为 Oid。

```
SnmpSetVb(m_hvbl,0,&Oid,NULL); /*        0 表示往变量绑定表中添加变量绑定，非 0 值表示修改此位
                                          置的变量绑定*/
```

创建好变量绑定表后，调用 SnmpCreatePdu 函数创建协议数据单元。在这个函数中，必须设定 error_index、error_status、request_id 参数，它们都与协议中相应的量对应。

```
HSNMP_PDU m_hpdu=SnmpCreatePdu(session,SNMP_PDU_GET,NULL,NULL,NULL,m_hvbl );
```

3. 发送信息

首先调用 SnmpStrToContext 和 SnmpStrToEntity 函数创建共同体字符串和代理实体，然后，调用 SnmpSendMsg 函数发送信息。

```
SnmpSendMsg(session,NULL,hAgent,hView,m_hpdu);
```

4. 释放资源

最后，调用 SnmpFreeVbl、SnmpFreePdu、SnmpFreeEntity、SnmpClose 等函数释放所有分配的资源。

8.3.3.2　WinSNMP 接收响应消息

SnmpCreateSession 函数请求 WinSNMP 为 WinSNMP 管理应用程序打开一个会话，应用程序

可以指定如何通告 WinSNMP 会话发来的消息和异步时间，实现 WinSNMP 异步消息驱动模式，函数原型如下。

```
HSNMP_SESSION SnmpCreateSession(
        HWND hWnd,                              //通知窗口的句柄
        UINT wMsg,                              //窗口通知消息
        SNMPAPI_CALLBACK pfnCallback,           //通知回调函数
        LPVOID lpClientData );                  //指向回调函数数据的指针
```

参数说明如下。

hWnd 当异步请求事件完成或陷入通告出现时要通知的 WinSNMP 管理应用程序窗口的句柄。此参数是会话的窗口通知消息所必需的。

wMsg 指定一个标识要发送到 WinSNMP 管理应用程序窗口的通知消息的无符号整数。此参数是会话的窗口通知消息所必需的。

pfnCallBack 指定由应用程序定义的会话专用的 SNMPAPI_CALLBACK 函数的地址。

lpClientData 指向应用程序定义的数据的指针，此数据要传递到由 pfnCallBack 参数指定的回调函数。此参数是可选的，并可以为 NULL。如果 pfnCallBack 参数为 NULL，则 WinSNMP 对象会忽略此参数。

返回值说明如下。

函数执行成功，返回值为标识 WinSNMP 会话的句柄，此会话由 WinSNMP 对象为发起调用的管理应用程序打开。函数失败，返回值为 SNMPAPI_FAILTURE。

SnmpCreateSession 提供了两种方式的异步消息驱动，可以让 WinSNMP 在有响应消息到达时发送一个消息给系统，也可以让它自动调用一个函数。采用第一种方式的实现如下。

```
session=SnmpCreateSession(m_hWnd,wMsg,NULL,NULL);
```

可以给消息 wMsg 创建一个消息处理函数，在这个函数里处理消息的接收、信息的提取与处理等事务。下面为 WinSNMP 接受响应消息的步骤。

（1）调用 SnmpRecvMsg 函数接收数据。

（2）调用 SnmpGetPduData 函数从 PDU 中析取出数据。

（3）调用 SnmpCountVbl 获得变量绑定列表中变量绑定的个数。

（4）调用 SnmpGetVb 函数取得 PDU 变量绑定表中每个变量绑定的对象标志符及其对应的值，可以指明该变量绑定在变量绑定表中的位置。参考实现如下。

```
int nCount=SnmpCountVbl(varbindlist);
for(int index=1;i<=nCount;i++)
        SnmpGetVb(varbindlist,index,&Oid,value[i]);
```

其中，index 指定了变量绑定的位置，value[i]表示接收到的 OID 变量的值，是 smiLPVALUE 类型的，Oid 表示接收到的变量绑定的 OID。

（5）调用 SnmpOidToStr 函数将 Oid 转换为字符串。并将接收到的 Oid 与发送数据包的各书 OID 做比较，决定各自值的归属。

通过以上步骤可以实现一个简单的 SNMP 网络管理程序的设计。但在具体的应用开发时应考虑内存管理，错误处理，如何通过 SNMP_PDU_GETBULK 请求类型使管理应用程序能够从目标代理有效地获取大数据块等问题。更加详细的 WinSNMP API 函数说明和调用方式请参考 MSDN。

8.4　SNMP++软件包

SNMP++是 HP 公司用 C++语言开发的一个开源类库，可以在 http://www.agentpp.com 下载到最新的版本。本书中使用的版本为 V3.2.18。

8.4.1　SNMP++简介

SNMP++软件包充分利用了面向对象的编程技术，所涉及的数据结构全部封装在相应的类中。底层操作细节完全透明，使用者只需设置好相应参数，采用调用对象成员的方法，就可完成 SNMP 操作。

1．SNMP++组成文件

下载文件并解压后可以得到如下所示文件。

（1）*.cpp 文件。Address.cpp、asn.1.cpp、auth_priv.cpp、collect.cpp、counter.cpp、ctr64.cpp、eventlist.cpp、eventlistholder.cpp、gauge.cpp、idea.cpp、integer.cpp、log.cpp、md5c.cpp、mp_v3.cpp、msec.cpp、msgqueue.cpp、notifyqueue.cpp、octet.cpp、oid.cpp、pdu.cpp、reentrant.cpp、sha.cpp、snmpmsg.cpp、target.cpp、timetick.cpp、userdefined.cpp、usertimeout.cpp、usm_v3.cpp、uxsnmp.cpp、v3.cpp、vb.cpp。

（2）*.h 文件。Address.h、asn1.h、auth_priv.h、collect.h、collect1.h、collect2.h、config_snmp_pp.h、counter.h ctr64.h、eventlist.h、eventlistholder.h、gauge.h、idea.h、integer.h、log.h、md5.h、mp_v3.h、msec.h、msgqueue.h、octet.h、oid.h、oid_def.h、pdu.h、reentrant.h、sha.h、smi.h、smival.h、snmp_pp.h、snmperrs.h、snmpmsg.h、target.h、timetick.h、userdefined.h、usertimeout.h、usm_v3.h、uxsnmp.h、v3.h、vb.h。

如果要使用 SNMPv3 的功能，还要下载文件 libdes-1-4.01a.tar.gz。这是一组 C 语言源文件，主要实现 SNMPv3 的加密功能。解压缩后得到下面的源文件。

（1）*.c 文件。Cbc_enc.c、des_enc.c、ecb_enc.c、fcrypt.c、ncbc_enc.c、set_key.c。

（2）*.h 文件。Des.h、des_locl.h、des_ver.h、pod.h、sk.h spr.h。

SNMPv3 是可选的，在 config_snmp_pp.h 中通过定义语句：

```
#define _NO_SNMPv3
```

使得该软件包不支持 SNMPv3 功能，这种情况下可不下载 libdes-1-4.01a.tar.gz 文件。

2．SNMP++特点

SNMP++具有以下特点。

（1）内存管理。在创建或销毁一个对象时，SNMP++类负责该对象使用资源的申请和释放。SNMP++的对象可以静态或动态创建，程序员不用担心由于使用 SNMP++对象而引起资源或内存泄露问题。

（2）可移植性强。SNMP 类的实现考虑了不同操作系统的要求，所有类都是由 C++编写，因此使用 SNMP++编写的网络管理程序有很好的可移植性。

（3）提供超时和重传机制。SNMP++在 Targrt 类中提供了超时和重传服务，程序员只需设置参数就可以实现超时和重传功能，而不必编写超时和重传的代码。同时，对于不同的 Target，可以很容易地实现不同的超时和重传机制。

（4）阻塞模式与非阻塞模式的网络请求。SNMP++提供了两种模式的网络请求：阻塞模式和非阻塞模式。阻塞模式是一个请求发出后，程序等候应答包，直至超时。非阻塞模式则是在请求发出后，控制返回继续执行，等回应包到来后，再去做处理。非阻塞模式的实现要复杂一些，但更灵活。

（5）支持 Trap 的发送和接收。使用 SNMP++，可以很方便地实现 Trap 的发送与接收功能，而且可以调整 Trap 发送和接收时的 UDP 端口。

3. 编译 SNMP++软件包

由于下载得到的是源文件，开发使用时可将文件加入到程序中，也可将 SNMP++类编译成链接库，直接在程序中调用。下面将介绍在 VC++6.0 环境中如何将 SNMP++软件包编译成静态连接库。

（1）新建工程。在 VC++6.0 中使用默认选项新建名为“snmp_pp”的“Win32 Static Library”工程。

（2）添加源文件。在工作区中为工程添加解压缩后的所有源文件和头文件，如果要链接库支持 SNMPv3，则还要包含所有*.c 文件。

（3）编译环境设置。文件添加完成后，在“Project”→“Setting...”中选择“C/C++”选项，完成图 8-10 所示的工程编译环境设置。

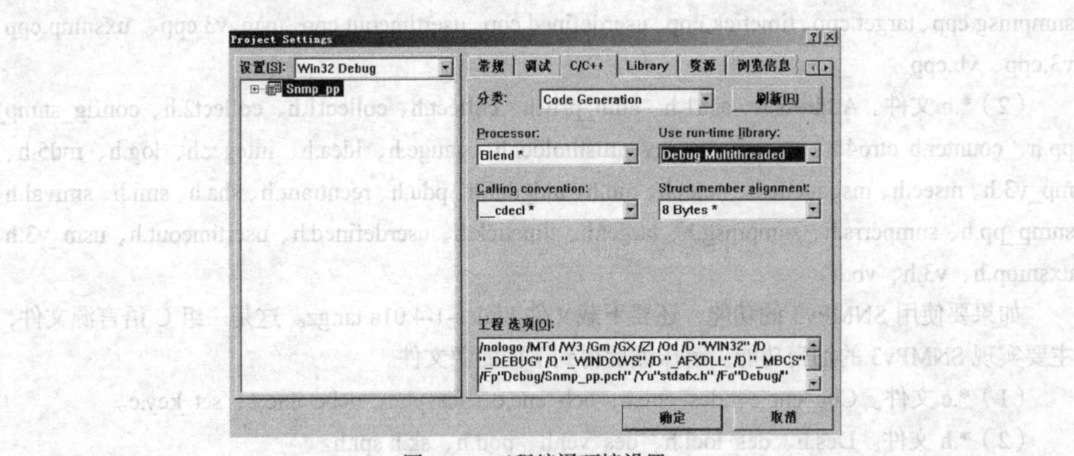

图 8-10　工程编译环境设置

（4）目录设置。在“Tools”→“Option...”中选择“Directories”选项，添加 SNMP++头文件所在的目录。

（5）生成 snmp_pp.lib。选择“Build”→“Build snmp_pp.lib”编译工程，生成 snmp_pp.lib，并将该文件复制到 VC 安装目录：\VC98\Lib 中。

经过上述步骤，即完成了 SNMP++软件包的编译，在开发程序时可通过包含头文件的方式实现 SNMP++函数的调用。

8.4.2　SNMP++软件包中的类介绍

如同 MFC 是对 Win32 API 进行的再封装，Windows 下的 SNMP++是在 WinSNMP 的基础上进行的二次封装。图 8-11 为 SNMP++在程序开发环境中的层次结构。

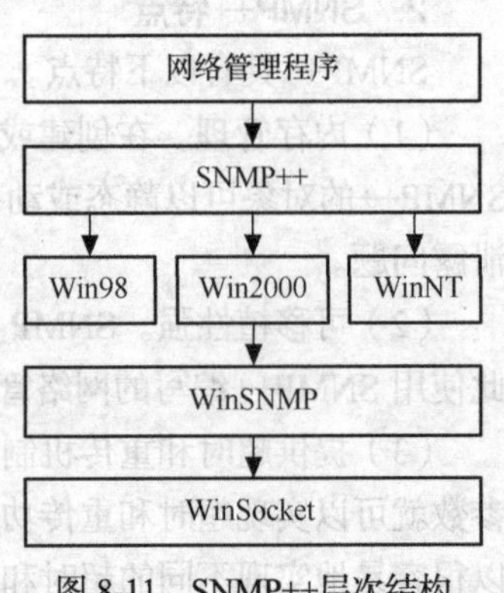

图 8-11　SNMP++层次结构

SNMP++包含了 70 多个类，主要可分为：数据类型类，封装了 SMI 中定义的 ASN.1 数据类型和 SNMP 中定义的数据类型；变量绑定类，封装了 SNMP 消息中的变量绑定数据结构；PDU 类，封装了 SNMP 消息中的 PDU 部分；Target 类，封装了构成一个 SNMP 消息所需要的全部信息；SNMP 类，用来完成网络连接、发送消息、接收 Trap 等网络操作；此外，还包括用于支持上述类功能的支持类和 SNMPv3 消息加密、用户认证类等。

下面将对一些基本类做简要介绍，具体编程方式请参照上节内容。

1. 数据类型类

所有数据类型都继承自一个抽象类：SnmpSyntax，类中定义了几个常用的方法以及一个数据类型为 SmiVALUE 结构类型的属性 smival，用来存放 ASN.1 的值。SmiVALUE 被定义为一个 union 类型，用以保存各种不同的数据类型。

每个继承自 SnmpSyntax 数据类型类，通过重载 SnmpSyntax 类中提供的虚方法，根据自身不同的数据类型，实现不同的操作。

这些类中，有的类直接映射了一种 SNMP 中使用的数据类型，如 Oid 类，有的类又作为基类，派生出更详细的类，如 Address 类。其中，比较重要的有 Oid、IpAddress、UdpAddress 等类。

Oid 类封装了 SMI 中对象标志符类型，该类使操作 OID 类型更简捷、快速。

地址类主要用来作为 Target 类的一个属性来用。SNMP 中使用的地址有 IP 地址、物理地址、UDP 端口和 IPX 地址等，SNMP++将这些地址封装成一个类，提供地址合法性检查。IpAddress 类实现了对 IPv4 地址的封装，UdpAddress 类则将一个 IP 地址和一个 UDP 端口号绑定在一起。

2. Vb 类

SNMP 中的变量绑定是一个对象标志符和一个 ASN.1 值组成的序列，SNMP++中使用类 Vb 封装了这种数据结构。

Vb 类中使用一个 Oid 对象存储一个对象标志符，一个指向 SnmpSyntax 类型的指针绑定一个 ASN.1 值，以及对这两个数据进行操作的一组方法。

使用 Vb 类，主要目的是在处理返回的 SNMP 应答包时，获得返回的 SNMP 变量值，有时也需要获得返回的 SNMP 变量 OID。如果要获得的值是字符串形式，则可以使用 get_printable_value() 函数，该函数能够根据 Vb 中不同的数据类型，格式化为正确的字符串输出。当使用其他类型的数据时，也可以调用相应的处理函数。

3. PDU 类

SNMP++使用 PDU 类封装 SNMP 报文中的 PDU 结构。Trap PDU 的结构不同于其他 PDU 结构，PDU 类中有存储这些信息的成员变量，包括一个 request id、错误状态和错误索引、变量绑定部分和 Trap PDU 包含的信息。

在阻塞模式中，request id 不起作用，因此在操作正常的情况下，PDU 类中对我们有用的是变量绑定部分。PDU 使用了一个指向 Vb 类型的指针数组，来保存 PDU 结构中的变量绑定列表。SNMP++缺省设置一个 PDU 对象中最多可以包含 50 个 Vb 对象，虽然单个 SNMP 请求包中包含多个 Vb 对象可以提高程序执行效率，但具体情况要根据请求的数据大小而定。影响 SNMP 应答包的因素除返回的 SNMP 变量值数据大小外，还有 SNMP 变量 OID 的长度等。总之，不能使 SNMP 数据大小超过本地设置的最大值。

4. SnmpTarget 类

SnmpTarget 类封装了 SNMP 管理工作站一次 SNMP 通信活动的目标代理信息，可以将 SnmpTarget 看做一个网络设备中运行的 SNMP 代理。SnmpTarget 不仅封装了网络地址和端口信息，还封装了诸如共同体字符串、重传次数、接收时限等通信策略。SnmpTarget类也是一个抽象类，目前版本有两个子类：CTarget类和UTarget类，前者基于SNMP v1和SNMP v2，后者基于SNMP v3。

超时和重传机制决定了一次SNMP通信活动等待的总时间。CTarget类中的timeout设置了一个SNMP请求发出后等待的时间，以百分之一秒为单位。Retry设置了超时重传次数，在设定的timeout时间内没有应答包到达，则根据设置的retry重发，因此：

```
总的等待时间=timeout*(retry+1)
```

5. Snmp类

Snmp类封装了一次SNMP通信活动建立的UDP连接。在所有的类中，只有该类使用网络资源和代理进行了通信连接。Snmp 类作做了通信活动中大部分的工作，程序员所做的工作只需要声明一个该类的对象，并设置对应的参数即可。

Snmp主要完成以下功能。

- 处理通过UDP或IPX层的数据传输。
- 从PDU中获取Vb对象或将Vb对象绑定到PDU。
- 接收或发送PDU。
- 管理所有可用的SNMP资源。

完成SNMP操作必须的步骤如图8-12所示。

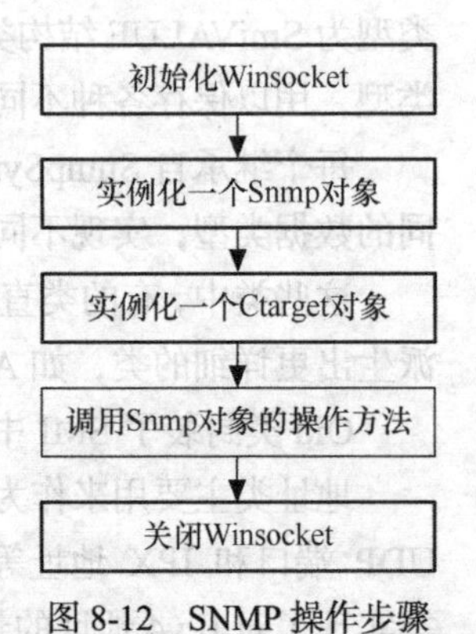

图8-12　SNMP操作步骤

8.5　SNMP++软件开发实例

本节将利用前面学习的知识，开发MIB浏览器程序。通过程序的开发，熟悉如何在程序中使用Snmp类提供的函数。程序将涉及SNMP中的Get、GetNext等主要操作。同时，本节开发的程序也可作为管理工具使用。

MIB浏览器是最常用的SNMP网络管理工具，提供图形化的管理界面，实际上是一种对被管理设备中SNMP变量进行管理的工具。使用MIB浏览器，我们可以完成以下功能。

- 查询某个SNMP变量的值。
- 设置某个SNMP变量的值。
- 查询表或代理所有SNMP变量的值。
- 有的浏览器还提供了接收Trap的功能。

为提供更丰富的信息，浏览器可以编译MIB文件，解析、保存被管理对象信息，这样，使用者就可以随时查询被管理对象。一般情况下，这些浏览器都内嵌有MIB-Ⅱ，其他的私有MIB则需要装载并进行编译。

本节程序模仿了常见的MIB浏览器界面，实现了除Trap接收以外的一些基本SNMP变量管理功能，运行本程序可以对任何启用了SNMP代理的设备进行操作。程序自动加载MIB-Ⅱ，并提供加载其他MIB的功能。要求运行本程序的主机和被管理设备之间使用TCP/IP通信协议，且可以相互Ping通。程序中，首先读入文本格式存储的MIB文件，并进行详细分析，解读出文件中定义了哪些被管理对象（访问权限和数据类型等信息），哪些辅助节点，并将这些信息保存在控件中备用。

1. 关键技术

MIB 浏览器的实现主要包括解析 MIB 文件以及构造 MIB 树和对 MIB 树的操作两个主要组成部分。其中 MIB 文件的解析主要涉及到文件关键字、MIB 节点、MIB 文件行读入预处理、MIB 节点信息存储与显示等。

（1）MIB 文件关键字。

MIB 文件中节点的定义，都有其特定的关键字作为引导，因此，当装载 MIB 文档时，程序将文件逐行读入，并通过判断行中是否包含有关键字确定改行是否包含有用信息。常见的关键字字符串包括--，DEFINATIONS::=，OBJECT INDENTIFIER::=，MODULE- INDENTITY，OBJECT-INDENTITY，OBJECT-TYPE，::=，{…}，SYNTAX，ACCESS，STATUS，DESCRIPTION，INDEX，MAX-ACCESS 等。

（2）MIB 节点。

MIB 节点包括辅助节点、叶节点、顶端节点以及其他节点。

① 辅助节点。

辅助节点作为叶节点的祖先节点存在，往往先于叶节点而定义。装载 MIB 文件，必须正确读入并解析辅助节点的定义。在遵循 SMIv1、SMIv2 的 MIB 文件中，辅助节点的定义有以下三种形式。

a. 使用 OBJECT IDENTIFIER 定义的节点。形式如下。

```
Mib-2 OBJECT IDENTIFIER::={mgmt. 1}
```

这是 MIB-Ⅱ中定义辅助节点的标准形式。程序中假定：

- 这个定义要在一行中完成。
- OBJECT 与 IDENTIFIER 只用一个空格分隔。
- 大括号中的父节点名与后面的数字使用空格分隔。

从文件中读入一行后，首先判断该行中是否包含字符串 OBJECT IDENTIFIER（因为它前面要定义辅助节点的名称，因此不能是一行的开始）以及字符“{”和“}”，如果是，则说明这是一个合法的辅助节点定义行，需要对该行进行进一步处理。处理时可以首先从行的开始截取辅助节点的名字，然后在对字符“{”和“}”中间的部分进行处理，获取父节点名称和该节点的位置信息，最后根据这些信息，在树状控件中增加一个辅助节点。

b. 使用 MODULE-IDENTITY 定义的节点。

```
atmAccountInformationMIB MODULE-IDENTITY
     LAST-UPDATED "9611052000Z"
     ORGNIZATION "IETF AToM MIB Working Group"
     CONTACT-INFO "
          Keith McCloghrie
          Cisco System,Inc.
          170 West Tasman Drive,
          San Jose CA 95134-1706.
          Phone: +1 408 526 5260
          Email: kzm@cisco.com"
     DESCRIPTION
          "The MIB module for identifying items of accounting information which
are applicable ti ATM connections. "
     ::= { mib-2 59 }
```

这是一个使用 MODULE-IDENTITY 定义辅助节点的标准例子。程序中假定：

- MODULE-IDENTITY 后面不能出现其他字符（以符号“-”开始的除外）。

- 后续的注释信息中不能有以“::=”开始的行。
- 赋值部分::= { mib-2 59 }在一行中完成。

从文件中读入一行后，首先判断该行中是否包含 MODULE-IDENTITY（因为它前面要定义辅助节点的名称，因此不能是一行的开始），如果是，则说明这是一个合法的辅助节点定义行，需要对该行进行进一步处理。

以后使用一个循环语句，将后续语句按顺序读入。注释信息没有保存的必要，不做任何处理。以“::=”开始的行，就是包含父节点以及该节点位置信息的行。读到这一行后，将其与前面的信息组合在一起，以后的处理过程同使用 OBJECT IDENTIFIER 的语句相同。

c. 使用 OBJECT-IDENTITY 定义的节点。

```
        atmAcctngDataObjects OBJECT-IDENTITY
            STATUS cuurent
            DESCRIPTION
                "This identifier defines a subtree under which various objects are
defined such that a set of objects to be collected as ATM accounting data can be specified
as a (subtree,list) tuple using this identifier as the subtree. "
                ::= { atmAcctngMIBObjects 1 }
```

对这种形式定义的辅助节点，程序中对格式的要求及处理和上面使用 MODULE-IDENTITY 的语句过程一样，不同的是，使用 MODULE-IDENTITY 只能定义 MIB 文件的顶端节点，而使用本语句则只能定义其他的辅助节点。这种区别对程序而言意义不大。

② 叶节点。

叶节点的读取是装载 MIB 文件的主要工作。对于叶节点中需要保存的信息，定义了一个记录数据类型和一个指向该类型的指针变量，保存信息后，将该指针赋给树状控件的 Data 属性。无论是遵循 SMI v1 还是 SMI v2 的 MIB 文件，需要的叶节点形式都包含关键字符串“OBJECT-TYPE”。对于叶节点的定义，程序假定：

- OBJECT-TYPE 后面不能出现其他字符（以“--”开始的除外）。
- 后续的注释信息中不能有以“::=”开始的行。
- 赋值部分::= { interfaces 1 }在一行中完成。

当 SYNTAX 部分为枚举型整数时，可以有 4 种形式。

第 1 种形式如下所示。

```
SYNTAX INTEGER { up(1),down(2),testing(3) }
```

第 2 种形式如下所示。

```
SYNTAX INTEGER
 {
        up(1),
        down(2),
        testing(3)
 }
```

第 3 种形式如下所示。

```
SYNTAX INTEGER {
        up(1),
        down(2),
        testing(3) }
```

第 4 种形式如下所示。

```
SYNTAX INTEGER {
        up(1),
        down(2),
```

```
    testing(3)
}
```

除此以外的形式，被认为是不符合 MIB 书写规范的。

对读入的一行，首先判断其是否包含 OBJECT-TYPE 字符串，如果包含则说明该行可能是定义一个叶节点的开始行，需要进行进一步的处理。

以后使用循环语句，一直读到有以“::=”开始的行为止。该行包含有叶节点的父节点和位置信息，从该行和开始行获得该节点的名字，父节点名字及位置信息。在循环语句中保存读到的 SYNTAX ACCESS MAX-ACCESS STATUS DESCRIPTION INDEX 等信息。对于 SYNTAX 为枚举型整数的，要进一步保存相关信息备用。然后在树状控件中增加节点，并将保存数据的记录指针赋给节点的 Data 属性。

③ 顶端节点。

在 OID 树中，标准 MIB-Ⅱ位于 1.3.6.1.2.1 分支，其他大量私有 MIIB 则处于 1.3.6.1.4.1。每一个单独的 MIB 文件，定义的所有节点形成一个单独的分支，这个分支所属的节点，称其为 MIB 的顶端节点。例如，MIB-Ⅱ中的顶端节点是 mgmt（1.3.6.1.2），大部分 CISCO 私有 MIB 以节点 ciscoMgmt（1.3.6.1.4.1.9.9）为顶端节点。在增加 MIB 中定义的节点时，无论辅助节点还是叶节点，必须先确定它的父节点。因此，装在一个 MIB 文件，首先要确定它的顶端节点所在的位置。在 MIB 文件中，这样的顶端节点 OID 是不明确给出的。这些顶端节点的具体信息，往往在一个专用的模块中进行定义。因此，必须首先读入这些专用模块，才能正确定位其他的后续节点。为简化处理，程序中采用手工输入这些顶端节点信息的方法。在装载一个 MIB 文件之前，程序必须已经知道该 MIB 文件的顶端节点。除 CISCO 公司和微软公司的私有 MIB 之外，在装载其他公司的 MIB 文件之前，先要注册顶端节点。注册的顶端节点信息被保存在文本文件中。当程序关闭时，这些信息被写入一个文件保存，下次启动时，再从文件中读入。

（3）MIB 文件行读入预处理。

程序在处理文本文件时，采取读入一行处理一行的方法。在进行处理之前，需要先进行预处理。首先判断行长度是否为零，若为零，则为空行；若读入行以“-”字符开始，则说明是注释行，这两种情况，不做任何处理，直接读入下一行。其次，对于读入的有效行，将行两边的空格字符去掉，并将有效行中可能存在的注释部分去掉。

（4）MIB 节点信息的存储与显示。

程序中使用树状控件保存 MIB 文件中的节点信息。使用树状控件节点表示被管理对象，可以表示出节点之间的从属关系。此外，树状控件的每个节点有指针类型的 Data 属性，可以指向任何类型的数据，可以将节点和一个保存被管理对象额外信息的数据结构关联起来。

不管是辅助节点还是叶节点，节点的名字被赋给树状控件节点的 Text 属性，保存被管理对象的常用信息。对于数据类型为枚举类型的被管理对象，程序采用一个字符串列表保存这些信息。对节点进行查询操作时，返回的整数值可以被转换为与其相对应的文字描述。程序运行时，先在树状控件中建立一个根节点，在其下加入一个 mgmt 节点，之后读入 MIB-Ⅱ文件，定义的所有节点加入到 mgmt 节点下的位置。同时为以后可能加入的私有 MIB 定义 private 节点，在其下定义 enterprises 子节点。

2. 程序实现

（1）功能模块。

根据程序功能，可将将程序分为 MIB 文件加载、操作命令响应、辅助功能三个模块。

MIB 文件加载模块对 MIB 文件进行分析，解析出其中定义的辅助节点和被管理对象，将这些信息保存。之后，解析 MIB 得到所有被管理对象，使用树状控件节点表示。解析被管理对象得到的信息包括被管理对象的 OID、文本名、访问权限、语法类型等信息。经过加载 MIB 文件，可以随时在程序中查看对象的定义，可以支持处理涉及这些对象的操作。

操作命令响应模块根据菜单命令完成对指定 SNMP 变量查询、设置等操作功能。和代理的通信工作主要由 SNMP++提供的函数完成，调用函数之前，通过实例化几个必要的 SNMP++类对象，提供构造 SNMP 报文的参数。对查询操作返回的数据，处理后显示在程序控件中。

辅助功能模块完成程序的初始化、结束时资源释放等工作。另外，树状控件的消息处理函数、查询结果的保存等功能，也在该模块实现。

篇幅所限，本节只给出程序功能实现中的步骤和方法，具体源代码请参照本书附录文件。

（2）建立工程。

启动 Visual C++ 6.0，按照以下步骤建立工程。

① 选择“File”→“New”，在弹出的对话框中，选中“Projects”标签页中的“MFC AppWizard（exe）”项，设置“Project name”为“MibBrowser”，在“Location”文件浏览框中设置工程保存路径，之后，单击“OK”按钮进入下一步。

② 选择建立“Single document”类型的工程，单击“Next”按钮进入下一步。

③ 在“How would you like to use the MFC library”项中，选中“As a statically linked library”，单击“Next”按钮，进入下一步。

④ 最后选择 CMibBorwserView 类的基类为 CFormView 类，单击“Finish”按钮完成工程创建。

⑤ 在窗体（IDD_MIBBROWSER_FORM）中，拖放“IP Address”、“Edit Box”、“Tree Control”、“List Box”、“Static Text”类型的控件，并对其进行布局设置，如图 8-13 所示。

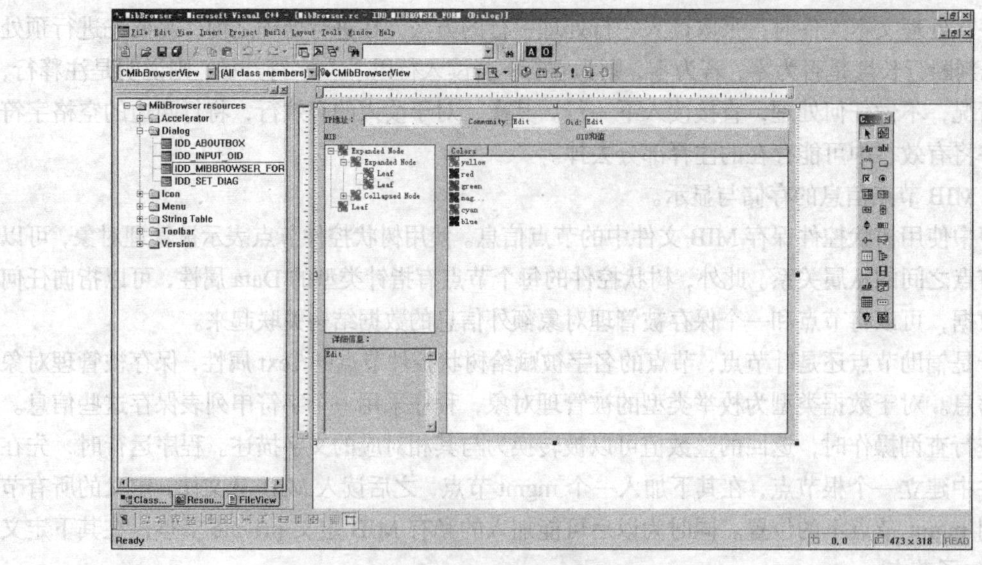

图 8-13 控件设置与布局

对控件进行属性设置和成员变量绑定。选中“IDC_EDIT1”控件，单击“View”→“ClassWizard…”项，在弹出窗口中单击“Member Variablies”页，选中“IDC_EDIT1”，单击“Add Variables…”，在弹出窗口中为控件增加成员变量。使用同样方法为其他控件添加对应变量，如表

8-7 所示。属性设置对话框参见图 8-14。

表 8-7 控件对应变量

控件 ID	控件类型	变量类型	变量名称
IDC_EDIT1	编辑框	CString	m_edit1
IDC_EDIT2	编辑框	CEdit	m_community
IDC_EDIT3	编辑框	CEdit	m_oid
IDC_IPADDRESS1	IP 地址控件	CIPAddressCtrl	m_ipadd
IDC_LIST1	树形控件	CListCtrl	m_list
IDC_TREE1	列表控件	CTreeCtrl	m_tree

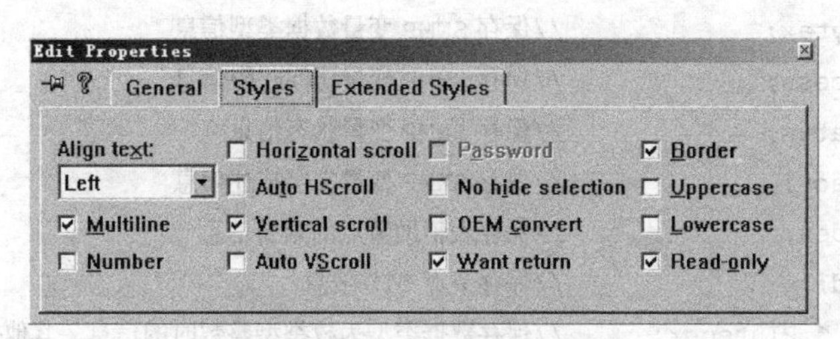

图 8-14 控件属性对话框

⑥ 添加图标。在主菜单中选择“Insert”→“Resource…”项，在弹出窗口中选择“Icon”项，单击“New”按钮新建或“Import…”按钮导入图标资源。

⑦ 修改主菜单及子菜单。在工作区中选“ResourceView”页，打开“Menu”目录，双击“IDR_MAINFRAME”项，编辑主菜单及子菜单，如图 8-15 所示。

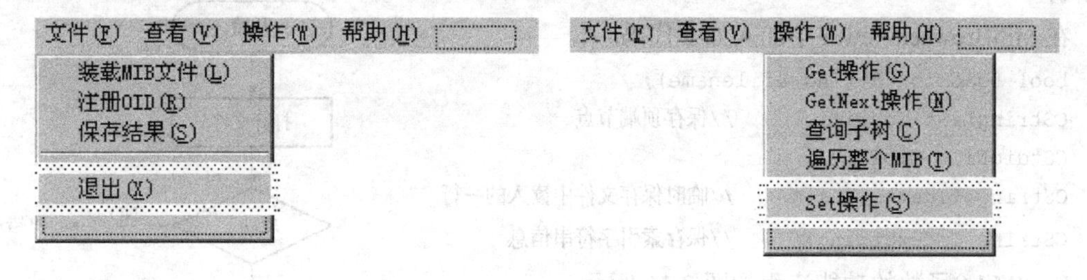

图 8-15 主菜单和子菜单设置

⑧ 编辑图标。在工作区中选择“ResourceView”页，打开“Toolbar”目录，双击“IDR_MAINFRAME”项，编辑图标。

```
BUTTON      ID_OID              //注册 OID
BUTTON      ID_LOAD             //装载 MIB 文件
BUTTON      ID_SAVE             //保存结果
SEPARATOR
BUTTON      ID_GET              //Get 操作
BUTTON      ID_GETNEXT          //GetNext 操作
BUTTON      ID_GETSUBTREE       //查询子树
BUTTON      ID_WALK             //遍历整个 MIB
```

```
BUTTON     ID_SET            //Set 操作
SEPARATOR
BUTTON     ID_APP_ABOUT      //"关于"对话框
```

（3）MIB 文件加载模块关键实现。

本模块功能包括：程序启动时，从指定的目录中查找 MIB 文件；对文件进行处理，解析出其中定义的被管理对象信息，并将这些信息在树状控件中表示为一个节点，之后将信息保存到一个结构体中备用。另外，在加载 MIB 文件之前，需要确定该文件的顶端节点信息，以便在装载时添加 MIB 文件中的被管理对象。加载过程如下。

① 定义结构体数据类型，保存处理 MIB 文件获得的被管理对象信息。

在 MibBrowserView.h 中加入如下代码。

```
struct MibNode
{
   CString PSnytax;            //保存 SNMP 变量数据类型信息
   CString PAccess;            //保存 SNMP 变量访问权限信息
   CString PStatus;            //保存 SNMP 变量状态信息
   CString PDescr;             //保存 SNMP 变量文字描述信息
   CString PIndex;             //保存表辅助节点的索引信息
   CString POid;               //保存节点 OID 信息
   CStringList * PInteger;     //保存数据类型为枚举型整数时的信息，其他类型该指针为 0
};
MibNode Mibdata;               //声明一个该类型变量
```

② 处理 MIB 文件的函数。

对 MIB 文件的处理主要是对读入行进行分析，看其中是否包含待处理关键字，若包含，则进一步处理，直到将文件中的所有行处理完毕。函数以 MIB 文件名为输入参数，完成对 MIB 文件的解析。

在 MibBrowserView.h 中加入如下代码。

```
bool LoadMib(CString &filename);
CStringList TopOid;        //保存顶端节点
CStdioFile MibFile;
CString Line;s             //临时保存文件中读入的一行
CString IndexString;       //保存索引字符串信息
```

LoadMib()函数的功能流程如图 8-16 所示。

③ 增加新节点的函数。

函数功能为根据给定的父、子节点名称在 MIB 树中增加新节点，并设置相应的图标。参数包括查找父节点位置的开始节点句柄，默认指向根节点，以及指向保存父节点 MIB 信息的数据结构的指针。

④ 增加辅助节点的函数。

首先，查找树中父节点是否已经存在，如存在父节点，生成节点对应的结构数据，将新节点增加为父节点的子节点。若父节点不存在，则说明新节点为顶端节点，且没有被注册，函数给出提示后返回。保存辅助节点的信息数据

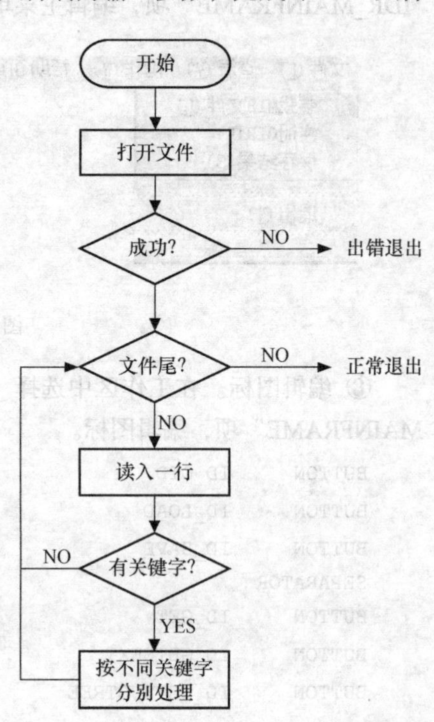

图 8-16　MIB 文件处理执行流程

变量在该函数中被分配并初始化。

⑤ 处理数据类型为枚举型整数的函数。

要求的输入字符串形式如下所示。

```
SYNTAX INTEGER {up(1), down(2), testing(3)  }
```

函数将其转化为字符串列表中的元素。每个整数后面紧临的字符串即为该整数的解释信息。处理后的信息被保存在一个字符串列表中，节点中 data 指针指向的数据结构最后一个域的指针指向该列表。函数功能主要是处理字符串。

⑥ 查找节点函数。

该函数查找被管理对象树中是否存在指定节点。如找到，返回该节点句柄，否则，返回 NULL。函数基于递归方法实现了右序遍历被管对象树的功能，可以完整地解析一个 MIB 文件中定义的被管理对象信息，并将这些信息用树状控件的形式展示出来。

⑦ 注册顶端节点。

加载非 CISCO 或微软公司定义的私有 MIB，要先注册顶端节点。通过响应菜单命令完成顶端 OID 的注册以及 MIB 文件的装载。注册 OID 函数，需要输入节点名称等信息，因此需要建立一个输入对话框。控件和布局如图 8-17 所示。

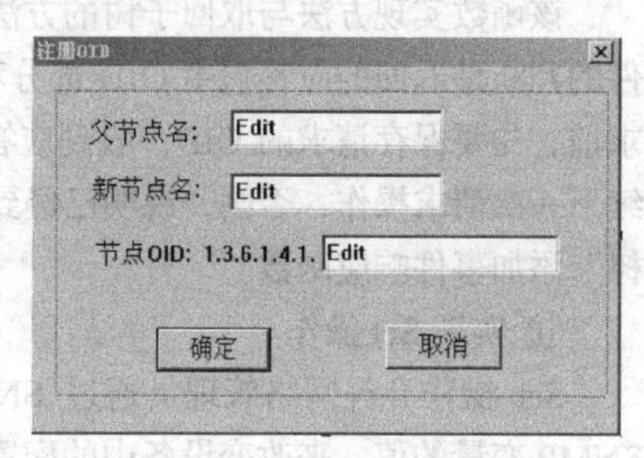

图 8-17　注册 OID 对话框

控件成员变量与属性设置过程为：右键单击对话框，选择“ClassWizard...”项，为对话框建立对应的类；在弹出窗口中为新类指定名字为 CDlg_input，基类设置为 CDialog；为控件增加成员变量，如表 8-8 所示。

表 8-8　注册 OID 对话框控件对应变量

控件 ID	控件类型	变量类型	变量名称
IDC_EDIT1	编辑框	CString	m_ParentName
IDC_NODE_NAME	编辑框	CString	m_NodeName
IDC_NODE_OID	编辑框	CString	m_NodeOid

⑧ 为菜单项“装载 MIB 文件”添加单击事件处理函数。

（4）操作响应模块实现。

本模块功能是根据菜单命令，完成对 SNMP 变量进行查询、设置操作。通过响应菜单命令，使用 SNMP++软件包提供的类生成需要的对象，完成不同的动作。对取回的 SNMP 变量信息，如果定义被管理对象的 MIB 已经被编译，则根据保存的被管理对象信息对显示格式进一步处理。例如，对于枚举型整数而言，如果整数 1 表示一个接口状态为 up，那么取回值如果是 1，就将其显示为“up”；将 OID 数字串替换为被管理对象的文本名，可以使对象的含义一目了然。这就要求根据返回的 SNMP 变量的 OID 在已有 MIB 树中进行查找。

① 在 MIB 树中查找特定 OID 节点。

函数执行成功，返回节点句柄，否则返回 NULL。

② 实现 Get 操作。

本函数完成对指定 SNMP 变量的 Get 操作，即取回当前 SNMP 变量的值。SNMP++提供实现各种 SNMP 操作动作的函数，在调用这些函数之前，需要构建一个正确的 CTarget 对象。同时，需为菜单项“Get操作”添加单击事件响应函数。

③ 实现GetNext操作。

实现方法与Get操作基本一致，只是调用的SNMP++函数不同。为菜单项“GetNext”添加事件响应函数。

④ 查找MIB子树。

取回MIB树中某个分支，实际上是一系列连续的SNMP变量，这些变量的OID按照字典序排列。调用get_next()函数，将本次操作得到的变量OID作为下次操作指定OID，则下次操作取回本次操作得到的变量下一个邻接变量值。循环调用get_next()函数，直到取回所有符合条件的变量为止。属于某个分支的所有SNMP变量的OID，必然以一个辅助节点的OID开始。因此，设置一个基本OID，通过一个循环控制结构，判断取回的SNMP变量的OID是否以基本OID开始，即可判断该SNMP变量是否属于该子树下。为菜单项“查询子树”添加事件响应函数。

⑤ 遍历整个MIB树。

该函数实现方法与取回子树的方法类似，不同的是，循环一直执行到MIB树的结束。结束条件的判断是返回的应答包中OID部分和发送的请求OID相同，因此，在每次发送一个SNMP请求前，先要保存请求的OID，收到应答后，比较两个OID是否相同，如不同，使用新的OID继续下一次请求操作，否则，说明已经到了MIB树的结束，推出循环。为菜单项“遍历整个MIB树”添加事件响应函数。

⑥ 实现Set操作。

Set操作允许网络管理员通过SNMP对被管理设备进行简单的配置操作，即通过改变某个SNMP变量的值，来改变设备中的配置参数。除提供的共同体名一定要有设置权限外，设置操作还要求操作者提供设置的数据类型和值，因此需要建立一个对话框来输入设置信息。对话框控件及布局参见图8-18，成员变量参考表8-9。程序数据类型可采用SMI允许的基本ASN.1类型。

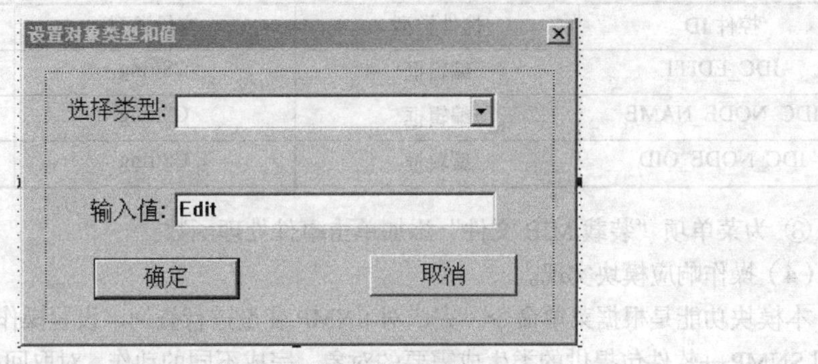

图8-18　设置对象类型和值对话框

表8-9　设置对象类型和值对话框控件对应变量

控件ID	控件类型	类型	变量名称
IDC_EDIT1	编辑框	CString	m_value
IDC_COMBO1	组合编辑框	int	m_type

（5）辅助功能模块实现。

辅助功能包括获取信息的保存、树状控件的事件响应函数和程序初始化、结束时释放资源的工作。

① 保存获得数据。

将显示在列表框控件中的信息保存到一个文本文件中，通过菜单命令调用。

② 树状控件事件响应函数。

树状控件中节点被选中后，节点图标改变，并在编辑框控件中显示有关该节点的详细信息，节点展开或闭合。为树状控件增加响应消息 TVN_SELCHANGED 和 TVN_ITEMEXPANDED 的函数，增加后，MibBrowserView.h 头文件中应包含如下消息响应函数声明。

```
afx_msg void OnItemexpandedTree1(NMHDR* pNMHDR, LRESULT* pResult);
afx_msg void OnSelchangedTree1(NMHDR* pNMHDR, LRESULT* pResult);
```

③ 程序初始化及退出时释放资源。

函数实现初始化功能及程序结束时释放内存资源。

④ 响应 Windows 消息 WM_DESTROY。

为 CMibBrowserView 类增加响应 Windows 消息 WM_DESTROY 函数，调用 travl()释放资源。

（6）编译链接。

编译链接时，可选择编译程序为 Debug 或 Release 版，并正确设置 SNMP++链接库。Release 版程序参考步骤如下。

① 设置编译版本。

在主菜单选择“Build”→“Set Active Configuration…”项，在弹出窗口选择“Win32 Release”后，单击“OK”按钮结束。

② 设置编译参数。

主菜单中选择“Project”→“Settings…”项，在弹出窗口中，选“General”标签页，设置将 MFC 作为静态链接库使用，如图 8-20 所示。选择 C/C++标签页，在“Category:”项下拉菜单中，选“Code Generation”项，做如图 8-21 所示参数设置。选择“Link”页，在“Object/Library Modules”项增加“mysnmp.lib”和“ws2_32.lib”，中间以空格隔开，参数设置如图 8-22 所示。其他参数采用缺省设置。

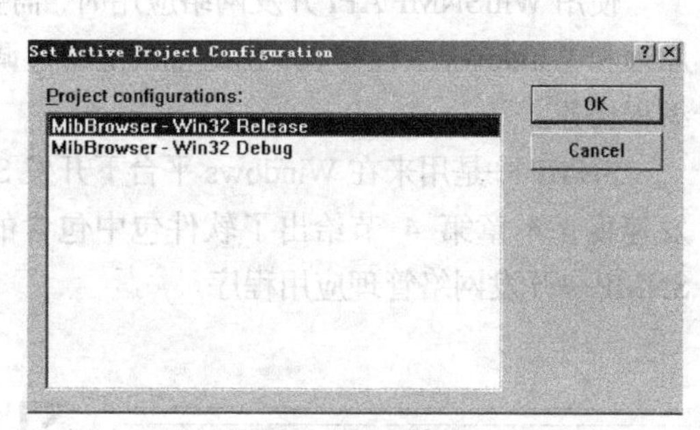

图 8-19　编译设置

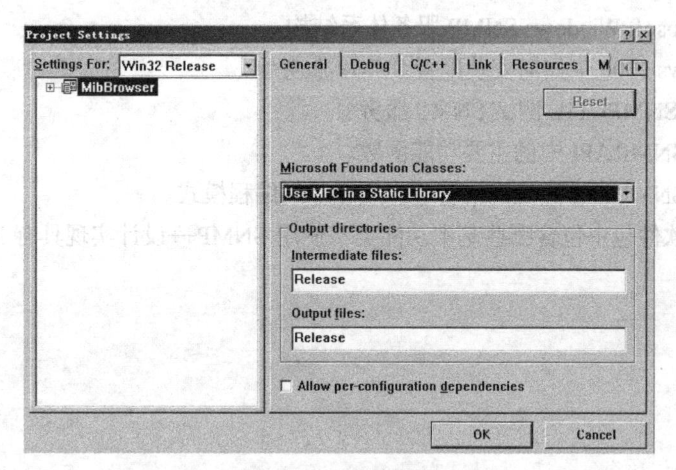

图 8-20　基础类设置

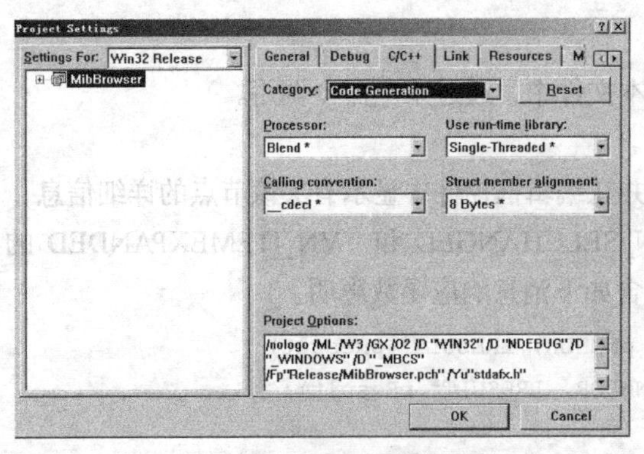

图 8-21　C/C++设置

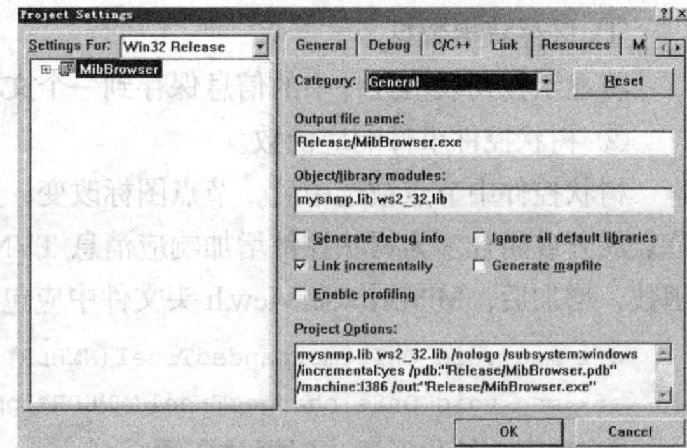

图 8-22　连接设置

运行程序时，需在当前目录建立子目录 mib，并在其中手工建立文本文件 oid.txt，复制 MIB-II 文件，以文本文件方式保存在 mib 目录中。

8.6 小　结

本章分析了网络管理应用程序的基本功能，给出了在 Windows 平台下开发基于 SNMP 的网络应用程序的基本方法。

使用 WinSNMP API 开发网络应用时，需要首先清晰了解 Windows 系统中 SNMP 服务的运行原理和 Windows 编程特点，在此基础上通过调用相关的 API 函数实现发送请求、接收处理陷入等编程任务。

SNMP++是用来在 Windows 平台下开发 SNMP 程序的软件包，使用该软件包可以加快程序开发速度，本章第 4 节给出了软件包中包含的基本类结构，并通过示例的方式讲解了如何使用 SNMP++开发网络管理应用程序。

习 题 8

1. 简述 Microsoft Windows SNMP 服务体系结构。
2. 在 Windows 2000 中如何安装配置 SNMP 服务？
3. 如何使用 SNMPUTIL 测试 SNMP 服务？
4. 简述 WinSNMP API 中的主要功能函数。
5. 简述 WinSNMP API 开发网络管理应用程序的编程模式。
6. SHMP++软件包中包含哪些基本功能类？使用 SNMP++设计实现具有 MIB 浏览功能的简单网络管理程序。

第9章 IPv6网络管理技术

IPv6（Internet Protocol Version 6，网际协议版本 6）是 IETF 设计的网络层协议的第二代标准协议，是 IPv4 的升级版本。IPv6 和 IPv4 之间最显著的区别为：IP 地址的长度从 32 比特增加到 128 比特。IPv6 能够提供更充足的地址空间，报头更简洁，效率更高。长远来看，IPv6 必然会代替 IPv4。

本章主要介绍 IPv6 的起源、特点、相对于 IPv4 的优势、地址格式、主要的 IPv4 和 IPv6 的过渡技术、IPv6 的地址分配和域名管理以及 IPv6 路由协议中的 RIPng 和 OSPFv3 协议。

9.1 IPv6 网络简介

目前 IPv4 依然是使用最广泛的网际协议版本，然而，随着互联网的迅猛发展，IPv4 设计的不足也日益明显，主要表现在地址空间不足和安全性不能满足需要。其中地址空间的严重不足是最终决定重新设计基于更长地址的 IPv6 的诱因。

9.1.1 IPv6 的起源

IP 是 TCP/IP 协议族中网络层的协议，是 TCP/IP 协议族的核心协议。IPv4 与 IPv6 均是标准化互联网络的核心部分。IPv4 是网际协议开发过程中的第四个修订版本，从 1981 年最初定义（RFC791）到现在已经有 30 多年的时间。由于 IPv4 协议简单、易于实现、互操作性好，IPv4 网络规模也从最初的单个网络扩展为全球范围的众多网络。IPv6 在扩展了地址之后，其演进涉及终端、网络、应用等多个环节。直到 2011 年，IPv6 仍处在部署的初期，主要的网络改造由网站和运营商承担，用户端几乎感觉不到 IPv6 的使用。但长远来看，IPv6 是将来的发展方向。

1. IPv4 地址已经耗尽

从 20 世纪 80 年代起，随着互联网的增长，一个很明显的问题是 IPv4 地址在以比设计时的预计更快的速度耗尽。互联网用户的急速增长、总是开着的设备（如 ADSL 调制解调器、缆线调制解调器等）以及移动设备（如笔记本电脑、PDA、智能手机等）都消耗了大量的 IPv4 地址。为了应对地址不足的问题，各种各样的技术随之产生以应对 IPv4 地址的耗尽，具体如下。

- 网络地址转换（NAT）。
- 专用网络的使用。
- 动态主机设置协议（DHCP）。

- 基于名字的虚拟主机。
- 区域互联网注册管理机构对地址分配的控制。
- 对互联网初期分配的大地址块的回收。

但这些办法并不能彻底解决 IP 地址不足的问题。随着 IANA（The Internet Assigned NumberSAuthority，互联网数字分配机构）把最后 5 个地址块分配给 5 个 RIR（Regional Internet Register 地区性互联网注册机构），其主地址池在 2011 年 2 月 3 日耗尽，RIR 已没有任何新的 IPv4 地址空间可供分配。

广泛被接受且已被标准化的解决方案是迁移至 IPv6。IPv6 的地址长度从 IPv4 的 32 位增长到了 128 位，以此提供了更好的路由聚合。IPv6 的计划是创建未来互联网扩充的基础，其目标是取代 IPv4。

2. IPv6 的目标

由于 IPv6 采用 128 位地址长度，几乎可以不受限制地提供地址。按保守方法估算 IPv6 实际可分配的地址，整个地球每平方米面积上可分配 1000 多个地址，甚至可以让地球上的每一粒沙子都可以有一个 IP 地址。在 IPv6 的设计过程中除了一劳永逸地解决地址短缺问题以外，还考虑了在 IPv4 中解决不好的其他问题。IPv6 的主要优势体现在扩大地址空间、提高网络的整体吞吐量、改善服务质量、安全性有更好的保证、支持即插即用和移动性、更好实现多播功能方面。

由于目前大多数互联网的连接设备和终端都采用了 IPv4，所以也不可能在一夜之间全部替换成 IP6，由 IPv4 过渡到 IPv6 需要时间和成本，但从长远看，IPv6 有利于互联网的持续和长久发展。

3. IPv6 的特点

与 IPv4 相比，IPv6 的主要特点如下。

（1）IPv6 地址长度为 128 位，地址空间增大了 2 的 96 次方倍。

（2）灵活的 IP 报文头部格式。使用一系列固定格式的扩展头部取代了 IPv4 中可变长度的选项字段。IPv6 中选项部分的出现方式也有所变化，使路由器可以简单路过选项而不做任何处理，加快了报文处理速度。

（3）IPv6 简化了报文头部格式，字段只有 8 个，加快报文转发，提高了吞吐量。

（4）提高安全性。身份认证和隐私权是 IPv6 的关键特性。

（5）支持更多的服务类型。

（6）允许协议继续演变，增加新的功能，使之适应未来技术的发展。

4. IPv6 对 TCP/IP 的影响

在 Internet 上，数据以分组的形式传输。IPv6 定义了一种新的分组格式，目的是为了最小化路由器处理的报文首部。由于 IPv4 报文和 IPv6 报文首部有很大不同，因此这两种协议无法互操作。但是在大多数情况下，IPv6 仅仅是对 IPv4 的一种保守扩展。除了嵌入了互联网地址的应用层协议（如 FTP，新地址格式可能会与当前协议的语法冲突）以外，大多数传输层和应用层协议几乎不怎么需要修改就可以工作在 IPv6 上。

5. IPv6 的发展

在制定 IPv6 标准的国际组织中，IPv6 协议主要由 IETF 制定。目前 IETF 负责 IPv6 标准制定的工作组主要有两个：IPv6 工作组（IPv6）和 IPv6 运营工作组（v6ops），分别属于传输领域和运营维护领域。前者负责 IPv6 规范和标准的制定工作，后者负责演进机制、工具和部署方面的标准化工作。

2012 年互联网协会将 6 月 6 日定为世界 IPv6 启动日。一些大的运营商和网站在当天对他们的主要服务启用 IPv6，以推进互联网工业加速部署全面 IPv6 支持。

在我国，相关的研究工作从 20 世纪 90 年代末开始。CERNET 国家网络中心于 1998 年 6 月加入 6Bone（IETF 于 2003 年 1 月发布的 IPv6 测试性网络，它被用作 IPv6 问题的测试平台），同年 11 月成为其骨干网成员。根据 2013 年 7 月 17 日中国互联网络信息中心（CNNIC）发布的《第 32 次中国互联网络发展状况统计报告》的统计结果，截至 2013 年 6 月底，我国 IPv6 地址数量为 14607 块/32，位列世界第二位。表 9-1 是国内外部分采用 IPv6 技术的网站。

表 9-1　　国内外部分 IPv6 站点资源列表

	网　站	网　址
国外站点	World IPv6 Launch	http://www.worldipv6launch.org/
	Deep Space 6	http://www.deepspace6.net/
	IPv6 Forum	http://www.ipv6forum.com/
	Official 6bone Webserver List	http://6bone.informatik.uni-leipzig.de/ipv6/stats/stats.php3
国内站点	中国下一代互联网示范工程核心网	http://www.cernet2.edu.cn/
	清华大学	http://IPV6.tsinghua.edu.cn
	上海交大 BBS	http://bbs6.sjtu.edu.cn
	浙江大学校网中心	http://media.zju6.edu.cn/

9.1.2　IPv6 与 IPv4 的比较

与 IPv4 相比，IPv6 具有许多新的特点，如简化的 IP 包头格式、主机地址自动配置、认证和加密以及较强的移动支持能力等。概括起来，IPv6 的优势体现在以下五个方面。

1. 地址长度

IPv6 的 128 位地址长度形成了一个巨大的地址空间。在可预见的很长时期内，它能够为所有可以想象出的网络设备提供一个全球唯一的地址。128 位地址空间足够为地球上每一粒沙子提供一个独立的 IP 地址。

IPv6 能为主机接口提供不同类型的地址配置，包括全球地址（Globally）、全球单播地址（unicast）、区域地址（on-site）、链路本地地址（link local address）、地区本地地址（site local address）、广播地址（Broadcast）、多播群地址（multicast group address）、任播地址（anycast address）、移动地址（Mobility）、家乡地址（home address）和转交地址（care-of address）等。

这个特点对运营商有着强大的吸引力。

2. 移动性

移动 IP 需要为每个设备提供一个全球惟一的 IP 地址。IPv4 没有足够的地址空间可以为在 Internet 上运行的每个移动终端分配一个这样的地址。而移动 IPv6 能够通过简单的扩展，满足大规模移动用户的需求。这样，它就能在全球范围内解决有关网络和访问技术之间的移动性问题。

移动 IPv6 在新功能和新服务方面可提供更大的灵活性。每个移动设备设有一个固定的家乡地址（home address），这个地址与设备当前接入互联网的位置无关。当设备在家乡以外的地方使用时，可以通过一个转交地址来提供移动节点当前的位置信息。移动设备每次改变位置，都要将它的转交地址告诉给家乡地址和它所对应的通信节点。在家乡以外的地方，移动设备传送数据包时，通常在 IPv6 报头中将转交地址作为源地址。

移动节点在家乡以外的地方发送数据包时，使用一个家乡地址目标选项。目的是通过这个选项把移动节点的家乡地址告诉给包的接收者。由于在该数据包里包含家乡地址的选项，接收方通信节点在处理这个包时就可以用这个家乡地址替换包内的转交地址。因此，发送给移动节点的IPv6 包就能够透明地选路到该节点的转交地址处。对通信节点和转交地址之间的路由进行优化会使网络的利用率更高。

3．内置的安全特性

IPv6 协议内置安全机制，并已经标准化，可支持对企业网的无缝远程访问。即使终端用户用“实时在线”方式接入企业网，这种安全机制也是可行的，而这种“实时在线”的服务类型在 IPv4 技术中是无法实现的。对于从事移动性工作的人员来说，IPv6 是 IP 级企业网存在的保证。

在安全性方面，IPv6 同 IP 安全性（IPSec）机制和服务一致。除了必须提供网络层这一强制性机制外，IPSec 还提供两种服务。其中，认证报头（AH）用于保证数据的一致性，而封装的安全负载报头（ESP）用于保证数据的保密性和数据的一致性。在 IPv6 包中，AH 和 ESP 都是扩展报头，可以同时使用，也可以单独使用其中一个。此外，作为 IPSec 的一项重要应用，IPv6 还集成了 VPN 的功能。

4．服务质量

从协议的角度看，IPv6 的优点体现在能提供不同水平的服务。这主要是由于 IPv6 报头中新增加了字段“业务级别”和“流标记”。有了它们，在传输过程中，中间的各节点就可以识别和分开处理任何 IP 地址流。尽管对这个流标记的准确应用还没有制定出有关标准，但将来它会用于基于服务级别的新计费系统。

另外，在其他方面，IPv6 也有助于改进 QoS。这主要表现在支持“实时在线”连接、防止服务中断以及提高网络性能方面。同时，更好的网络和 QoS 也会提高客户的期望值和满意度。

5．自动配置

IPv6 支持无状态和有状态两种地址的自动配置方式。无状态地址自动配置方式是获得地址的关键。在这种方式下，需要配置地址的节点使用一种邻居发现机制获得一个局部连接地址。一旦得到这个地址之后，它使用另一种即插即用的机制，在没有任何人工干预的情况下，获得一个全球唯一的路由地址。有状态配置机制如 DHCPv6 需要一个额外的服务器，因此也需要很多额外的操作和维护。

9.1.3 IPv6 的地址结构

1．IPv6 格式

IPv6 地址是由 128 位的二进制数组成的，为了方便人们记忆，又把 128 位分割成 8 段 16 位组，然后把每段 16 位组换算成 4 个十六进制数来表示，每段十六进制数值的范围是 0000～FFFF。每段之间使用冒号来分隔。图 9-1 是 IPv6 的地址格式和一个合法的 IPv6 地址 2610:00f8:0c34:67f9:0200:83ff:fe94:4c36。

同时 IPv6 在某些条件下可以简化，简化规则如下。

（1）每一个段中开头的 0 可以省略不写，但末尾的 0 不能省略。

原始 IPv6 地址：3ffe:1944:0100:000a:0000:00bc:2500:0d0b。

简化后 IPv6 地址：3ffe:1944:100:a:0:bc:2500:d0b。

（2）如果某段或连续几段全是 0，则可以使用一个“::”来代替。

原始 IPv6 地址：ff02:0000:0000:0000:0000:0000:0000:0005。

简化后 IPv6 地址：ff02::5。

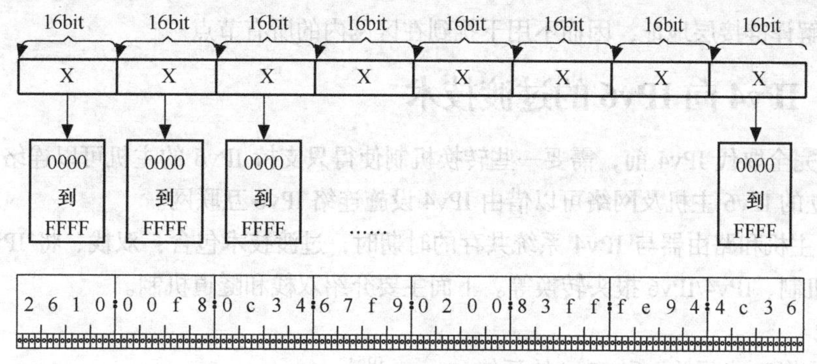

图 9-1 IPv6 的地址格式

需要注意双冒号出现两次是非法的。如 2001:0d02:0000:0000:0014:0000:0000:0095 缩写成 2001:d02::14:0:0:95 和 2001:d02:0:0:14::95 都是正确的，但下面缩写成 2001:d02::14::95 就是错误的。

（3）如果 128 位全部为 0 的地址，则可以使用一个“::”来表示。

原始 IPv6 地址：0000:0000:0000:0000:0000:0000:0000:0000。

简化后 IPv6 地址：::。

2. IPv6 地址的分类

IPv6 地址可分为三种：单播地址、任播地址和多播地址。

（1）单播地址。

单播地址标示一个网络接口。协议会把送往地址的数据包投送给其接口。IPv6 的单播地址可以有一个代表特殊地址名字的范畴，如 link-local 地址和唯一区域地址（Unique Local Address，ULA）。单播地址包括可聚类的全球单播地址、链路本地地址等。

（2）任播地址。

任播是 IPv6 特有的数据传送方式，它像是 IPv4 的单点传播与多点广播的综合，用来标识一组节点中任何一个成员，即源节点的数据流被转发到组里最近的节点。IPv4 支持单点传播和多点广播。单点广播在来源和目的地间直接进行通信；多点广播存在于单一来源和多个目的地进行通信。而任播则在以上两者之间，它像多点广播一样，会有一组接收节点的地址栏表，但指定为任播的数据包，只会传送给距离最近或传送成本最低（根据路由表来判断）的其中一个接收地址，当该接收地址收到数据包并进行回应，且加入后续的传输。该接收列表的其他节点，会知道某个节点地址已经回应了，它们就不再加入后续的传输作业。以目前的应用为例，任播地址只能分配给路由器，不能分配给电脑使用，而且不能作为发送端的地址。

（3）多播地址。

多播地址也称组播地址，用来标识一组节点。多播地址也被指定到一群不同的接口，送到多播地址的数据包会被传送到所有的地址。多播地址由皆为一的字节起始，亦即它们的前置为 FF00::/8。其第二个字节的最后四个比特用以标明“范畴”。

一般有 node-local(0x1)、link-local(0x2)、site-local(0x5)、organization-local(0x8)和 global(0xE)。多播地址中的最低 112 位会组成多播组群识别码，不过因为传统方法是从 MAC 地址产生，故只有组群识别码中的最低 32 位有使用。定义过的组群识别码有用于所有节点的多播地址 0x1 和用于所有路由器的 0x2。

另一个多播组群的地址为“solicited-node 多播地址”，是由前置 FF02::1:FF00:0/104 和剩余的组群识别码（最低 24 位）所组成的。这些地址允许经由邻居发现协议（NDP，Neighbor Discovery

Protocol）来解译链接层地址，因而不用干扰到在区网内的所有节点。

9.1.4 IPv4 向 IPv6 的过渡技术

在 IPv6 完全取代 IPv4 前，需要一些转换机制使得只支持 IPv6 的主机可以连络 IPv4 服务，并且允许孤立的 IPv6 主机及网络可以借由 IPv4 设施连络 IPv6 互联网。

在 IPv6 主机和路由器与 IPv4 系统共存的时期时，过渡技术包含：双栈、将 IPv4 嵌入 IPv6 地址、隧道机制、IPv4/IPv6 报头转换等。下面主要介绍双栈和隧道机制。

1. 双栈

双堆栈是将 IPv6 视为一种 IPv4 的延伸，以共享代码的方式去实现网络堆栈，其可以同时支持 IPv4 和 IPv6，一个实现双堆栈的主机称为双堆栈主机。实现 IPv6 节点与 IPv4 节点互通的最直接的方式是在 IPv6 节点中加入 IPv4 协议栈。具有双协议栈的节点称作“IPv6/v4 节点”，这些节点既可以收发 IPv4 分组，也可以收发 IPv6 分组。它们可以使用 IPv4 与 IPv4 节点互通，也可以直接使用 IPv6 与 IPv6 节点互通。双栈技术不需要构造隧道。图 9-2 是双栈技术的示意图。

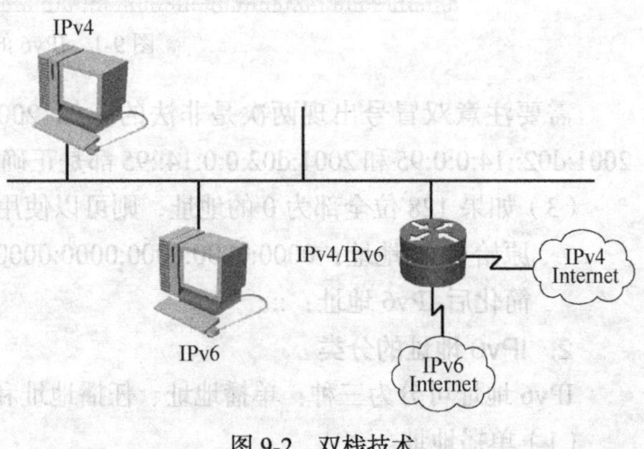

图 9-2 双栈技术

如图 9-2 所示，当双栈路由器接收到分组后，将根据分组的目标地址决定使用哪个协议栈，转发到对应的网络中。

2. 隧道

隧道是另一个用来链接 IPv4 与 IPv6 的机制。为了连通 IPv6 互联网，一个孤立主机或网络需要使用现存 IPv4 的基础设施来携带 IPv6 数据包。这可由将 IPv6 数据包装入 IPv4 数据包的隧道协议来完成，实际上就是将 IPv4 当成 IPv6 的链接层。

其工作机理是在 IPv6 网络与 IPv4 网络间的隧道入口处，路由器将 IPv6 的数据分组封装入 IPv4 中，IPv4 分组的源地址和目的地址分别是隧道入口和出口的 IPv4 地址。在隧道的出口处再将 IPv6 分组取出转发给目的节点。图 9-3 是隧道技术的示意图。

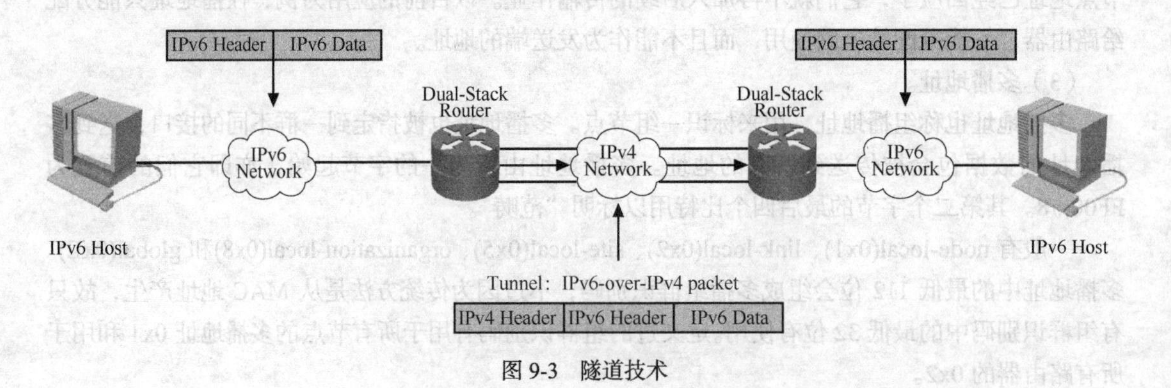

图 9-3 隧道技术

如图 9-3 所示，要在 IPv4 的网络中通过隧道传输 IPv6 数据，需要使用边缘路由器将 IPv6 分组封装到 IPv4 分组中，而另一端边缘路由器再将其解封装。

9.2　IPv6 地址管理

IPv6 的一个显著特点是具有 128 位地址，但是庞大的地址空间同时也为管理带来了许多问题。进行 IPv6 地址规划需要综合考虑多方面的因素，包括对路由效率的影响，对未来网络发展的影响，以及对运营商的影响等。与地址分配不同，域名解析的操作只需要对 DNS 做简单的升级就可以支持 IPv6 的域名解析。

9.2.1　IPv6 地址分配和管理

图 9-4 是 IPv6 地址的层次结构，对其进行分析会发现地址本身就包含 ISP 信息。

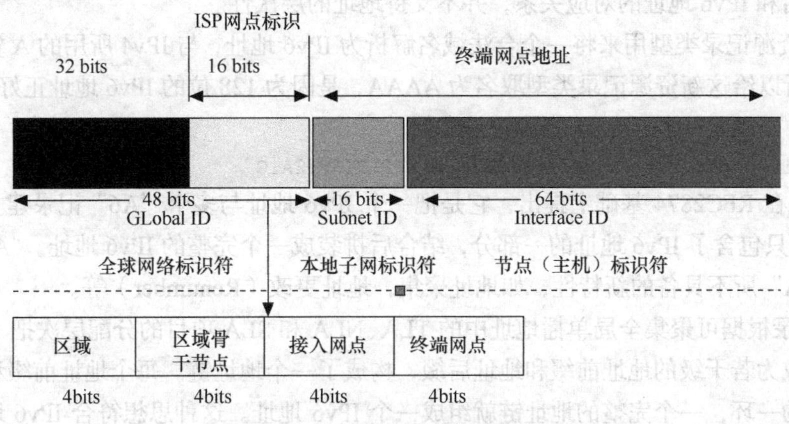

图 9-4　IPv6 地址格式的层次表示

IP 地址是一种公共的资源，不为任何组织或个人所拥有。地址管理采用等级制，IANA 向 RIR 分配地址。RIR 或 NIR（National Internet Registry，国家级互联网注册管理机构）向 LIR（Local Internet Registry，本地因特网注册机构）分配地址。LIR 接受 RIR 或 NIR 委派，向用户分配地址。通常，LIR 是一个服务供应商。LIR 将自己所获得的地址分配给终端用户组织或其它的 ISP。一般来说，IANA 会给一个机构（ISP 或研究团体）分配一个较大的地址块，如/48、/32 等。目前中国的公网 IPv6 地址主要是以 2001: 及 3FFE: 开头的地址块。

为了充分实现路由优化，RIR 或 NIR 并不直接将全局 IPv6 地址分配给终端用户组织。任何的终端用户组织如果想要获得全局 IPv6 地址，都得由与它们保持直接连接的服务供应商进行分配。如果该组织变换了服务供应商，那么全局路由选择前缀也不可避免地要进行变换。

IPv6 也有类似 IPv4 私网地址：FEC0::/10，可以用来做实验用。与 IPv4 不同的是，IPv6 并不使用 NAT 技术，因为 IPv6 不缺地址。NAT 技术的安全性，在 IPv6 中也有其他技术（IPSec、无状态自动配置）实现。

虽然 IPv6 网络中也有 DHCPv6，可以给主机分配地址。但目前很少用这种方法，因为无状态配置技术对主机分配地址来说已经足够，并且由于 IPv6 中特别的 Solicited-Node 组播机制，无状态自动配置技术也对网络没有造成特别大的广播流量。终端主机一般用无状态地址自动配置技术来进行地址配置，无需 DHCP 服务器分配 IPv6 地址。

9.2.2 IPv6域名管理

互联网的根域名服务器已经经过改进同时支持IPv6和IPv4。所以，不需要为IPv6域名解析单独建立一套独立的域名系统，IPv6的域名系统可以和传统的IPv4域名系统结合在一起。现在Internet上最通用的域名服务软件BIND已经实现了对IPv6地址的支持，所以IPv6地址和主机名之间的映射就很容易解决了。

解析IPv6地址的类型（type），即AAAA和A6类型为IPv6地址的逆向解析提供的反向域，即ip6.int.识别上述新特性的域名服务器就可以为IPv6的地址-名字解析提供服务。

1. 正向IPv6域名解析

IPv4的地址正向解析的资源记录是“A”，而IPv6域名解析的正向解析目前有两种资源记录，即“AAAA”和“A6”记录。其中“AAAA”较早提出，它是对IPv4协议“A”录的简单扩展，由于IP地址由32位扩展到128位，扩大了4倍，所以资源记录由“A”扩大成4个“A”。但“AAAA”用来表示域名和IPv6地址的对应关系，并不支持地址的层次性。

AAAA资源记录类型用来将一个合法域名解析为IPv6地址，与IPv4所用的A资源记录类型相兼容。之所以给这新资源记录类型取名为AAAA，是因为128位的IPv6地址正好是32位IPv4地址的四倍，下面是一条AAAA资源记录实例。

```
host1.microsoft.com IN AAAA FEC0::2AA:FF:FE3F:2A1C
```

“A6”是在RFC2874基础上提出，它是把一个IPv6地址与多个“A6”记录建立联系，每个“A6”记录都只包含了IPv6地址的一部分，结合后拼装成一个完整的IPv6地址。“A6”记录支持一些“AAAA”所不具备的新特性，如地址聚集，地址更改（Renumber）等。

“A6”记录根据可聚集全局单播地址中的TLA、NLA和SLA项目的分配层次把128位的IPv6的地址分解成为若干级的地址前缀和地址后缀，构成了一个地址链。每个地址前缀和地址后缀都是地址链上的一环，一个完整的地址链就组成一个IPv6地址。这种思想符合IPv6地址的层次结构，从而支持地址聚集。

同时，用户在改变ISP时，要随ISP改变而改变其拥有的IPv6地址。如果手工修改用户子网中所有在DNS中注册的地址，是一件非常繁琐的事情。而在用“A6”记录表示的地址链中，只要改变地址前缀对应的ISP名字即可，可以大大减少DNS中资源记录的修改。同时，在地址分配层次中越靠近底层，所需要改动的越少。

2. 反向IPv6域名解析

IPv6域名解析的反向解析的记录和IPv4一样，是“PTR”，但地址表示形式有两种。一种是用“.”分隔的半字节16进制数字格式（NibbleFormat），低位地址在前，高位地址在后，域后缀是“IP6.INT.”。另一种是二进制串（Bit-string）格式，以“\[”开头，16进制地址（无分隔符，高位在前，低位在后）居中，地址后加“]”，域后缀是“IP6.ARPA.”。半字节16进制数字格式与“AAAA”对应，是对IPv4的简单扩展。二进制串格式与“A6”记录对应，地址也象“A6”一样，可以分成多级地址链表示，每一级的授权用“DNAME”记录。和“A6”一样，二进制串格式也支持地址层次特性。

IP6.INT域用于为IPv6提供逆向地址到主机名解析服务。逆向检索也称为指针检索，根据IP地址来确定主机名。为了给逆向检索创建名字空间，在IP6.INT域中，IPv6地址中所有的32位十六进制数字都逆序分隔表示。例如，为地址FEC0::2AA:FF:FE3F:2A1C（完全表达式为：FEC0:0000:0000:0000:02AA:00FF:FE3F:2A1C）查找域名时，在IP6.INT域中是：C.1.A.2.F.3.E.F.

F.F.0.0.A.A.2.0.0.0.0.0.0.0.0.0.0.0.0.0.0.0.0.0.C.E.F.IP6.INT.。

总之，以地址链形式表示的 IPv6 地址体现了地址的层次性，支持地址聚集和地址更改。但是，由于一次完整的地址解析要分成多个步骤进行，需要按照地址的分配层次关系到不同的 DNS 服务器进行查询，并且所有的查询都成功才能得到完整的解析结果。这势必会延长解析时间，出错的机会也增加。因此，在技术方面 IPv6 协议需要进一步改进 DNS 地址链功能，提高 IPv6 域名解析的速度才能为用户提供理想的服务。

9.3 IPv6 路由管理

IPv6 是对 IPv4 的革新，尽管大多数 IPv6 的路由协议都需要重新设计或者开发，但 IPv6 路由协议相对 IPv4 只有很小的变化。目前各种常用的单播路由协议和组播协议都已经支持 IPv6。本小节主要介绍 RIPng 和 OSPFv3 两个协议。

9.3.1 RIPng

RIP（Routing Information Protocol，路由选择信息协议）是 IETF 组织开发的一个基于距离矢量算法的内部网关协议，具有配置简单、易于管理和操作等特点，在 IPv4 的中小型网络中获得了广泛应用。随着 IPv6 网络的建设，同样需要动态路由协议为 IPv6 报文的转发提供准确有效的路由信息。因此，IETF 在保留了 RIP 优点的基础上针对 IPv6 网络修改形成了 RIPng（RIP next generation，下一代路由选择信息协议）。RIPng 主要用于在 IPv6 网络中提供路由功能，是 IPv6 网络中路由技术的一个重要组成协议。

RIPng 的工作机制与 RIPv2 基本相同，但为了使其能够适应 IPv6 网络环境下的选路要求，RIPng 对 RIPv2 进行了改进，主要体现在以下各方面。

1. 报文的不同

（1）路由信息中的目的地址和下一跳地址长度不同。

RIPv2 报文中路由信息中的目的地址和下一跳地址只有 32 比特，而 RIPng 均为 128 比特。

（2）报文长度不同。

RIPv2 对报文的长度有限制，规定每个报文最多只能携带 25 个 RTE，而 RIPng 对报文长度、RTE 的数目都不作规定，报文的长度与发送接口设置的 IPv6 MTU 有关。

（3）报文格式不同。

与 RIPv2 一样，RIPng 报文也是由头部（Header）和多个路由表项（RTE）组成，如图 9-5 所示。

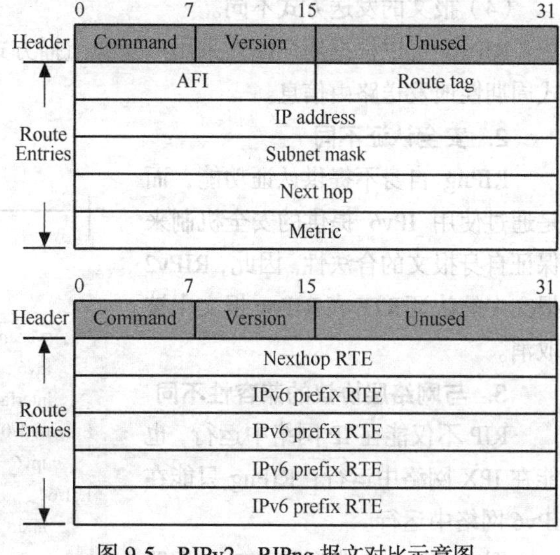

图 9-5 RIPv2、RIPng 报文对比示意图

与 RIPv2 不同的是，在 RIPng 里有两类 RTE，分别如下。

（1）下一跳 RTE：位于一组具有相同下一跳的“IPv6 前缀 RTE”的前面，它定义了下一跳的 IPv6 地址。

（2）IPv6 前缀 RTE：位于某个“下一跳 RTE”的后面。同一个“下一跳 RTE”的后面可以有多个不同的“IPv6 前缀 RTE”。它描述了 RIPng 路由表中的目的 IPv6 地址、路由标记、前缀长度以及度量值。

（3）下一跳 RTE 的格式如图 9-6 所示，IPv6 next hop address 表示下一跳的 IPv6 地址。

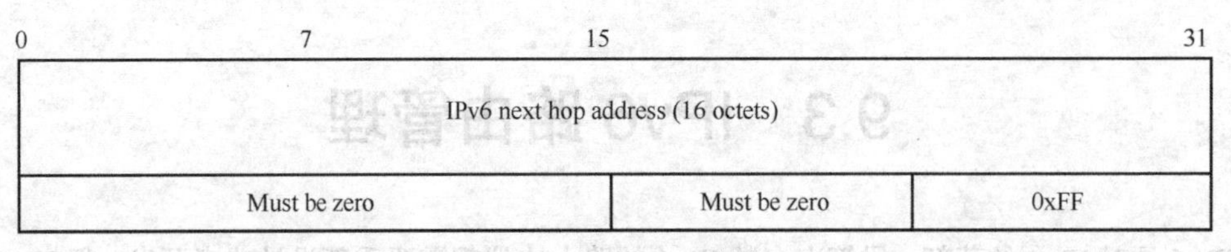

图 9-6　下一跳 RTE 格式

IPv6 前缀 RTE 的格式如图 9-7 所示。

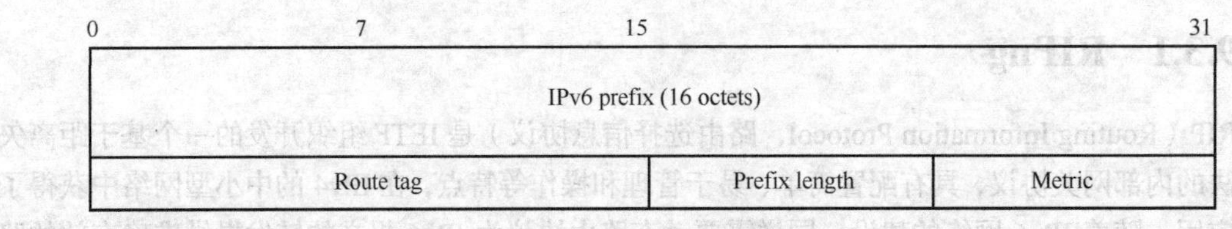

图 9-7　IPv6 前缀 RTE 格式

各字段的解释如下。

- IPv6 prefix：目的 IPv6 地址的前缀。
- route tag：路由标记。
- prefix len：IPv6 地址的前缀长度。
- metric：路由的度量值。

（4）报文的发送方式不同。

RIPv2 可以根据用户配置采用广播或组播方式来周期性地发送路由信息；RIPng 使用组播方式周期性地发送路由信息。

2. 安全认证不同

RIPng 自身不提供认证功能，而是通过使用 IPv6 提供的安全机制来保证自身报文的合法性。因此，RIPv2 报文中的认证 RTE 在 RIPng 报文中被取消。

3. 与网络层协议的兼容性不同

RIP 不仅能在 IP 网络中运行，也能在 IPX 网络中运行；RIPng 只能在 IPv6 网络中运行。

图 9-8 是一个典型的 RIPng 配置的例子。

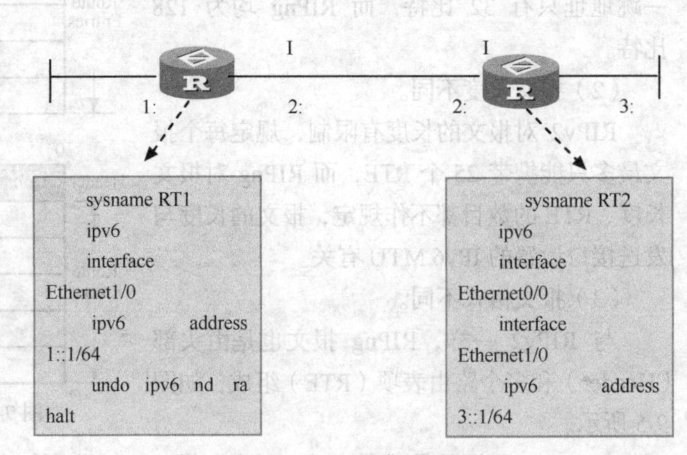

图 9-8　RIPng 典型配置

9.3.2　OSPFv3

OSPFv3（Open Shortest Path First Version 3，开放式最短路径优先第三版）主要提供对 IPv6 的支持，遵循的标准为 RFC2740（OSPF for IPv6）。与 OSPFv2 相比，OSPFv3 除了提供对 IPv6 的支持外，还充分考虑了协议的网络无关性以及可扩展性，进一步理顺了拓扑与路由的关系，使得 OSPF 的协议逻辑更加简单清晰，大大提高了 OSPF 的可扩展性。

1. OSPFv3 协议规划原则

OSPFv3 协议规划原则几乎与 OSPF 完全相同，包括以下几个方面。

（1）Router ID：OSPFv3 使用的 Router ID 也是一个 32bit 的数值，仅用于在 OSPFv3 域中唯一标识路由器，所以推荐配置成与 OSPF 的 Router ID 相同。

（2）区域规划方面，适当注意设备数量不要太多。因为网络中运行双协议栈，本身对路由器的资源消耗较大，如果设备数量再多，容易引起网络不稳定。比纯 IPv4 网络的数量要少一些为好。

（3）IPv6 网络中的地址块都比较整齐，主机所在的业务地址与互联地址都是 64 前缀的，很容易聚合，较小的网络中可以不聚合。

2. OSPFv3 和 OSPFv2 的不同点

（1）修改了 LSA 的种类和格式，使其支持发布 IPv6 路由信息。

（2）修改部分协议流程，使其独立于网络协议，大大提高了可扩展性。

主要的修改包括用 Router-ID 来标识邻居，使用链路本地（Link-local）地址来发现邻居等，使得拓扑本身独立于网络协议，与便于未来扩展。

（3）进一步理顺了拓扑与路由的关系。

OSPFv3 在 LSA 中将拓扑与路由信息相分离，一类、二类 LSA 中不再携带路由信息，而只是单纯地描述拓扑信息，另外用新增的八类、九类 LSA 结合原有的三类、五类、七类 LSA 来发布路由前缀信息。

（4）提高了协议适应性。

通过引入 LSA 扩散范围的概念，进一步明确了对未知 LSA 的处理，使得协议可以在不识别 LSA 的情况下根据需要做出恰当处理，大大提高了协议对未来扩展的适应性。

图 9-9 是一个典型的 OSPFv3 配置的例子。

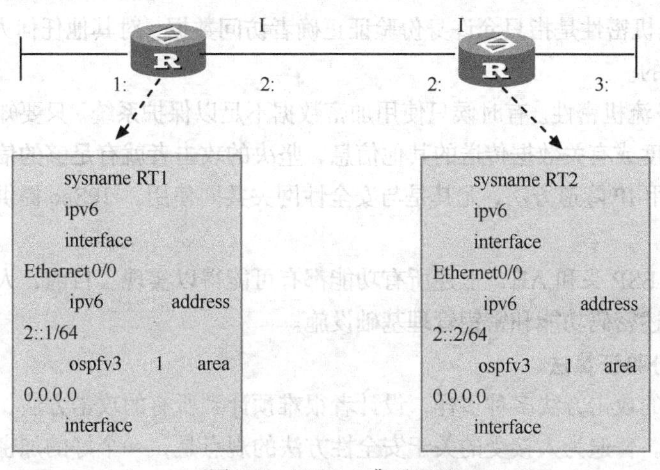

图 9-9　OSPFv3 典型配置

9.4 IPv6 安全管理

在 IPv4 设计之初，为了便于 Internet 网络的普及和大众化，着重考虑的是技术的开放性、使用的方便性、数据传输的高效性，而对网络信息安全问题几乎没有考虑，而把网络安全问题留给应用程序去解决。为此，人们在应用层增加许多安全措施与安全技术。当前，大多数网络攻击都在网络层进行，为了更有效地抵御各种网络攻击，IPv6 在网络层实现了基本的安全功能，重点是 IPSec 和 QoS。

9.4.1 IPsec 技术

IPsec（InternetProtocolSecurity，网际协议安全性）的目标是提供既可用于 IPv4 也可用于 IPv6 的安全性机制，该服务由 IP 层提供。一个系统可以使用 IPSec 来要求与其他系统的交互以安全的方式进行——通过使用特定的安全性算法和协议。IPSec 提供了必要的工具，用于一个系统与其他系统之间对彼此可接受的安全性进行协商。一个系统可能有多个可接受的加密算法，这些算法允许该系统使用它所倾向的算法和其他系统协商，但如果其他系统不支持它的第一选择，则它也可以接受某些替代算法。

IPSec 中可能考虑如下安全性服务。

- 访问控制。如果没有正确的密码就不能访问一个服务或系统。可以调用安全性协议来控制密钥的安全交换，用户身份验证可以用于访问控制。
- 无连接的完整性。使用 IPSec，有可能在不参照其他包的情况下，对任一单独的 IP 包进行完整性校验。此时每个包都是独立的，可以通过自身来确认。此功能可以通过使用安全散列技术来完成，它与使用检查数字类似，但可靠性更高，并且更不容易被未授权实体所篡改。
- 数据源身份验证。IPSec 提供的又一项安全性服务是对 IP 包内包含的数据的来源进行标识。此功能通过使用数字签名算法来完成。
- 对包重放攻击的防御。作为无连接协议，IP 很容易受到重放攻击的威胁。重放攻击是指攻击者发送一个目的主机已接收过的包，通过占用接收系统的资源，这种攻击使系统的可用性受到损害。为对付这种花招，IPSec 提供了包计数器机制。
- 加密。数据机密性是指只允许身份验证正确者访问数据，对其他任何人一律不准。它是通过使用加密来提供的。
- 有限的业务流机密性。有时候只使用加密数据不足以保护系统。只要知道一次加密交换的末端点、交互的频度或有关数据传送的其他信息，坚决的攻击者就有足够的信息来使系统混乱或毁灭系统。通过使用 IP 隧道方法，尤其是与安全性网关共同使用，IPSec 提供了有限的业务流机密性。

通过正确使用 ESP 头和 AH，上述所有功能都有可能得以实现。目前，人们使用了很多密码功能，下面简要描述密码功能和密钥管理基础设施。

1. 加密和身份验证算法

由于对安全性的攻击方法多种多样，设计者很难预计到所有的攻击方法，因此设计安全性算法和协议非常困难。普遍为人接受的关于安全性方法的观点是，一个好的加密算法或身份验证算法即使被攻击者了解，该算法也是安全的。这一点对于 Internet 安全性尤其重要。在 Internet 中，使用嗅探器的攻击者通过侦听系统与其连接协商，经常能够确切了解系统使用的是哪一种算法。

与 Internet 安全性相关的重要的密码功能大致有 5 类，包括对称加密、公共密钥加密、密钥交换、安全散列和数字签名。

（1）对称加密。

在这种方法中，每一方都使用相同的密钥来加密或解密。只要掌握了密钥，就可以破解使用此法加密的所有数据。这种方法有时也称作秘密密钥加密。通常对称加密效率很高，它是网络传送大量数据中最常用的一类加密方法。常用的对称加密算法是数据加密标准（DES）。DES 首先由 IBM 公司在 20 世纪 70 年代提出，已成为国际标准。它有 56 位密钥。三重 DES 算法对 DES 略作变化，它使用 DES 算法三次加密数据，从而改进了安全性。

安全加密方法要求使用足够长的密钥。短密钥很容易为穷举攻击所破解。在穷举攻击中，攻击者使用计算机来对所有可能的密钥组合进行测试，很容易找到密钥。例如，长度为 40 位的密钥就不够安全，因为使用相对而言并不算昂贵的计算机来进行穷举攻击，在很短的时间内就可以破获密钥。同样，单 DES 算法已经被破解。一般而言，对于穷举攻击，在可预测的将来，128 位还可能是安全的。

（2）公共密钥加密。

公共密钥加密算法使用一对密钥。公共密钥与秘密密钥相关联，公共密钥是公开的。以公共密钥加密的数据只能以秘密密钥来解密，同样可以用公共密钥来解密以秘密密钥加密的数据。这样只要实体的秘密密钥不泄露，其他实体就可以确信以公共密钥加密的数据只能由相应秘密密钥的持有者来解密。尽管公共密钥加密算法的效率不高，但它和数字签名均是最常用的对网络传送的会话密钥进行加密的算法。

最常用的一类公共密钥加密算法是 RSA 算法，定义了用于选择和生成公共/秘密密钥对的机制，以及目前用于加密的数学函数。

（3）密钥交换。

开放信道这种通信媒体上传送的数据可能被第三者窃听。在 Internet 这样的开放信道上要实现秘密共享难度很大。但是很有必要实现对共享秘密的处理，因为两个实体之间需要共享用于加密的密钥。关于如何在公共信道上安全地处理共享密钥这一问题，有一些重要的加密算法，是以对除预定接受者之外的任何人都保密的方式来实现的。

（4）安全散列。

散列是一定量数据的数据摘要的一种排序。检查数字是简单的散列类型，而安全散列则产生较长的结果，经常是 128 位。对于良好的安全散列，攻击者很难颠倒设计或以其他方式毁灭。安全散列可以与密钥一起使用，也可以单独使用。其目的是提供报文的数字摘要，用来验证已经收到的数据是否与发送者所发送的相同。发送者计算散列并将其值包含在数据中，接收者对收到的数据进行散列计算，如果结果值与数据中所携带的散列值匹配，接收者就可以确认数据的完整性。常用的散列方法包括 MD 5 报文摘要函数。安全散列算法（SHA）是一种标准摘要函数。散列可以单独使用，也可以和数字签名一起使用。

（5）数字签名。

公共密钥加密依赖于密钥对，而数字签名则依靠公共密钥加密的特性，即允许数据以实体密钥对中的秘密密钥来加密，以公共密钥来解密。发送者首先对于要签名的数据进行安全散列计算，然后对结果使用秘密密钥加密。而接收者首先进行相同的散列计算，然后对发送者所附加的加密值进行解密。如果两次计算的值能够匹配，接收者就可以确信公共密钥的主人就是对报文签名的实体，且报文在传送中并没有被修改。

RSA公共密钥加密算法可以用于数字签名。签名实体为待签名的数据建立散列，然后以自己的密钥对散列加密；证实实体则对接收到的数据进行相同的散列计算，使用签名实体的公共密钥对签名解密，并且比较所得的两个值。如果散列与解密的签名相同，则数据就得到证实。

数字签名有如下几种含义。

- 如果签名得到证实，说明所接收到的报文在从签名到接收的一段时间内未经任何改动。
- 如果不能证实签名，则说明或者是报文在传送过程中受到了破坏或篡改，或者是签名计算错误，又或者是签名在传送过程中被破坏或篡改。在上述任何情况下，未得到证实的签名并不一定是坏事，但是要求对报文重新签名并重传，以便最终能为接收者所接受。
- 如果签名得到证实，意味着与公共密钥相关联的实体是对报文签名的唯一实体。换言之，与公共密钥关联的实体不能否认自己的签名，这是数据签名的重要特性，称为不可抵赖。

2. 安全性关联

安全关联（SecurityAssociation, SA）是IPSec的基本概念。安全性关联包含能够唯一标识一个安全性连接的数据组合。连接是单方向的，每个SA由目的地址和安全性参数索引（SPI）来定义。SPI是说明使用SA的IP头类型，如AH或ESP。SPI为32位，用于对SA进行标识及区分同一个目的地址所链接的多个SA。进行安全通信的两个系统有两个不同的SA，每个目的地址对应一个。

每个SA还包括与连接协商的安全性类型相关的多个信息。这意味着系统必须了解其SA、与SA目的主机所协商的加密或身份验证算法的类型、密钥长度和密钥生存期。

3. 密钥管理

如何管理密钥是Internet安全中最复杂的问题之一。密钥管理不仅包括使用密钥协议来分发密钥，还包括在通信系统之间对密钥的长度、生存期和密钥算法进行协商。

ISAKMP（Internet Security Association Key Management Protocol，Internet安全联盟密钥管理协议）为密钥的安全交换定义了整个基本构架。ISAKMP实际上是一个应用协议，协议中定义了用于系统之间协商密钥交换的不同类型报文，它在传输层使用UDP。但是ISAKMP只是特定机制所使用的框架，而没有定义实际完成交换的机制和算法。人工密钥管理也是一个重要选项，而且在很多情况下是唯一的选项。人工方法要求个人单独交付密钥，并使用密钥来配置网络设备。即使在开放标准已经充分确定并且实现之后，人工密钥管理仍然是一个重要选择。

4. 实现IPsec

IPSec用于保护IP数据报。它不一定要涉及用户或应用。用户无需注意所有的数据报在发送到Internet之前，需要进行加密或身份验证，所有的加密数据报都要由另一端的主机正确地解密。有如下三种实现IPSec的方法。

（1）将IPSec作为IPv4栈或IPv6栈的一部分来实现。

将IP安全性支持引入IP网络栈，并且作为任何IP实现的一个必备部分。但是，这种方法也要求对整个实体栈进行更新以反映上述改变。

（2）将IPSec作为“栈中的一块”（BITS）来实现。

将特殊的IPSec代码插入到网络栈中，在现有IP网络软件之下、本地链路软件之上。换言之，这种方法通过一段软件来实现安全性，该软件截获从现有IP栈向本地链路层接口传送的数据报，对这些数据报进行必要的安全性处理，然后再交给链路层。这种方法可用于将现有系统升级为支持IPSec的系统，且不要求重写原有的IP栈软件。

（3）将 IPSec 作为“线路的一块”（BITW）来实现。

使用外部加密硬件来执行安全性处理功能。该硬件设备通常是作为一种路由器使用的 IP 设备，或者是安全性网关，此网关为位于它后面的所有系统发送的 IP 数据报服务。如果这样的设备只用于一个主机，其工作情况与 BITS 方法类似，但如果一个 BITW 设备为多个系统服务，实现相对要复杂得多。

上述方法的适用情况不同。要求高级别安全性的应用最好使用硬件方法实现；而如果系统不具备与新的 IPSec 兼容的网络栈，应用最好选择 BITS 方法。

9.4.2　QoS 技术

1. QoS 简介

QoS（Quality of Service，服务质量）是网络的一种安全机制，是用来解决网络延迟和阻塞等问题的一种技术。现在的路由器一般均支持 QoS。随着 IP 技术和网络的发展，IP 网正在从当初单纯传送数据向可传送数据、话音、活动/静止图像的多媒体网络转变。终端软硬件的不断发展使得很多终端能够满足多媒体应用的需要，因此，在 IP 网上实现类似语音、传真、会议等实时多媒体应用的问题焦点便集中在了如何传输这些时延敏感的业务上。而目前的 IPv4 网络所提供的是一种“尽力而为”的 QoS 服务，无法保障实时多媒体业务服务质量，因此在 IP 网上实现 QoS 的机制已成为网络研究热点。

与 IPSec 技术一样，QoS 在 IPv4 网络中是可选项，而在 IPv6 网络中是必选项，即在 IPv6 网络中 QoS 是得到有效的保证的。

IPv6 数据包中包含一个 8 位的业务流类别（Traffic Class）和 20 位的流标签（Flow Label）。在 RFC1883 中定义了 4 位的优先级字段，可以区分 16 个不同的优先级。其目的是允许发送业务流的源节点和转发业务流的路由器在数据包上加上标记，并进行对不同的流进行不同的处理。一般来说，在所选择的链路上，可以根据开销、带宽、延时或其他特性对数据包进行特殊的处理。

QoS 的 3 个主要参数为丢包率、延迟和抖动。有效控制这 3 个参数，就能够提供高效的 QoS。在高质量的网络中，包丢失率应小于 1%。话音网络应达到近 0%的丢包率。话音数据包到达目的地的总时间不得超过 150ms。抖动指不同数据包间延迟时间的差别。抖动缓冲用来平均延迟时间。话音网络的延迟不得超过 30ms。

要实现 QoS 控制，一般有以下 3 个步骤。

第 1 步：设置路由器。确保为所有的应用及报头开销提供所需带宽的流程。

第 2 步：分类数据包。为数据包标记优先级，这些标记指示该数据包需要网络为它提供的特殊服务要求，可在第二或第三层完成。通常的分类规则包括关键（话音和关键任务数据）、高（视频）、一般（电子邮件及互联网接入）以及低（传真及 FTP）等优先级。

第 3 步：调度。调度是基于分类将数据包分配到不同的队列进行优先处理的流程。

2. QoS 的实现机制

目前的 QoS 实现机制包括报文分类、拥塞管理、拥塞避免、流量策略制订等。

（1）报文分类。

在网络中，业务（服务）信息就是数据报文流。在提供业务的端对端的 QoS 服务前，需要对进入网络中的“报文流”和“标记”进行分类，以保证特殊的数据包能够得到特殊的处理。

报文分类是将报文划分为多个优先级或多个服务类，在 IPv4 中，使用 IP 报文头的 TOS 字段的3个优先级位，可以定义8个优先等级。对于IPv6，有两个字段与QoS有关，分别为流量类别TC和流标签FL字段。在对报文进行分类后，就可以使用QoS技术制定适当的通信流处理策略，如对于某个通信流等级的拥塞管理、带宽分配以及延迟限制。

（2）拥塞管理技术。

拥塞管理是指当网络发生拥塞时，网络转发设备对报文流如何进行管理和控制，以满足业务的服务质量要求。

实现拥塞管理的有效处理方法是使用队列技术。拥塞管理的处理，包括队列的创建、报文的分类、将报文送入不同的队列、队列调度等。

（3）拥塞避免技术。

网络拥塞会导致网络性能的降低和带宽得不到高效的使用。为了避免拥塞，队列可通过丢弃数据包的措施来避免出现拥塞。队列选择丢弃的策略包括简单丢弃SD（Simple Detection）、随机早期检测丢弃RED（Random Early Detection）、加权随机早期检测丢弃WRED（Weighted Random Early Detection）。

（4）流量策略制订。

流量策略的制定有利于保证QoS的实现，通过进行流量监管可以限制进入某一网络的某一连接的流量与突发。一般使用承诺接入速率CAR（Committed Acemss Rate）来限制某类报文的流量。

3. IPv6下实现QoS

（1）“业务流类别”与“流标签”。

IPv6报头中包含了一些控制QoS的信息（业务流类别和流标签），通过路由器的配置可以实现优先级控制和QoS保证，极大地改善了服务质量，保障从VOIP到视频流的高质量传输。

“业务流类别”字段的设计是为了源端机器能够给不同的分组指定不同的优先级别。路由器根据IP包的优先级来分别对需要特殊QoS保证的数据进行不同的处理。在IPv6数据包的头部中，业务优先级用8位表示，按照是否进行拥塞控制分成两类。

第1类为受拥塞控制影响的流量，应用于网络发生拥塞时通过减少数据分组的发送速度来实现拥塞控制的数据分组。使用该类优先级的发送设备必须具有提供拥塞控制机制的能力，当分组到达目的地时允许延时有少量变化，甚至允许分组按不同的顺序到达。

第2类为恒速、恒延迟或速率和延迟相对稳定的实时通信量，应用于一些实时性很强的业务，在网络拥塞时要求平滑的数据率和传输延时，不做任何减少流量的控制，不需要重传丢失的分组。

“流标签”字段用于区分需要相同处理的数据包，以此来促进实时性流量的处理。发送主机能够用一组选项标记数据包的顺序。路由器跟踪数据流并更有效地处理属于相同数据流的数据包，因为它们无需重新处理每个数据包的报头。数据流由流标签和源节点的地址唯一标识，利用该字段用户可以对通信质量提出要求。路由器可以根据该字段标识出同属于某一特定数据流的所有报文，并按需对这些报文提供特定的处理。

（2）IPv6 QoS信令扩展。

QoS信令是支持端到端的QoS服务的。从技术的角度看，可以支持带内的信令或者带外的信令。RSVP和IEEE 802.1p都是QoS的典型范例。但RSVP可能不适合在Internet这种大规模的网络中使用。

IPv6可以较方便地支持QoS信令的实现。其具体的做法是根据IPv6的Hop by Hop扩展头对信令进行定义。由于每个IPv6节点都必须处理逐跳处理扩展报头，这样就可以实现QoS信令，即通过在数据流的第一个数据包中携带有关信息，在经过逐跳处理和预留以后到达接收端，接收端再根据情况将有关信息回传发送方，这样就可以进行有 QoS 保证的数据发送了。

QoS 信令的具体内容包括可用带宽、保证带宽、优先级以及与报文处理有关的一些定义字段等。

（3）IPv6 QoS 实现方案。

QoS 的实现可以在不同层面进行。对于网络应用，可以通过流量类别字段或流标签字段提出 QoS 要求，也可以在用户接入的服务提供商（SP）网络边缘节点对用户业务进行标识。最关键的是网络设备，可以根据这些业务要求完成相应的处理并保证 QoS 的实现。在 IPv6 QoS 信令实现比较成熟的情况下，网络应用还可以通过信令和网络设备进行协商，实现动态的 QoS 处理。

9.5　小　结

IPv6 是 IETF 为了解决 IPv4 地址空间不足而提出的解决方案，除了更大的地址空间外，IPv6 也更加安全，能提供更好的服务质量。虽然现在 IPv6 的应用范围也很有限，但随着互联网的不断发展，IPv6 一定会取代 IPv4。在当前 IPv4 占主导地位的互联网环境中，IPv4 和 IPv6 会共存很长时间，在过渡期间，双栈和隧道是两种常用的技术。

IP 地址有单播地址、任播地址和多播地址三种，其中任播地址是 IPv6 所特有的，结合了单播和多播的特点。IPv6 地址是层次结构，地址分配时也采用等级制，通过对域名解析服务器的改进可以支持 IPv6 地址的正向和反向解析。

对常用的 IPv4 的路由协议进行升级就可以支持 IPv6，RIPng 和 OSPFv3 是两个典型的 IPv6 路由协议。

IPv6 通过 IPSec 提高网络的安全性，通过在报头中的业务流类别和流标签可以实现优先级控制和 QoS 保证。

习　题　9

1. 为什么需要引入 IPv6？
2. IPv6 有什么特点？与 IPv4 相比有什么优势？
3. 说明 IPv6 中的任播地址的含义。
4. 双栈技术和隧道技术是如何解决 IPv4 和 IPv6 共存的问题的？
5. 如何正向解析 IPv6 域名？
6. RIPng 对 RIP 进行了哪些改进？
7. OSPFv3 与 OSPFv2 相比有什么不同？
8. 加密、安全关联和密钥管理在 IPSec 中有什么作用？
9. IPv6 如何实现 QoS？

第10章 网络管理实用技术

运行中的网络如果出现故障都会对网络用户的正常使用产生不同程度的影响，影响较小时可能使个别用户不能访问网络，严重的时候将会影响整个网络，甚至网络瘫痪。如何在网络出现故障时及时对网络进行维护，以最快的速度恢复网络的正常运行是至关重要的。

本章首先从理论上介绍网络故障的多种分类形式、网络故障维护的常见方法和网络故障维护的一般步骤，然后介绍一些网络管理检测命令和手段，以及局域网中常见网络故障的诊断、分析与排除。

10.1 网络故障维护

维护网络的正常运行是每一个网络管理员的职责，网络管理员面临的最大的难题是日新月异的网络技术以及需要维护的越来越庞大的网络规模。网络维护的主要任务就是发现网络故障的内在原因，从根本上消除故障，尽可能地防止网络故障的再次发生。在运行的网络中，由于涉及众多网络设备、服务器、传输介质等硬件和各类网络系统及应用软件，同时还涉及网络的管理者和使用者，从而使网络故障的发生在所难免。网络管理人员在维护中可能会涉及各方面的技术问题，这就要求他们既要掌握必要的理论知识，又具有较丰富的实际工作经验，同时能熟练操作各类网络诊断、维护软件、指令和仪器设备，并能够按照一定步骤及时发现故障、判断故障原因，以便尽快解除故障。

10.1.1 网络故障的分类

网络的故障可以说是多种多样，故障产生的原因、位置以及造成影响的范围也有所不同。引起故障的原因在很多情况下并不是孤立的，而往往是由多方面共同作用造成的。通常根据网络故障的性质可把网络故障分为物理故障与逻辑故障；根据引起网络故障的对象来进行划分，可把网络故障分为线路故障、路由器故障、交换机故障、主机故障和软件系统故障等；如果根据 OSI 的 7 层模型来看，又可以归纳为不同层次的网络故障；按照网络故障覆盖的区域划分，可分为小范围（个别）故障、网段内故障、局域网故障和广域网连接故障。

1．根据网络故障的不同性质分类

（1）物理故障主要指的是网络设备或网络传输介质引起的故障。网络设备的物理故障包括网络设备损坏、端口老化、电源系统故障或设备运行在恶劣环境下引起的设备故障。网络传输介质的故障主要是指线路损坏、接线水晶头或配线架线序错误、插头松动、线路受到严重电磁干扰、线路或网络模块老化、错接端口等情况。这些情况往往是由于线路受外界影响、用户不遵守网络连线规范或者没有了解网络拓扑规划的情况下导致的。

（2）逻辑故障主要是由于网络设备配置错误而造成的网络异常或故障，它是网络中最常见的故障情况。配置错误可能是路由器端口参数设置有误、路由器路由配置错误以至于路由循环或无法进行远端寻址、路由掩码设置错误，或者是交换机在 VLAN 划分过程中错误配置了端口参数等。

例如，同样是网络中的线路故障，如果该线路没有流量，但又可以 ping 通线路的两端端口，这时就很有可能是路由配置错误。遇到这种情况，通常使用路由跟踪程序 traceroute 命令，它和 ping 类似，最大的区别在于 traceroute 是把端到端的线路按线路所经过的路由器分成多段，然后返回每段响应与延迟。

如果发现在 traceroute 的返回结果中，两个 IP 地址循环出现，就可判断线路远端把端口路由又指向了线路的本端，以致 IP 包在该线路上来回反复传递。这时只需更改远端路由器配置，就能恢复线路正常。

逻辑故障的另一类就是一些重要进程或端口关闭，以及系统的负载过高而引起的网络故障。例如，线路中断，网络中没有流量，用 ping 命令发现线路端口不通，检查发现该端口处于关闭（down）状态，这就说明该端口已经关闭，因而导致故障。这时只需要重新启动该端口，就可以恢复线路的连通。还有一种常见情况是路由器的负载过高，表现为设备 CPU 温度太高、CPU 利用率太高，以及内存剩余太少，如果影响到网络服务的质量，这时最好的办法就是更换更高级的路由器。另外，近年来由于网络病毒的破坏，网络速度往往会在突然之间变得很慢，这可能就是由于病毒大量发出无用数据包占用网络带宽所致，严重时会影响整个网络正常运行，从而导致网络故障。

2. 根据网络故障的不同对象分类

（1）线路故障。线路故障最常见的情况就是线路不通，诊断这种情况首先检查该线路上数据流量是否还存在，然后用 ping 命令检查线路远端的路由器端口能否响应，用 traceroute 命令检查路由器配置是否正确。

（2）路由器故障。线路故障中很多情况都涉及路由器，因此也可以把一些线路故障归结为路由器故障。检测这种故障，可以通过路由器中的命令来收集路由器的路由表、端口流量数据、计费数据、负载以及路由器的 CPU、内存占用率等数据，通常情况下网络管理系统有专门的管理进程不断地检测路由器的关键数据，并及时给出报警。

（3）交换机故障。交换机故障的原因可能是交换网络中出现广播风暴或某端口遭到恶意攻击，也可能是由于发生雷击而烧坏端口等原因引起的。

（4）主机故障。主机故障常见的原因就是主机的配置不当。如主机配置的 IP 地址与其他主机冲突，或 IP 地址根本就不在同一子网范围内，由此导致主机无法连通。主机的另一故障就是安全故障，例如，攻击者利用操作系统的一些多余进程的正常服务，如 RPC（Rcmote Procedure Call）或 BUG 攻击该主机，甚至得到 Administrator 的权限等。另外不要轻易地共享本机硬盘，因为这将导致恶意攻击者非法利用该主机的资源。发现主机故障一般比较困难，特别是他人恶意的攻击。一般可以通过监视主机的流量或扫描主机端口和服务来弥补可能的漏洞。

（5）软件系统故障。架构网络的目的就是为了提供各项网络应用服务。由于网络软件系统（包括网络操作系统、网络协议软件以及网上应用系统）自身存某些缺陷，再加上各类非法软件的危害（如病毒软件、攻击型软件），势必造成网络故障，这种由网络软件系统引起的故障称为软件系统故障。排除和维护软件系统故障通常采用升级系统、安装补丁程序、安装查杀病毒和防攻击系统来防范病毒蔓延和攻击的危害。新的应用系统在投入使用之前应根据运行环境、数据量的大小和用户数量做好相应测试和小范围试运行的工作，然后再投入正常使用，以此避免或消除因软件系统造成的网络故障。

3. 根据 OSI 参考模型各层中产生的故障分类

相对于七层 OSI 参考模型中，每一层都可能引发不同类型的网络故障，以下仅针对常见故障所对应的部分层进行介绍。

（1）物理层方面。物理层是 OSI 分层结构体系中的第一层，它建立在通信介质的基础之上，提供系统信息传输的物理接口，在数据链路实体之间进行透明传输，为网络节点和网络之间的物理连接提供服务。常见故障有线路故障（综合布线系统，包括骨干光纤系统和室内双绞线系统），电源系统引起的物理故障，网络适配器的配置错误和物理故障等。

（2）数据链路层方面。数据链路层的主要任务是在不可靠的物理线路上进行可靠的数据传输，即在两个相邻节点间的线路上无差错地传送以帧为单位的数据，使之对其上层网络层显现为一条可靠的链路，同时加强物理层传送原始比特的功能。数据链路层是为网络层提供数据传送服务的，这种服务要依靠数据链路层本身所具备的功能以及物理层提供的服务来实现。数据链路层为通过该层的数据进行打包或者解包、差错校验、协调共享传输介质等操作。具体功能包括，链路连接的建立和分离、帧定界和帧同步、差错检测和恢复。帧的收发顺序的控制、流量控制和链路标识等。数据链路层的故障查找和排除需要检查路由器的配置，检查连接端口的工作状况，具体分析流量状况，链路层数据包的丢包、重发及包冲突情况，网络计算机设备的链路层驱动程序的加载情况等。

（3）网络层方面。网络层解决的是网络与网络之间的通信问题。网络层的主要功能是提供路由选择，即选择到达目标主机的最佳路径，并沿该路径传送数据包。除此之外，网络层还具有流量控制和拥塞控制的能力。网络边界中的路由器就工作在这个层次上，现在较高档的交换机也可直接工作在这个层次上，因此它们也提供了路由功能，俗称“第三层交换机”。网络层为传输层提供服务，其主要功能有：路由选择、创建网络连接多路复用、建立和拆除网络连接、拥塞控制和流量控制。该层的故障主要有：路由协议没有加载或路由设置错误、IP 地址和子网掩码错误设置、IP 和 DNS 不正确的绑定。排除网络层故障的基本方法是沿着从源到目标的路径，查看路由器路由表，同时检查路由器接口的 IP 地址。如果路由没有在表中出现，应检查是否输入了适当的静态路由、默认路由或者动态路由。

（4）传输层问题。传输层负责端到端的通信，传输层的功能包括：多路复用与分割、提供可靠的传输服务、映像传输地址到网络地址、差错控制及流量控制。差错检查方面有数据包的重发、通信拥塞、上层协议在网络层协议上的捆绑，如微软文件和打印共享协议在 IPX 协议上的绑定等。

（5）应用层问题。应用层是开放系统的最高层，直接为应用进程提供服务。应用层确定进程之间通信的性质，以满足用户的需要，不仅要提供应用进程所需要的信息交换和远程操作，而且还要作为互相作用的应用进程的用户代理。还有就是分析操作系统的系统资源（如 CPU、内存、uo 系统、核心进程等）运行状况，应用程序对系统资源的占用和调度，管理方面的问题，如安全管理、用户管理等。

另外，有时需要按照网络故障覆盖的区域，可将网络故障分为小范围（个别）故障、网段内故障、局域网故障、广域网连接故障。在网络故障发生时，可以从发生故障的范围初步判断故障的严重程度和发生的位置。例如，仅有一两个用户反映不能访问网络，而其他用户访问正常，这时基本上判定发生故障的原因可能是用户自己主机配置或是与这些主机连接线路发生故障，这时可以将维护重点放在这些主机的配置和连接线上。如果整个网段访问网络资源出现问题，则可以重点检查该网段的交换机的运行和配置情况是否正常；而当整个局域网内所有用户访问网络都有问题，这时就应该检查是否能访问内、外网服务，如果访问内部服务正常，那么故障问题应该出在广域网连接设备或线路上，能访问外网但不能访问内网服务，这时有可能是连接内网服务器的交换机或服务器发生故障，如果两者都不能访问，则很有可能是整个网络的核心设备出现故障，应该有针对性地进行检查。

10.1.2 网络故障的维护方法

在处理网络故障的过程中，可以采用多种方法，其中主要包括对比法、硬件替换法以及排除法。下面将具体介绍这些方法。

1. 对比法

对比法能比较快速地解决网络故障,原理是使用本系统正常运行或备用的正常设备作为基准，对比故障设备和正常设备之间的区别。但前提条件是可以找到与发生故障的设备相近的其他设备。这种方法简单易行，对软件故障的排查尤为有利，但缺点是用途有限，特别是一些故障无法找到有效的对比基准。

现在很多公司或者部门在购买设备的时候，往往考虑网络的稳定性以及维护上的方便性，而选购相同型号的设备，如购置同型号配置的计算机，并设置相同的参数。在设备发生故障的时候，就可充分利用这样一个优点，参考相同设备的配置，迅速准确地解决问题。

在采用对比法的时候，一般应注意以下操作原则。

（1）只有在故障设备和正常工作设备具有相近条件下，才可以采用对比法。

（2）在对数据进行修改之前应该确保数据的可恢复性。

（3）在对网络配置进行修改之前应该确保不会对网络中的其他设备造成冲突。

2. 硬件替换法

硬件替换法也是一种常用的方法，原理是网络管理员基本上清楚导致故障的原因，然后使用正常的设备去替换被怀疑存在故障的设备。这种方法主要用于硬件故障的处理，应用时要有能够正常工作的其他设备可供选择。替换时应注意正常设备的型号、类型等参数是否与准备被替换的设备完全相符。

采用硬件替换法相对比较简单。在对故障进行定位后，用正常工作设备替换故障设备，如果可以通过测试，那么故障也就随之解决。但是由于需要更换故障设备，必然会花费一定数量的人力和物力，也许还会造成网络服务的临时中断，因此在对设备进行更换之前必须仔细分析故障的原因，得出较为准确的故障判断信息。

同样，在采用硬件替换法的时候，需要遵守以下原则。

（1）故障定位所涉及的设备数量不能太多。

（2）确保可以获得正常工作设备。

（3）每次只可以替换一个设备。

（4）在替换第二个设备之前，必须确保第一个设备的替换能够解决相应的问题。

3. 排除法

根据故障现象，罗列出故障发生的可能性，然后逐步排除，这是一种通过测试而得出故障原因的方法。在罗列故障可能性的时候，要尽可能全面，不要有遗漏。排除可能性时要从简到繁，避免无效操作。这种方法的逻辑性较强，可以应对各种各样的故障，但缺点是对维护人员的要求较高，要求维护人员对交换系统有全面深入的了解。

排除法中需要网络管理员对问题做出评价，根据工作经验对问题的解决方案进行推测，然后对解决方案进行实施并测试故障是否已经解决。根据上面的定义，排除法并不能成为一种科学的解决问题的手段，特别是在一些复杂的情况下，并不能保证对故障做出正确的推测。然而实践的经验表明，排除法可以帮助排除很多网络故障。

在下列情况下可以选择采用排除法。

（1）凭借工作经验可以确定可能产生故障的原因，并能够提出相应的解决方法。

（2）确保所做的修改具有可恢复性。

（3）在不能更加科学地得出解决方案和没有其他可供选择的参考资料的时候采用。

（4）与其他故障处理方法相比较，排除法可以节约更多时间，耗费更少的人力和物力。

在采用排除法时一般需要遵守以下原则。

（1）在对设备更改配置之前，应该对原来的配置做好记录，以确保可以将设备恢复到原始状态。

（2）如果需要对用户的数据进行修改，必须事先备份用户数据。

（3）确保不会影响其他网络用户的正常工作。

（4）每次测试仅作一项修改，以便知道该次修改是否有效。

以上几种方法，在实际运用中，有时是交替使用的，目的是为了迅速准确地找出故障点。一般来说，最好的方法是先把故障细分或隔离在较小的功能段上，然后排除最大的网段，从任何一个方便的、靠近问题的站点出发，利用二分法隔离故障，再继续使用二分法直至把故障划分到最小的单位。网管人员不要过多地指望用户会给出准确的故障情况描述，最好亲自来确认故障情况，当然也可以由用户演示所发现的问题。由于网络故障带来的压力和混乱，人们经常忽略一些细节问题。如果某个部件出了问题，最好不要立即去替换它，除非能肯定故障的来源。

在排除故障之前，需要完成以下的准备工作。

（1）了解网络的物理结构。

（2）了解网络中所使用的协议以及协议的相关配置。

（3）了解网络操作系统的配置情况。

故障查找过程中，由于采用的测试手段、位置和环境不同，表现出的故障现象也常常不同或矛盾。为了避免被假象误导，故障查找过程中应该沿网段多做测试，如果故障现象随测试点的不同还保持一样的话，就可以依照所测试出来的故障现象去排除。如果故障现象在一些或所有的测试点都不同的话，就要把查找故障的方向定在物理层，例如，检查损坏的电缆、噪声环境、接地循环等故障。

10.1.3 网络故障维护的步骤

为了保证网络能够提供稳定、可靠、高效的服务，必须制定一套有效的故障维护方法，尤其在网络发生故障的时候。如果没有一个系统完备的分析和解决方法，就不能从根本上解决问题。

虽然网络故障的形式各异，但大部分网络维护工作都可以遵循一定的步骤进行，而具体采用怎么样的措施来将故障排除，就要根据网络故障的实际情况而定。

排除网络故障是网络管理人员最基本的工作之一，因此在排除网络故障之前应做好相应的准备，包括充分了解网络的拓扑结构、各节点处的网络设备配置情况、VLAN 的划分情况、网络提供的服务、各服务运行的硬件和软件系统、网络配置参数、结构化布线系统、用户的基本情况、网络一般情况下的运行性能指标等。还要特别注意保存或记录维护前设备的配置参数，以便可以恢复设备的原有配置。为了与故障现象进行对比，作为管理员必须知道系统在正常情况下是如何工作的，否则是不能很好地对问题和故障进行定位。另外，对每次维修情况进行记录也是十分主要的环节。在观察和记录时一定要注意细节，无论是排除大型或小型网络故障都应该如此，因为有时正是一些最小的细节会使整个问题变得明朗化。

下面介绍网络维护的一般步骤。

（1）识别故障现象，对故障现象进行描述是故障维护的第一步，它关系到分析网络故障的准确程度。故障的症状往往是故障潜在原因的表现，对判断造成这种故障现象的原因大有帮助。大多数情况下，网络管理员是从用户那里得知故障发生的消息，因此，管理人员应尽量多地向用户了解故障现象，甚至要亲自去查看故障现象，特别要了解故障现象发生时，用户做了哪些操作，例如，是否修改了机器配置，故障发生时正在运行什么程序，该程序以前是否能正常运行，从最后一次成功运行起，哪些进程发生了改变等。

（2）收集相关的信息，充分利用现有辅助工具确定问题的具体定义和影响范围。例如，操作系统自带的有关指令、网络管理系统、设备诊断命令以及网络测试仪表等，对故障区域进行检测，并从输出报告或软、硬件说明书中收集可能引起故障的信息，以便判断故障原因、故障区域和影响。另外，网络管理员还应当特别留意一些容易被忽视的现象，如集线器、交换机、路由器以及网络适配器面板上的指示灯。通常情况下，绿灯表示连接正常，指示灯都不亮则是表示无连接或线路不通。Link（LNK）灯必须常亮，而 Action（ACT）灯必须闪烁，根据数据流量的大小，指示灯会时快时慢地闪烁。这些现象都是捕捉网络运行状况的参考依据。

（3）列举可能导致故障的原因，缩小搜索的范围，根据收集到的情况考虑可能的故障原因，并根据情况排除某些不可能的故障原因，以缩小搜索的范围。例如，根据某些资料可以排除硬件故障，这时就可以把注意力放在软件原因上。因此设法减少可能的故障原因，能缩短故障诊断的时间。然后，根据出错的可能性大小进行排序，逐个先后排除，并隔离查找出来的故障。网管人员应对自己所有列出可能导致错误的原因逐一进行检查，不要根据一次测试，就断定某一区域的网络运行正常或异常。另外，也不要在认为已经确定了的第一个错误上就停下来，应该把所列出可能导致出错的原因全部检查一遍为止。经过一番排查后，才能基本上能确定故障的部位。

（4）设计诊断方案，应用诊断方案排除故障根据，最后判断可能的故障原因。首先建立一个诊断方案，然后执行诊断方案，认真做好每一步测试和观察，并分析结果，直到问题解决，故障症状消失为止。

（5）对解决方案进行记录、设计预防措施，排除故障后，还必须搞清楚故障是如何发生的，是何原因导致了故障的发生，以后如何避免类似故障的发生。同时，做好相应的记录，方便以后再遇到相似故障时能快速解决，另外还要对可能发生类似故障的部分进行检查和维修。

10.2　常用网络测试命令及应用

用户可以用许多网络工具来获取网络参数或诊断网络问题。这些工具有的是操作系统的一些基本网络测试命令，还有的是附加的应用程序。利用这些网络软件工具有助于网络管理人员较快地检测到网络故障的原因，从而能节省时间，提高工作效率。下面介绍一些常用的操作系统的网络测试命令，分别用于网络状态监视、流量监视和路由监视。

10.2.1 网络状态测试命令

表10-1列出了一些在Unix或Windows（2000和NT）环境下用于网络状态监视的命令。

表10-1 状态监视命令

命令名称	适用的操作系统	功能说明
Ping	Unix/Windows	检查节点/主机的状态
Nslookup	Unix/Windows	在DNS上查找名字地址转换
Ipconfig	Windows	显示当前的TCP/IP网络配置的设置值、刷新动态主机配置协议（DHCP）和域名系统（DNS）设置

1. ping命令及其应用

ping命令可以验证本地计算机和网络主机之间的路由是否存在，检测网络的连通情况和分析网络速度。通常用ping检测本地计算机是否能和网络主机之间的通信。ping命令可以用于Windows平台和各种Unix或Linux平台上，也可以用在交换机和路由器等网络设备上。其命令格式如下。

```
Ping [-t] [-a] [-n count] [-l length] [-f] [-i TTL] [-v TOS] [-r count] [-s count]
[-j HostList]| [-k HostList] [-w timeout] destination -list
```

下面介绍ping命令附带的这些常用参数的含义。

-t，不间断地ping指定的主机，直到按“Ctrl+C”组合键中断为止。

-a，指定对目的地IP地址进行反向名称解析。如果解析成功，将显示相应的主机名。

-n count，发送count指定的ECHO数据包数，默认值为4。

-l length，自定义发送数据包的大小，也就是发送由length指定大小的ECHO数据包，默认为32字节，最大值是65527字节。

-f，指定发送的回响请求消息带有“不要拆分”标志（所在的IP标题设为1）。回响请求消息不能由目的地路径上的路由器进行拆分。该参数可用于检测并解决“路径最大传输单位（PMTU）”的故障。

-i TTL，指定发送回响请求消息的IP标题中的TTL字段值。其默认值是主机的默认TTL值。对于Windows XP主机，该值一般是128。TTL的最大值是255。

-v TOS，指定发送回响请求消息的IP标题中的“服务类型（TOS）”字段值，默认值是0。TOS被指定为0到255的十进制数。

-r count，指定IP标题中的“记录路由”选项用于记录由回响请求消息和相应的回响应答消息使用的路径。路径中的每个跃点都使用“记录路由”选项中的一个值。如果可能，可以指定一个等于或大于来源和目的地之间跃点数的Count。Count的最小值必须为1，最大值为9。

-s count，指定IP标题中的“Internet时间戳”选项用于记录每个跃点的回响请求消息和相应的回响应答消息的到达时间。count的最小值必须为1，最大值为4。

-j hostlist，指定回响请求消息使用带有hostlist指定的中间目的地集的IP标题中的“稀疏资源路由”选项。可以由一个或多个具有松散源路由的路由器分隔连续中间的目的地。主机列表中的地址或名称的最大数为9，主机列表是一系列由空格分开的IP地址（带点的十进制符号）。

-k hostlist，指定回响请求消息使用带有hostlist指定的中间目的地集的IP标题中的“严格来源路由”选项。使用严格来源路由，下一个中间目的地必须是直接可达的（必须是路由器接口上的邻居)。主机列表中的地址或名称的最大数为 9，主机列表是一系列由空格分开的 IP 地址(带点的十进制符号)。

-w timeout，指定等待回响应答消息响应的时间(以微秒为单位)，该回响应答消息响应接收到的指定回响请求消息。如果在超时时间内未接收到回响应答消息，将会显示“请求超时”的错误消息。默认的超时时间为 4000(4 秒)。

Destination-list，是指要 ping 的目的计算机的 IP 地址、计算机名或域名。

当使用 ping 命令来查找问题所在或检验网络运行情况时，需要使用许多 ping 命令和附带的参数。如果所有都运行正确，那么基本的连通性和配置参数没有问题；如果某些 ping 命令出现运行故障，它也可以指明到哪里去查找问题。下面给出一些典型的检测次序及对应可能故障的例子。

(1) ping 127.0.0.1：检查 TCP/IP 是否被正确地安装。

(2) ping 本机 IP：ping 本地计算机的 IP 地址，本地计算机对该 ping 命令作出应答。如果没有应答，则表示本地配置或安装存在问题。出现此问题时，局域网用户可断开网络电缆，然后重新发送该命令。如果网线断开后本命令正确，则表示另一台计算机可能配置相同的 IP 地址。

(3) ping 局域网内其他主机 IP：如果收到回送应答，表明本地网络中的网卡和传输介质运行正确。但如果没有收到回送应答，那么表示子网掩码不正确或网卡配置错误，或电缆线路有问题。

(4) ping 网关 IP：该命令如果应答正确，表示局域网中的网关路由器正在运行以及能否与本地网络上的本地主机通信。

(5) ping 远程主机 IP：如果收到 4 个应答，表示成功地使用了缺省网关。对于拨号上网用户则表示能够成功地访问 Internet。

(6) ping 域名：ping 域名，如 ping www.sina.com.cn，通常是通过 DNS 服务器进行解析。如果这里出现故障，则表示 DNS 服务器的 IP 地址配置不正确或 DNS 服务器有故障。另外，利用该命令可以实现域名对 IP 地址的转换功能。

如果使用的 ping 命令失败，这时可注意 ping 命令显示的出错信息，这些出错信息通常分为 4 种。

(1) Request timed out(请求超时)：当返回 Request timed out 信息时，可能是以下原因造成的。

- 对方已设置防 ping 功能。目前在许多网络设备或主机上可以设置防 ping 功能，如在主机上安装个人防火墙软件，并设置成禁止其他机器向本地执行 ping 操作。这时如果向这些设备或主机执行 ping 操作是无法得到正确相应的，显示的信息提示就是 Request timed out。
- 对方主机已关机。
- IP 地址不正确。主要是 IP 地址设置错误或 IP 地址冲突，这时可以利用 ipconfig/all 命令来检查 IP 地址的设置情况。在 Windows 2000 下 IP 冲突的情况很少发生，因为系统会自动检测在网络中是否有相同的 IP 地址，并提醒是否设置正确。在 Windows NT 中不但会出现 Request Timed Out 提示，而且会出现 Hardware error 提示信息。
- 网关设置错误。主要是网关地址设置不正确或网关没有转发数据，还有可能是远程网关失效。这里主要是在 ping 外部网络地址时出错。错误表现为无法 ping 外部主机，并返回信息 Request time out。

(2) Unknown host(不知主机名)：该出错信息表示该远程主机的名字不能被命名服务器转换成 IP 地址。网络故障可能为命名服务器有故障，或者其名字不正确，或者网络管理员的系统与远程主机之间的通信线路有故障。

（3）Network unreachable（网络不能到达）：这表示本地系统没有到达远程系统的路由，可用 netstat-rn 检查路由表来确定路由配置情况。

（4）No answer（无响应）：远程系统没有响应。这种故障说明本地系统有一条到达远程主机的路由，但却接收不到它发给该远程主机的任何分组报文。这种故障可能是远程主机没有工作，或者是远程主机存在路由选择问题。

如果执行 ping 命令不成功，则可以预测故障出现在以下几个方面：网线故障，网络适配器配置不正确，IP 地址不正确。如果执行 ping 命令成功而网络仍无法使用，那么问题很可能出在网络系统的软件配置方面，ping 成功只能保证本机与目标主机间存在一条连通的物理路径。

2. nslookup 命令及其应用

nslookup 是一个监测网络中 DNS 服务器是否能正确实现域名解析的命令行工具。它在 Unix/Windows NT/ Windows 2000/ Windows XP 中均可使用。nslookup 必须要安装了 TCP/IP 的网络环境中才能使用。

例如，现在网络中已经架设好了一台 DNS 服务器，主机名称为 linlin，它可以把域名 www.company.com 解析为 192.168.0.1 的 IP 地址，这是比较常见的正向解析功能。

```
C:\> Nslookup www.company.com
```

运行后显示如下结果。

```
Server: linlin
Address: 192.168.0.5
Name: www.company.com
Address: 192.168.0.1
```

以上结果显示，正在工作的 DNS 服务器的主机名为 linlin，它的 IP 地址是 192.168.0.5，而域名 www.company.com 所对应的 IP 地址为 192.168.0.1。那么，在检测到 DNS 服务器 linlin 已经能顺利实现正向解析的情况下，它的反向解析是否正常呢？也就是说，把 IP 地址 192.168.0.1 反向解析为域名 www.company.com 执行如下命令。

```
C:\> Nslookup 192.168.0.1
```

运行后显示如下结果。

```
Server: linlin
Address: 192.168.0.5
Name: www.company.com
Address: 192.168.0.1
```

这说明，DNS 服务器 linlin 的反向解析功能也正常。

如果键入 nslookup www.company.com，却出现如下结果。

```
Server: linlin
Address: 192.168.0.5
*** linlin can't find www.company.com: Non-existent domain
```

这种情况说明网络中 DNS 服务器 linlin 在工作，却不能实现域名 www.company.com 的正确解析。此时，要分析 DNS 服务器的配置情况，看是否 www.company.com 这一域名对应的 IP 地址记录已经添加到了 DNS 的数据库中。

如果键入 nslookup www.company.com，会出现如下结果。

```
*** Can't find server name for domain: No response from server
*** Can't find www.company.com : Non-existent domain
```

这时说明测试主机在目前的网络中根本没有找到可以使用的 DNS 服务器。此时，要对整个网络的连通性作全面的检测，并检查 DNS 服务器是否处于正常工作状态，采用逐步排错的方法，找出 DNS 服务不能启动的根源。

如果需要对 DNS 的故障进行排错就必须熟练使用工具 nslookup。这个命令可以指定查询的类型，可以查到 DNS 记录的生存时间还可以指定使用那个 DNS 服务器进行解释。

nslookup 最简单的用法就是查询域名对应的 IP 地址，包括 A 记录和 CNAME 记录，如果查到的是 CNAME 记录还会返回别名记录的设置情况。在默认情况下 nslookup 使用的是在本机 TCP/IP 配置中的 DNS 服务器进行查询，但有时候需要指定一个特定的服务器进行查询试验。这时候不需要更改本机的 TCP/IP 配置，只要在命令后面加上指定的服务器 IP 或者域名就可以了。这个参数在对一台指定服务器排错时非常必要的。nslookup 命令格式如下。

nslookup [-qt=类型] 目标域名 指定的 DNS 服务器 IP 或域名类型可以是以下字符，不区分大小写。

A　地址记录（Ipv4）

AAAA　地址记录（Ipv6）

CNAME　别名记录

HINFO　硬件配置记录，包括 CPU、操作系统信息

ISDN　域名对应的 ISDN 号码

MB　存放指定邮箱的服务器

MG　邮件组记录

MINFO　邮件组和邮箱的信息记录

MR　改名的邮箱记录

MX　邮件服务器记录

NS　名字服务器记录

PTR　反向记录（从 IP 地址解释域名）

RT　路由穿透记录

SRVTCP　服务器信息记录

TXT　域名对应的文本信息

X25　域名对应的 X.25 地址记录

ping 命令在输入的参数是域名的情况下会通过 DNS 进行查询，但是它只能查询 A 类型和 CNAME 类型的记录，而且只会通知用户域名是否存在，其他的信息则不能提供。如果需要对 DNS 的故障进行排错就必须熟练使用工具 nslookup。这个命令可以指定查询的类型，可以查到 DNS 记录的生存时间，还可以指定使用哪个 DNS 服务器进行解释。

3. ipconfig 命令及其应用

ipconfig 用于显示当前的 TCP/IP 网络配置的设置值、刷新动态主机配置协议（DHCP）和域名系统（DNS）设置。使用不带参数的 ipconfig 可以显示所有适配器的 IP 地址、子网掩码和默认网关。

ipconfig 一般用来检验人工配置的 TCP/IP 设置是否正确。如果计算机和所在的局域网使用了动态主机配置协议（DHCP），这个程序所显示的信息可以让用户了解自己的计算机是否成功地租用到一个 IP 地址，如果租用到则可以了解它目前分配到的具体地址。了解计算机当前的 IP 地址、子网掩码和缺省网关实际上是进行测试和故障分析的必要条件。

命令格式：ipconfig [/all　/renew [adapter]　/release [adapter]] [/flushdns] [/displaydns] [/registerdns] [/showclassid Adapter] [/setclassid Adapter [ClassID]]

格式参数说明如下。

/all，当使用 all 选项时，产生完整信息显示。ipconfig 能为 DNS 和 WINS 服务器显示它已配置且所要使用的附加信息（如 IP 地址等），并且显示内置于本地网卡中的物理地址（MAC）。如果 IP 地址是从 DHCP 服务器租用的，ipconfig 将显示 DHCP 服务器的 IP 地址和租用地址预计失效的日期。

/renew [adapter]，更新所有适配器（如果未指定适配器）或特定适配器（如果包含了 adapter 参数）的 DHCP 配置。该参数仅在具有配置为自动获取 IP 地址的网卡的计算机上可用。要显示适配器名称，则键入使用不带参数的 ipconfig 命令显示的适配器名称。

/release [adapter]，发送 DHCPRELEASE 消息到 DHCP 服务器，以释放所有适配器（如果未指定适配器）或特定适配器（如果包含了 adapter 参数）的当前 DHCP 配置并丢弃 IP 地址配置。该参数可以禁用配置为自动获取 IP 地址的适配器的 TCP/IP。

/flushdns，清理并重设 DNS 客户解析器缓存的内容。如有必要，在 DNS 疑难解答期间，可以使用本过程从缓存中丢弃否定性缓存记录和任何其他动态添加的记录。

/displaydns，显示 DNS 客户解析器缓存的内容，包括从本地主机文件预装载的记录以及由计算机解析的名称查询而最近获得的任何资源记录。DNS 客户服务在查询配置的 DNS 服务器之前使用这些信息快速解析被频繁查询的名称。

/registerdns，初始化计算机上配置的 DNS 名称和 IP 地址的手工动态注册。可以使用该参数对失败的 DNS 名称注册进行疑难解答或解决客户和 DNS 服务器之间的动态更新问题，而不必重新启动客户计算机。TCP/IP 高级属性中的 DNS 设置可以确定 DNS 中注册了哪些名称。

/showclassid adapter，显示指定适配器的 DHCP 类别 ID。要查看所有适配器的 DHCP 类别 ID，可以使用星号 (*) 通配符代替 adapter。该参数仅在具有配置为自动获取 IP 地址的网卡的计算机上可用。

/setclassid Adapter [ClassID]，配置特定适配器的 DHCP 类别 ID。要设置所有适配器的 DHCP 类别 ID，可以使用星号 (*) 通配符代替 adapter。该参数仅在具有配置为自动获取 IP 地址的网卡的计算机上可用。如果未指定 DHCP 类别 ID，则会删除当前类别 ID。

/?，在命令提示符显示帮助。

命令使用示例如下。

（1）要显示所有适配器的完整 TCP/IP 配置，键入 ipconfig/all。

```
C:\Documnets and Settings\Administrator>ipconfig/all
```

（2）仅更新“本地连接”适配器的由 DHCP 分配 IP 地址的配置，键入：

```
ipconfig /renew "Local Area Connection"
```

（3）要在排除 DNS 的名称解析故障期间清理 DNS 解析器缓存，键入：

```
ipconfig /flushdns
```

（3）要显示名称以 Local 开头的所有适配器的 DHCP 类别 ID，键入：

```
ipconfig /showclassid Local*
```

（4）要将“本地连接”适配器的 DHCP 类别 ID 设置为 TEST，键入：

```
ipconfig /setclassid "Local Area Connection" TEST
```

10.2.2 网络流量监视命令

表 10-2 列出了 7 个用于流量监视的命令。

表 10-2 网络流量监视命令

命令名称	适用的操作系统	功能说明
ping	Unix/Windows	用于测量往返数据包丢失率
bing	Unix	测量线路的点到点带宽
etherfind	Unix	检查以太网数据包
snoop	Unix	捕获并检查网络数据包
tcpdump	Unix	网络的 dumps 流量
getethers	Unix	获取一个以太网局域网网段中所有主机的地址
iptrace	Unix	测量网关的性能

其中一个是 ping 命令，重复执行大量的 ping 命令（ICMP 回显请求消息）可测算出接收的成功次数，就可以计算出数据包丢失的百分率。包丢失是一种吞吐量的测算。

另一个常用的命令是点到点带宽 bing 命令，这个命令是以 ping 为基础的，通过线路两端发送数据包的大小不同而产生的往返时间差进行计算，可以得出粗略的吞吐量数据。例如，如果想测量 L1 和 L2 之间的点到点的吞吐量，可以根据分别对 L1 和 L2 的 ICMP 回显请求的测算结果得到吞吐量。利用两种结果之差就可以算出 L1 至 L2 本身的带宽。

其他 5 个命令可以检查在网络中经过的数据包，分别提供不同的输出。命令 etherfind、snoop 和 tcpdump 把网卡置于混杂模式中（在这种模式中，收集网络中未经处理的数据无需经过任何过滤）并记录数据。所有的这些命令都会产生一个输出文本文件，将其中每一行与一个包含信息的数据包相联，这些信息包括协议类型、长度、数据源和目的地等。因为以混杂模式来观察数据会导致安全风险，所以仅限于超级用户使用。

命令 getethers 可以得到所有局域网网段的主机名和以太网地址对。与 ping 很相似，该命令也使用一个 IP 套接字产生一条 ICMP 回显请求，得到回复要与 ARP 表相比较，以判断发生响应的每个系统的以太网地址。

工具 iptrace 在 UNIX 内核中使用 NETMON 程序，产生 3 类输出：IP 流量、主机流量矩阵输出和预先定义数据包号的简短取样。

10.2.3 网络路由监视命令

表 10-3 列出了 5 个用于路由监视的命令。netstat 命令以不同的格式显示各种与网络相关数据结构的内容，其具体内容取决于所选的参数。arp 命令可以显示并修改 Internet 到以太网地址转换表（ARP 高速缓存），这个转换表是地址解析协议（ARP）所使用的。tracert 命令可以广泛用于对路由相关的问题进行诊断。此外，还可以使用 tracert 命令发现从数据源向目标主机发送的数据包经过每段路径的路由。route 命令用来显示、人工添加和修改路由表项目的。大多数路由器使用专门的路由协议来交换和动态更新路由器之间的路由表。但在有些情况下，必须人工将项目添加到路由器和主机上的路由表中。

表 10-3 网络路由命令

命令名称	适用操作系统	功能简介
netstat	Unix/Windows	显示各种网络相关数据结构的内容
arp	Unix/Windows	显示并修改 Internet 到 Ethernet 地址转换表

续表

命令名称	适用操作系统	功能简介
tracert	Unix/Windows	追踪有路由延迟的目标机的路由
route	Unix/Windows	显示、人工添加和修改路由表项目
pathping	Unix/Windows	显示有关在源和目标主机之间的中间跃点处的网络滞后和网络丢失的信息

1. netstat命令及应用

netstat 命令可以帮助网络管理员了解网络的整体使用情况。它可以显示当前正在活动的网络连接的详细信息，例如，显示网络连接、路由表和网络接口信息，可以统计目前总共有哪些网络连接正在进行。

利用命令参数，该命令可以显示所有协议的使用状态，这些协议包括 TCP、UDP、ICMP 以及 IP 等，另外还可以选择特定的协议并查看其具体信息，显示所有主机的端口号以及当前主机的详细路由信息。使用时如果不带参数，netstat 显示活动的 TCP 连接。netstat 命令可以用在 Windows 平台、Unix 平台及路由器上。

命令格式语法：netstat [-a] [-e] [-n] [-o] [-p Protocol] [-r] [-s] [Interval]

参数含义如下。

-a，显示所有活动的 TCP 连接以及计算机侦听的 TCP 和 UDP 端口。

-e，显示以太网统计信息，如发送和接收的字节数、数据包数。该参数可以与-s 结合使用。

-n，显示活动的 TCP 连接，不过只以数字形式表现地址和端口号，不尝试确定名称。

-o，显示活动的 TCP 连接并包括每个连接的进程 ID（PID）。可以在 Windows 任务管理器中的“进程”选项卡上找到基于 PID 的应用程序。该参数可以与-a、-n 和-p 结合使用。

-p protocol，显示 protocol 所指定的协议的连接。在这种情况下，protocol 可以是 tcp、udp、tcpv6 或 udpv6。

-s，按协议显示统计信息。默认情况下，显示 TCP、UDP、ICMP 和 IP 的统计信息。如果安装了 Windows XP 的 IPv6 协议，就会显示有关 IPv6 上的 TCP、IPv6 上的 UDP、ICMPv6 和 IPv6 协议的统计信息。可以使用-p 参数指定协议集。

-r，显示本机 IP 路由表的内容。该参数与 route print 命令相同。

Interval，每隔 Interval 秒重新显示一次选定的信息。按“Ctrl+C”组合键停止重新显示统计信息。如果省略该参数，netstat 将只打印一次选定的信息。netstat 提供下列统计信息。

（1）Protocol，协议的名称（TCP 或 UDP）。

（2）Local Address，本地计算机的 IP 地址和正在使用的端口号。如果不指定-n 参数，就显示与 IP 地址和端口的名称对应的本地计算机名称。如果端口尚未建立，端口以星号（*）显示。

（3）Foreign Address，连接该插槽的远程计算机的 IP 地址和端口号码。如果不指定-n 参数，就显示与 IP 地址和端口对应的名称。如果端口尚未建立，端口以星号（*）显示。

（4）State，表明 TCP 连接的状态。可能的状态有：CLOSE_WAIT；CLOSED；ESTABLISHED；FIN_WAIT_1；FIN_WAIT_2；LAST_ACK；LISTEN；SYN_RECEIVED；SYN_SEND；TIMED_WAIT。有关 TCP 连接状态的信息，请参阅 RFC 793。

只有当 TCP/IP 在网络连接中安装为网络适配器的组件时，netstat 命令才可用。

命令使用示例如下。

（1）要想显示以太网统计信息和所有协议的统计信息，键入下列命令：

```
netstat -e -s
```

（2）要想仅显示 TCP 和 UDP 的统计信息，键入下列命令：

```
netstat -s -p tcp udp
```

（3）要想每 5s 显示一次活动的 TCP 连接和进程 ID，键入下列命令：

```
nbtstat -o 5
```

（4）要想以数字形式显示活动的 TCP 连接和进程 ID，键入下列命令：

```
nbtstat -n -o
```

2. arp 命令及应用

ARP 是一个重要的 TCP/IP，用于确定对应 IP 地址的网卡物理地址。使用 arp 命令，能够查看本地计算机或另一台计算机的 ARP 高速缓存中的当前内容。此外，使用 arp 命令，也可以用人工方式输入静态的网卡物理和 IP 地址对，使用这种方式为缺省网关和本地服务器等常用主机进行这项操作，有助于减少网络上的信息量。

按照缺省设置，ARP 高速缓存中的项目是动态的，每当发送一个指定地点的数据报且高速缓存中不存在当前项目时，ARP 便会自动添加该项目。一旦高速缓存的项目被输入，它们就已经开始走向失效状态。例如，在 Windows NT/Windows 2000 网络中，如果输入项目后不进一步使用，物理和 IP 地址对就会在 2～10 分钟内失效。因此，如果 ARP 高速缓存中项目可能很少或根本没有，这时通过另一台计算机或路由器的 ping 命令可以添加，所以，需要通过 arp 命令查看高速缓存中的内容时，最好先 ping 此台计算机（不能是本机发送 ping 命令）。

ARP 缓存中包含一个或多个表，它们用于存储 IP 地址及其经过解析的以太网或令牌环物理地址。计算机上安装的每一个以太网或令牌环网络适配器都有自己单独的表。如果在没有参数的情况下使用，则 arp 命令将显示帮助信息。

ARP 命令格式如下。

```
arp [-a [InetAddr] [-N IfaceAddr]] [-g [InetAddr] [-N IfaceAddr]] [-d InetAddr
[IfaceAddr]] [-s InetAddr EtherAddr [IfaceAddr]]
```

参数使用说明如下。

-a [InetAddr] [-N IfaceAddr]，显示所有接口的当前 ARP 缓存表。要显示指定 IP 地址的 ARP 缓存项，使用带有 InetAddr 参数的 arp -a，此处的 InetAddr 代表指定的 IP 地址。要显示指定接口的 ARP 缓存表，请使用-N IfaceAddr 参数，此处的 IfaceAddr 代表分配给指定接口的 IP 地址。-N 参数区分大小写。

-g [InetAddr] [-N IfaceAddr]，显示所有接口的当前 ARP 缓存表，与-a 参数的结果是一样的。参数-g 一直是 Unix 平台上用来显示 ARP 高速缓存中所有项目的选项，而 Windows 常用的是 arp -a（-a 可被视为 all，即全部的意思），但 Windows 也可以接受比较传统的-g 参数。

-d InetAddr [IfaceAddr]，删除指定的 IP 地址项，此处的 InetAddr 代表 IP 地址。对于指定的接口，要删除表中的某项，使用 IfaceAddr 参数，此处的 IfaceAddr 代表分配给该接口的 IP 地址。要删除所有项，使用星号 (*) 通配符代替 InetAddr。

-s InetAddr EtherAddr [IfaceAddr]，向 ARP 缓存添加可将 IP 地址 InetAddr 解析成物理地址 EtherAddr 的静态项。要向指定接口的表添加静态 ARP 缓存项，使用 IfaceAddr 参数，此处的 IfaceAddr 代表分配给该接口的 IP 地址。该项目在计算机引导过程中将保持有效状态，或者在出现错误时，人工配置的物理地址将自动更新该项目。

命令使用示例如下。

（1）例如，在命令提示符下键入 arp -a，如果使用过 ping 命令测试并验证从这台计算机到 IP 地址为 10.0.0.99 的主机的连通性，则 ARP 缓存显示以下项：

```
Interface:10.0.0.1 on interface 0x1
Internet Address      Physical Address      Type
10.0.0.99             00-e0-98-00-7c-dc     dynamic
```

在此例中，缓存项指出位于 10.0.0.99 的远程主机解析成 00-e0-98-00-7c-dc 的媒体访问控制地址，它是在远程计算机的网卡硬件中分配的。媒体访问控制地址是计算机用于与网络上远程 TCP/IP 主机物理通讯的地址。

（2）要显示所有接口的 ARP 缓存表，可键入 arp -a。

（3）对于指派的 IP 地址为 10.0.0.99 的接口，要显示其 ARP 缓存表，可键入 arp -a -N 10.0.0.99。

（4）要添加将 IP 地址 10.0.0.80 解析成物理地址 00-AA-00-4F-2A-9C 的静态 ARP 缓存项，可键入 arp -s 10.0.0.80 00-AA-00-4F-2A-9C。

至此用户可以用 ipconfig 和 ping 命令来查看自己的网络配置并判断是否正确，可以用 netstat 查看别人与本地用户所建立的连接并找出 ICQ 使用者所隐藏的 IP 信息，可以用 arp 查看网卡的 MAC 地址。

3. tracert 命令及应用

tracert 命令用来显示数据包到达目标主机所经过的路径，并显示到达每个节点的时间。该命令功能同 ping 类似，但它所获得的信息要比 ping 命令详细得多，它把数据包所经过的全部路径、节点的 IP 地址以及花费的时间都显示出来。如果数据包不能传递到目标，tracert 命令将显示成功转发数据包的最后一个路由器的 IP 地址。该实用程序跟踪的路径是源计算机到目的地一条路径，不能保证或认为数据包总沿着这个路径。如果用户的配置使用 DNS，那么常常会从所产生的应答中得到城市、地址和常见通信公司的名字。tracert 是一个运行得比较慢的命令。

tracert 的使用比较简单，一般只需要在 tracert 后面跟一个目标 IP 地址即可，tracert 会进行相应的域名转换。命令格式如下。

```
Tracert  IP地址或主机名 [-d] [-h maximum_hops] [-j host_list] [-w timeout]
```

命令格式参数含义如下。

-d，不解析中间路由器的名字，将更快地显示路径信息。

-h maximum_hops，指定搜索到目标地址的最大跳跃数，默认值为 30。

-j host_list，按照主机列表中的地址释放源路由，主机列表中的地址或名称的最大数为 9。主机列表是一系列由空格分开的 IP 地址（用带点的十进制符号表示）。

-w timeout，指定超时时间间隔，指定等待“ICMP 已超时”或“回响答复”消息（对应于要接收的给定“回响请求”消息）的时间（以毫秒为单位）。如果超时时间内未收到消息，则显示一个星号 (*)。默认的超时时间为 4000 毫秒。

tracert 一般用来检测故障的位置，虽然还是不能确定具体故障原因，但已经能显示问题所在的地方。另外，traceroute 命令的功能与 tracert 相同，二者的差别仅仅在于 tracert 命令是用在 Windows 平台上，而 traceroute 命令是用在 Unix 平台和路由器上。

命令示例如下。

（1）要跟踪名为 corp7.microsoft.com 的主机的路径，键入：

```
tracert corp7.microsoft.com
```

（2）要跟踪名为 corp7.microsoft.com 的主机的路径并防止将每个 IP 地址解析为它的名称，键入：

```
tracert -d corp7.microsoft.com
```

4. route 命令的使用

大多数主机一般都是驻留在只连接一台路由器的网段上。由于只有一台路由器，因此不存在使用哪一台路由器将数据报发送到远程计算机上去的问题，该路由器的 IP 地址可作为该网段上所有计算机的缺省网关来输入。

但是，当网络上拥有两个或多个路由器时，这时就不一定只依赖缺省网关了。实际上可能会让某些远程 IP 地址通过某个特定的路由器来传递，而其他的远程 IP 则通过另一个路由器来传递。在这种情况下，用户需要相应的路由信息，这些信息储存在路由表中，每个主机和每个路由器都配有自己独一无二的路由表。大多数路由器使用专门的路由协议来交换和动态更新路由器之间的路由表。但在有些情况下，必须人工将项目添加到路由器和主机上的路由表中。route 命令就用来显示、人工添加和修改路由表项目的。

```
route 命令格式：route [-f] [-p] [[print] [add] [change] [delete] [Destination] [mask subnetmask] [Gateway] [metric Metric]] [if Interface]
```

主要参数使用说明如下。

-f，清除所有不是主路由（网掩码为 255.255.255.255 的路由）、环回网络路由（目标为 127.0.0.0，网掩码为 255.255.255.0 的路由）或多播路由（目标为 224.0.0.0，网掩码为 240.0.0.0 的路由）的条目的路由表。如果它与命令之一（如 add、change 或 delete）结合使用，表会在运行命令之前清除。

-p，与 add 命令共同使用时，指定路由被添加到注册表并在启动 TCP/IP 的时候初始化 IP 路由表。默认情况下，启动 TCP/IP 时不会保存添加的路由。与 print 命令一起使用时，则显示永久路由列表。所有其他的命令都忽略此参数。永久路由存储在注册表中的位置是 HKEY_LOCAL_MACHINE\SYSTEM\CurrentControlSet\Services\Tcpip\Parameters\PersistentRoutes。

route print，该命令用于显示路由表中的当前项目，在单路由器网段上的输出。由于用 IP 地址配置了网卡，因此所有的这些项目都是自动添加的。

route add，使用该命令，可以将新路由项目添加给路由表。

route change，使用该命令来修改数据的传输路由，不过不能使用本命令来改变数据的目的地。

route delete，使用该命令可以从路由表中删除路由。

Destination，指定路由的网络目标地址。目标地址可以是一个 IP 网络地址（其中网络地址的主机地址位设置为 0），对于主机路由是 IP 地址，对于默认路由是 0.0.0.0。

mask subnetmask，指定与网络目标地址相关联的子网掩码。

Gateway，指定超过由网络目标和子网掩码定义的可达到的地址集的前一个或下一个跃点 IP 地址。对于本地连接的子网路由，网关地址是分配给连接子网接口的 IP 地址。对于要经过一个或多个路由器才可用到的远程路由，网关地址是一个分配给相邻路由器的、可直接达到的 IP 地址。

metric Metric，为路由指定所需跃点数的整数值（范围是 1～9999），它用来在路由表里的多个路由中选择与转发包中的目标地址最为匹配的路由。所选的路由具有最少的跃点数。跃点数能够反映跃点的数量、路径的速度、路径可靠性、路径吞吐量以及管理属性。

if Interface，指定目标可以到达的接口的接口索引。使用 route print 命令可以显示接口及其对应接口索引的列表。对于接口索引可以使用十进制或十六进制的值。对于十六进制值，要在十六进制数的前面加上 0x。忽略 if 参数时，接口由网关地址确定。

命令使用示例如下。

（1）要显示 IP 路由表的完整内容，键入 route print。

（2）要显示 IP 路由表中以 10.开始的路由，键入 route print 10.*。

（3）要添加默认网关地址为 192.168.12.1 的默认路由，键入 route add 0.0.0.0 mask 0.0.0.0 192.168.12.1。

（4）要添加目标为 10.41.0.0，子网掩码为 255.255.0.0，下一个跃点地址为 10.27.0.1 的路由，键入 route add 10.41.0.0 mask 255.255.0.0 10.27.0.1。

（5）要添加目标为 10.41.0.0，子网掩码为 255.255.0.0，下一个跃点地址为 10.27.0.1 的永久路由，键入 route -p add 10.41.0.0 mask 255.255.0.0 10.27.0.1。

（6）要添加目标为 10.41.0.0，子网掩码为 255.255.0.0，下一个跃点地址为 10.27.0.1，跃点数为 7 的路由，键入 route add 10.41.0.0 mask 255.255.0.0 10.27.0.1 metric 7。

（7）要添加目标为 10.41.0.0，子网掩码为 255.255.0.0，下一个跃点地址为 10.27.0.1，接口索引为 0x3 的路由，键入 route add 10.41.0.0 mask 255.255.0.0 10.27.0.1 if 0x3。

（8）将数据的路由改到另一个路由器，它采用一条包含 3 个网段的更直的路径，则键入 route add 2010.98.32.33 mask 255.255.255.224 202.96.123.250 metric 3。

（9）要将目标为 10.41.0.0，子网掩码为 255.255.0.0 的路由的下一个跃点地址由 10.27.0.1 更改为 10.27.0.25，键入 route change 10.41.0.0 mask 255.255.0.0 10.27.0.25。

（10）要删除目标为 10.41.0.0，子网掩码为 255.255.0.0 的路由，键入 route delete 10.41.0.0 mask 255.255.0.0。

（11）要删除 IP 路由表中以 10.开始的所有路由，键入 route delete 10.*。

5. pathping 命令

显示有关在来源和目标之间的中间跃点处的网络滞后和网络丢失的信息。pathping 命令将多个“回显请求”消息发送到来源和目标之间的各个路由器一段时间，然后根据各个路由器返回的数据包大小计算其结果。因为 pathping 可以显示任何特定路由器或链接的数据包的丢失程度，所以用户可据此确定引起网络问题的路由器或子网。pathping 通过识别路径上的路由器来执行与 tracert 命令相同的功能。然后，该命令根据指定的时间间隔定期将 ping 发送到所有的路由器，并根据每个路由器的返回数值生成统计结果。如果不指定参数，pathping 则显示帮助。

命令语法如下。

```
pathping [-n] [-h MaximumHops] [-g HostList] [-p Period] [-q NumQueries] [-w Timeout]
[-T] [-R] [TargetName]
```

参数说明如下。

-n，阻止 pathping 试图将中间路由器的 IP 地址解析为各自的名称。这有可能加快显示 pathping 的结果。

-h MaximumHops，在搜索目标（目的）的路径中指定跃点的最大数。默认值为 30 个跃点。

-g HostList，指定回显请求消息在 IP 标题中使用“稀疏资源路由”选项（该 IP 标题带有 HostList 中指定的中间目标集）。可以由一个或多个具有松散源路由的路由器分隔连续中间的目的地。主机列表中的地址或名称的最大数为 9。HostList 是一系列由空格分隔的 IP 地址（带点的十进制符号）。

-p Period，指定两个连续的 ping 之间的时间间隔（以毫秒为单位）。默认值为 250 毫秒（1/4s）。

-q NumQueries，指定发送到路径中每个路由器的回显请求消息数。默认值为 100 个查询。

-w Timeout，指定等待应答的时间（以毫秒为单位）。默认值为 3000 毫秒（3s）。

-T，在向路由所经过的每个网络设备发送的回显请求消息上附加一个 2 级优先级标记（如 802.1p）。这有助于标识不具有 2 级优先级功能的网络设备。此开关用于测试服务质量（QoS）的连通性。

-R，确定路由所经过的每个网络设备是否支持“资源预留设置协议”（RSVP），该协议允许主机计算机为某一数据流保留一定数量的带宽。此开关用于测试服务质量（QoS）的连通性。

TargetName，指定目的端，它既可以是 IP 地址，也可以是主机名。

10.3　SNMP MIB 工具

本节介绍几个常用网络工具可以用来获得 MIB 树结构，并从网络对象中得到其值。SNMP MIB 工具主要有三种。第一种是使用浏览器界面的 SNMP MIB 浏览器，这种工具可以用于任何运行 Web 浏览器的平台。第二种是一组 SNMP 命令行工具，主要是基于 Unix、Linux/Free BSD 的工具软件。第三种是基于 Linux/Free BSD 的工具——SNMPSniff，这种工具可以用来读取 SNMP PDU。

10.3.1　SNMP MIB 浏览器

SNMP MIB 浏览器是一种界面友好的工具，可以从公共库访问或直接进行商业性购买。所有这类工具都可以从 SNMPv1 的 MIB-2 中提取信息，有些工具也可以从 SNMPv2 中提取信息。在命令中指定主机名或 IP 地址，并请求关于特定的 MIB 对象、MIB 群或整个 MIB 的信息，而所得到的响应则返回对象标识符和值。

通用网络管理工具中通常都包含 MIB Browser 的功能，也有很多专门的 MIB Browser，可以查看交换机、路由器等支持 SNMP 的 MIB 库，典型的 MIB Browser 包括 MG-SOFT MIB Browser、HiliSoft MIB Browser、OidView Pro MIB Browser、WinAgents MIB Browser、iReasoning MIB Browser 等。其中 HiliSoft MIB Browser 是一款强大、易用的网络管理和分析工具。它可以加载 SNMP 的 MIB 文件并快速进行解析，建构两个树形视图，MIB 结点视图和 MIB 文件（模块）视图。使用这两个视图，用户可以非常容易地通过 SNMPv1/v2c/v3 协议来浏览和修改 SNMP 代理上变量的值。内建有 trap receiver，可以收集 SNMP 代理发送的 trap。其特点如下。

（1）支持 SNMP v1，v2c & v3。

（2）支持 SMI v1 & v2。

（3）支持 Get/GetNext/Set/GetBulk/Walk。

（4）内建 trap receiver。

（5）快速解析 MIB 文件。

（6）界面友好易用，包括 MIB 节点视图和 MIB 模块（文件）视图。

图 10-1 是 MIB Browser 的树形视图，图 10-2 是 SNMP 实体的详细信息，图 10-3 是设置选项。

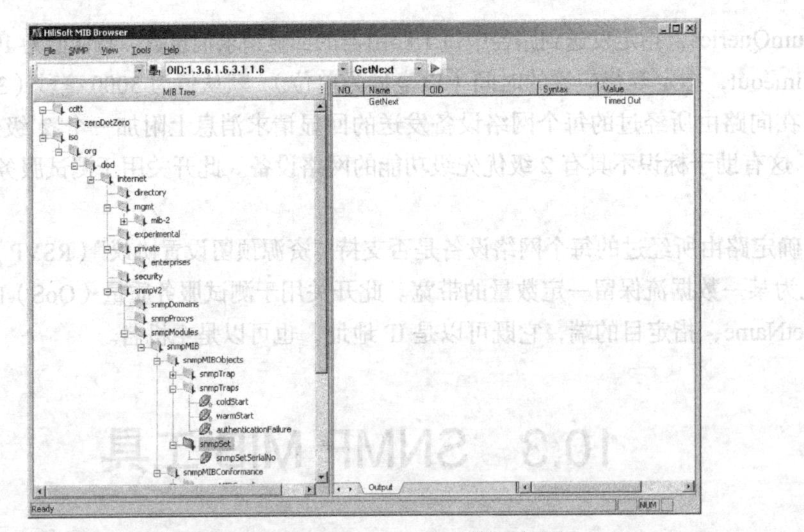

图 10-1　HiliSoft MIB Browser 的树形视图

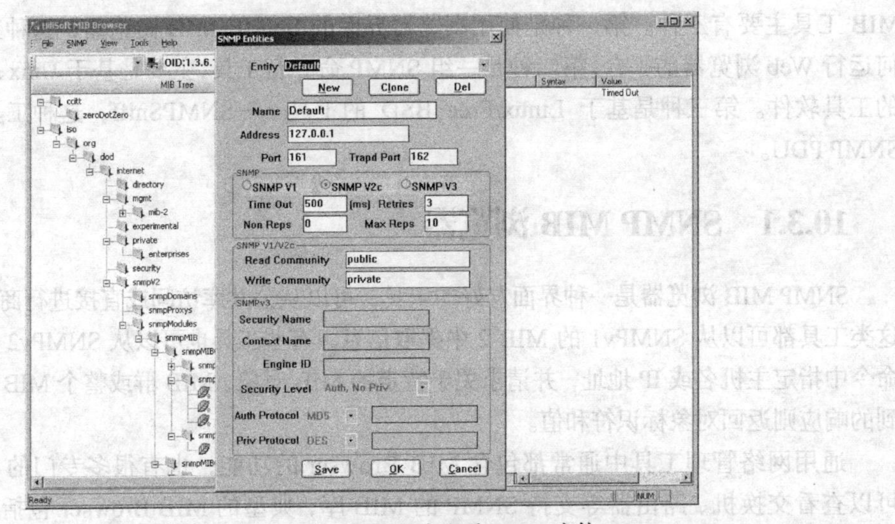

图 10-2　HiliSoft MIB Browser 中查看 SNMP 实体

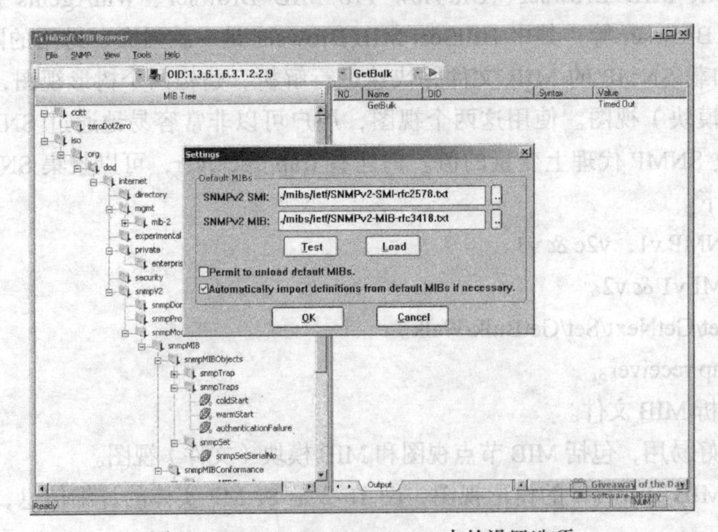

图 10-3　HiliSoft MIB Browser 中的设置选项

10.3.2 SNMP 命令行工具

用户可以使用 SNMP 命令查询不同的数据库。命令行工具基本上都是一些 SNMPv1 消息，包括获取（get），获取下一条（get-next）、设置（set）、获取响应（get-response）和陷阱（trap）。

1. SNMP 应用的通用语法结构

```
Snmp command agent community objectID[objectID]
```

用户可使用的命令如下。

（1）SNMP Get 命令。

命令格式：Snmp get [options] host community objectID [objectID]...

它使用 SNMP 获取请求信息与网络对象进行通信，返回 objectID 指定的项的值。其中 host 可以是主机名，也可以是 IP 地址。如果 SNMP 代理寄居在主机上，带有相匹配的 community 名字，那么它就以一条返回 objectID 值来获取响应信息作为响应。如果请求多个 objectID，那么用从 varBind 来处理含有多个对象名的消息。

（2）SNMP GET-Next 命令。

命令格式：Snmp getnext [options] host community [objectID]...

它通过 SNMP 消息获取下一条请求（get-next-request）来与一个网络对象进行通信，返回由 Get 命令指定的对象的下一个对象的值。对象以关于一个 objectID 的获取响应信息作为响应，这个 objectID 是请求中所指定的 objectID 的按词典顺序的下一个。在获取聚集对象（如表）中的变量值时，这条命令特别有用。

（3）Snmp Walk 命令。

命令格式：Snmp walk [options] host community [objectID]

它使用消息 get-next-request 来得到 MIB 树，这棵 MIB 树是从请求中指定的 objectID 开始的。它严格地逐个遍历 MIB，获取在 objectID 中标识的对象和它们的值。如果命令中没有指定 objectID，那么就显示整个 MIB 树。

（4）SNMP Set 命令。

命令 snmpset 发送一条 SNMP set-request 消息，并且接收一条 get-response 命令。

（5）SNMP Trap 命令。

命令 snmptrap 产生一条陷阱消息。有些实现方式只处理 SNMPv1 陷阱。其他的既处理 SNMPv1，又处理 SNMPv2，用户可以在参数中指定。

2. Snmputil 工具命令使用

使用 SNMP 命令首先要给系统安装 SNMP 环境。Window 组件的管理监视工具里包含 SNMP，只需要安装就可以使用。SNMP 默认的通信端口是 161/162，有的系统需要手动设置，可以通过创建筛选器列表来实现，能够进行 SNMP 通信的比较简单的工具有 snmputil。

Snmputil 的命令格式：

```
snmputil [get|getnext|walk] agent community ObjectID[ObjectID ...]
```

参数说明如下。

[get|getnext|walk]为消息类型。

agent 指 Snmp 代理即想进行操作的网络设备的 IP 或名称。

community，分区域，默认是 public。

ObjectID，即想要操作的 MIB 数据对象号，如.1.3.6.1.2.1.1.5.0 代表网络设备的名称。

例如，打开命令行窗口，进入 snmputil 所在路径，键入：

```
snmputil get 127.0.0.1 public .1.3.6.1.2.1.1.5.0
```

如果参数都正确，控制台会显示出当前的机器名。

例如，查询 WINS 服务器的启动时间（假设 WINS 已安装且运行 SNMP 代理），可用下述命令查询 Wins MIB。

```
C:\>snmputil getnext localhost public  .1.3.6.1.4.1.311.1.1.1.1
```

在上例中，第一部分表明 Microsoft 的分支.1.3.6.1.4.1.311（或 iso.org.dod.internet.private.enterprise.microsoft）。后一部分指明特定的 MIB 及需要查询的对象：.1.1.1.1（或.software.Wins.Par.ParWinsStartTime）。返回值如下。

```
Value=OCTET STRING - 01:17:22 on 11:23:2007.
```

图 10-4 是在命令行中执行 SNMPUtil 的结果。

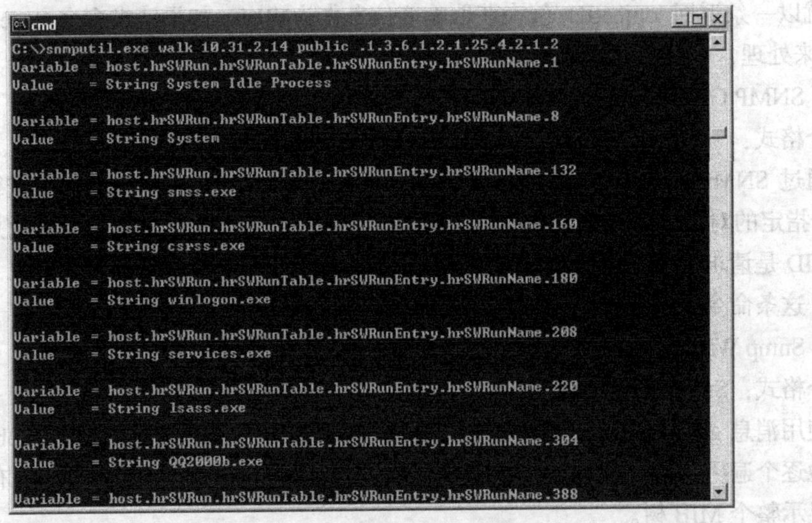

图 10-4　SNMPUtil 的执行界面

10.3.3　SNMP Sniff 工具

SNMP Sniff 工具与工具 tcpdump 相似，并且是在 Linux/Free BSD 环境中使用的。它捕获穿过网段的 SNMP 数据包，并将其存储起来以便以后分析。使用这种工具，可以监视网络的状态、数据流动情况以及网络上传输的信息。作为工具软件的 Sniffer 有 Sniffer Portable、NetXray、Packetboy、Netmonitor 等，其优点是物美价廉，易于学习使用，同时也易于交流，在此不再作介绍。

10.4　局域网中常见故障

网络故障诊断目的是为了确定网络的故障发生点，恢复网络的正常运行，发现网络规划和配置中的不当之处，改善和优化网络的性能，观察网络的运行情况，及时预测网络通信质量。

局域网网络故障诊断以局域网网络原理、网络配置和网络运行知识为基础。从故障现象出发，以网络诊断工具为手段获取诊断信息，确定局域网网络故障点，查找问题的根源，排除故障，恢复网络正常运行。

10.4.1　局域网故障诊断技术

诊断网络故障的过程应该沿着 OSI 七层参考模型从物理层开始向上进行。首先检查物理层，然后检查数据链路层，其次是网络层，以此类推，设法确定通信失败的故障点，直到网络系统工作正常为止。

1. 物理层诊断技术

局域网物理层的故障主要表现在：设备的物理连接方式是否恰当；连接的电缆是否正确；MODEM、CSU/DSU 等设备的配置及操作是否正确。确定路由器端口物理连接是否完好的最佳方法是使用 show interface 命令，检查每个端口的状态，解读屏幕输出信息，查看端口状态、协议建立状态和 EIA 状态。

2. 数据链路层诊断技术

数据链路层的主要任务是使网络层无需了解物理层的特征而获得可靠的传输。数据链路层为通过链路层的数据进行打包和解包、差错检测和一定的校正，并协调共享介质。在数据链路层交换数据之前，协议关注的是形成帧和同步设备。查找和排除数据链路层的故障，需要查看路由器的配置，检查连接端口共享同一数据链路层的封装情况，每对接口要和与其通信的其他设备有相同的封装。用户通过查看路由器的配置检查其封装，或者使用 show 命令查看相应接口的封装情况。

3. 网络层诊断技术

网络层提供建立、保持和释放网络层连接的手段，包括路由选择、流量控制、传输确认、中断、差错及故障恢复等。

排除网络层故障的基本方法是沿着从源到目的的路径，查看路由器路由表，同时检查路由器接口的 IP 地址。如果路由器没有在路由表中出现，应该通过检查来确定是否已经输入适当的静态路由、默认路由或者动态路由，然后手工配置一些丢失的路由，或者排除一些动态路由选择过程的故障，包括 RIP 或者 IGRP 路由协议出现的故障。例如，对于 IGRP 路由选择信息只在同一自治系统（AS）的系统之间交换数据，查看路由器配置的自治系统的匹配情况。

4. 传输层诊断技术

传输层常见的网络故障是传输层的设备性能问题或通信拥塞问题。

Telnet 通过终端模拟，提供对大型主机、Unix 系统、路由器、交换机等的应用程序和相关配置的命令行访问方式。它还可以验证一个程序在服务器上是否可用。为了用这种方法验证，用户必须知道各种应用程序所使用的端口号。这种方法只适用于使用 TCP（传输控制协议）的应用程序。端口扫描器是决定服务器上某服务是否可用的方法，通过向服务器发送探测消息，查看服务器是否有响应，来确定可用的 TCP 或 UDP 端口或应用程序。由于经常被当作黑客工具，企业网络中端口扫描器的使用可能会受到限制。在使用之前，用户需要决定是否允许这样做。另外，协议分析仪能够显示数据报的每一个要素以及相关协议的每一个部分，可以用来诊断传输层故障。

10.4.2　局域网常见故障分析与排除

小型的局域网是最常见的网络，甚至是由两台计算机构成的对等网，但网络虽小却也容易出现各种问题，最常见的问题大致分为以下几种情况。

1. 网卡设置问题

当系统启动后网络提示：“网络适配器无法正常工作”。这是因为网络适配器（网卡）没有正确安装，在系统设备里发现网络适配器前有个黄色的惊叹号，就可证明网卡没有正确安装，或者与系统中其他设备在中断上有冲突，这时需要进行手工调整。

常见的ISA接口NE2000及其兼容网卡出厂时默认的IRQ是3，I/O地址是3000，建议使用这个中断和I/O地址。因为如果要改变中断的话，要用网卡附带的设置程序进行更改，比较麻烦。一般与这类网卡冲突最多的设备是COM2端口，最好的解决办法是在CMOS中将COM2禁止掉。另外一些PCI网卡使用的中断是10，这和显卡的中断是有冲突的。可在CMOS中将“Assign IRQ for VGA”项设置为禁止，不给显卡分配固定的中断。如果以上办法不能奏效，那么运行网卡设置程序，关闭网卡的PNP功能，设置IRQ中断号和I/O地址为系统未占用的地址，并在BIOS中将相应的中断号由PCI/ISA改为Legacy ISA。

某些ISA网卡，如NE2000网卡，只有当I/O地址范围设置错误才会出现黄色的惊叹号。如果只有中断号错误，则在Windows的系统设备状态中显示为正常，这时其他相关设置都正确的情况下，计算机也始终连不上网络。这时应该查看网卡的中断，方法是使用网卡的设置程序，查出它所使用的实际中断号，然后再到系统资源中将相应的中断修改即可。

另外一种情况是Windows的伪报错，即设备本身的安装和设置没有错误，是Windows系统本身的错误。那么可不理会它的错误提示，因为设备是可以正常工作的。

如果上述所有的办法均无效，那么建议换用新的网卡。

2. 无法连接网络

如果在“网上邻居”中只看到本机，而看不到同一网段上的其他计算机，那么这种情况说明网络适配器的安装是正确的，首先确认网线是否插好，相关的网络设备（如Hub、交换机等）是否都工作正常。

在出现这类问题时应先从简单的方面去考虑，除了确认网络线路接头已经插好外，还要确认网络线工作是否正常，使用的是正线序还是反线序（交叉电缆）。连接不同类设备使用的是正线序，如网卡与Hub/交换机；连接同类设备使用的是反线序，如Hub/交换机与Hub/交换机（有级联口的Hub/交换机另当别论）、网卡与网卡之间。

如果一切正常，仍然无法连接网络，就要看是不是属于同一个工作组的计算机有重名的情况。

如果以上都正常，就要考虑协议的问题。一般而言，局域网使用TCP/IP就可以。首先用命令ping 127.0.0.1来确认本地的TCP/IP配置是否正确。如果ping命令返回正常的结果，说明本地的TCP/IP安装正确。接着，ping局域网中的另外一台主机，如果返回的结果正确，但仍然无法在网上邻居中看到它，表示对方计算机没有打开“文件和打印机共享”服务。当然，如果要让局域网中的计算机能够发现本地计算机也必须打开“文件和打印机共享”。

但在只有几台机器的对等网中，可能没有主机提供所需的服务，TCP/IP需要进行专门设置。要指定各台计算机的IP地址，并使它们处于同一个网段，但是决不能指定了两个同样的IP地址；指定各台计算机网关为局域网中的同一计算机（一般为服务器）；指定域名解析系统（DNS）；绑定文件和打印机共享和Microsoft网络客户；其他设置保留Windows的默认值。另外还要添加“Microsoft网络客户”和“Microsoft网络上的文件和打印机共享”。在对等网中应本着“宁多勿缺”的原则，对于其他协议也可以进行安装。常见的有IPX/SPX兼容协议、NetBeui网络协议。最后设置基本网络登录方式为“Microsoft网络客户”。

3. 无法实现网内计算机互访

在工作站访问服务器时，工作站的“网上邻居”中可以看到服务器的名称，但是双击后却无法看到任何共享内容，或者提示找不到网络路径、无权访问等问题。这时需要进行相关的设置和检查。

实现 Windows 网上邻居互访的基本条件如下。

（1）双方计算机正常运行，且设置了网络共享资源。

（2）双方的计算机添加了“Microsoft 网络文件和打印共享”服务。

（3）双方都正确设置了内网 IP 地址，且必须在一个网段中，所有计算机都在同一工作组（或域）。

（4）双方的计算机都关闭了防火墙，或者防火墙策略中没有设置阻止网上邻居访问的策略。

4. 局域网中客户机无法连入 Internet

首先确认有无计算机是可以连入 Internet（包括主机），如果没有则可能根本就是 ISP 的问题。如果 ISP 没有问题，要根据实际情况进行处理。

如果是使用局域网代理服务器上网，应该确认该客户机是否可以访问代理服务器，浏览器中代理服务器地址和端口设置是否正确。由于代理服务器多种多样，具体设置要向网络管理员查询。

在各种操作系统下都可以使用的 ping 命令是一个非常有用的网络工具。它可以测试系统是否能到达一台远程的主机，这一简单的功能对于测试 Internet 的连接是非常有用的。

首先主机 ping 远程主机，成功后则测试用户对该主机使用 ping 命令，如果执行成功，再 ping 远程主机命令，如果也执行成功，说明网络在通信方面是正常的。如果主机的 ping 命令执行成功，用户的 ping 命令失败，就可以集中测试该用户的系统配置文件。如果主机和用户的 ping 命令都失败了，ping 命令显示的出错信息是很有帮助的，可以指导进行下一步的测试计划。以下是几种基本的出错类型。

（1）unknow host：该远程主机的名字不能被 DNS（域名服务器）转换成 IP 地址，DNS 可能出故障，该名字可能是不正确的，系统和远程服务器之间的网络可能出现故障。如果知道该远程主机的 IP 地址，可以再使该 IP 地址尝试 ping 命令。如果利用它的 IP 地址能达到该主机，则问题就可能出在 DNS 上。

（2）network unreachable：远程主机不可到达。如果在 ping 命令中使用 IP 地址，则利用主机名重新输入 ping 命令，这就消除了输入不正确 IP 地址的可能性。如果使用路由选择协议，一定要确保它正在运行，并使用 nestat 或 tracert 查找问题出在哪个路由器上，然后去查看它的路由表。

（3）request time out：远程主机没有响应。这种问题的原因有很多，远程主机可能没有正常工作（开机）、本地或远程主机可能配置不当、本地和远程主机之间的线路不正常等，用户可以用前面所说的方法找到原因。

5. 网络速度不正常

网络速度不正常，通常表现为以下几种情况。

（1）不能访问服务器或某项服务。首先测试这一故障是只影响一台工作站，还是影响其他全部站点，这可以通过其他工作站登录服务器或服务来证明这一点。如果这些有问题的工作站都出现在的同一网段或连接在相同的 Hub 上，那么就要分析这个 Hub 或网段，Hub 是否正常工作，该网段的子网掩码是否正确，同时还要看服务器是否禁止该网段的工作站使用这项服务。

（2）与服务器有关的问题。无论是网络流量高或低都有网络响应速度过慢的情况。有可能是服务器高速缓冲区设置得太小，保留的缓冲不足，服务器内存不够，服务器硬盘所余空间有限等。另外也可能是另一类软件问题（通常是服务器端的 ASP，CGI 脚本或其他应用服务），它们可能造成不正常的“网络磁盘请求”导致服务器内存不足，这时有必要将停止某些不用的服务，或将某一部分服务分担到另一个服务器上，甚至升级现有的服务器。

（3）数据包错误。有时计算机会因为接收到的数据包导致出错数据或故障。虽然 TCP/IP 可以容许这些类型的错误，并能够自动重发数据包，但如果累计的出错情况数目占到所接收的 IP 数据包相当大的百分比，或者它的数目正迅速增加的话，那么就应该使用 netstat 命令检查为什么会出现这些情况，并找到办法解决它。

（4）冲突问题。如果冲突问题较多，就要计算一下有多少带宽被冲突损失。把本地和远端冲突的损失相加，如果平均冲突的值大于 5%～10%，就要进行进一步的故障查找。同样要检查一下冲突是否是突发的，也就是说冲突明显增多不是因为流量明显增大引起的，如果是这样就意味着某处的物理层出现了比较严重的问题。例如，不正确的端接（RJ45 连接头没有压紧），BNC 阻抗不连续，残破线缆，网卡损坏以及网络线和电源线在布线的时候并行在一起而引起的缠绕干扰。在冲突与流量之间应是有一定的关系的。这种关系应当在做网络参照基准测试时收集到。如果冲突始终是比较严重（但仍是可以接受），则可能是太多站点同时在参与发送和接收数据，这时候网络结构应做一些优化，如把近距离的站点分在一起。

（5）折半法查找网络故障。如果使用的是同轴电缆构架的总线型网，可以使用“折半法”（也叫二分法）来查找。使用终端匹配器将网络从中间分段开来，从网络是否正常工作来判断问题发生在前半部分还是后半部分。按照不断折半的方法最终找到出现问题的计算机或网络线路。利用该原理也适用于星型网络，可把网络分成几部分，看问题出在哪部分，再把有问题的部分再次划分，如此下去，就可查出问题所在位置。

（6）利用率过高和过载网段。如果交换机和路由器的利用率过高（平均值大于 40%，瞬时峰值高于 60%），那么网段负荷就过重了。应当考虑安装路由器以减少在网段中的流量或用交换机把网段分成若干小的网段。如果利用率持续很高（持续峰值超过 60%）而冲突又可以接受（平均冲突小于 10%），那么说明网络处于饱和状态。这时也应该增加网段或把网段分成较小的可以支持正常流量的网段。

另外还有一种很特别的情况，如果是高流量，低冲突，而且有少量错误帧，就先确定发出错误帧的站点。可以由繁忙站点测试来找出有问题的站点，还可到该站点现场来查看该用户在运行什么程序，因为极有可能是这个用户在试验某种黑客软件，导致网络性能的下降。

（7）病毒。目前，网络病毒对网络速度的影响越来越严重。这种病毒会导致被感染的用户只要连入网络就不停地发送无用数据包或邮件。有些蠕虫病毒会按照用户计算机上的通讯簿地址，并附加上用户个人的随机文件，以邮件的形式发送，使网络出现拥塞，甚至使个别局域网陷入瘫痪。因此，应了解各种病毒特征，及时升级、安装系统补丁程序，同时卸载一些不必要的服务，关闭不必要的端口，以提高系统的安全和可靠性。此外必须注意及时对杀毒软件进行定时的升级，而且某些病毒直接查杀可能无法清除干净，这时需要进行手动删除。

6. 其他问题检查方法

通常可以从网卡，Hub 或者交换机的 LED 灯的状态来判断网络的工作状态。正常工作的网卡至少一个 LED 灯应该保持闪烁；交换机上的 link/act 或 transmit/receive 灯也应该如此，如果长时间不亮，则应先考虑网络线路的问题，然后是网卡和交换机。在某些交换机上有个端口供 MDI 和 MDI-X 切换，可以在级联口和非级联的普通口之间切换，供连接不同的设备使用，如使用正线序，MDI 是级联口连接到下一个 Hub/交换机，MDI-X 是普通口连接至网卡。

局域网产生网络故障原因是比较复杂的，同样故障可能导致不同表现。但是，查找故障的基本方法应从最简单的错误入手。先检查网络线路、网卡配置、网络连接设备 Hub/交换机的连接；然后是软件设置；最后是其他一些网络硬件故障。为了有效解决故障，需要了解和掌握网络测试的一些常用命令，同时可以安装一些工具软件来帮助用户了解在网络正常工作时的参数，通过分析找出网络的故障。

10.5 小　结

网络发生故障是难免的，网络故障的分析和排除无疑是一项重要的工作，对于网络管理和维护人员来说，重要的是如何在发生故障后快速地隔离和排除故障。这就要求网络维护人员能够熟悉各种网络故障，能从故障现象出发，利用网络系统检测命令和网络诊断工具，获取诊断信息，确定网络故障点，查找问题的根源，排除故障，恢复网络的正常运行。

网络故障从性质上可以分成物理故障和逻辑故障。按故障发生的位置可以分为线路故障、路由器故障、交换机故障和主机故障。对于网络故障的判断和恢复，网络管理和维护人员在发现故障之前应做到：了解网络的拓扑关系，了解网络设备，了解网络的客户端和使用网络系统的人；对网络的设备帖上标签；对网络设备的使用和故障有完备的日志和笔记。当发现网络故障时：能够判断一个故障是不是真正的故障；寻找最近的修改；查看操作系统和网络设备的报警和错误日志；及时排除非故障原因，划分和缩小故障范围，尽快找出故障原因，并及时恢复网络运行。

用户可以用许多网络管理基本工具来获取网络参数或诊断网络问题。本章介绍了一些常用的网络测试命令，分别用于网络状态监视、流量监视和路由监视。另外，使用 SNMP MIB 工具可以进行 SNMP 查询，获得 MIB 树结构，并从网络对象中得到其值。利用这些网络软件工具有助于网络管理人员较快地检测到网络故障的位置，从而能节省时间，提高工作效率。

局域网即使规模很小也容易出现各种问题，本章介绍了局域网诊断的技术以及常见局域网故障的分析诊断和排除方法。

习 题 10

1. 按照网络故障的性质划分时，可将网络故障分为哪几类？
2. 网络故障的维护方法有哪几种？它们各自的特点是什么？
3. 简述网络故障维护的步骤。
4. 试列举 3 种基本网络测试命令及其使用方法。
5. 在一台主机上执行 netstat，分别带上参数（a）-N、（b）-r、（c）-I 并解释其结果。
6. 比较 arp 和 netstat 得到的路由表。
7. ping 一个国际网站 100 次，统计包丢失率。
8. 网络故障诊断的目的是什么？
9. 物理层的故障主要表现在什么地方？如何诊断物理层故障？

附录
术语及缩略词汇

Analyzer：网络分析器

API：Application Programming Interface 应用程序编程接口

ARP：Address Resolution Protocol 地址解析协议

ASCII：American Standard Code for Information Interchange 美国信息交换标准代码

ASN.1：Abstract Syntax Notation One 抽象语法表示

ATM：Asynchronous Transfer Mode 异步传输模式

BER：Basic Encoding Rules 基本编码规范

CBC：Cipher Block Chaining 密码块链接

CCITT：Consultative committee international telegraph and telephone 国际电话电报委员会

CMIP：Common Management Information Protocol 公共管理信息协议

CMIS：Common Management Information Service 公共管理信息服务

CMOL：CMIP over LLC

CMOT：CMIS/CMIP Over TCP/IP，基于 TCP/IP 上的公共管理信息服务/协议

DES：Data Encryption Standard 数据加密算法

DHCP：Dynamic Host Configuration Protocol 动态主机配置协议

DMTF：Desk Management Task Force 桌面管理任务组

DOD：Department of Defense 美国国防部

EIA：Electronic Industry Association 美国电子工业协会

FTP：File Transfer Protocol 文件传输协议

GUI：Graphical User Interface 图形用户界面

HMAC：Keyed-Hash Message Authentication Code 哈希密钥消息认证码

HTTP：Hyper Text Transfer Protocol 超文本传输协议

IAB：Internet Architecture Board 因特网结构委员会

ICMP：Internet Control Message Protocol 互联网控制报文协议

IEEE 802.5：Institute of Electrical and Electronics Engineering 美国电气与电子工程师协会制订的令牌环网技术

IETF：The Internet Engineering Task Force 互联网工程任务组

ICMP：Internet Control Message Protocol 网际控制报文协议

IP：Internet Protocol 网际协议

IPX：Internetwork Packet Exchange 网间数据包交换

ISO：International Standardizaition Organization 国际标准化组织

JMAPI：Java Management Application Interface Java 管理应用程序接口

JMX：Java Management Extensions Java 管理扩展

LAN：Local Area Network 局域网

MAC：Media Access Control 介质访问控制

MD5：Message-Digest Algorithm 5 信息-摘要算法

MIB：Management Information Base 管理信息库

MIME：Multipurpose International Mail Extensions 多用途 Internet 扩展

MO：Managed Object 被管对象

MSP：Management Service Provider 管理服务提供商

NMP：Network Management Protocol 网络管理协议

NMS：Network Management System 网络管理系统

NNM：Network Node Manager 网络节点管理器

OID：Object Identifier 对象标识符

OSI：Open System Interconnection 开放系统互连

PDU：Protocol Data Unit 协议数据单元

PE：Protocol Entry 协议实体

PPP：Point to Point Protocol 点到点协议

QoS：Quality of Service 服务质量

RFC：Request For Comments 请求注解

RIP：Route Information Protocol 路由信息协议

RMON：Remote Network Monitoring 远程网络监控

RS-232：美国电子工业联盟制定的串行数据通信的接口标准

SCM：Service Control Manager 服务控制管理器

SGMP：Simple Gateway Monitoring Protocol 简单网关监视协议

SHA-1：Secure Hash Algorithm 安全散列算法

SLA：Service-Level Agreement 服务品质协议

SLIP：Serial Line Internet Protocol 串行线路网际协议

SMFs：System Management Functions 系统管理功能

SMI：Structure of Management Information 管理信息结构

SMP：Simple Management Protocol 简单管理协议

SMS：System Management Service 系统管理服务

SMTP：Simple Mail Transfer Protocol 简单邮件传输协议

SNA：System Network Architecture 系统网络体系结构

SNMP：Simple Network Management Protocol 简单网络管理协议

SONET：Synchronous Optical Network 同步光纤网

SQL：Structured Query Language 结构化查询语言

S-SNMP：Secure Simple Network Management Protocol 安全简单网络管理协议

TCP：Transmission Control Protocol 传输控制协议

TMN：Telecommunications Management Network 电信管理网络

UDP：User Datagram Protocol 用户数据报协议

USM：User-Based Security Model 基于用户的安全模型

VACM：View-based Access Control Model 基于视图的访问控制模型

WAN：Wide Area Network 广域网

WBEM：Web-Based Enterprise Management 基于 Web 的企业管理

WBM：Web-Based Management 基于 Web 的管理

RFC

RFC 1155——Structure and Identification of Management Information for TCP/IP-based Internets

RFC 1157——A Simple Network Management Protocol (SNMP)

RFC 1212——Concise MIB Definitions

RFC 1213——Management Information Base for Network Management of TCP/IP-based internets: MIB-II

RFC 1441——Introduction to version 2 of the Internet-standard Network Management Framework

RFC 1442——Structure of Management Information for version 2 of theSimple Network Management Protocol (SNMPv2)

RFC 1443——Textual Conventions for version 2 of the Simple Network Management Protocol (SNMPv2)

RFC 1444——Conformance Statements for version 2 of the Simple Network Management Protocol (SNMPv2)

RFC 1445——Administrative Model for version 2 of the Simple Network Management Protocol (SNMPv2)

RFC 1446——Security Protocols for version 2 of the Simple Network Management Protocol (SNMPv2)

RFC 1447——Party MIB for version 2 of the Simple Network Management Protocol (SNMPv2)

RFC 1448——Protocol Operations for version 2 of the Simple Network Management Protocol (SNMPv2)

RFC 1449——Transport Mappings for version 2 of the Simple Network Management Protocol (SNMPv2)

RFC 1450——Management Information Base for version 2 of the Simple Network Management Protocol (SNMPv2)

RFC 1451——Manager-to-Manager Management Information Base

RFC 1452——Coexistence between version 1 and version 2 of the Internet-standard Network Management Framework

RFC 1493——Definitions of Managed Objects for Bridges

RFC 1513——Token Ring Extensions to the Remote Network Monitoring MIB

RFC 1757——Remote Network Monitoring Management Information Base

RFC 1901——Introduction to Community-based SNMPv2

RFC 1902——Structure of Management Information for Version 2 of the Simple Network Management Protocol (SNMPv2)

RFC 1903——Textual Conventions for Version 2 of the Simple Network Management Protocol

(SNMPv2)

RFC 1904——Conformance Statements for Version 2 of the Simple Network Management Protocol (SNMPv2)

RFC 1905——Protocol Operations for Version 2 of the Simple Network Management Protocol (SNMPv2)

RFC 1906——Transport Mappings for Version 2 of the Simple Network Management Protocol (SNMPv2)

RFC 1907——Management Information Base for Version 2 of the Simple Network Management Protocol (SNMPv2)

RFC 1908——Coexistence between Version 1 and Version 2 of the Internet-standard Network Management Framework

RFC 2271——An Architecture for Describing SNMP Management Frameworks

RFC 2272——Message Processing and Dispatching for the Simple Network Management Protocol (SNMP)

RFC 2273——SNMPv3 Applications

RFC 2274——User-based Security Model (USM) for version 3 of the Simple Network Management Protocol (SNMPv3)

RFC 2275——View-based Access Control Model (VACM) for Simple Network Management Protocol (SNMP)

RFC 2570——Introduction to Version 3 of the Internet-standard Network Management Framework

RFC 2571——An Architecture for Describing SNMP Management Frameworks

RFC 2572——Message Processing and Dispatching for the Simple Network Management Protocol (SNMP)

RFC 2573——SNMP Applications

RFC 2574——User-based Security Model (USM) for version 3 of the Simple Network Management Protocol (SNMPv3)

RFC 2575——View-based Access Control Model (VACM) for the Simple Network Management Protocol (SNMP)

RFC 2576——Coexistence between Version 1, Version 2, and Version 3 of the Internet-standard Network Management Framework

RFC 2578——Structure of Management Information Version 2 (SMIv2)

RFC 2579——Textual Conventions for SMIv2

RFC 2580——Conformance Statements for SMIv2

参考文献

[1] 雷振甲．计算机网络管理及系统开发．北京：电子工业出版社，2002
[2] William Stallings．SNMP 网络管理．胡成松，汪凯，译．北京：中国电力出版社，2001
[3] 胡谷雨．网络管理技术教程．北京：北京希望电子出版社，2002
[4] 张沪寅，吴黎兵，吕慧，等．计算机网络管理实用教程．武汉：武汉大学出版社，2005
[5] 岑贤道，安常青．网络管理协议及应用开发．北京：清华大学出版社，1998
[6] 武梦军，徐粪，任相臣．Visual C++开发基于 SNMP 的网络管理软件．北京：人民邮电出版社，2007
[7] 杨云江．计算机网络管理技术．北京：清华大学出版社，2005
[8] 杨云江．计算机网络管理技术（第 2 版）．北京：清华大学出版社，2010
[9] Mani Subranmanian．网络管理．王松，周靖，孟纯城，译．北京：清华大学出版社，2003
[10] 王相林．IPv6 技术——新一代网络技术．北京：机械工业出版社，2008
[11] 彭海深．网络故障诊断与实训（第二版）．北京：科学出版社，2012